高等教育工业机器人课程实操推荐教材

工业机器人实操与应用技巧（OmniCore版）

主　编　叶　晖

副主编　吴健澄　侯文峰　魏志丽

参　编　席鑫宁　黄江峰　叶健滨

机械工业出版社

本书基于ABB工业机器人操作系统RobotWare7.0以上版本的最新一代OmniCore控制器，围绕着从认识到熟练操作ABB工业机器人，能够独立完成工业机器人的基本操作，以及根据实际应用进行基本编程这一主题，通过详细的图解实例对ABB工业机器人的操作、编程相关的方法与功能进行讲述，让读者了解与操作和编程作业相关的每一项具体操作方法，从而使读者对ABB工业机器人的软件、硬件方面有全面的认识。为便于读者学习，赠送教学PPT课件，请联系QQ 296447532获取。

本书适合普通高校和高职院校工业机器人及自动化相关专业学生，以及从事ABB工业机器人应用的操作与编程人员，特别是刚接触ABB工业机器人的工程技术人员使用。

图书在版编目（CIP）数据

工业机器人实操与应用技巧：OmniCore 版 / 叶晖主编. —北京：机械工业出版社，2023.2

高等教育工业机器人课程实操推荐教材

ISBN 978-7-111-72509-1

Ⅰ. ①工… Ⅱ. ①叶… Ⅲ. ①工业机器人—高等学校—教材 Ⅳ. ① TP242.2

中国国家版本馆 CIP 数据核字（2023）第 010819 号

机械工业出版社（北京市百万庄大街 22 号 邮政编码 100037）

策划编辑：周国萍　　责任编辑：周国萍　刘本明

责任校对：张晓蓉　张　征　　封面设计：陈　沛

责任印制：李　昂

唐山三艺印务有限公司印刷

2023 年 3 月第 1 版第 1 次印刷

184mm×260mm · 18.5 印张 · 367 千字

标准书号：ISBN 978-7-111-72509-1

定价：59.00 元

电话服务

客服电话：010-88361066
010-88379833
010-68326294

网络服务

机 工 官 网：www.cmpbook.com

机 工 官 博：weibo.com/cmp1952

金 书 网：www.golden-book.com

机工教育服务网：www.cmpedu.com

前言

生产力的不断进步推动了科技的进步与革新，建立了更加合理的生产关系。自工业革命以来，人力劳动已经逐渐被机械所取代，而这种变革为人类社会创造出了巨大的财富，极大地推动了人类社会的进步。时至今天，机电一体化、机械智能化等技术应运而生。人类充分发挥出了主观能动性，进一步增强了对机械的利用效率，使之为我们创造出了更加巨大的生产力，并在一定程度上维护了社会的和谐。工业机器人的出现是人类利用机械进行社会生产的一个里程碑。在发达国家，工业机器人自动化生产线成套设备已成为自动化装备的主流及未来的发展方向。国外汽车行业、电子电器行业、工程机械等行业已经大量使用工业机器人自动化生产线，以保证产品质量，提高生产率，同时避免了大量的工伤事故。全球诸多国家近半个世纪的工业机器人的使用实践表明，工业机器人的普及是实现自动化生产、提高社会生产率、推动企业和社会生产力发展的有效手段。

全球领先的工业机器人制造商ABB公司致力于研发、生产机器人已有50多年的历史，是工业机器人领域的先行者，拥有全球超过80多万台工业机器人的安装经验，在瑞典、挪威和中国等国家设有机器人研发、制造、服务和销售基地。ABB公司于1969年售出全球第一台喷涂机器人，于1974年发明了世界上第一台工业机器人，并拥有当今类型全、覆盖全面的机器人产品、技术和服务，以及全球领先的工业机器人装机量。

在本书中，以ABB工业机器人为应用对象，就如何正确使用与操作工业机器人进行了详细的讲解，力求让读者对ABB工业机器人的操作有一个全面的了解。本书是基于ABB工业机器人操作系统RobotWare7.0以上版本的最新一代OmniCore控制器，围绕着从认识到熟练操作ABB工业机器人，能够独立完成工业机器人的基本操作，以及根据实际应用进行基本编程这一主题，通过详细的图解实例对ABB工业机器人的操作、编程相关的方法与功能进行讲述，让读者了解与操作和编程作业相关的每一项具体操作方法，从而使读者对ABB工业机器人的软件、硬件方面有全面的认识。本书赠送教学PPT课件，请联系QQ 296447532获取。

本书的内容简明扼要、图文并茂、通俗易懂，适合普通高校和高职院校工业机器人及自动化相关专业学生，以及从事工业机器人操作，特别是刚刚接触ABB工业机器人的工程技术人员使用。

中国ABB机器人市场部为本书的撰写提供了许多宝贵意见，在此表示感谢。尽管编著者主观上想努力使读者满意，但在书中肯定还会有不尽人意之处，欢迎读者提出宝贵的意见和建议。

编著者

目 录

项目 1　工业机器人概述和学习准备

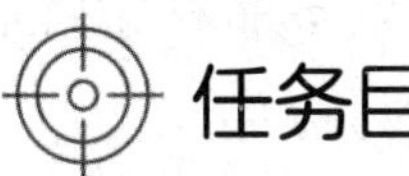

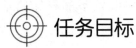

任务目标

1．了解工业机器人的现状与趋势

2．了解工业机器人的典型结构

3．掌握用好 ABB 工业机器人的要求

4．掌握 ABB 工业机器人安全操作的注意事项

5．学会构建基础练习用的虚拟工业机器人工作站

任务描述

从这里开始，我们通过一起来执行一系列任务，掌握工业机器人基础入门的实操与应用技巧。

我们会对工业机器人的发展现状与趋势、工业机器人的典型结构进行介绍。在正式开始工业机器人的操作之前，必须要理解用好工业机器人的要求及安全操作注意事项。

为了方便实操，请跟随我们安装 RobotStudio，并创建用于实操用的虚拟工业机器人工作站。

任务 1-1　工业机器人的现状与趋势

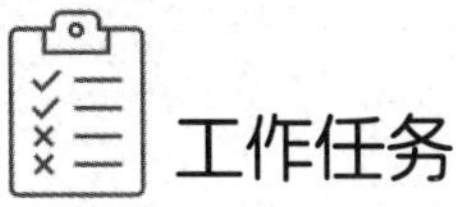

工作任务

☑ 了解工业机器人的发展、现状与趋势

工业机器人是集机械、电子、控制、传感、人工智能等多学科先进技术于一体的自动化装备。自 1956 年机器人产业诞生后，经过近 70 年的发展，工业机器人已经被广泛应用在装备制造、新材料、生物医药、智慧新能源等高新产业。机器人与人工智能技术、先进制造技术和移动互联网技术的融合发展，推动了人类社会生活方式的变革。

工业机器人最显著的特点有以下几个：

（1）可编程　生产自动化的进一步发展是柔性自动化。工业机器人可随其工作环境变化的需要而再编程，因此它在具有均衡高效率的小批量多品种柔性制造过程中能发挥很好的功用，是柔性制造系统中的一个重要组成部分。

（2）拟人化　工业机器人在机械结构上有类似人的行走、腰转、大臂、小臂、手腕、手爪等部分，在控制上使用的是计算机仿真人的大脑。此外，智能化工业机器人还有许多类似人类的“生物传感器”，如皮肤型接触传感器、力传感器、负载传感器、视觉传感器、声觉传感器、语言功能等。传感器大大提高了工业机器人对周围环境的自适应能力。

（3）通用性　除了专门设计的专用机器人外，一般工业机器人在执行不同的作业任务时具有较好的通用性。比如，更换工业机器人手部末端操作器（手爪、工具等）便可执行不同的作业任务。

随着科技的不断发展，机器人的定义在不断完善。未来的 5 至 10 年将是工业机器人中国市场的爆发期，业界对此普遍持乐观态度。在中国廉价劳动力优势逐渐消失的背景下，“机器换人”已是大势所趋。面对机器人产业诱人的大蛋糕，中国各地都行动了起来，机器人企业、机器人产业园如雨后春笋般层出不穷，积极投身到这场“掘金战”中。

任务 1-2　工业机器人的典型结构与分类

☑ 了解不同结构工业机器人之间的区别

☑ 掌握不同结构分类工业机器人的应用特点

随着技术的快速发展和进步，工业机器人的结构与分类也在不断变化。目前主要的典型结构和分类如下：

1. 直角坐标机器人

直角坐标机器人一般为 2 ～ 3 个自由度运动，每个运动自由度之间的空间夹角为直角。一般由控制系统、驱动系统、机械系统、操作工具等组成。通过配置不同的工具实现灵活、高可靠性、高速度、高精度，实现自动控制的，可重复编程的轨迹运行。可用于恶劣的环境，可长期工作，便于操作维修。如图 1-1 所示。

图 1-1　三自由度直角坐标机器人

2. 平面关节型机器人

平面关节型机器人又称为 SCARA 机器人，是圆柱坐标机器人的一种形式。SCARA 机器人有 3 个旋转关节，其轴线相互平行，在平面内进行定位和定向；还有一个关节是移动关节，用于完成末端件在垂直平面的运动。SCARA 机器人具有精度高、较大动作范围、坐标计算简单、结构轻便、响应速度快、负载较小的特点，主要用于电子、分拣等领域。

SCARA 系统在 X、Y 方向上具有顺从性，而在 Z 方向上具有良好的刚度，此特性特别适合装配工作，例如将一个圆头针插入一个圆孔，SCARA 系统首先大量用于装配印制电路板和电子零部件；SCARA 的另一个特点是其串接的两杆结构类似人的手臂，可以伸进有限空间中作业然后收回，适合搬动和取放物件，如集成电路板等。

如今 SCARA 机器人广泛应用于塑料工业、汽车工业、电子产品工业、药品工业和食品工业等领域。它的主要职能是拾取零件和装配工作。它的第一个轴和第二个轴具有转动特性，第三个轴和第四个轴可以根据工作需要的不同，制造成相应多种不同的形态，并且一个具有转动、另一个具有线性移动的特性。由于 SCARA 机器人具有特定的形状，决定了其工作范围类似于一个扇形区域，如图 1-2 所示。

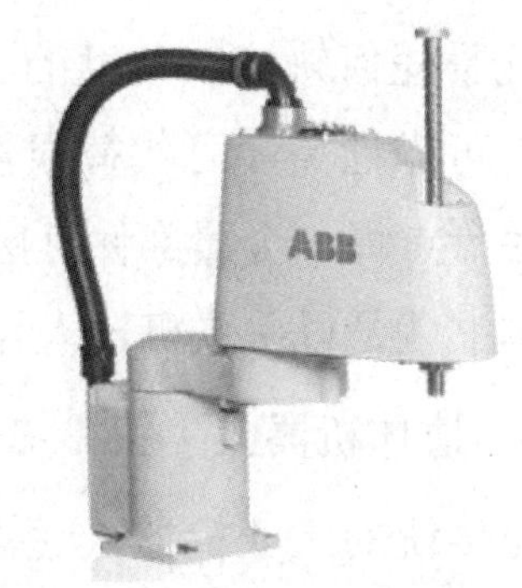

图 1-2　SCARA 机器人

3. 并联机器人（图 1–3）

并联机器人又称为 DELTA 机器人，属于高速、轻载的并联机器人，一般通过示教编程或视觉系统捕捉目标物体，由三个并联的伺服轴确定夹具中心（TCP）的空间位置，实现目标物体的运输、加工等操作。DELTA 机器人主要应用于食品、药品和电子产品等加工、装配。DELTA 机器人以其质量轻、体积小、运动速度快、定位精确、成本低、效率高等特点，正在市场上被广泛应用。

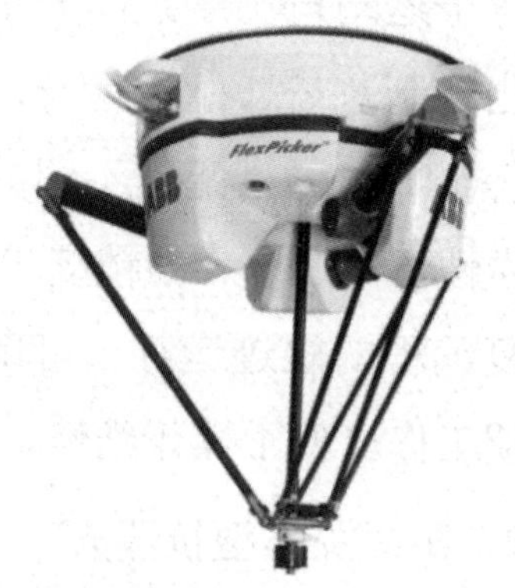

图 1-3　DELTA 机器人

DELTA 机器人是典型的空间三自由度并联机构，如图 1-3 所示，整体结构精密、紧凑，驱动部分均布于固定平台，这些特点使它具有如下特性：

1）承载能力强、刚度大、自重负荷比小、动态性能好。

2）并联三自由度机械臂结构，重复定位精度高。

3）超高速拾取物品，一秒钟多个节拍。

4. 串联机器人

串联机器人拥有 5 个或 6 个旋转轴，类似于人类的手臂，如图 1-4 所示。应用领域有装货、卸货、喷漆、表面处理、测试、测量、弧焊、点焊、包装、装配、机床上下料、固定、特种装配操作、锻造、铸造等。

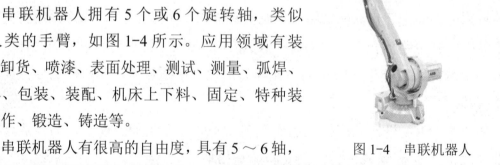

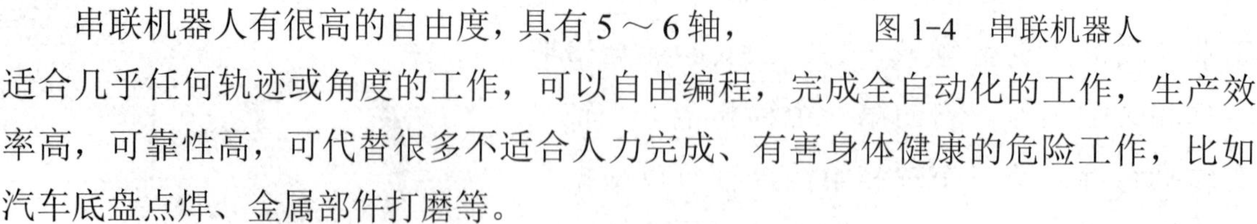
图 1-4　串联机器人

串联机器人有很高的自由度，具有 5 ～ 6 轴，适合几乎任何轨迹或角度的工作，可以自由编程，完成全自动化的工作，生产效率高，可靠性高，可代替很多不适合人力完成、有害身体健康的危险工作，比如汽车底盘点焊、金属部件打磨等。

本书就是以串联机器人作为对象进行讲解的。

5. 协作机器人（图 1–5）

在传统的工业机器人逐渐取代单调、重复性高、危险性强的工作之时，协作机器人也将会慢慢渗入各个工业领域，与人共同工作，如图 1-5 所示。这将引领一个全新的机器人与人协同工作时代的来临，随着工业自动化的发展，我们需要协助型的工业机器人配合人来完成工作任务。这比工业机器人的全自动化工作站具有更好的柔性和成本优势。

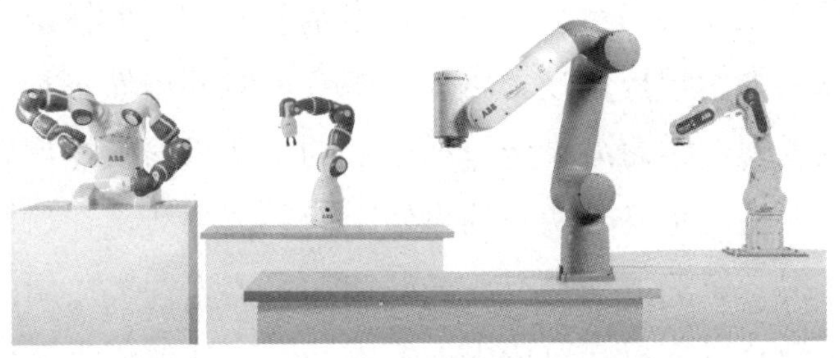

图 1-5　协作机器人

任务 1-3　用好 ABB 工业机器人的要求

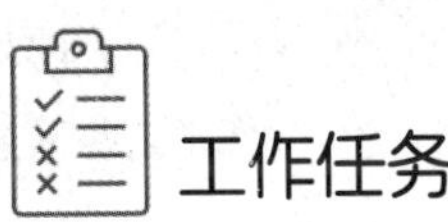

工作任务

☑ 掌握用好 ABB 工业机器人的要求

☑ 查找自身与要求的差距

工业机器人是综合应用计算机、自动控制、自动检测及精密机械装置等高新技术的产物，是技术密集度及自动化程度很高的典型机电一体化加工设备。使用工业机器人的优越性是显而易见的，不仅精度高、产品质量稳定，且自动化程度极高，可大大减轻工人的劳动强度，大大提高生产效率，特别值得一提的是工业机器人可完成一般人工操作难以完成的精密工作，如激光切割、精密装配等，因而工业机器人在自动化生产中的地位越来越显得重要。但是，我们要清醒地认识到，能否达到工业机器人以上所述的优点，还要看操作者在生产中能不能恰当、正确地使用。下面从操作者的角度来谈一下 ABB 工业机器人使用中应注意的事项，以保证工业机器人的优越性得以充分发挥，减少工业机器人因不当操作而损坏。

1. 提高操作人员的综合素质

工业机器人的使用有一定的难度，因为工业机器人是典型的机电一体化产品，它牵涉的知识面较宽，即操作者应具有机、电、液、气等更宽广的专业知识，因此对操作人员提出的素质要求是很高的。目前，一个不可忽视的现象是工业机器人的用户越来越多，但工业机器人利用率还不算高，当然有时是生产任务不饱和，但还有一个更为关键的因素是工业机器人操作人员素质不够高，碰到一些问题不知如何处理。这就要求使用者具有较高的素质，能冷静对待问题，头脑清醒，现场判断能力强，当然还应具有较扎实的自动化控制技术基础等。一般情况下，新购工业机器人时，设备提供商会为用户提供技术培训的机会，时间虽然不长，但他们的针对性很强，用户应予以重视，学习人员应包括以后的工业机器人操作者以及维修人员。操作人员综合素质的提高不是一两天的事情，而要抓长久，在日后的使用中应不断积累。还有一个值得一试的办法是走访一些工业机器人同类应用的老用户，他们有很强的实践经验，最有发言权，可请求他们的帮助，让他们为操作者以及维修人员进行一定的培训，这是短时间内提高操作人员综合素质最有效的办法。

2. 遵循正确的操作规程

不管什么应用的工业机器人，它都有一套自己的操作规程。它既是保证操作人员安全的重要措施之一，也是保证设备安全、产品质量等的重要措施。使用者在初次进行操作工业机器人时，必须认真地阅读设备提供商提供的使用说明书，按照操作规程正确操作。如果工业机器人在第一次使用或长期没有使用时，先慢速手动操作其各轴进行运动（如有需要时，还要进行机械原点的校准），这些对初学者尤其应引起足够的重视，因为缺乏相应的操作培训，往往在这方面容易犯错。

3. 尽可能提高工业机器人的开动率

工业机器人购进后，如果它的开动率不高， 这不但使用户投入的资金不能起到再生产的作用，还有一个令人担忧的问题是很可能因过保修期，设备发生故障需要支付额外的维修费用。在保修期内尽量多发现问题，平常缺少生产任务时，也不能空闲不用，这不是对设备的爱护，反而由于长期不用，可能会由于受潮等原因加快电子元器件的变质或损坏，并出现机械部件的锈蚀问题。使用者要定期通电，进行空运行 1h 左右。正所谓生命在于运动，机器也适用这一道理。

4. 应学好本书的知识点如何做

本书是以一位工业机器人初学者的视角来展开的，所以在开始阅读本书的时候，可以根据自己对 ABB 工业机器人的掌握情况进行。

1）如果你对工业机器人的基本操作学习是从零开始的话，请从项目 1 开始阅读并根据里面的操作提示一步步由浅入深地进行学习。

2）如果你已掌握 ABB 工业机器人的基本操作，则可以通过阅读目录选择你所感兴趣的章节进行学习。

在学习的过程中遇到任何问题，可以关注微信公众号 robotpartnerweixin，获取本书相关的资料。

微信搜一搜

叶晖 yehui

任务 1-4　ABB 工业机器人安全操作的注意事项

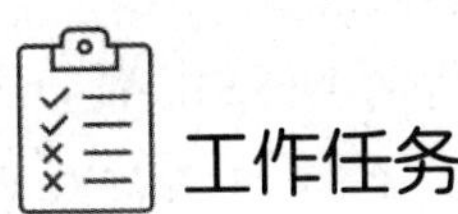

☑ 掌握工业机器人操作的安全注意事项

☑ 能识别工业机器人在操作过程的危险因素

操作工业机器人或工业机器人系统时应遵守的安全原则和规程如下：

⚠关闭总电源！

在进行工业机器人的安装、维修和保养时，切记要将总电源关闭。带电作业可能会产生致命性后果。如不慎遭高压电击，可能会导致心搏停止、烧伤或其他严重伤害。

⚠与工业机器人保持足够安全距离！

在调试与运行工业机器人时，它可能会执行一些意外的或不规范的运动。并且，所有的运动都会产生很大的力量，从而严重伤害个人和 / 或损坏工业机器人工作范围内的任何设备。所以应时刻保持与工业机器人足够的安全距离。

⚠静电放电危险！

ESD（静电放电）是电势不同的两个物体间的静电传导，它可以通过直接接触传导，也可以通过感应电场传导。搬运部件或部件容器时，未接地的人员可能会传导大量的静电荷。这一放电过程可能会损坏敏感的电子设备。所以在有此标识的情况下，要做好静电放电防护。

⚠紧急停止！

紧急停止优先于任何其他工业机器人控制操作，它会断开工业机器人电动机的驱动电源，停止所有运转部件，并切断由工业机器人系统控制且存在潜在危险的功能部件的电源。出现下列情况时请立即按下任意紧急停止按钮。

1）工业机器人运行中，工作区域内有工作人员。

2）工业机器人伤害了工作人员或损伤了机器设备。

⚠灭火！

发生火灾时，请确保全体人员安全撤离后再行灭火。应首先处理受伤人员。当电气设备（例如工业机器人或控制器）起火时，应使用二氧化碳灭火器。切勿使用水或泡沫。

ⓘ工作中的安全！

工业机器人速度慢，但是很重并且力度很大。运动中的停顿或停止都会产生危险。即使可以预测运动轨迹，但外部信号有可能改变操作，会在没有任何警告的情况下，产生料想不到的运动。因此，当进入保护空间时，务必遵循所有的安全条例。

1）如果在保护空间内有工作人员，请手动操作工业机器人系统。

2）当进入保护空间时，请准备好示教器 FlexPendant，以便随时控制工业机器人。

3）注意旋转或运动的工具，例如切削工具和锯。确保在接近工业机器人之前，这些工具已经停止运动。

4）注意工件和工业机器人系统的高温表面。工业机器人电动机长期运转后温度很高。

5）注意夹具并确保夹好工件。如果夹具打开，工件会脱落并导致人员伤害或设备损坏。夹具非常有力，如果不按照正确方法操作，也会导致人员伤害。

6）注意液压、气压系统以及带电部件。即使断电，这些电路上的残余电量也很危险。

ⓘ示教器的安全！

示教器 FlexPendant 是一种高品质的手持式终端，它配备了一流的高灵敏度电子设备。为避免操作不当引起的故障或损害，请在操作时遵循以下说明。

1）小心操作，不要摔打、抛掷或重击 FlexPendant。这样会导致破损或故障。在不使用该设备时，将它挂到专门存储它的支架上，以便不会意外掉到地上。

2）FlexPendant 的使用和存储应避免被人踩踏电缆。

3）切勿使用锋利的物体（例如螺钉旋具或笔尖）操作触摸屏。这样可能会使触摸屏受损。应使用手指来操作示教器触摸屏。

4）定期清洁触摸屏。灰尘和小颗粒可能会挡住屏幕造成故障。

5）切勿使用溶剂、洗涤剂或擦洗海绵清洁 FlexPendant。应使用软布醮少量水或中性清洁剂清洁。

6）没有连接 USB 设备时务必盖上 USB 端口的保护盖。如果端口暴露到灰尘中，那么它会中断或发生故障。

!手动模式下的安全！

在手动减速模式下，工业机器人只能减速（250mm/s 或更慢）操作（移动）。只要在安全保护空间之内工作，就应始终以手动速度进行操作。

在手动全速模式下，工业机器人以程序预设速度移动。手动全速模式应仅用于所有人员都位于安全保护空间之外时，且操作人员必须经过特殊训练，深知潜在的危险。

!自动模式下的安全！

自动模式用于在生产中运行工业机器人程序。在自动模式操作情况下，常规模式停止（GS）机制或自动模式停止（AS）机制将处于活动状态。

任务 1-5 构建基础练习用的虚拟工业机器人工作站

工作任务

☑ 正确安装 RobotStudio 虚拟仿真软件

☑ 在 RobotStudio 中新建一个虚拟工业机器人工作站

一、下载 RobotStudio 工业机器人虚拟仿真软件的方法

1）直接登录 ABB 官方网站（www.RobotStudio.com）下载。

2）关注微信公众号 robotpartnerweixin 或扫一扫本书封面的二维码。

二、安装 RobotStudio 的计算机配置建议

为了确保 RobotStudio 能够正确安装，请注意以下的事项：

1）计算机的系统配置建议见表 1-1。

表 1-1　安装 RobotStudio 的计算机系统配置建议

硬　件	要　求
CPU	i5 或以上
内存	16GB 或以上
硬盘	空闲 50GB 以上
显卡	独立显卡
操作系统	Windows 10 或以上

2）操作系统中的防火墙可能会造成 RobotStudio 的不正常运行，如无法连接虚拟控制器，建议关闭防火墙或对防火墙的参数进行适当的设定。

三、安装 RobotStudio 及相关插件

下面以 RobotStudio 2022.1 为例说明安装的过程。具体操作步骤如下：

1．下载 RobotStudio 并进行解压。

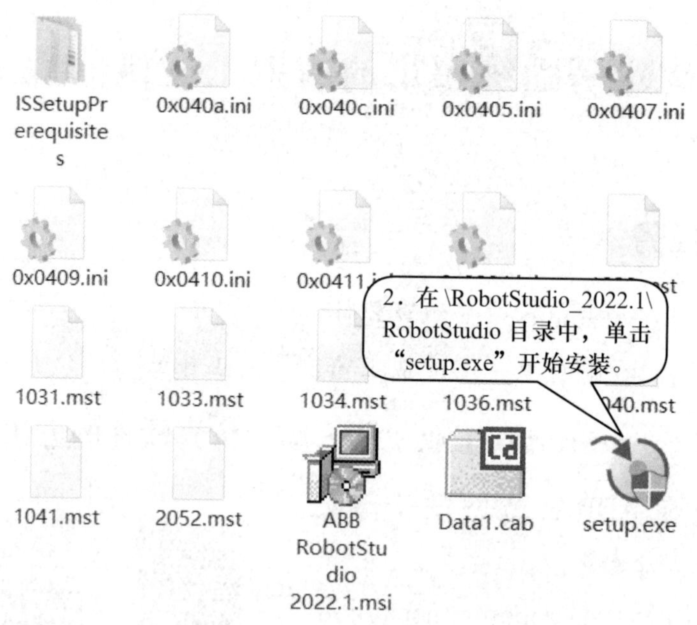

小技巧

ABB 公司大概每半年发布 RobotStudio 新版本，主要是添加新的工业机器人、增加新功能和修复一些已知问题。新版本安装的步骤基本都是一样的，只是个别步骤可能会有差异，所以不用担心。建议使用最新的版本。

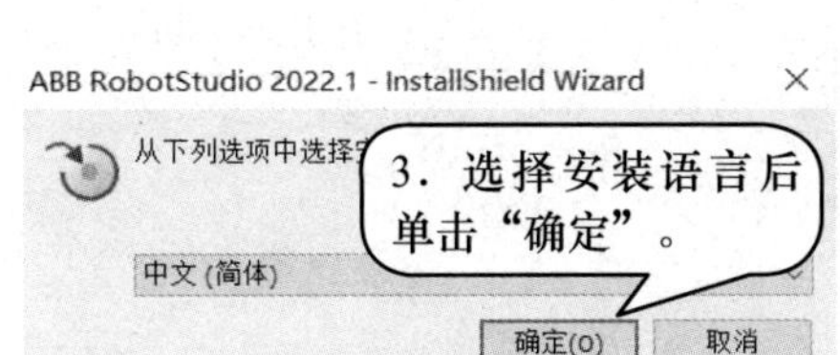
ABB RobotStudio 2022.1 - InstallShield Wizard
3. 选择安装语言后单击“确定”。
中文 (简体)
确定(O)
取消

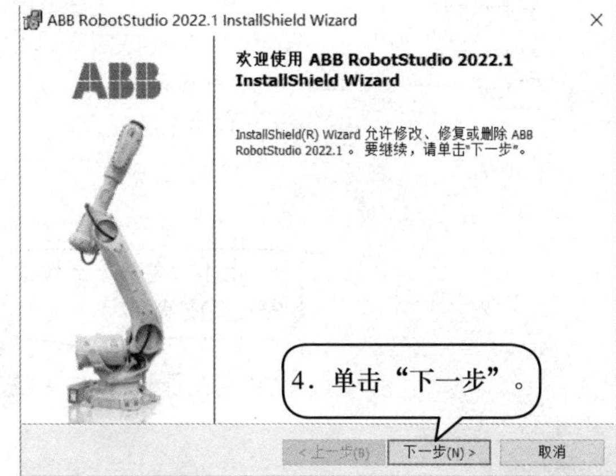
ABB RobotStudio 2022.1 InstallShield Wizard
欢迎使用 ABB RobotStudio 2022.1 InstallShield Wizard
InstallShield(R) Wizard 允许修改、修复或删除 ABB RobotStudio 2022.1 。要继续，请单击"下一步"。
4. 单击“下一步”。
< 上一步(B)
下一步(N) >
取消

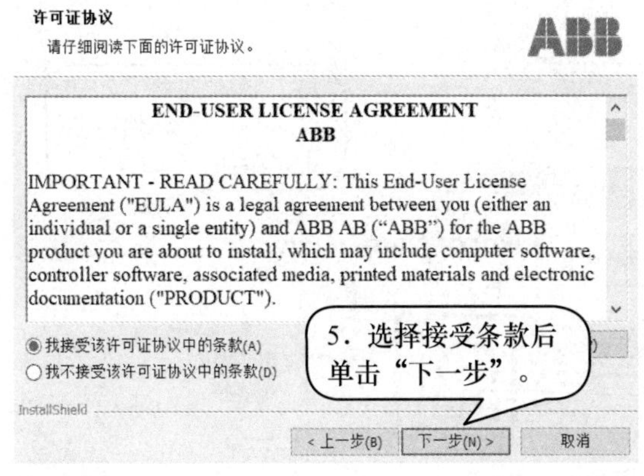
ABB RobotStudio 2022.1 InstallShield Wizard
许可证协议
请仔细阅读下面的许可证协议。
END-USER LICENSE AGREEMENT
ABB
IMPORTANT - READ CAREFULLY: This End-User License Agreement ("EULA") is a legal agreement between you (either an individual or a single entity) and ABB AB ("ABB") for the ABB product you are about to install, which may include computer software, controller software, associated media, printed materials and electronic documentation ("PRODUCT").
我接受该许可证协议中的条款(A)
我不接受该许可证协议中的条款(D)
5. 选择接受条款后单击“下一步”。
InstallShield
< 上一步(B)
下一步(N) >
取消

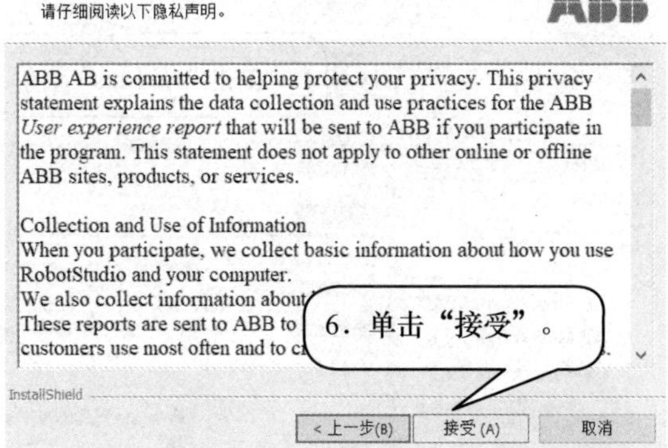
ABB RobotStudio 2022.1 InstallShield Wizard
隐私声明
请仔细阅读以下隐私声明。
ABB AB is committed to helping protect your privacy. This privacy statement explains the data collection and use practices for the ABB User experience report that will be sent to ABB if you participate in the program. This statement does not apply to other online or offline ABB sites, products, or services.
Collection and Use of Information
When you participate, we collect basic information about how you use RobotStudio and your computer.
6. 单击“接受”。
InstallShield
< 上一步(B)
接受 (A)
取消

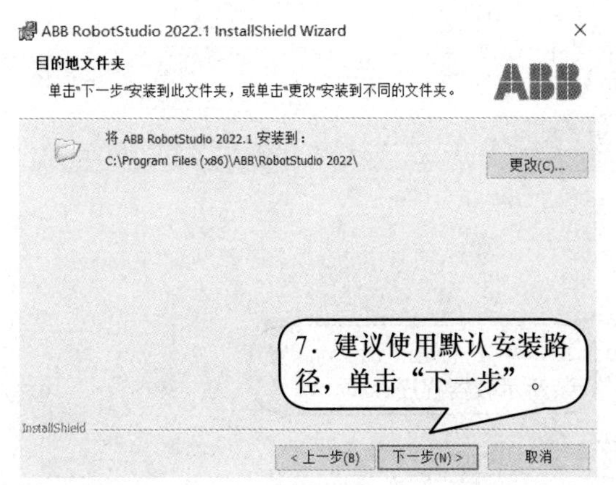
ABB RobotStudio 2022.1 InstallShield Wizard
目的地文件夹
单击"下一步"安装到此文件夹，或单击"更改"安装到不同的文件夹。
将 ABB RobotStudio 2022.1 安装到：
C:\Program Files (x86)\ABB\RobotStudio 2022\
更改(C)...
7. 建议使用默认安装路径，单击“下一步”。
InstallShield
< 上一步(B)
下一步(N) >
取消

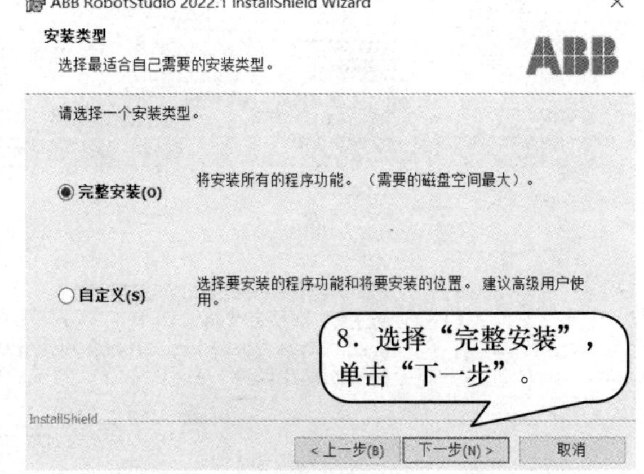
ABB RobotStudio 2022.1 InstallShield Wizard
安装类型
选择最适合自己需要的安装类型。
请选择一个安装类型。
完整安装(O)
将安装所有的程序功能。（需要的磁盘空间最大）。
自定义(S)
选择要安装的程序功能和将要安装的位置。建议高级用户使用。
8. 选择“完整安装”，单击“下一步”。
InstallShield
< 上一步(B)
下一步(N) >
取消

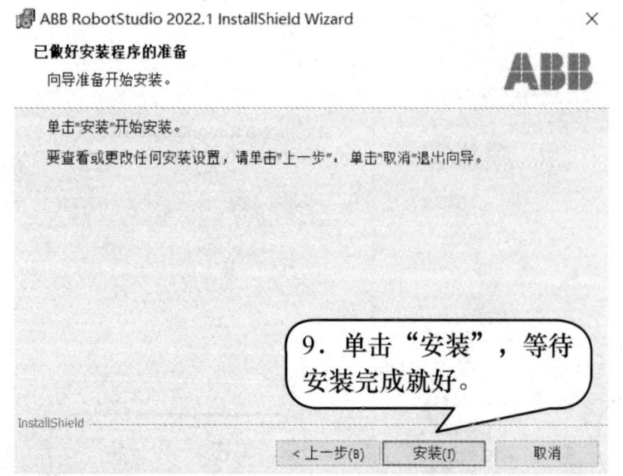

小技巧

在 Robotstudio 的安装过程中，可能会要求重启，跟着提示进行操作即可。

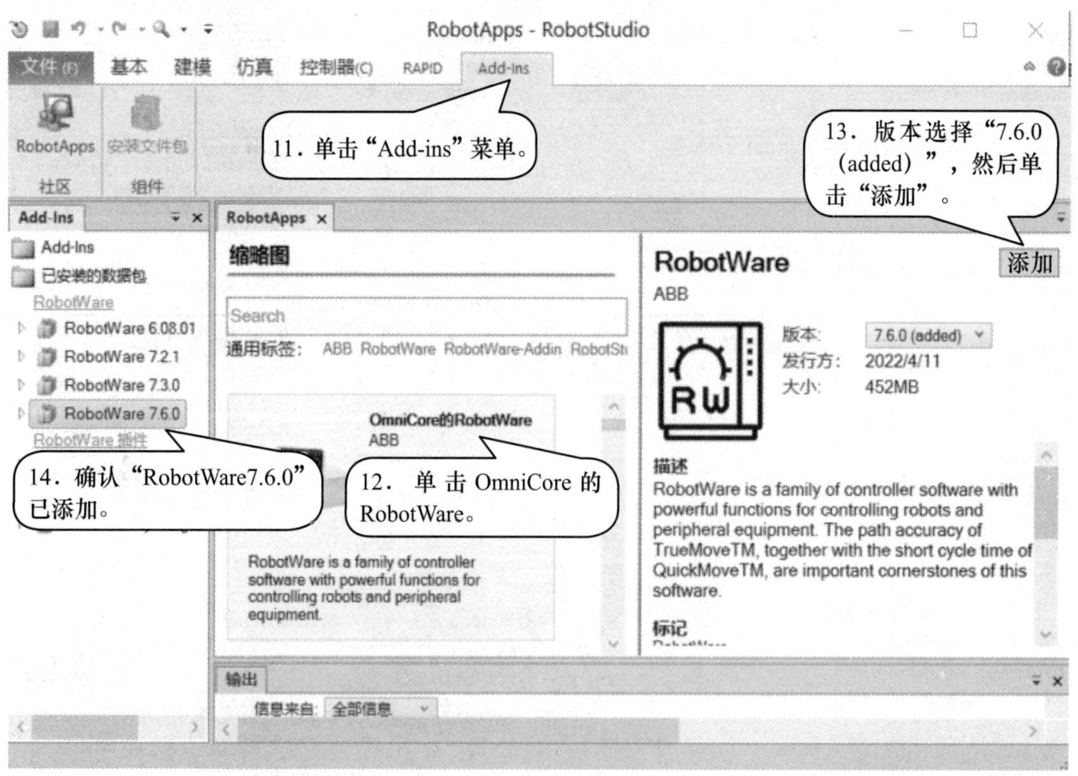

RobotStudio

是否仍要安装FlexPendant应用程序？
请注意，必须启用<a href="https://go.microsoft.com/fwlink/?L
侧面加载应用程序</a >。

15．单击“是（Y）”，安装新示教器程序。

☐ 不再显示此对话　是(Y)　否(N)

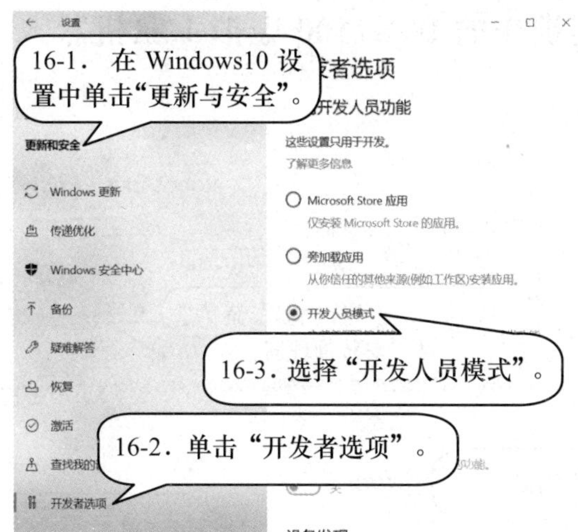

16-1．在 Windows10 设置中单击“更新与安全”。
16-3．选择“开发人员模式”。
16-2．单击“开发者选项”。

小技巧

新示教器程序如果安装失败，请按照第 16 步设置一下 Windows10 的“开发者选项”。

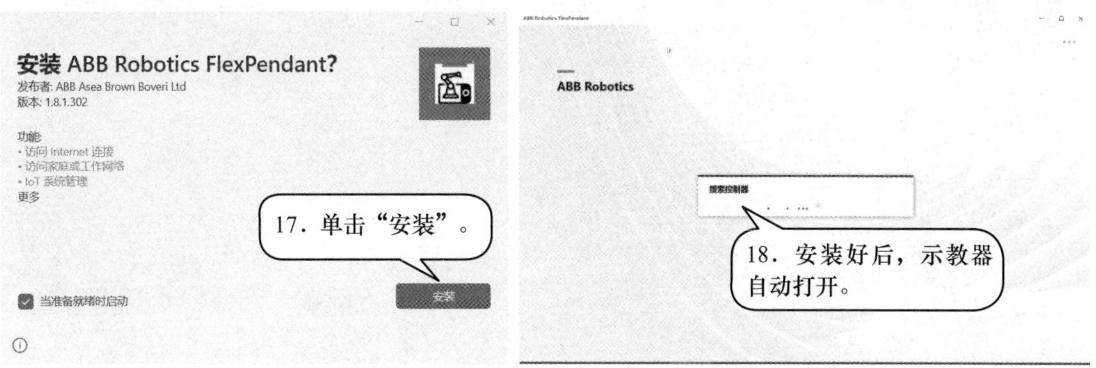

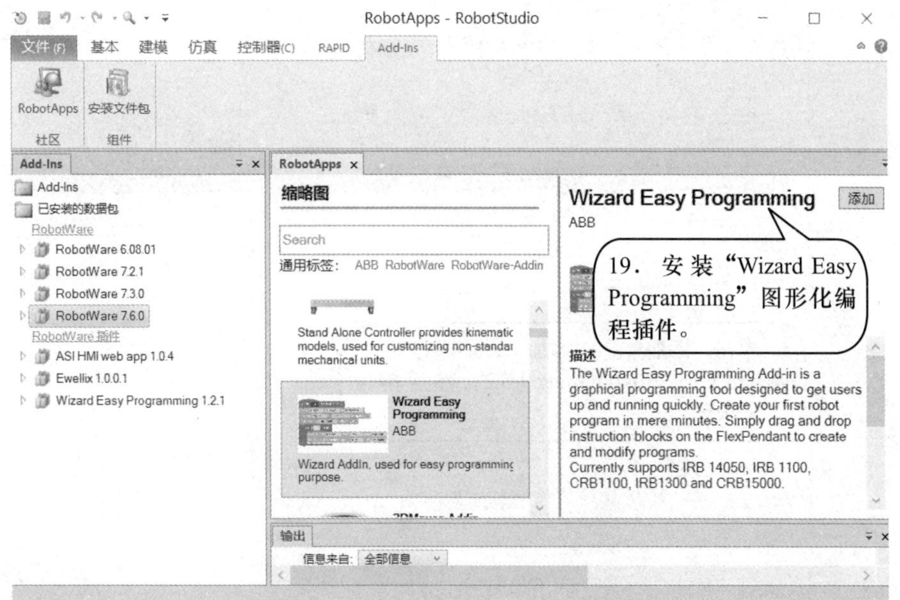

四、创建一个实训用的 IRB1100 虚拟工业机器人工作站

具体操作步骤如下：

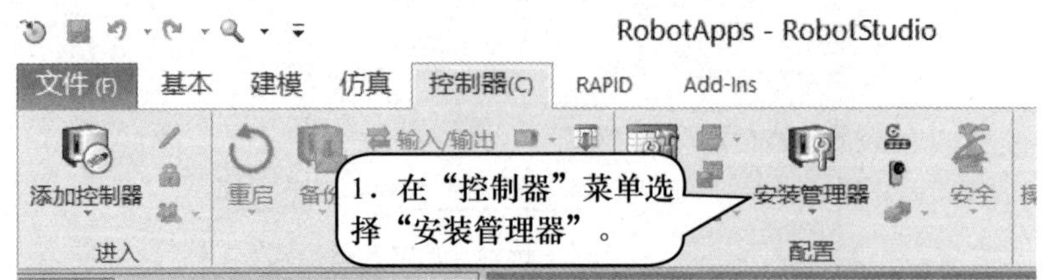

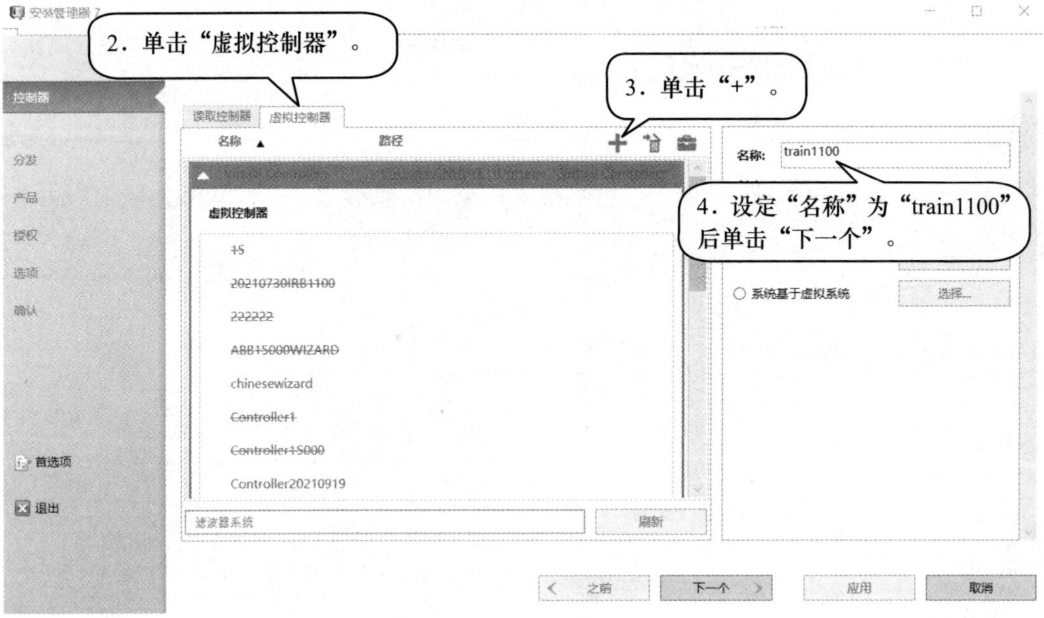

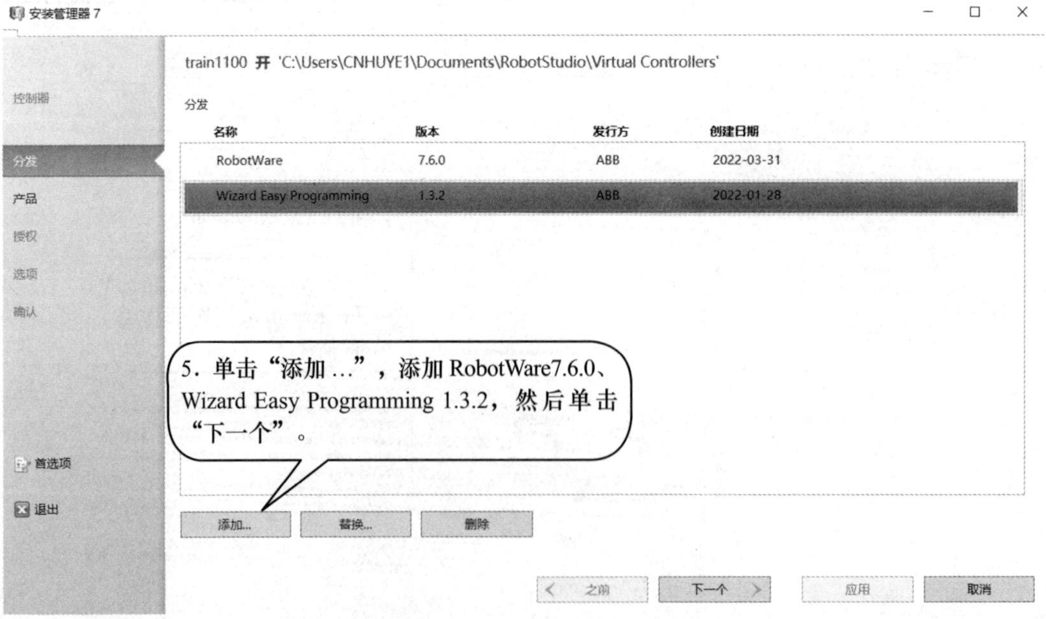

2．单击“虚拟控制器”。

3．单击“+”。

4．设定“名称”为“train1100”后单击“下一个”。

5．单击“添加…”，添加 RobotWare7.6.0、Wizard Easy Programming 1.3.2，然后单击“下一个”。

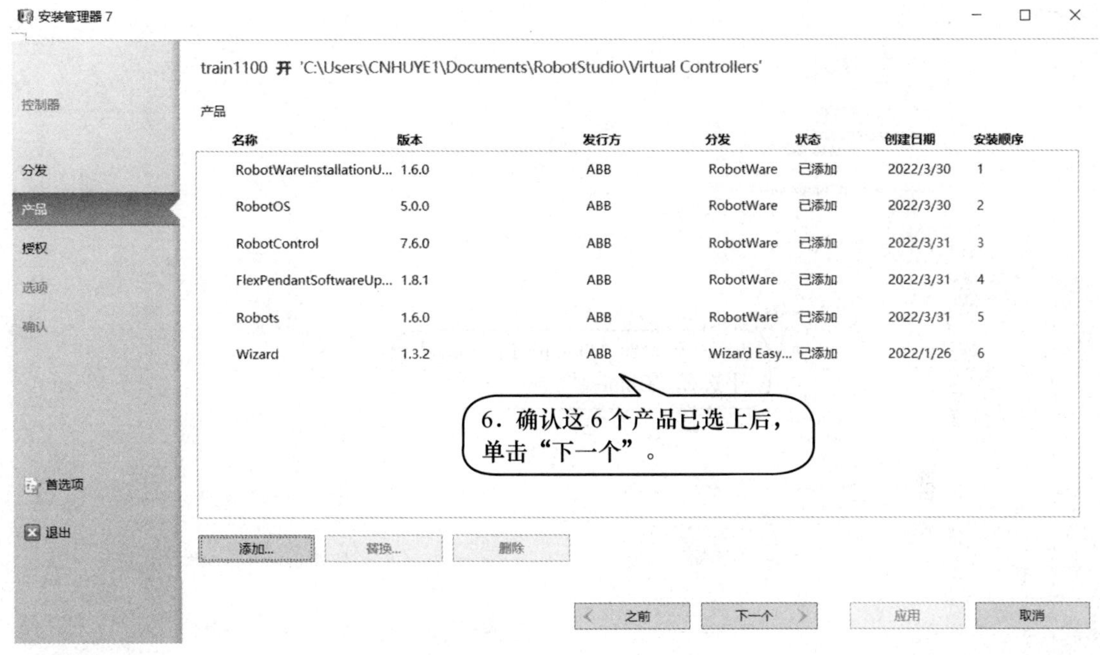
安装管理器 7
train1100 开 'C:\Users\CNHUYE1\Documents\RobotStudio\Virtual Controllers'
控制器
分发
产品
授权
选项
确认
首选项
退出
名称 版本 发行方 分发 状态 创建日期 安装顺序
RobotWareInstallationU... 1.6.0 ABB RobotWare 已添加 2022/3/30 1
RobotOS 5.0.0 ABB RobotWare 已添加 2022/3/30 2
RobotControl 7.6.0 ABB RobotWare 已添加 2022/3/31 3
FlexPendantSoftwareUp... 1.8.1 ABB RobotWare 已添加 2022/3/31 4
Robots 1.6.0 ABB RobotWare 已添加 2022/3/31 5
Wizard 1.3.2 ABB Wizard Easy... 已添加 2022/1/26 6
6. 确认这 6 个产品已选上后，单击“下一个”。
添加...
替换...
删除
之前
下一个
应用
取消

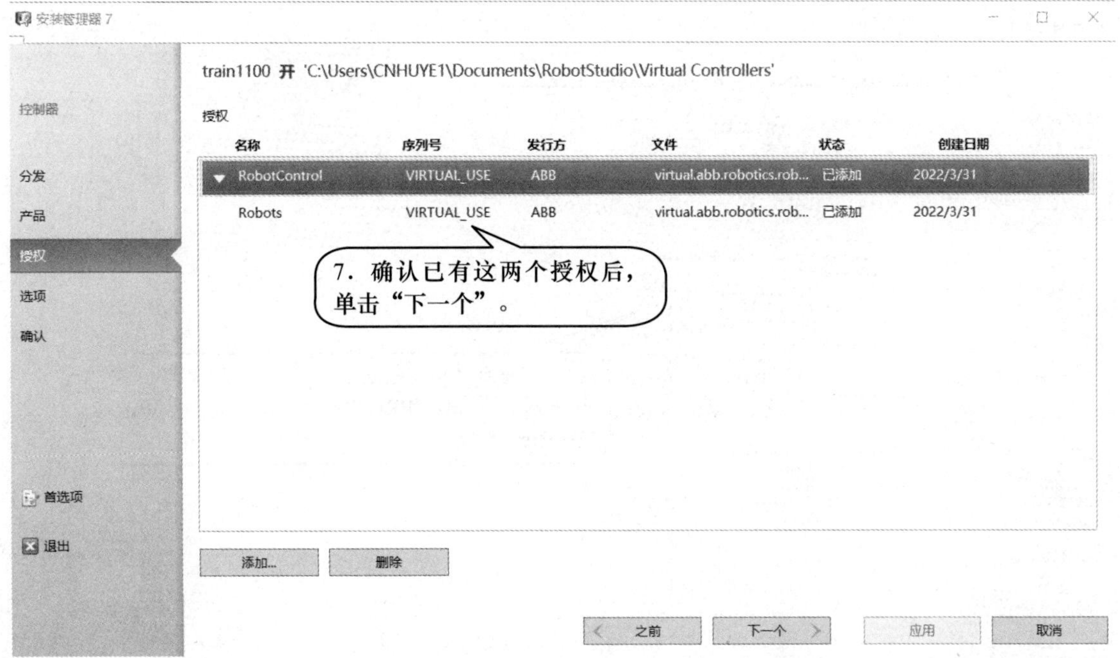
安装管理器 7
train1100 开 'C:\Users\CNHUYE1\Documents\RobotStudio\Virtual Controllers'
控制器
分发
产品
授权
选项
确认
首选项
退出
名称 序列号 发行方 文件 状态 创建日期
RobotControl VIRTUAL_USE ABB virtual.abb.robotics.rob... 已添加 2022/3/31
Robots VIRTUAL_USE ABB virtual.abb.robotics.rob... 已添加 2022/3/31
7. 确认已有这两个授权后，单击“下一个”。
添加...
删除
之前
下一个
应用
取消

8-1．在类别“Default Language”中选择“Chinese”。

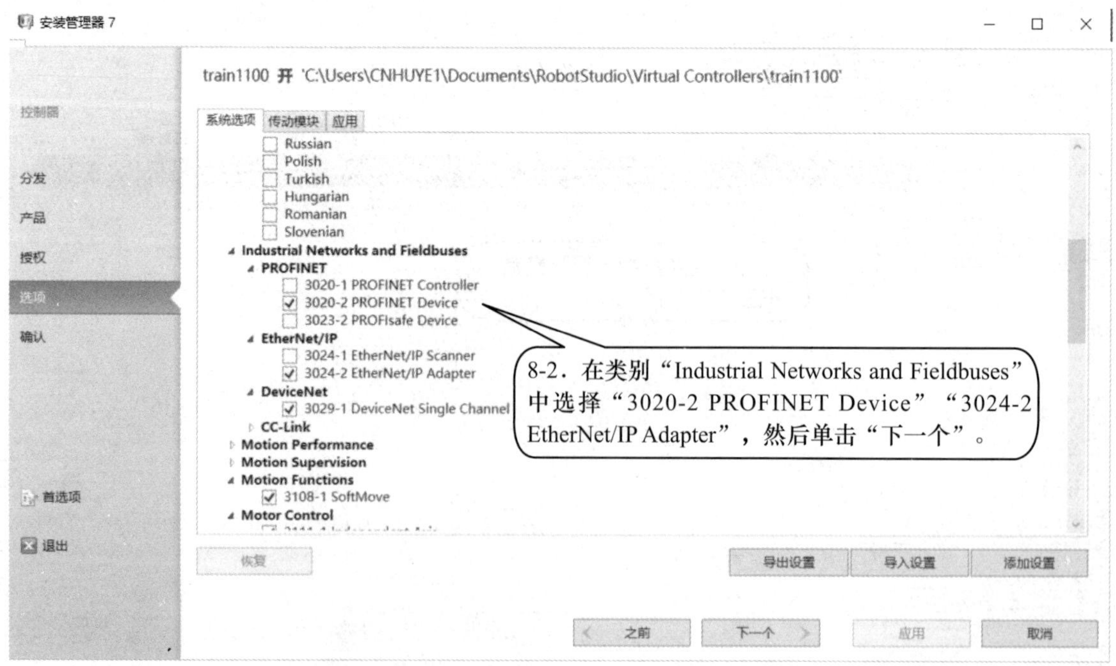
8-2．在类别“Industrial Networks and Fieldbuses”中选择“3020-2 PROFINET Device”“3024-2 EtherNet/IP Adapter”，然后单击“下一个”。

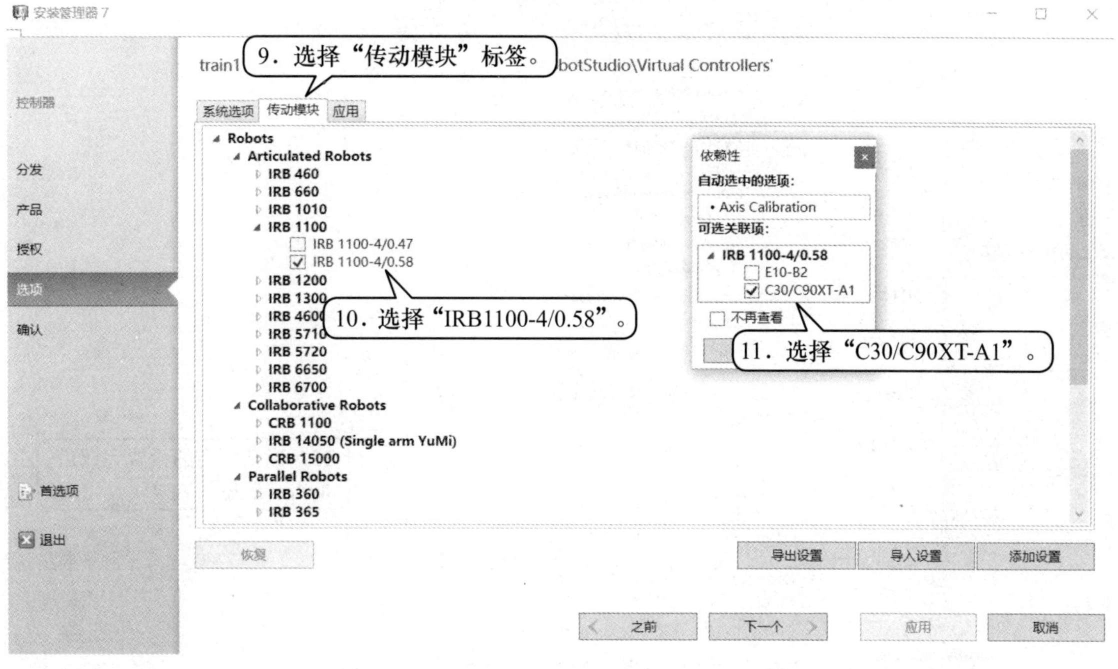
安装管理器 7
9．选择“传动模块”标签。
botStudio\Virtual Controllers'
控制器
分发
产品
授权
选项
确认
首选项
退出
系统选项
传动模块
应用
Robots
Articulated Robots
IRB 460
IRB 660
IRB 1010
IRB 1100
IRB 1100-4/0.47
IRB 1100-4/0.58
IRB 1200
IRB 1300
IRB 4600
IRB 5710
IRB 5720
IRB 6650
IRB 6700
Collaborative Robots
CRB 1100
IRB 14050 (Single arm YuMi)
CRB 15000
Parallel Robots
IRB 360
IRB 365
10．选择“IRB1100-4/0.58”。
依赖性
自动选中的选项:
• Axis Calibration
可选关联项:
IRB 1100-4/0.58
E10-B2
C30/C90XT-A1
不再查看
11．选择“C30/C90XT-A1”。
恢复
导出设置
导入设置
添加设置
之前
下一个
应用
取消

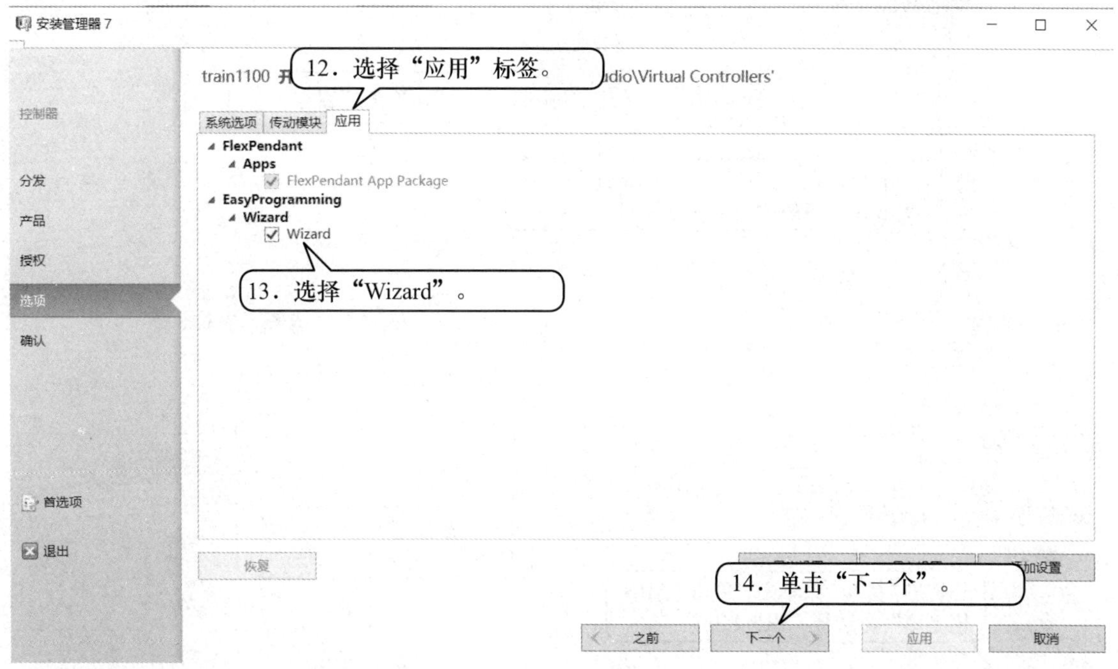
安装管理器 7
train1100
12．选择“应用”标签。
dio\Virtual Controllers'
控制器
分发
产品
授权
选项
确认
首选项
退出
系统选项
传动模块
应用
FlexPendant
Apps
FlexPendant App Package
EasyProgramming
Wizard
Wizard
13．选择“Wizard”。
恢复
14．单击“下一个”。
之前
下一个
应用
取消

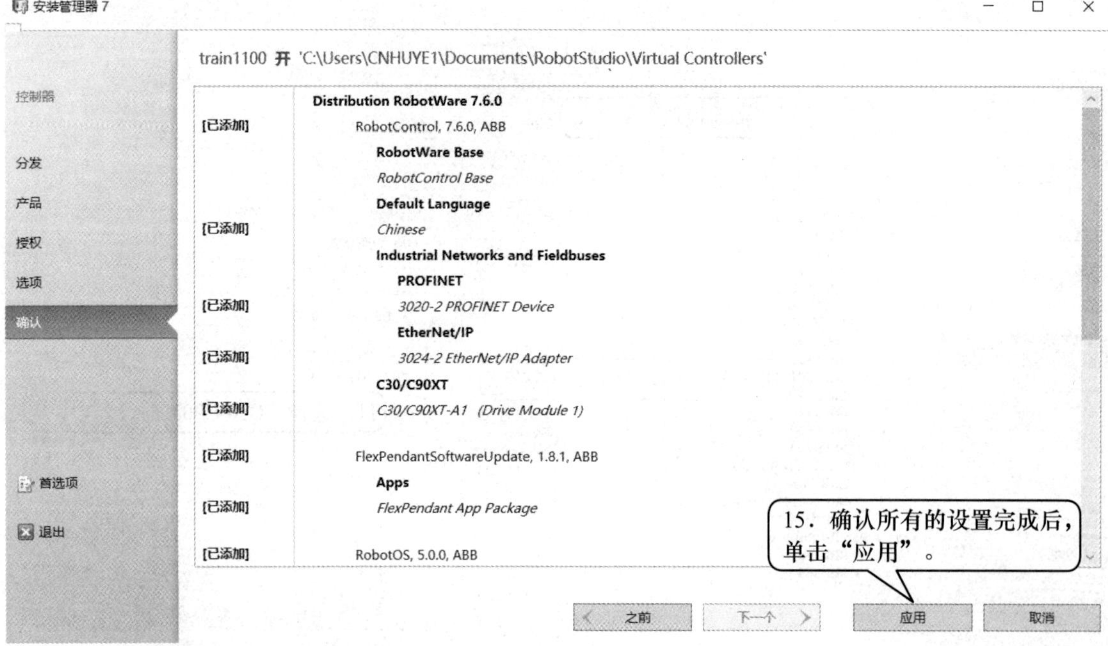
安装管理器 7
train1100 开 'C:\Users\CNHUYE1\Documents\RobotStudio\Virtual Controllers'
控制器
分发
产品
授权
选项
确认
首选项
退出
Distribution RobotWare 7.6.0
[已添加] RobotControl, 7.6.0, ABB
RobotWare Base
RobotControl Base
Default Language
[已添加] Chinese
Industrial Networks and Fieldbuses
PROFINET
[已添加] 3020-2 PROFINET Device
EtherNet/IP
[已添加] 3024-2 EtherNet/IP Adapter
C30/C90XT
[已添加] C30/C90XT-A1 (Drive Module 1)
[已添加] FlexPendantSoftwareUpdate, 1.8.1, ABB
Apps
[已添加] FlexPendant App Package
[已添加] RobotOS, 5.0.0, ABB
15．确认所有的设置完成后，单击“应用”。
之前
下一个
应用
取消

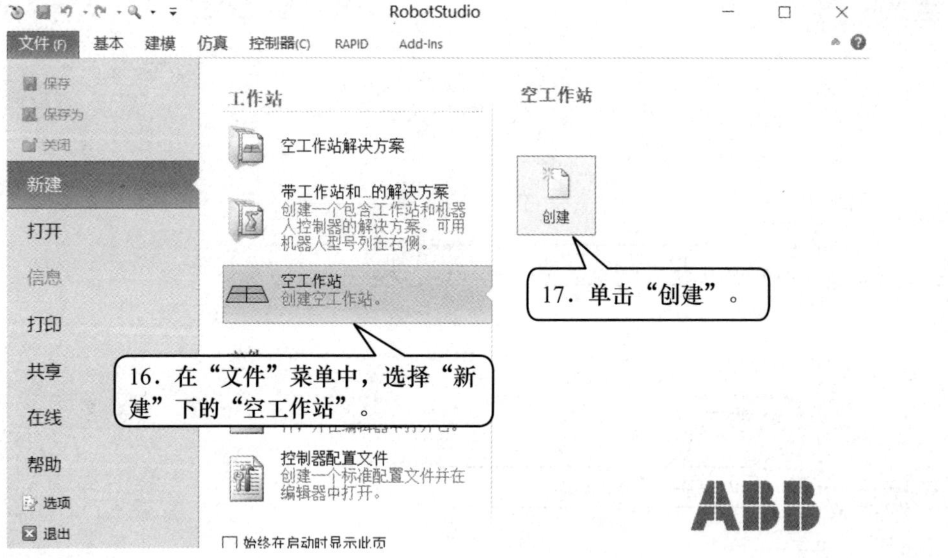
RobotStudio
文件(F) 基本 建模 仿真 控制器(C) RAPID Add-Ins
保存
保存为
关闭
新建
打开
信息
打印
共享
在线
帮助
选项
退出
工作站
空工作站解决方案
带工作站和...的解决方案
创建一个包含工作站和机器人控制器的解决方案。可用机器人型号列在右侧。
空工作站
创建空工作站。
控制器配置文件
创建一个标准配置文件并在编辑器中打开。
始终在启动时显示此页
空工作站
创建
16．在“文件”菜单中，选择“新建”下的“空工作站”。
17．单击“创建”。
ABB

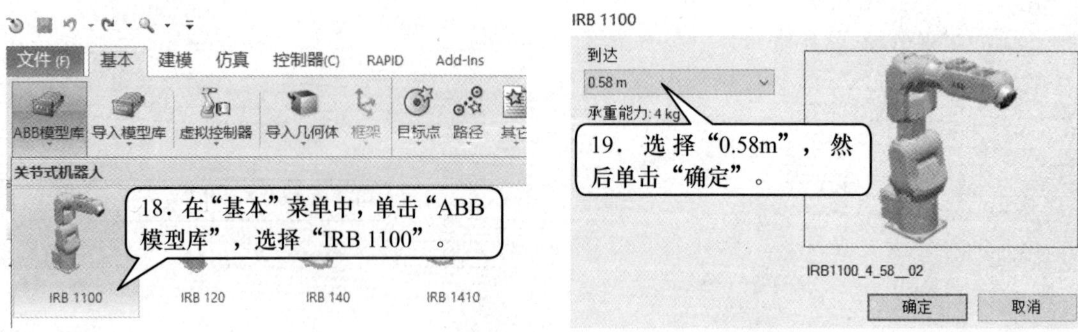
文件(F) 基本 建模 仿真 控制器(C) RAPID Add-Ins
ABB模型库 导入模型库 虚拟控制器 导入几何体 框架 目标点 路径 其它
关节式机器人
IRB 1100
IRB 120
IRB 140
IRB 1410
18．在“基本”菜单中，单击“ABB模型库”，选择“IRB 1100”。
IRB 1100
到达
0.58 m
承重能力: 4 kg
19．选择“0.58m”，然后单击“确定”。
IRB1100_4_58__02
确定
取消

文件(F)
基本
建模
仿真
控制器(C)
RAPID
Add-Ins
ABB模型库
导入模型库
虚拟控制器
导入几何体
框架
目标点
路径
从布局...
20. 单击“虚拟控制器”选择“现有控制器……”。
布局
路径和目标点
全部展开
[未保存工作站]*
机械装置
IRB1100_4_58__02
现有控制器......
在工作站内添加现有虚拟控制器。

添加现有控制器
位置:
C:\Users\CNHUYE1\Documents\RobotStudio\Virtual Controllers
虚拟控制器:
管理...
控制器名字
介质
irb4600track
未找到 (RobotWare_6.10.1039)
IRB_14050_0.5kg_0.5m
RobotControl 7.1.0
mmiikk
qq
21. 选中“train1100”，单击“确定”。
SAYsample
未找到 (RobotControl_7.0.3)
shifan
未找到 (RobotControl_7.2.0)
train1100
RobotControl 7.6.0
YUMI14050
未找到 (RobotControl_7.0.3)
ZHUHAI15000
RobotControl 7.3.0
选项
重置控制器（I启动）
导入新程序库
使用现有工作站模型库
同步RAPID程序到工作站
确定
取消

training1100 - RobotStudio
文件(F)
基本
建模
仿真
控制器(C)
RAPID
Add-Ins
ABB模型库
导入几何体
导入模型库
框架
虚拟控制器
建立工作站
目标点
路径
其它
示教目标点
查看机器人目标
路径编程
T_ROB1(IRB1100_4_58)
wobj0
tool0
设置
同步
控制器
大地坐标
Freehand
图形工具
新视图
显示/隐藏
框架尺寸
图形
布局
路径和目标点
标记
全部展开
training1100*
机械装置
IRB1100_4_58__02
视图1
22. 练习用的工业机器人工作站已成功创建。
输出
信息来自:
全部信息
选择方式
捕捉模式
UCS：工作站
0.00 0.00 0.00
MoveL
v1000
z100
tool0
\WObj=wobj0
控制器状态:
1/1

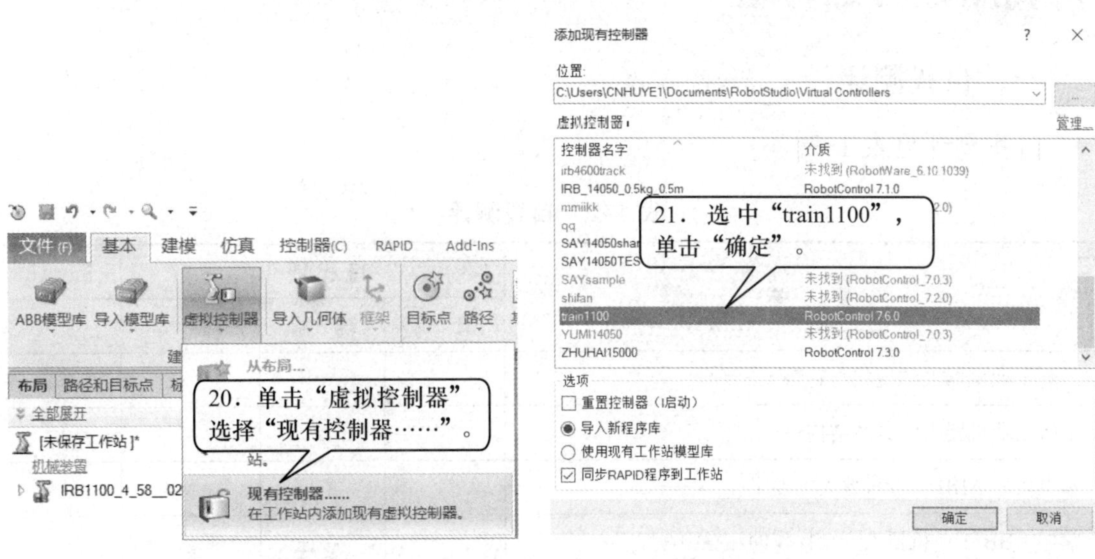

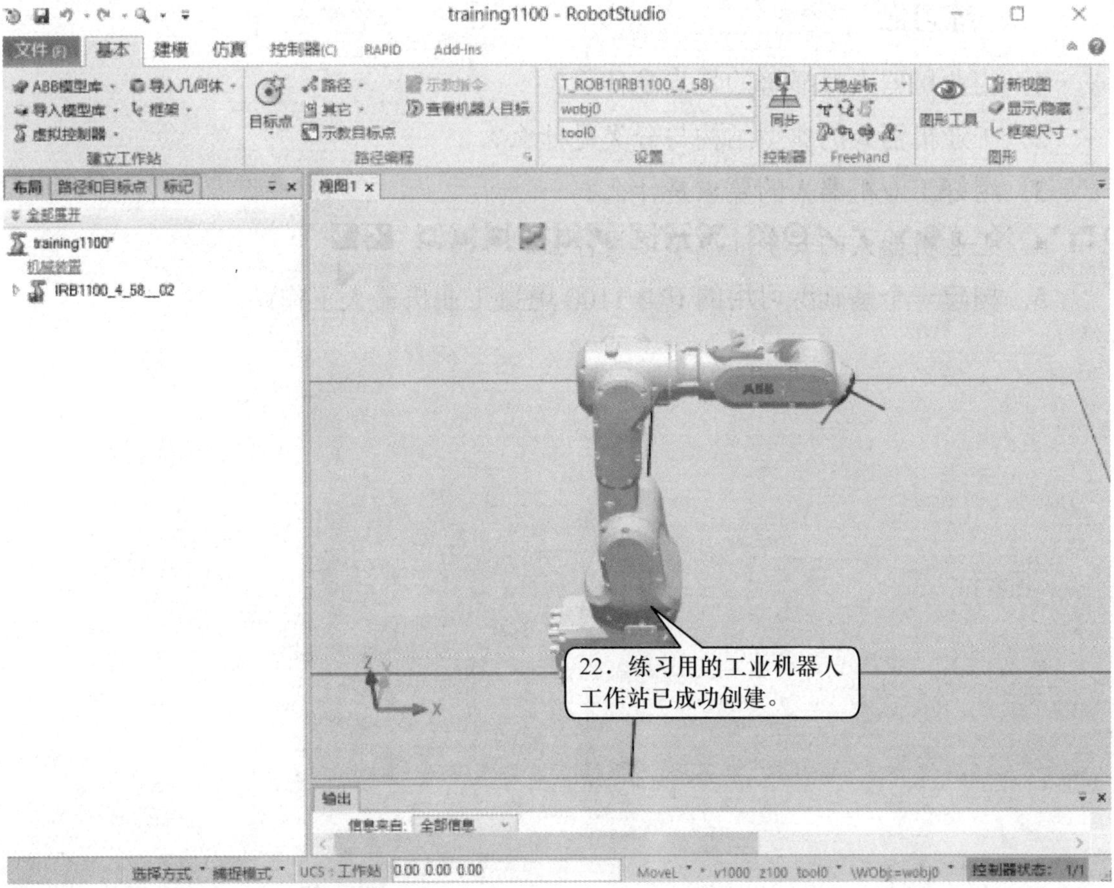

自我测评与练习题

一、自我测评

自我测评见表 1-2。

表 1-2 自我测评

要求	自我评价			备注
	掌握	理解	再学	
了解工业机器人的现状与趋势				
了解工业机器人的典型结构				
掌握用好 ABB 工业机器人的要求				
掌握 ABB 工业机器人安全操作的注意事项				
学会构建基础练习用的虚拟工业机器人工作站				

二、练习题

1．工业机器人最显著的特点是什么？

2．工业机器人的典型结构与分类是什么？

3．用好工业机器人的要求是什么？

4．工业机器人的安全注意事项是什么？

5．构建一个基础练习用的 IRB 1100 虚拟工业机器人工作站。

项目 2　工业机器人的基本安装与电缆连接

任务目标

1．掌握工业机器人底座安装固定的操作

2．掌握工业机器人第六轴法兰盘工具安装固定的操作

3．掌握工业机器人本体与控制柜电气连接的操作

任务描述

工业机器人都是按照标准流程打包好才发送到客户现场的。在本任务中，我们来学习工业机器人到达客户现场后，如何进行工业机器人底座安装固定、工具安装和电气连接的工作。

任务 2-1　工业机器人底座的安装固定

工作任务

☑ 掌握工业机器人 IRB 1100 未固定底座时的姿态数据

☑ 正确安装固定工业机器人 IRB 1100 的操作

一、工业机器人 IRB 1100 未固定底座时的姿态

工业机器人 IRB 1100 - 4/0.58m 在底座未固定时，不能通电操作，并且应保持在图 2-1 中的姿态，确保不会因为重心不稳造成工业机器人的倾倒。

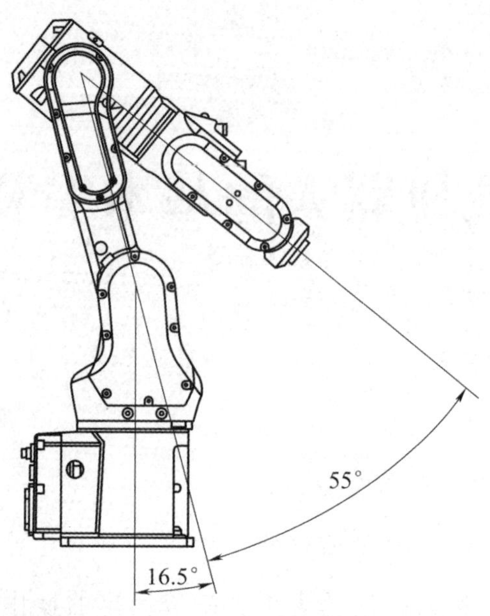

图 2-1　工业机器人 IRB 1100 未固定底座时的姿态

小技巧

在每次工作结束，都应将工业机器人回到此姿态（轴 1～轴 4），轴 6 法兰朝地面，这样有利于减少伺服电动机中刹车的负荷，延长寿命。

二、工业机器人 IRB 1100 底座的固定安装

1. 工业机器人 IRB 1100 底座的尺寸

请按照图 2-2 所示的工业机器人 IRB 1100 底座的尺寸，设计固定底座的螺钉孔位。

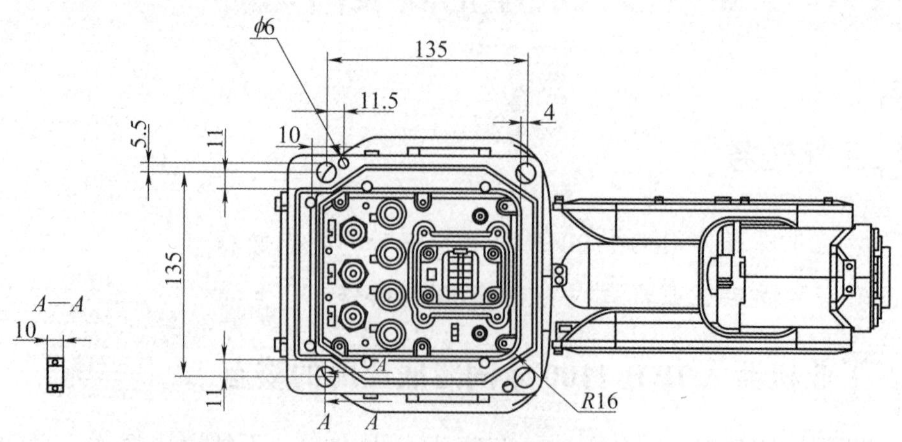

图 2-2　工业机器人 IRB 1100 底座尺寸

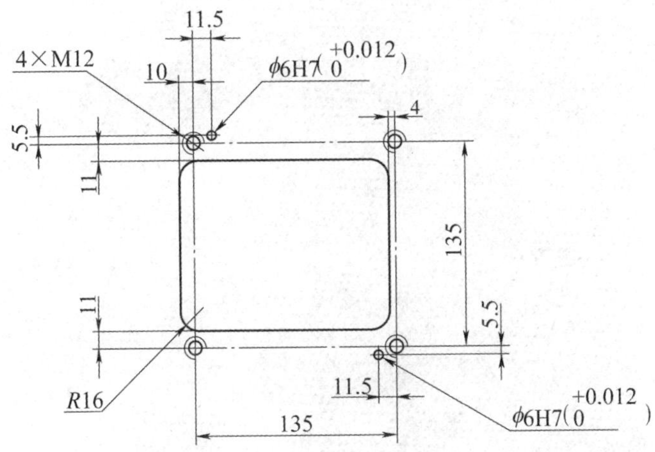

图 2-2　工业机器人 IRB 1100 底座尺寸（续）

2. 工业机器人 IRB 1100 固定用螺钉与垫圈的型号和要求

工业机器人 IRB 1100 固定用螺钉与垫圈的型号和要求如下：

1）螺钉规格：M12×25（工业机器人直接安装在基座上），4 个。

2）垫圈的规格：24mm×13mm×2.5mm。

3）硬度等级：200HV。

4）导销：ϕ6mm×20mm，ISO 2338 - 6m6×20 - A1，2 个。

5）拧紧转矩：50N • m±5N • m。

6）螺纹啮合长度：对于材料屈服强度为 150MPa 的安装面，最小 12.5mm。

7）水平面要求：0.1/500mm。

任务 2-2　工业机器人第六轴法兰盘工具的安装固定

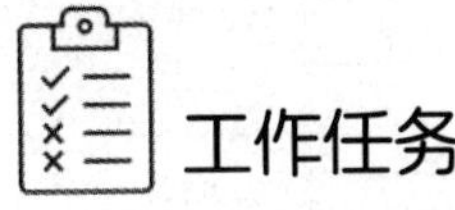

工作任务

☑ 了解工业机器人 IRB1100 第六轴法兰的安装尺寸

☑ 看懂工业机器人 IRB1100 的第六轴法兰载荷图

要根据应用的需求在工业机器人的第六轴上安装合适的工具。比如要实现涂胶的应用，则在工业机器人的第六轴上安装一把涂胶枪，如图 2-3 所示。

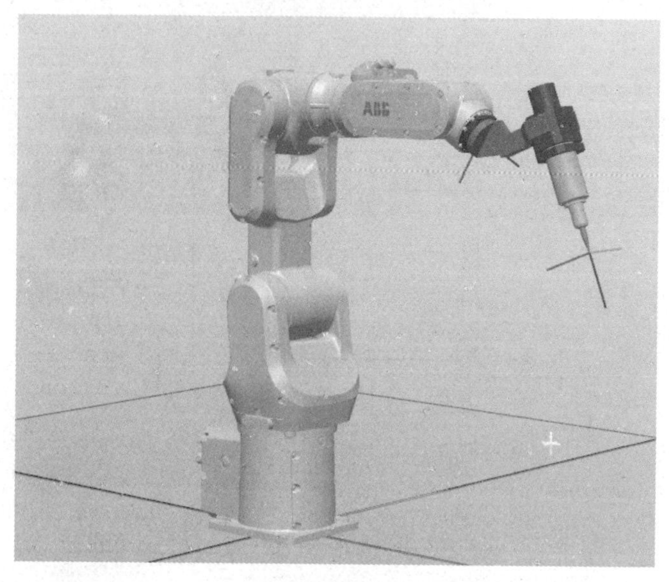

图 2-3　工业机器人的第六轴上安装一把涂胶枪

一、工业机器人 IRB1100 第六轴法兰盘尺寸

如果要将工具安装到工业机器人 IRB 1100 的第六轴法兰盘上，则要根据图 2-4 所示的尺寸进行工具连接的匹配。

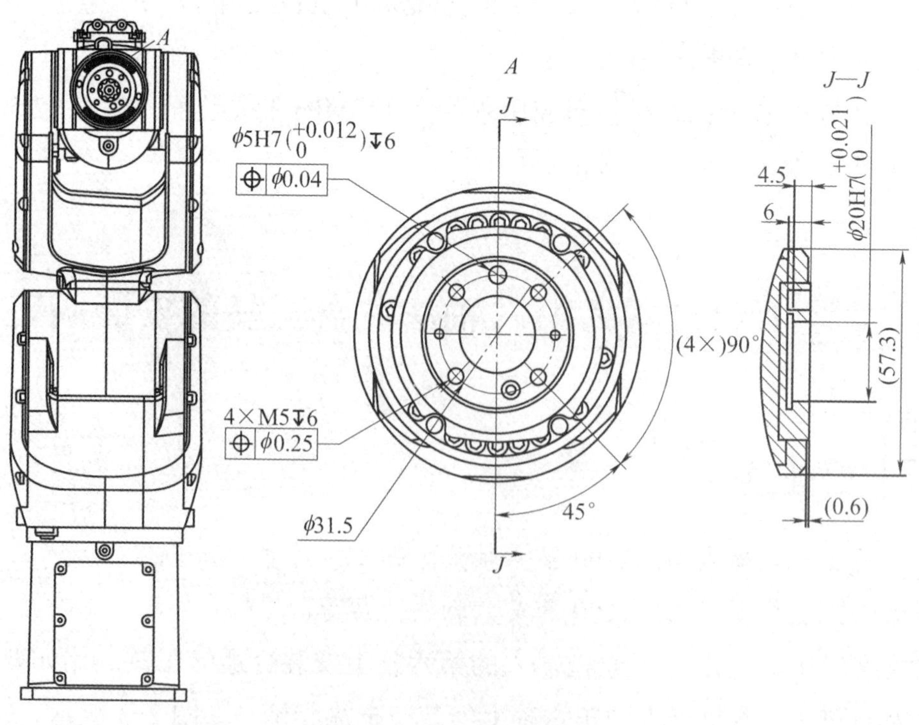

图 2-4　工业机器人 IRB 1100 第六轴法兰盘尺寸

二、工业机器人 IRB 1100 的第六轴法兰载荷图

工业机器人 IRB 1100 的第六轴法兰载荷图如图 2-5 所示。

看懂图 2-5 所示载荷图，需要了解以下两点：

1）由于杠杆效应，工具重心离法兰盘越远，载荷的能力越低。

2）设计工具时，尽可能将重心靠近法兰盘。

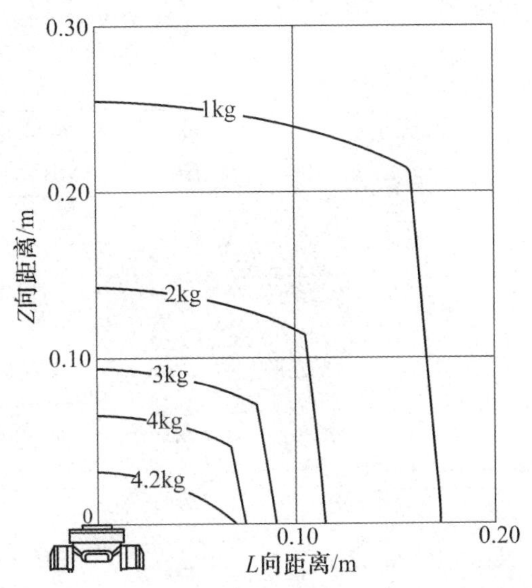

图 2-5　工业机器人 IRB 1100 的第六轴法兰载荷图

任务 2-3　工业机器人本体与控制柜电气连接

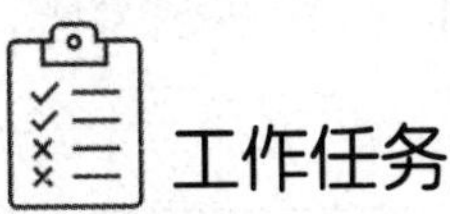

工作任务

☑ 掌握工业机器人 IRB 1100 本体的电气接线

☑ 掌握 OmniCore 的 E10 和 C30 的控制柜的电气接线

一、工业机器人 IRB 1100 本体的电气接线

如果想对工业机器人 IRB 1100 进行操作，那么工业机器人本体上最少需要连接两根电缆到控制柜。具体操作如图 2-6 所示。

其他接口的用途说明如下：

1）R1.C1：用户信号电缆接口，用于连接工具上的电气模块，比如传感器等。

2）R1.C2：用户信号电缆接口或工业网络电缆接口，用于连接工具上的电气模块或工业网络连接，比如工业相机等。

3）A1 ～ A4：压缩空气接口。

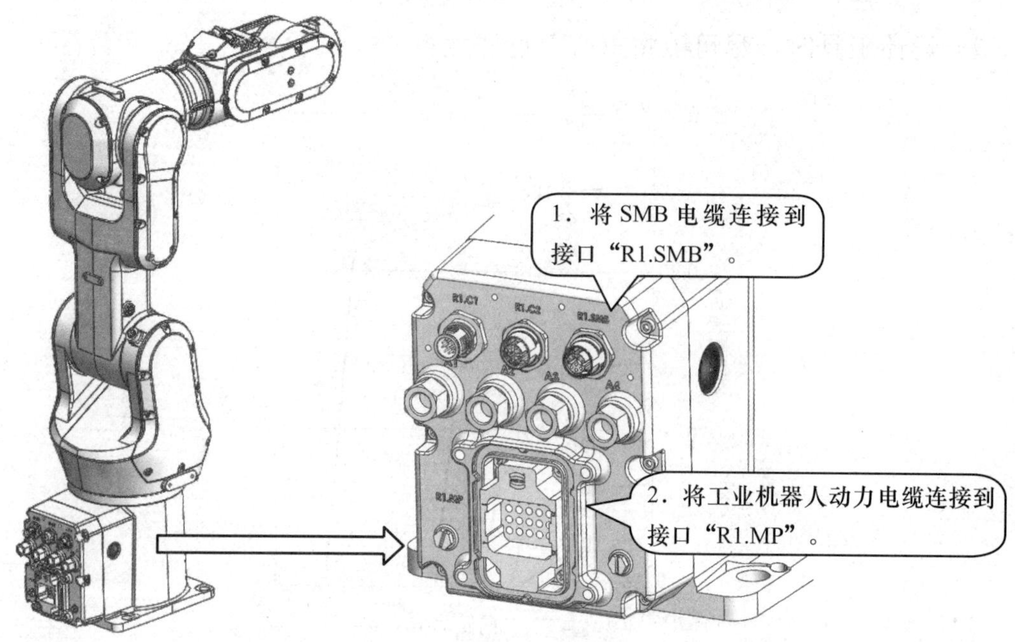

图 2-6　连接电缆操作

二、OmniCore 的 E10 和 C30 的控制柜的电气接线

IRB 1100 可以适配 OmniCore 的 E10 和 C30 控制柜，以下具体介绍两种控制柜的连接。

1）IRB 1100 与控制柜 OmniCore E10 的电气连接。具体操作步骤如图 2-7 所示。

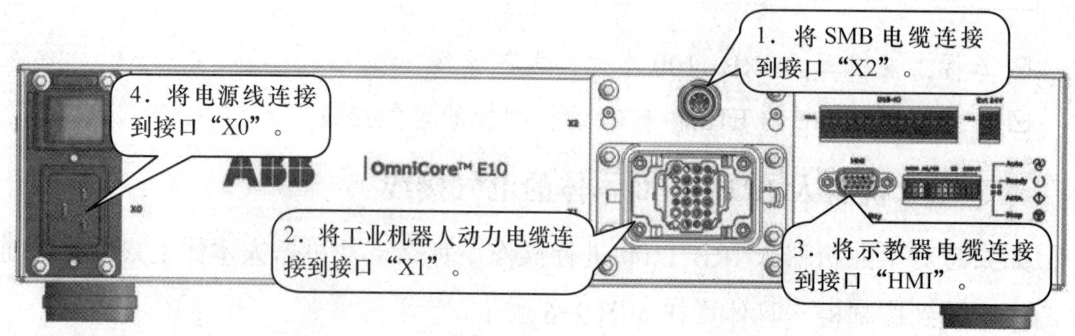

图 2-7　IRB1100 与控制柜 OmniCore E10 的电气连接

2）IRB1100 与控制柜 OmniCore C30 的电气连接。具体操作步骤如图 2-8 所示。

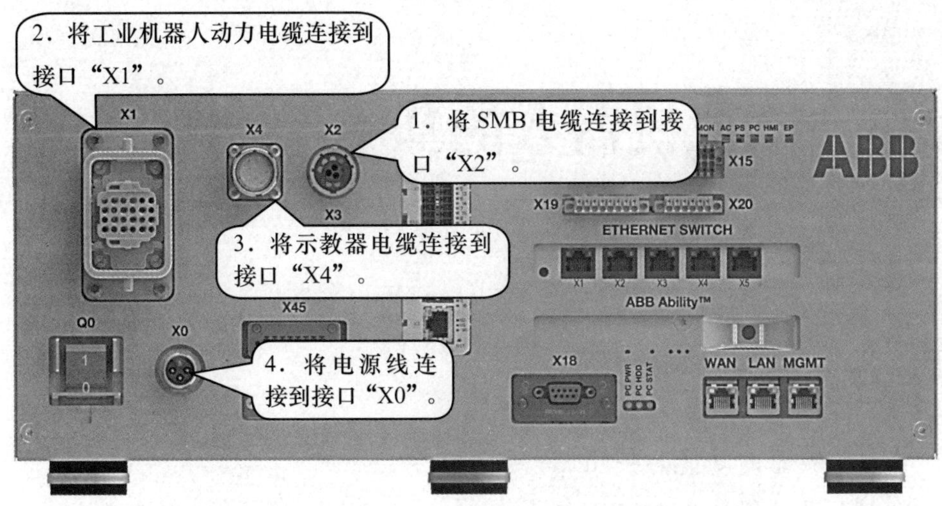

图 2-8　IRB1100 与控制柜 OmniCore C30 的电气连接

自我测评与练习题

一、自我测评

自我测评见表 2-1。

表 2-1　自我测评

要　求	自我评价			备　注
	掌　握	理　解	再学	
掌握工业机器人底座安装固定的操作				
掌握工业机器人第六轴法兰盘工具安装固定的操作				
掌握工业机器人本体与控制柜电气连接操作				

二、练习题

1．画简图说明工业机器人 IRB 1100 未固定前的姿态是怎么样的？

2．简述工业机器人 IRB 1100 固定用螺钉与垫圈的型号和要求。

3．简述 IRB 1100 法兰盘载荷图。

4．简述工业机器人 IRB 1100 本体的电气接线步骤。

5．简述 IRB 1100 与控制柜 OmniCore E10 的电气连接步骤。

项目 3　工业机器人的基本操作

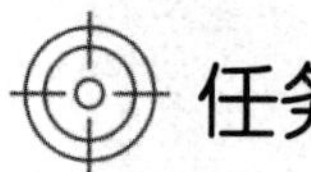

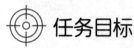

任务目标

1．学会示教器的功能与使用

2．学会查看常用信息与事件日志

3．学会工业机器人数据的备份与恢复

4．学会工业机器人的手动操纵

5．学会工业机器人转数计数器更新

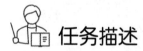

任务描述

在大多数的情景里，我们都是使用工业机器人的示教器（FlexPendant）来操作工业机器人，如图 3-1 所示。

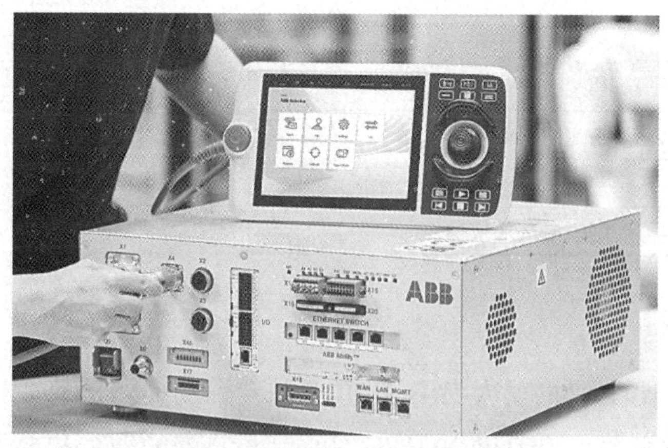

图 3-1　示教器

ABB 工业机器人的示教器是一种手持式人机互动操作装置，由硬件和软件组成，用于执行与操作机器人系统有关的许多任务：运行程序，操纵工业机器人微动，修改机器人程序等。FlexPendant 可在恶劣的工业环境下持续运作。其触摸屏易于清洁，且防水、防油、防溅。其本身就是一台完整的计算机，通过集成线缆和接头连接到控制器。

通过本项目的任务实施，大家可以学会通过 ABB 工业机器人的示教器查看常用信息与事件日志，以及通过示教器对工业机器人数据进行备份与恢复、手动操纵机器人、更新工业机器人的转数计数器的操作流程。

任务 3-1　认识示教器：配置必要的操作环境

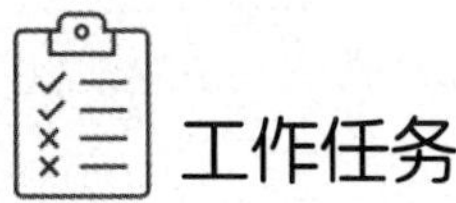

☑ 了解示教器上各按钮的作用

☑ 设定示教器的显示语言

☑ 设定机器人系统的时间

☑ 正确使用使能器按钮

一、了解示教器上各按钮的作用

在示教器上，绝大多数的操作都是在触摸屏上完成的，同时也保留了必要的按钮和操作装置，如图 3-2 所示。

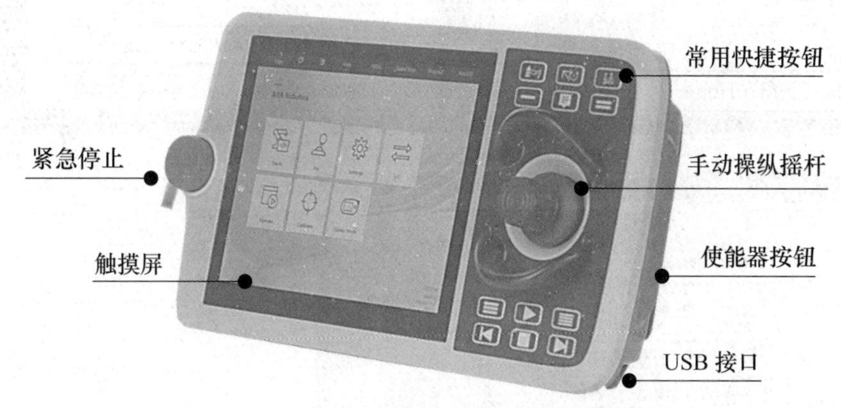

图 3-2　示教器上的按钮和操作装置

ABB 工业机器人示教器符合人体工程学设计，可以很好地支持左手习惯和右手习惯的操作人员使用。

图 3-3 是左手习惯和右手习惯手持示教器的示意图。

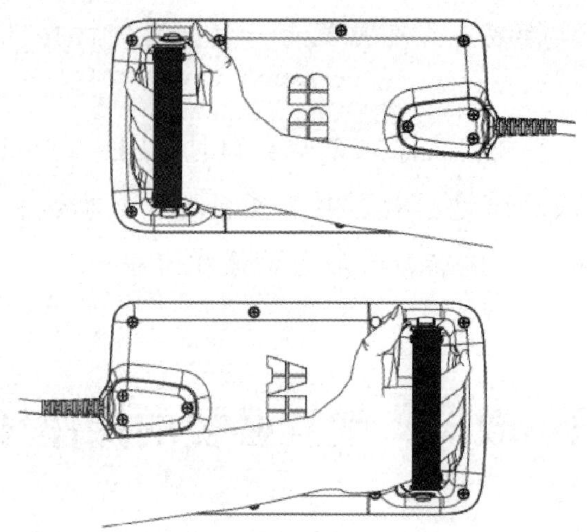

图 3-3　左手习惯和右手习惯手持示教器示意图

二、设定示教器的显示语言

示教器出厂时，默认的显示语言是英语，为了方便操作，下面介绍把显示语言设定为中文的具体操作步骤：

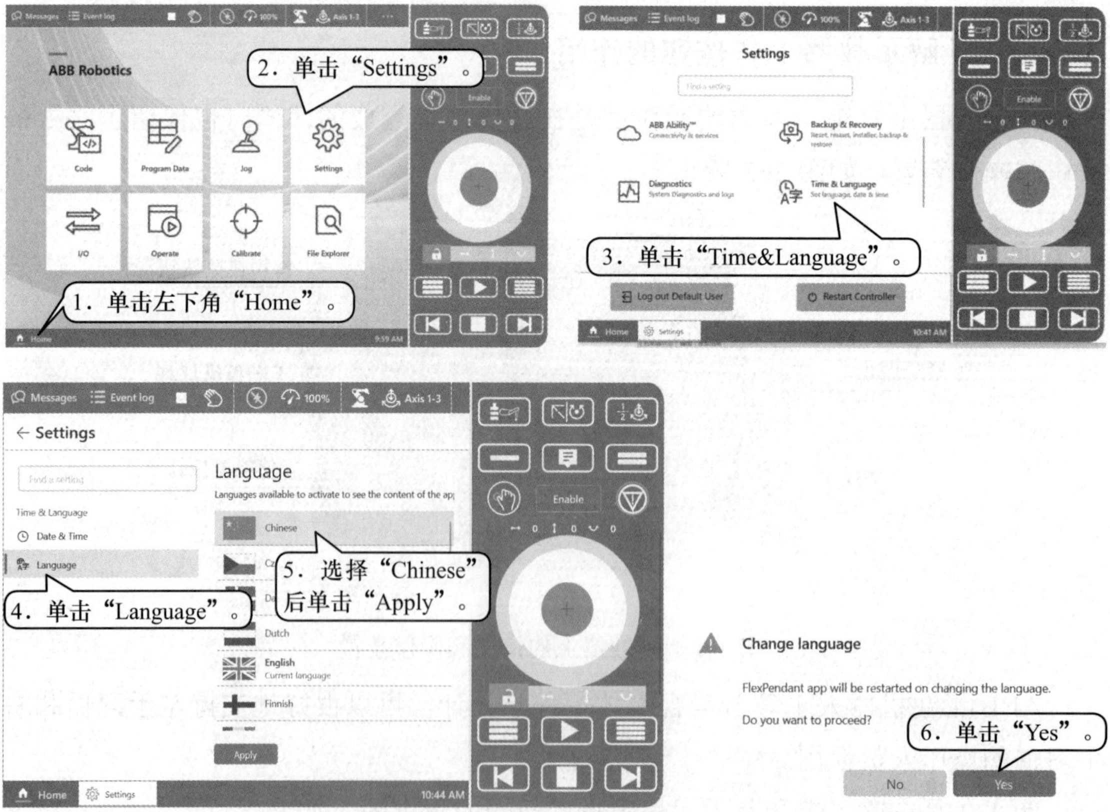

ABB Robotics
Code
Program Data
Jog
Settings
I/O
Operate
Calibrate
File Explorer
1．单击左下角“Home”。
2．单击“Settings”。
Settings
ABB Ability™
Backup & Recovery
Diagnostics
Time & Language
3．单击“Time&Language”。
Log out Default User
Restart Controller
Settings
Time & Language
Date & Time
Language
Languages available to activate to see the content of the ap
Chinese
Dutch
English
Current language
Finnish
Apply
4．单击“Language”。
5．选择“Chinese”后单击“Apply”。
Change language
FlexPendant app will be restarted on changing the language.
Do you want to proceed?
6．单击“Yes”。
No
Yes

三、设定工业机器人系统的时间

为了方便地进行文件的管理和故障的查阅与管理，在进行各种操作之前要将工业机器人系统的时间设定为本地时区的时间。具体操作如下：

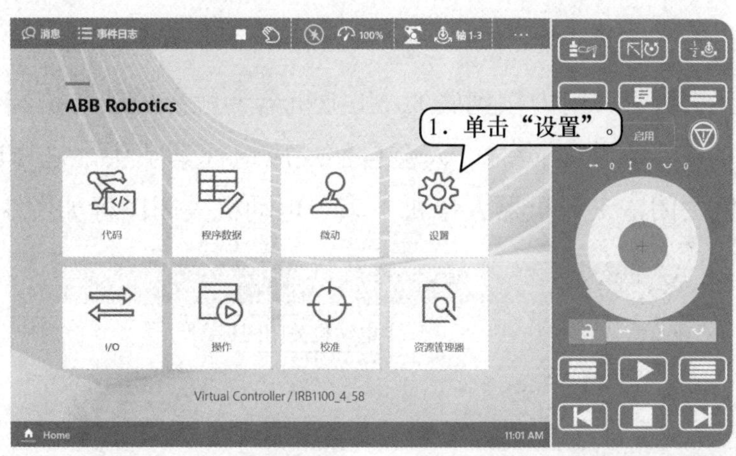

四、正确使用使能器按钮

使能器按钮（图 3-4）是工业机器人为保证操作人员人身安全而设置的。只有在按下使能器按钮，并保持在“电动机开启”的状态，才可对工业机器人进行手动的操作与程序的调试。当发生危险时，人会本能地将使能器按钮松开或按紧，工业机器人则会马上停下来，以保证安全。

使能器按钮分为两档，在手动状态下第一档按下去，工业机器人处于电动机开启状态，如图 3-5 所示。

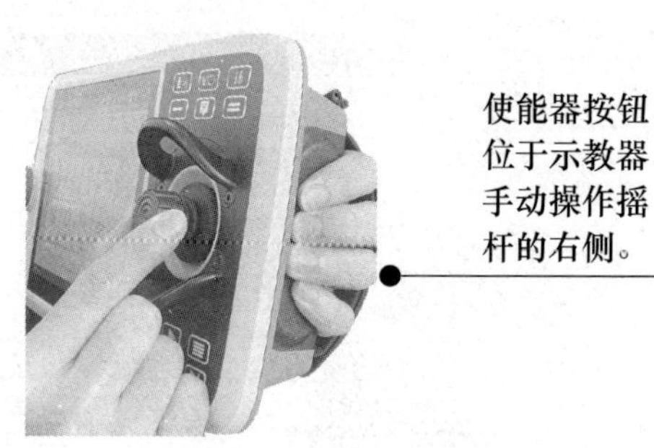

使能器按钮位于示教器手动操作摇杆的右侧。

图 3-4　使能器按钮

图 3-5　工业机器人处于电动机开启状态

第二档按下去以后（用力按到底），工业机器人就会处于防护装置停止状态，这样设置的目的在于发生危险时，人会自然反应地握紧拳头，这样就能通过使能器按钮将电动机关闭，工业机器人停止下来。电动机关闭图标如图 3-6 所示。

图 3-6　工业机器人处于电动机关闭状态

任务 3-2　查看工业机器人常用信息与事件日志

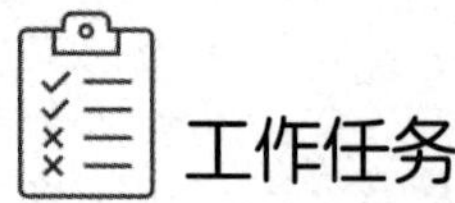

工作任务

☑ 查看 ABB 工业机器人常用信息

☑ 查看 ABB 工业机器人事件日志

在操作工业机器人过程中，通过查看常用信息和事件日志，可以快速便捷地了解与掌握工业机器人的运行状态。

我们先来了解一下 ABB 工业机器人的常用信息是如何查看的。具体如图 3-7 所示。

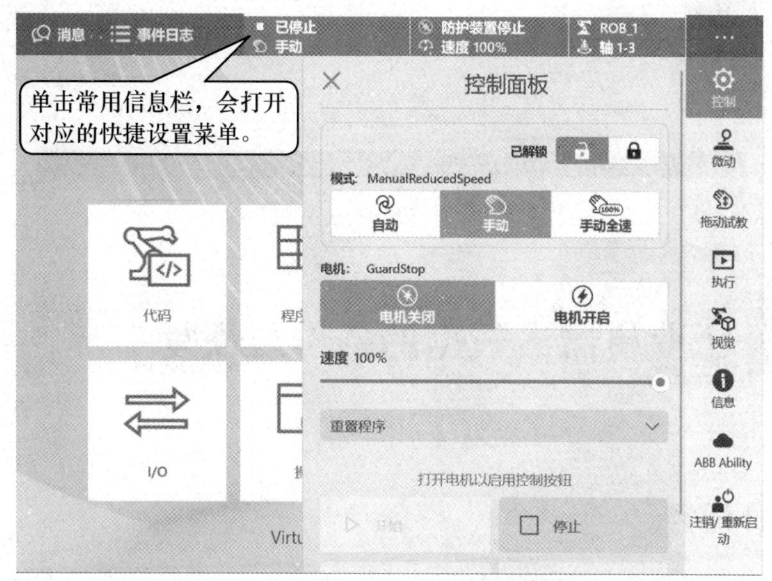

图 3-7　如何查看常用信息

我们可以通过 RAPID 的程序，根据需要显示操作员信息。具体操作如下：

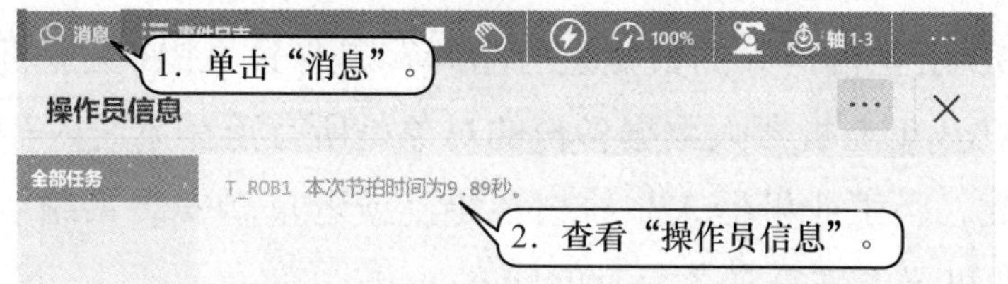

小技巧

在 OmniCore 控制器中使用编程语言 RAPID，全面支持中文文本字符。

工业机器人系统发出的提示、警告和报警信息都会在事件日志里显示。在这里，我们可以看看急停按钮被按下以后是如何查看相关的事件日志并确认错误的。具体操作如下：

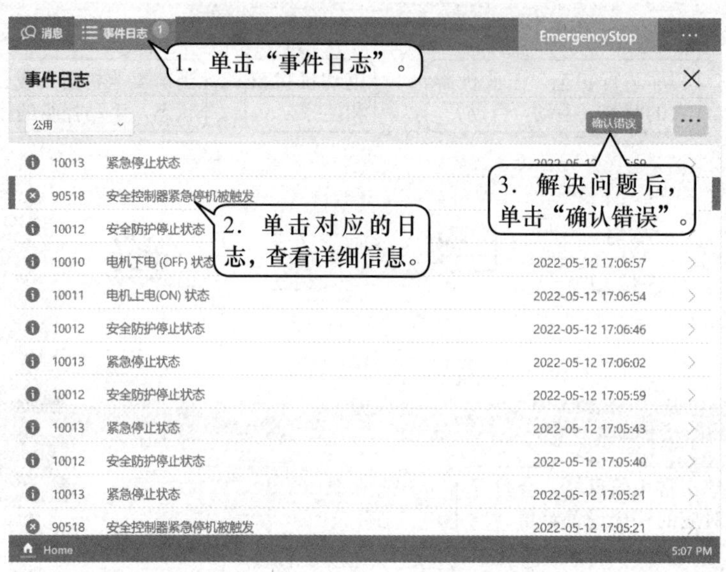

任务 3-3 工业机器人数据的备份与恢复

☑ 对 ABB 工业机器人数据进行备份

☑ 对 ABB 工业机器人数据进行恢复

☑ 单独导入程序模块

定期对 ABB 工业机器人的数据进行备份，是保证 ABB 工业机器人正常工作的良好习惯。ABB 工业机器人数据备份的对象是所有正在系统内存运行的 RAPID 程序和系统参数。当工业机器人系统出现错乱或者重新安装系统后，可以通过备份快速地把工业机器人恢复到备份时的状态。

一、对 ABB 工业机器人数据进行备份

对 ABB 工业机器人数据进行备份的操作具体如下：

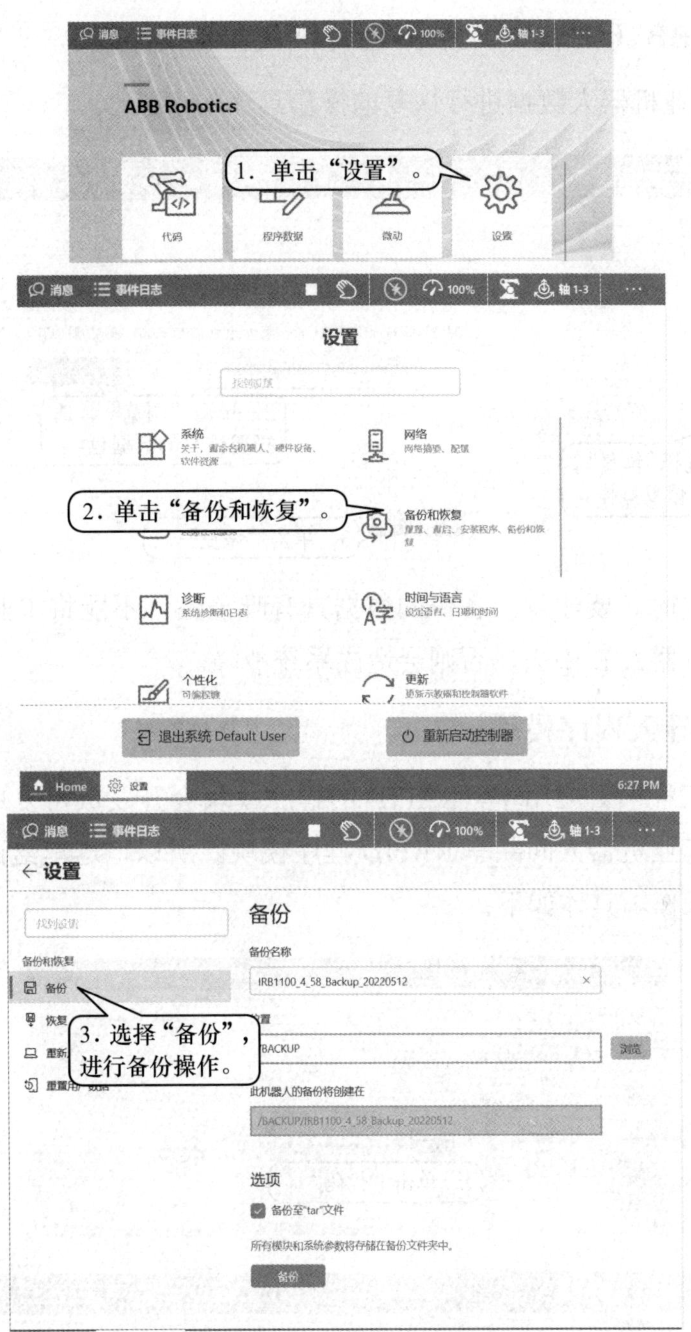

小技巧

备份设置说明

备份名称：一般不做修改，系统默认的名称会用日期来进行区分。

位置：一般会备份在控制柜硬盘里的/BACKUP下，也可以选择备份到U盘。

备份至“tar”文件：建议勾选，这样备份为一个打包文件，方便提取到控制柜外进行保存。

二、对 ABB 工业机器人数据进行恢复

对 ABB 工业机器人数据进行恢复的操作具体如下：

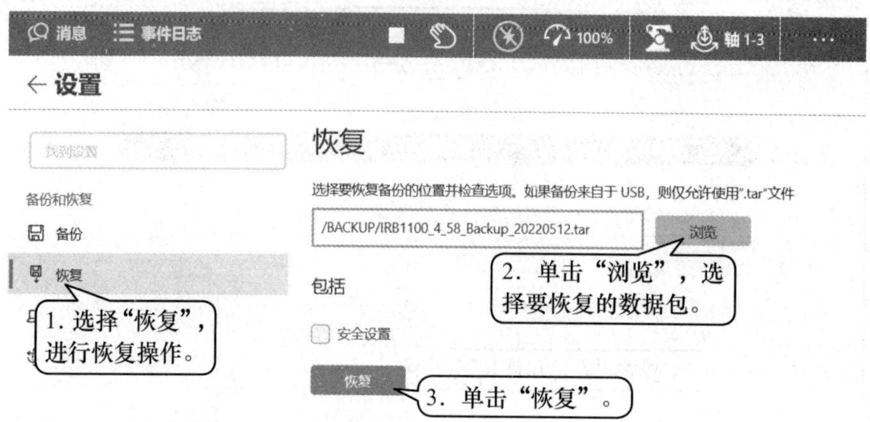

在进行恢复时，要注意：备份的数据具有唯一性，不能将工业机器人 A 的备份恢复到工业机器人 B 中去，否则会造成系统故障。

三、单独导入程序模块

在实际的工程项目应用中，RAPID 的程序模块会开发成可复用的功能，在多台相同应用的工业机器人间共享 RAPID 程序模块。所以，这里给读者介绍单独导入程序模块的操作，具体如下：

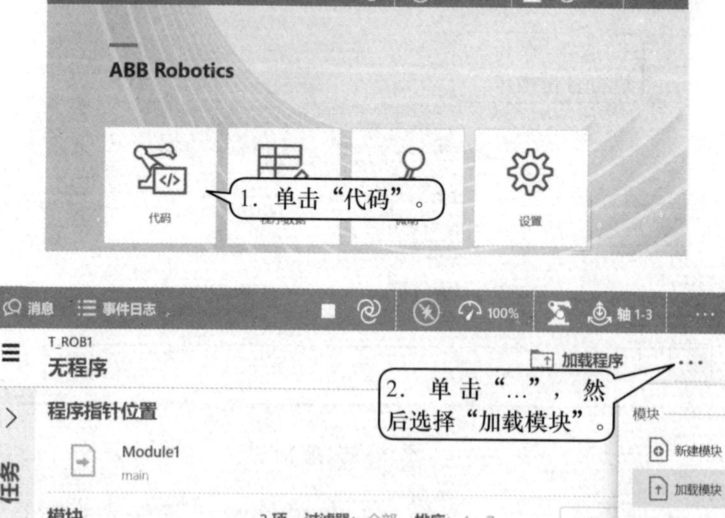

任务 3-4　工业机器人的手动操纵

工作任务

☑ 掌握单轴运动的手动操纵

☑ 掌握线性运动的手动操纵

☑ 掌握重定位运动的手动操纵

☑ 掌握手动操纵的快捷按钮和快捷菜单

手动操纵工业机器人运动一共有三种模式：单轴运动、线性运动和重定位运动。下面就如何手动操纵工业机器人的具体操作进行说明。

一、单轴运动的手动操纵

请先仔细观察工业机器人 1 ～ 6 轴对应的位置和正反转运动的方向。单轴运动的手动操纵具体如下：

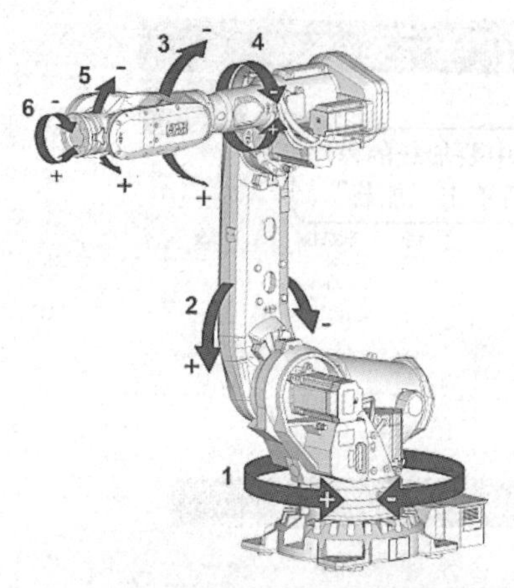

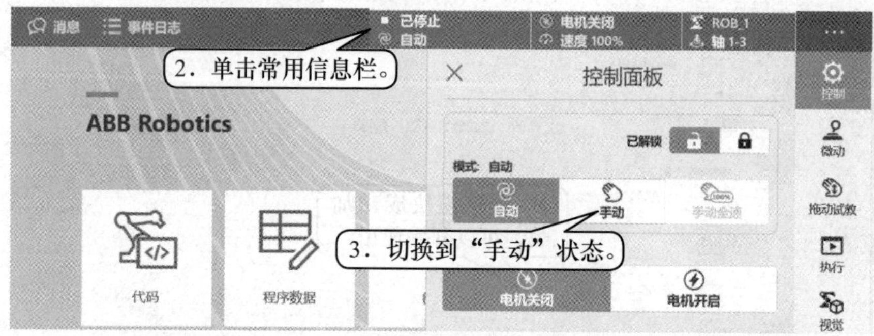

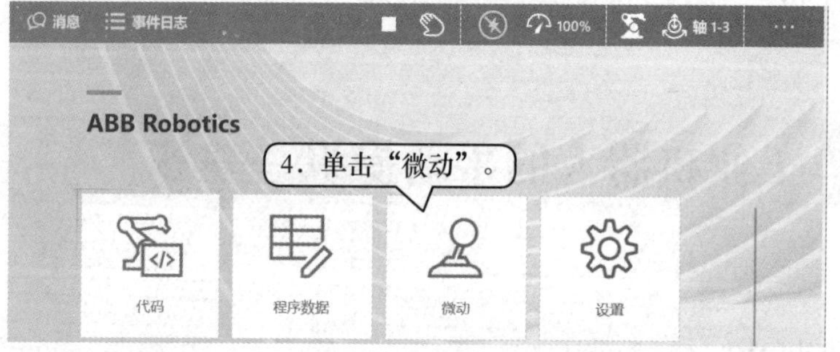

小技巧

在触摸屏的左下侧单击“Home”，便可马上回到主菜单画面。

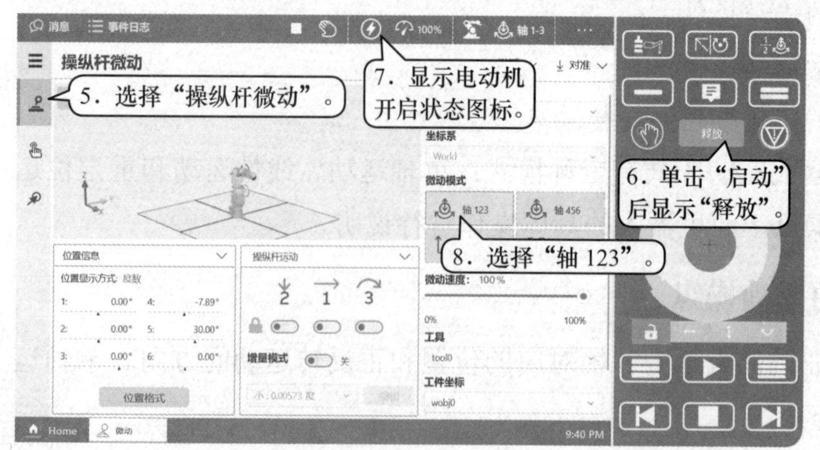

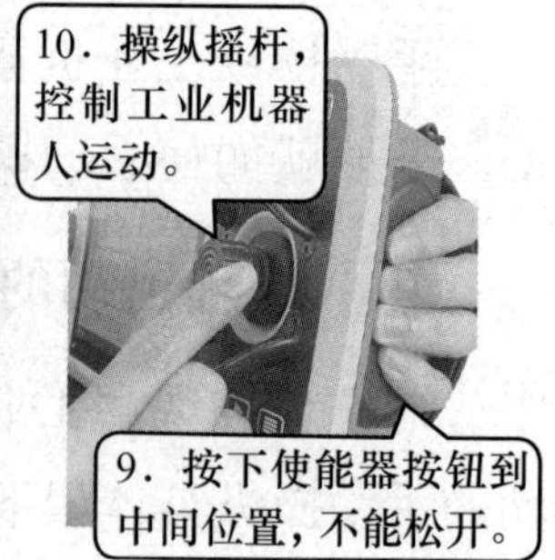

小技巧

在示教器上停止工业机器人的手动操作时，一定要按照以下的流程进行：

1）右手松开摇杆，等 1s。

2）左手松开使能器按钮。

3）进行其他的操作。

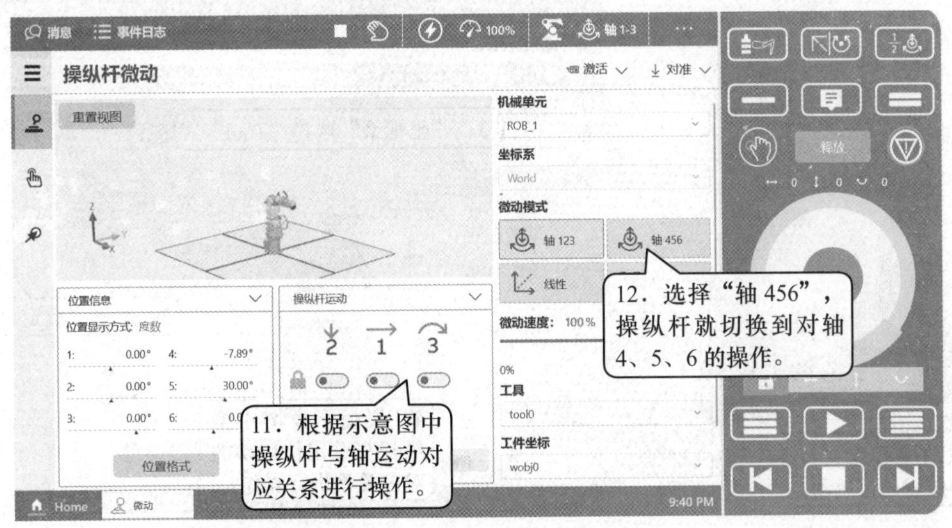

12．选择“轴 456”，操纵杆就切换到对轴 4、5、6 的操作。
11．根据示意图中操纵杆与轴运动对应关系进行操作。

二、线性运动的手动操纵

工业机器人的线性运动是指安装在工业机器人第六轴法兰盘上工具的 TCP 在空间中做线性运动。如果没有工具的话，就是以工业机器人第六轴法兰盘的中心点在空间中做线性运动。手动操纵线性运动的具体操作如下：

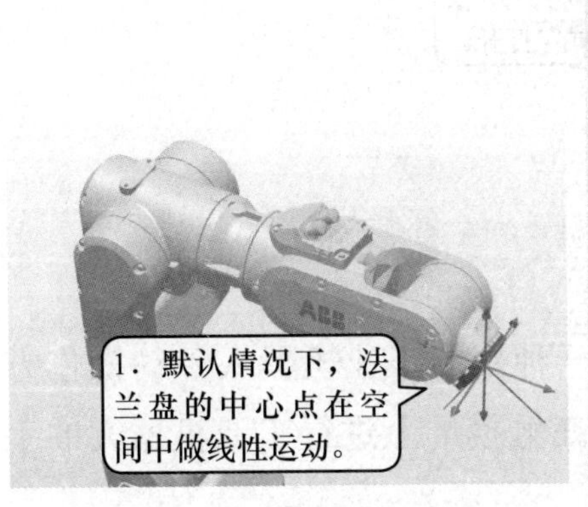

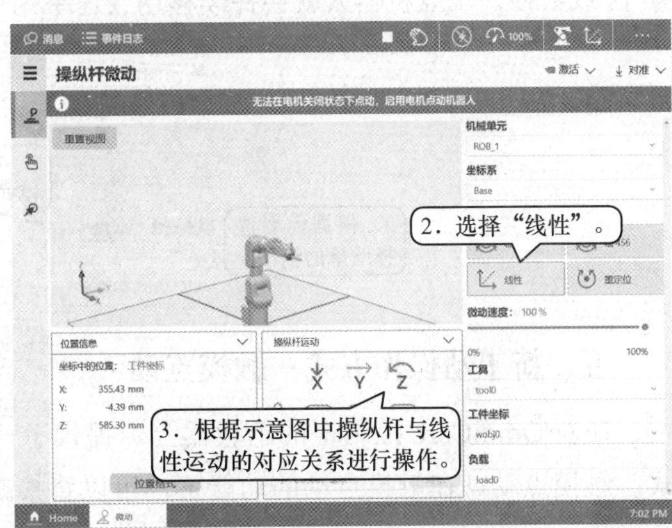

三、重定位运动的手动操纵

工业机器人的重定位运动是指工业机器人第六轴法兰盘上的工具 TCP 点在空间中绕着坐标轴旋转的运动，也可以理解为工业机器人绕着工具 TCP 点做姿态调整的运动。 如果没有工具的话，就是以工业机器人第六轴法兰盘的中心点在空间中做重定位运动。手动操纵重定位运动的具体操作如下：

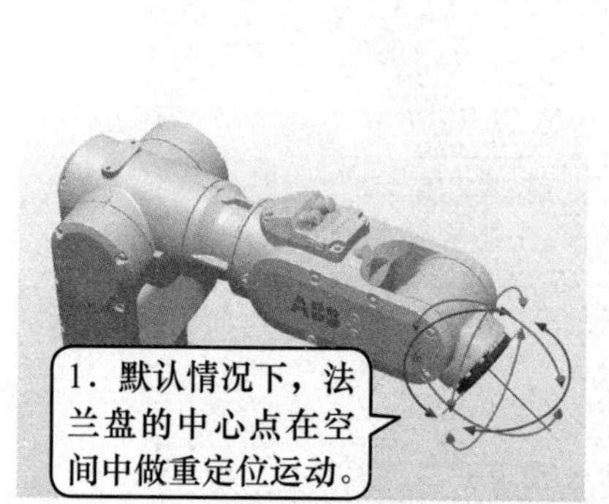

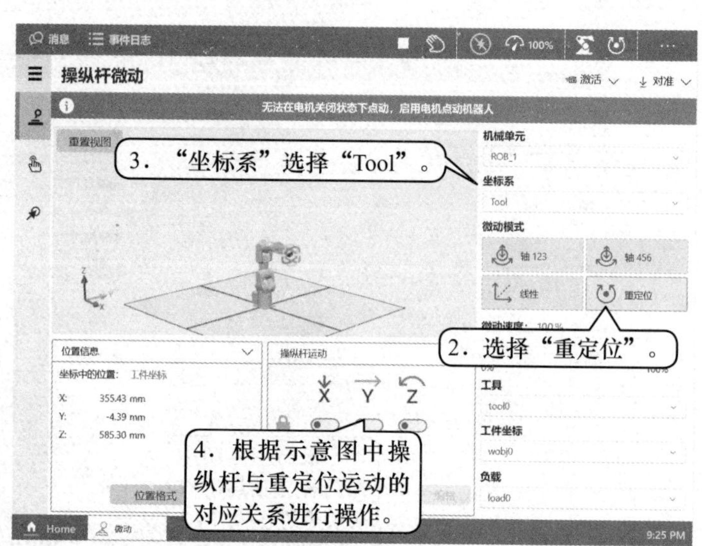

四、增量模式的使用

如果对使用操纵杆通过位移幅度来控制工业机器人运动的速度不熟练的话，那么可以使用“增量”模式来控制工业机器人的运动。

在增量模式下，操纵杆每位移一次，工业机器人就移动一步。如果操纵杆持续 1s 或数秒，工业机器人就会持续移动（速率为 10 步 /s）。具体操作如下：

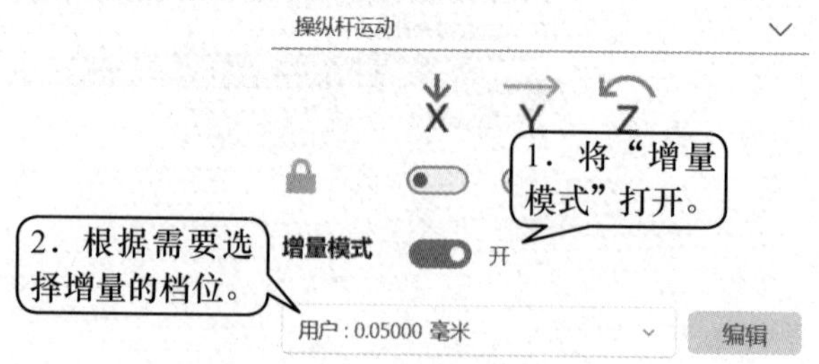

五、新手动操作方式：触摸点动

在新 OmniCore 控制柜的示教器上，提供了一种新的工业机器人手动操作方式：触摸点动。在触摸点动的功能下，可以直接在触摸屏上进行工业机器人的手动操作。

下面给读者示范使用触摸点动功能手动操作工业机器人的第五轴，具体操作如下：

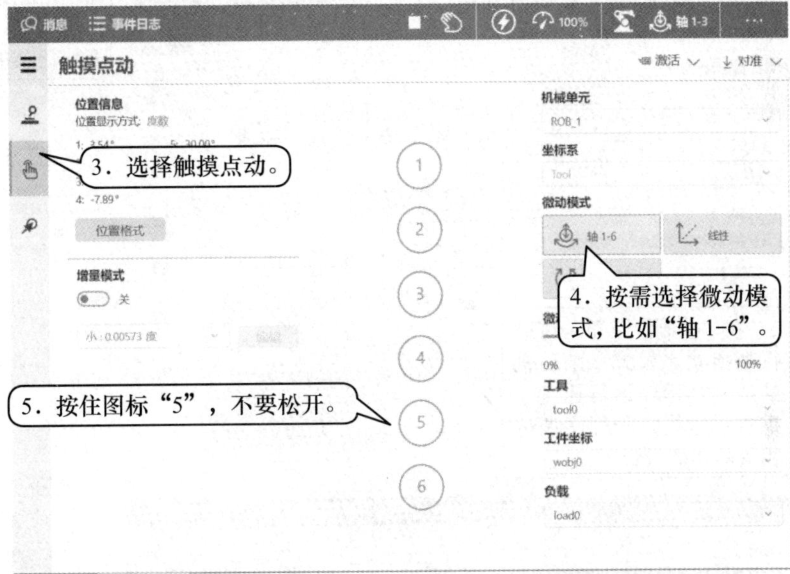

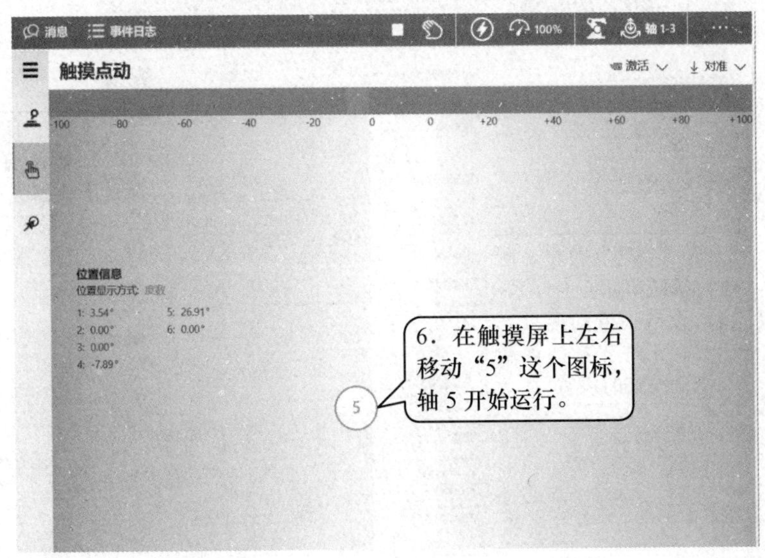

六、手动操纵的快捷按钮与快捷菜单

在示教器上提供了用于机械单元与微动模式快速切换的物理按键，如图 3-8 所示。

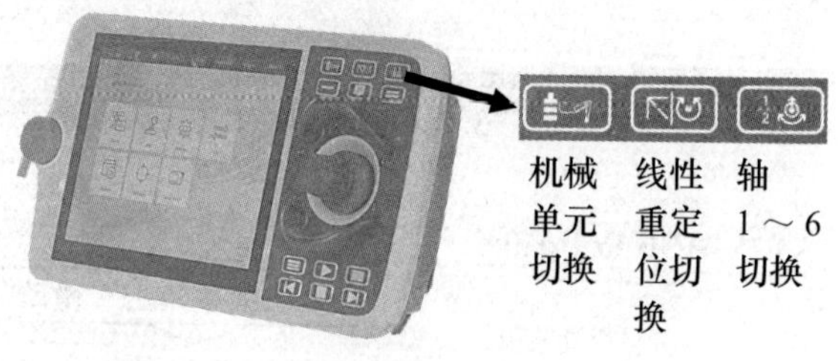

图 3-8　示教器上用于机械单元与微动模式快速切换的物理按键

为了提升常用功能的操作效率，在触摸屏的右上角有一个快捷菜单展开按钮···。手动操纵的快捷按钮与快捷菜单的说明如下：

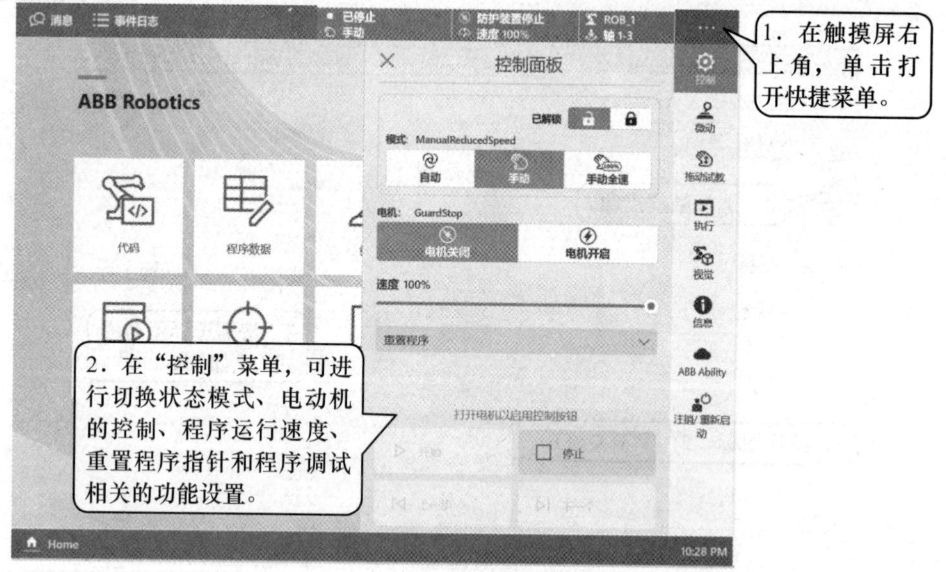

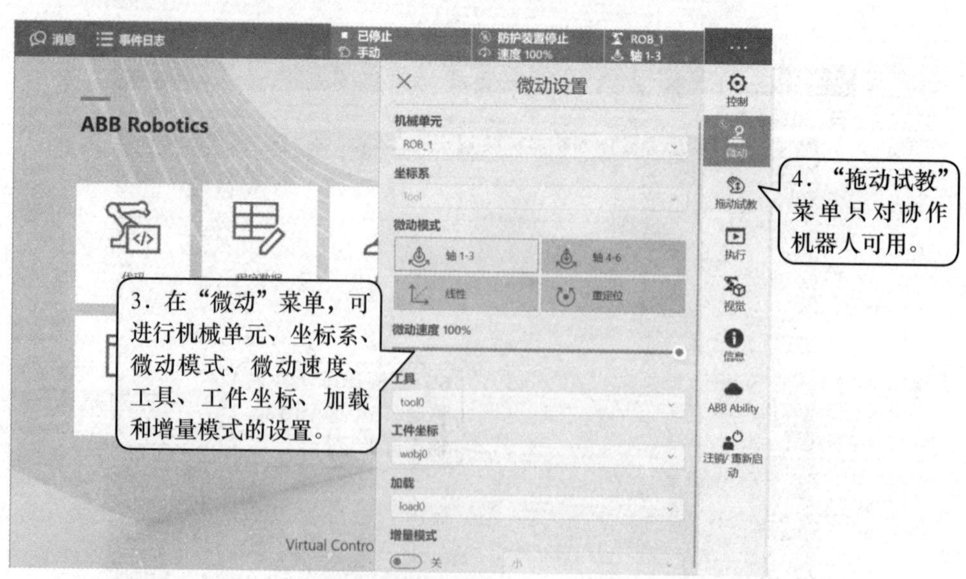

3. 在“微动”菜单，可进行机械单元、坐标系、微动模式、微动速度、工具、工件坐标、加载和增量模式的设置。
4. “拖动试教”菜单只对协作机器人可用。
微动设置
1. 在触摸屏右上角，单击打开快捷菜单。
2. 在“控制”菜单，可进行切换状态模式、电动机的控制、程序运行速度、重置程序指针和程序调试相关的功能设置。
ABB Robotics

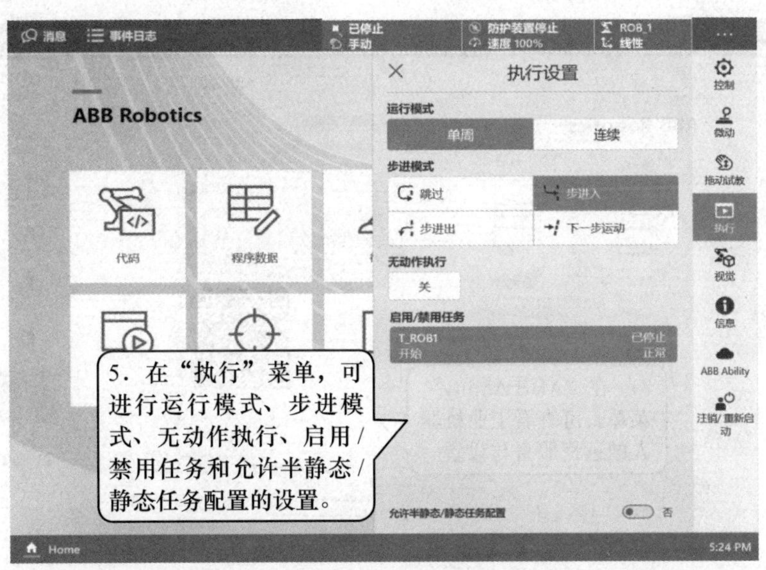
消息
事件日志
已停止
手动
防护装置停止
速度 100%
ROB_1
线性
执行设置
运行模式
单周
连续
步进模式
跳过
步进入
步进出
下一步运动
无动作执行
关
启用/禁用任务
T_ROB1
已停止
开始
正常
允许半静态/静态任务配置
否
ABB Robotics
代码
程序数据
控制
微动
拖动试教
执行
视觉
信息
ABB Ability
注销/重新启动
Home
5:24 PM
5. 在“执行”菜单，可进行运行模式、步进模式、无动作执行、启用/禁用任务和允许半静态/静态任务配置的设置。

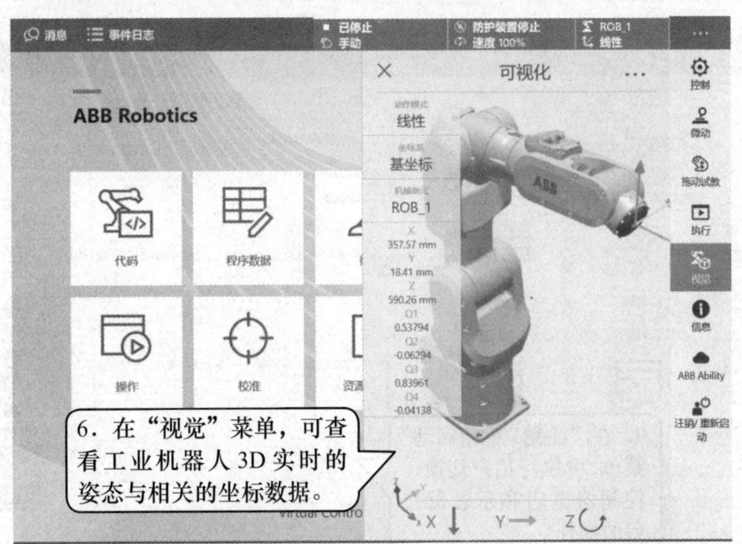
消息
事件日志
已停止
手动
防护装置停止
速度 100%
ROB_1
线性
可视化
线性
基坐标
ROB_1
357.57 mm
18.41 mm
590.26 mm
0.53794
-0.06294
0.83961
-0.04138
ABB Robotics
代码
程序数据
操作
校准
控制
微动
拖动试教
执行
视觉
信息
ABB Ability
注销/重新启动
6. 在“视觉”菜单，可查看工业机器人 3D 实时的姿态与相关的坐标数据。

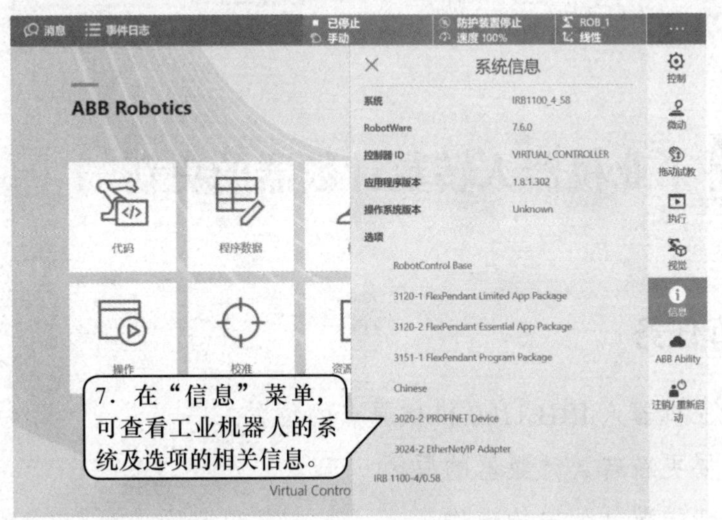
消息
事件日志
已停止
手动
防护装置停止
速度 100%
ROB_1
线性
系统信息
系统
IRB1100_4_58
RobotWare
7.6.0
控制器 ID
VIRTUAL_CONTROLLER
应用程序版本
1.8.1.302
操作系统版本
Unknown
选项
RobotControl Base
3120-1 FlexPendant Limited App Package
3120-2 FlexPendant Essential App Package
3151-1 FlexPendant Program Package
Chinese
3020-2 PROFINET Device
3024-2 EtherNet/IP Adapter
IRB 1100-4/0.58
ABB Robotics
代码
程序数据
操作
校准
控制
微动
拖动试教
执行
视觉
信息
ABB Ability
注销/重新启动
7. 在“信息”菜单，可查看工业机器人的系统及选项的相关信息。

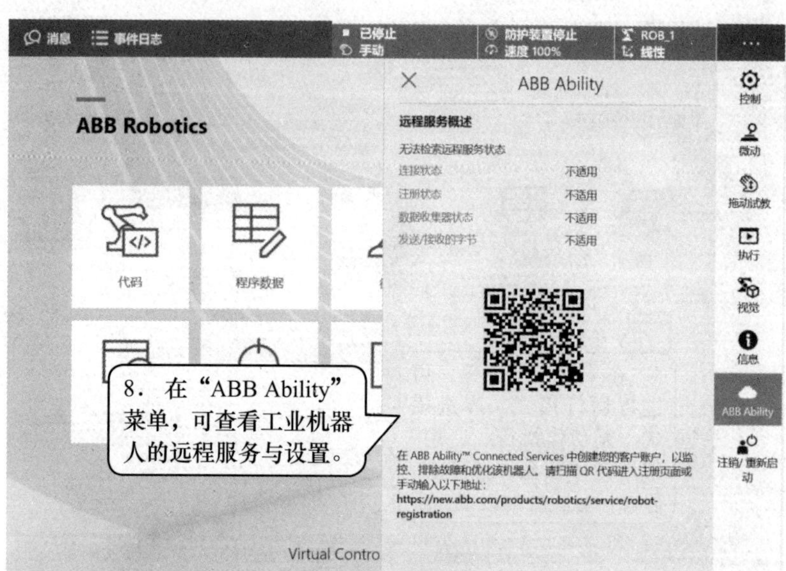

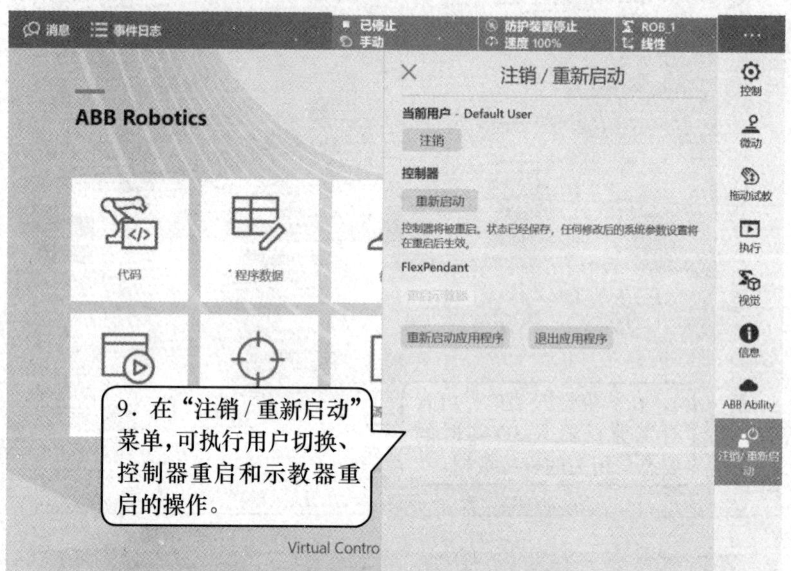

任务 3–5 工业机器人转数计数器的更新

工作任务

☑ 掌握工业机器人 IRB 1100 机械原点的位置

☑ 理解需要更新转数计数器的原因

☑ 掌握更新转数计数器的操作

ABB 工业机器人六个关节轴都有一个机械原点的位置。在以下的情况，需要对机械原点的位置进行转数计数器更新操作：

1）更换工业机器人本体上位置测量板的电池后。

2）当转数计数器发生故障修复后。

3）转数计数器与测量板之间断开以后。

4）断电后，工业机器人关节轴发生了位移。

5）当系统报警提示“10036 转数计数器未更新”时。

更新 ABB 工业机器人 IRB 1100 转数计数器的操作具体如下：

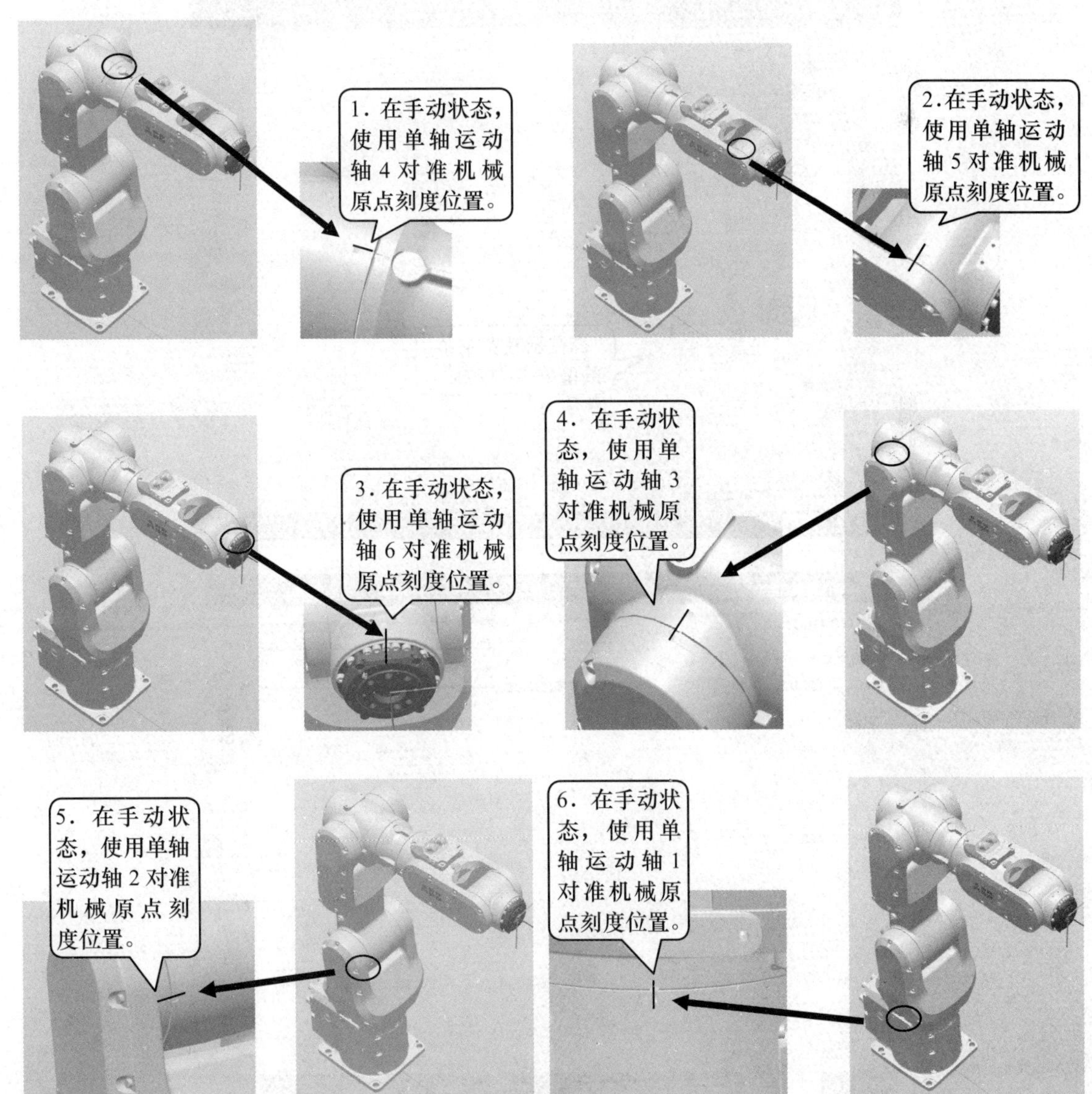

1）手动操作工业机器人各轴对准机械原点刻度位置的顺序，一般是 4-5-6-3-2-1。这样做的目的是方便观察各轴的机械原点刻度位置的对齐，特别是大型的工业机器人，如果先将轴 1 ～ 3 对齐机械原点刻度位置，那么轴 4 ～ 6 可能就在操作者的头顶上方而造成操作不便了。

2）各个型号的工业机器人机械原点刻度位置会有所不同，请参考 ABB 工业机器人产品手册的说明。

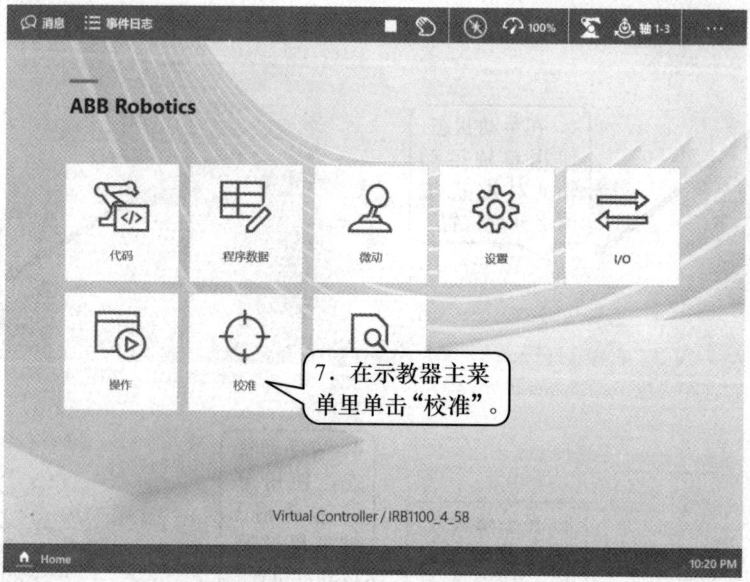

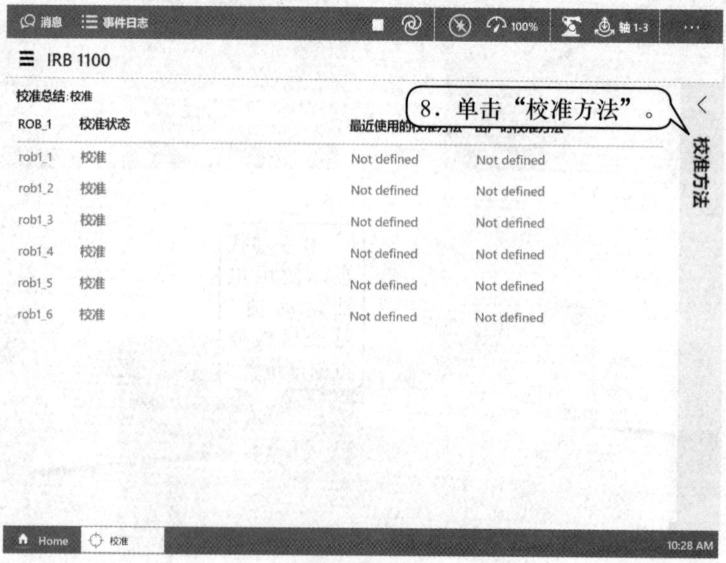

7. 在示教器主菜单里单击“校准”。

8. 单击“校准方法”。

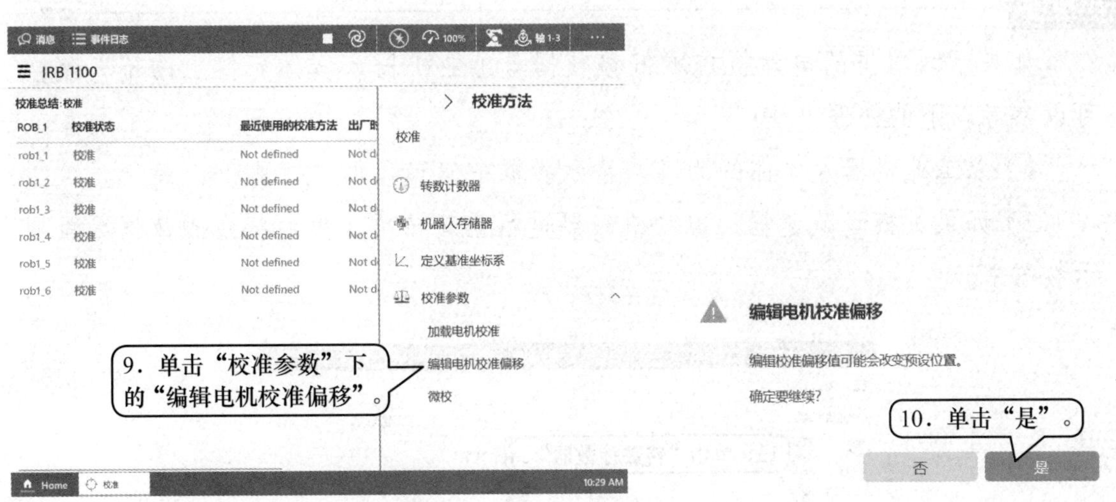
消息
事件日志
100%
轴 1-3
IRB 1100
校准总结·校准
ROB_1
校准状态
最近使用的校准方法
rob1_1 校准 Not defined
rob1_2 校准 Not defined
rob1_3 校准 Not defined
rob1_4 校准 Not defined
rob1_5 校准 Not defined
rob1_6 校准 Not defined
校准方法
校准
转数计数器
机器人存储器
定义基准坐标系
校准参数
加载电机校准
编辑电机校准偏移
微校
9. 单击“校准参数”下的“编辑电机校准偏移”。
编辑电机校准偏移
编辑校准偏移值可能会改变预设位置。
确定要继续?
10. 单击“是”。
否
是
Home
校准
10:29 AM

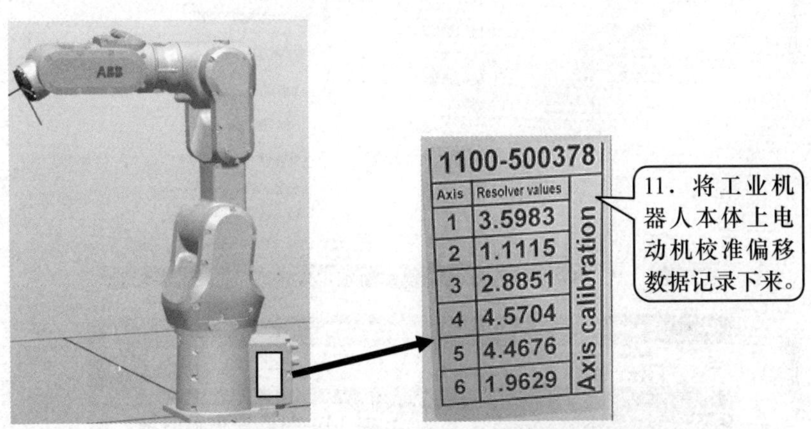
ABB
1100-500378
Axis
Resolver values
1 3.5983
2 1.1115
3 2.8851
4 4.5704
5 4.4676
6 1.9629
Axis calibration
11. 将工业机器人本体上电动机校准偏移数据记录下来。

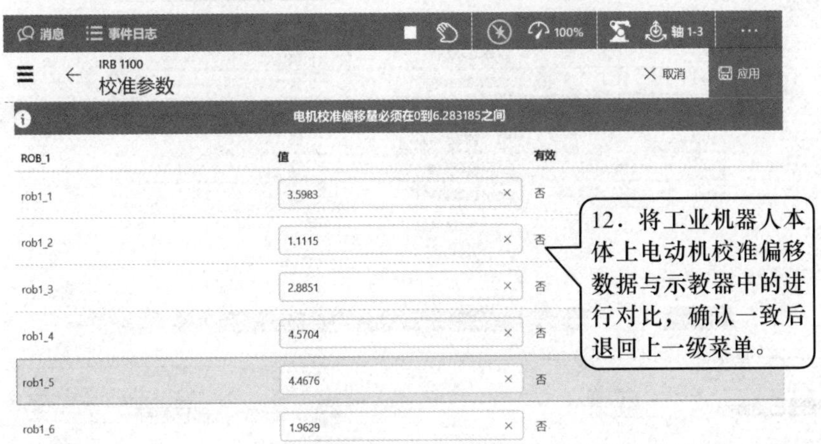
消息
事件日志
100%
轴 1-3
IRB 1100
校准参数
取消
应用
电机校准偏移量必须在0到6.283185之间
ROB_1
值
有效
rob1_1 3.5983 否
rob1_2 1.1115 否
rob1_3 2.8851 否
rob1_4 4.5704 否
rob1_5 4.4676 否
rob1_6 1.9629 否
12. 将工业机器人本体上电动机校准偏移数据与示教器中的进行对比，确认一致后退回上一级菜单。
Home
校准
10:43 AM

小技巧

如果示教器里的电动机校准偏移数据与工业机器人本体标签上的不一致，可以参考以下的处理办法：

1）以工业机器人本体的为准，将示教器中偏移数据进行更新。

2）如果更换过减速器、电动机，要进行重新校准，然后将新的数据更新到示教器中。

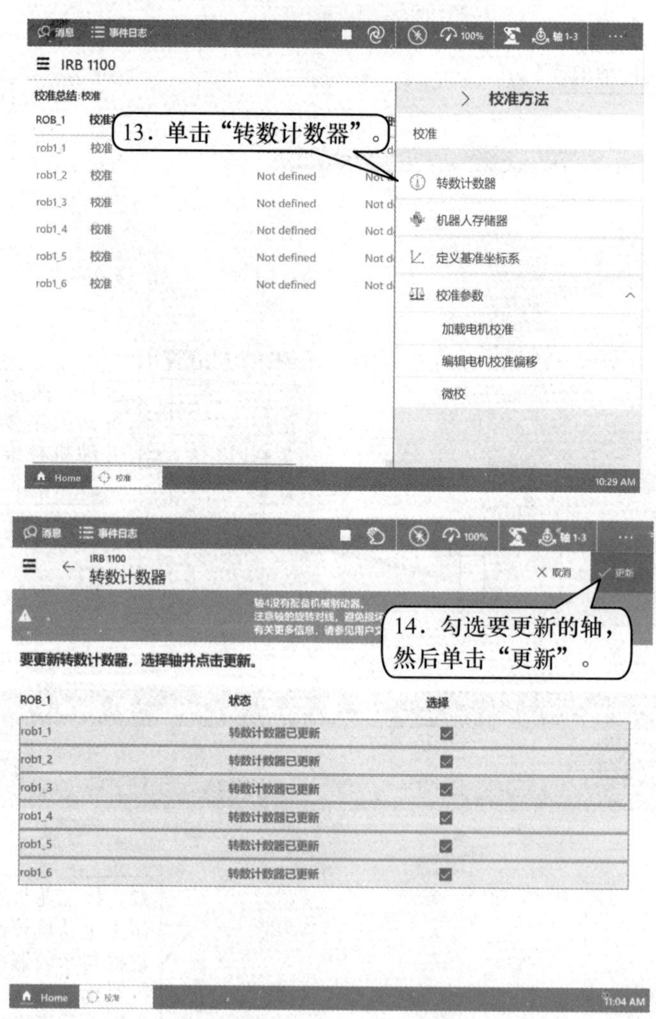

转数计数器已更新

将更新所选轴的转数计数器。此操作不能撤消。

点击“更新”继续，点击“取消”保持计数器不变。

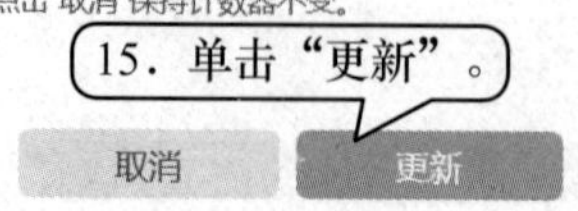

转数计数器已更新

转数计数器更新成功

16. 更新完成，单击“确定”。

确定

小技巧

如果工业机器人由于安装位置的原因，无法六个轴同时到达机械原点刻度位置，则可以逐一对关节轴进行转数计数器更新。

自我测评与练习题

一、自我测评

自我测评见表 3-1。

表 3-1　自我测评

要　求	自我评价			备　注
	掌　握	理　解	再　学	
学会示教器的功能与使用				
学会查看常用信息与事件日志				
学会工业机器人数据的备份与恢复				
学会工业机器人的手动操纵				
学会工业机器人转数计数器更新的操作				

二、练习题

1. 画简图说明示教器各部分的功能。
2. 简述发生急停事件后，在事件日志中的处理流程。
3. 在示教器上完成数据备份到 U 盘的操作。
4. 将工业机器人手动操纵到轴 1 ～ 6 都为 0° 的姿态。
5. 简述工业机器人转数计数器更新的操作流程。

项目 4　工业机器人的 I/O 通信

任务目标

1．了解 ABB 工业机器人 I/O 通信的种类

2．学会配置 OmniCore 紧凑型控制柜标准 I/O 接口

3．学会标准 I/O 接口的接线

4．学会 I/O 信号的监控与操作

5．学会配置工业网络 PROFINET

6．学会配置工业网络 Ethernet/IP

7．学会设置系统输入 / 输出与 I/O 信号的关联

8．学会设置示教器可编程按键

9．学会安全保护机制的设置

任务描述

I/O 是 Input/Output 的缩写，即输入 / 输出端口，工业机器人可通过 I/O 与外部设备进行交互，例如：

1）数字量输入：各种开关信号反馈，如按钮开关、转换开关、接近开关等；传感器信号反馈，如光电传感器、光纤传感器；接触器、继电器触点信号反馈；以及触摸屏里的开关信号反馈。

2）数字量输出：控制各种继电器线圈，如接触器、继电器、电磁阀；控制各种指示类信号，如指示灯、蜂鸣器。

ABB 工业机器人的标准 I/O 板的输入 / 输出都是 PNP 类型。

工业以太网具有速度快、硬件标准、通信数据量大和调试便捷的特点，开始

快速取替工业总线成为设备间大数据量 I/O 主流选择。

通过本项目的学习，读者将了解 ABB 工业机器人 OmniCore C30 和 E10 控制柜的标准 I/O 模块，学会信号的配置方法及监控与操作的方式，掌握工业以太网 PROFINET 和 Ethernet/IP 的配置方法，以及学会系统输入/输出和可编程按键的使用。

任务 4-1　ABB 工业机器人 I/O 通信的种类

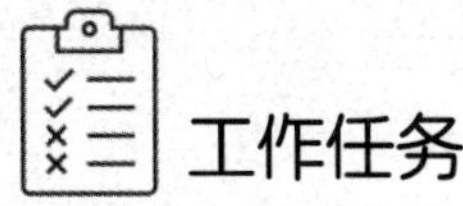

工作任务

☑ 了解三种主要的通信方式

☑ 掌握工业网络通信模块的选项及接口

ABB 工业机器人提供了丰富 I/O 通信接口，如 ABB 的标准 I/O 通信，与周边设备的工业以太网协议通信和 Socket 通信，如图 4-1 所示，可以轻松地实现与周边设备的通信。

图 4-1　I/O 通信接口

一、控制器 OmniCore E10 的通信接口

控制器 OmniCore E10 的通信接口如图 4-2 所示。

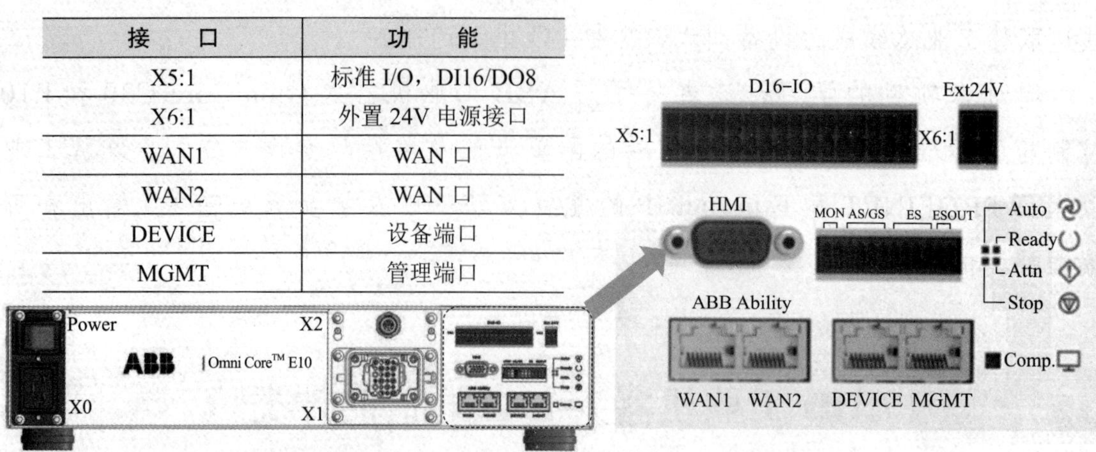

接　口	功　能
X5:1	标准 I/O，DI16/DO8
X6:1	外置 24V 电源接口
WAN1	WAN 口
WAN2	WAN 口
DEVICE	设备端口
MGMT	管理端口

图 4-2　控制器 OmniCore E10 的通信接口

1）标准 I/O 接口 X5:1 的端子分配如图 4-3 所示。

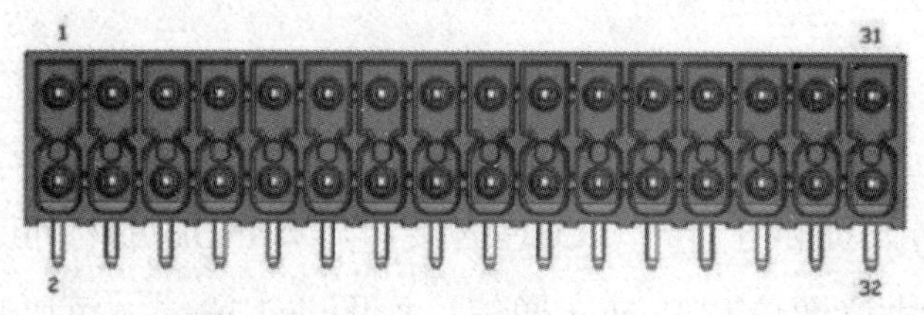

端　子	说　明	端　子	说　明
1	24V_I/O_EXT	17	DI16
2	PWR_DO	18	DI1
3	0V_I/O_EXT	19	DI15
4	GND_DO	20	DI2
5	DO8	21	DI14
6	DO4	22	DI3
7	DO7	23	DI13
8	DO3	24	DI4
9	DO6	25	DI12
10	DO2	26	DI5
11	DO5	27	DI11
12	DO1	28	DI6
13	0V_I/O_EXT	29	DI10
14	0V_I/O_EXT	30	DI7
15	GND_DI	31	DI9
16	GND_DI	32	DI8

图 4-3　标准 I/O 接口 X5:1 的端子分配

2）外接 24V 电源接口 6:1 可用于给 I/O 端口供电，额定电流为 2.5A，如图 4-4 所示。

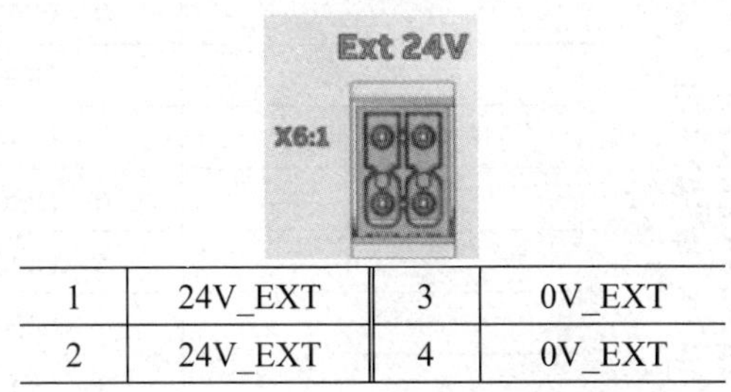

1	24V_EXT	3	0V_EXT
2	24V_EXT	4	0V_EXT

图 4-4　外接 24V 电源接口 6:1

3）WAN1 口连接到公用网络，可用于工业以太网协议通信和 Socket 通信。

4）WAN2 口连接到公用网络，可用于将控制器连接到 ABB Ability。

5）DEVICE 口连接到专用网络，可用于将 ABB 扩展 I/O 单元和基于网络的本地工艺设备连接到控制器。

6）MGMT 口常用于与 RobotStudio 通信。

二、控制器 OmniCore C30 的通信接口

控制器 OmniCore C30 的通信接口如图 4-5 所示。

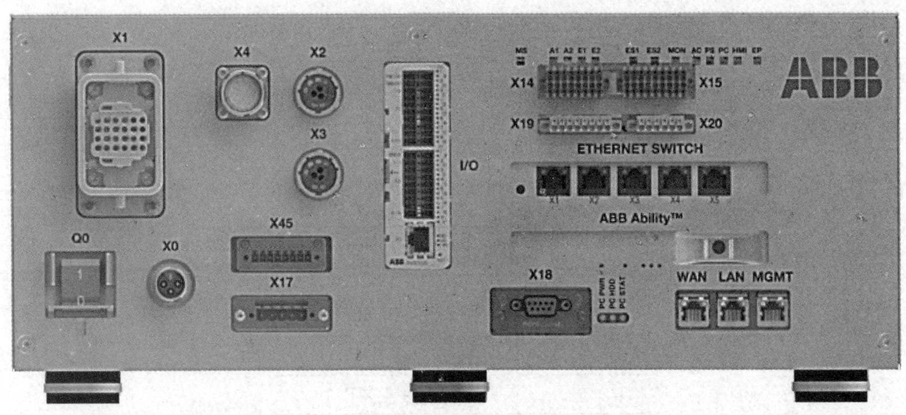

接　　口	功　　能
I/O	标准 I/O，DI16/DO16
X19	外置 24V 电源接口
WAN	WAN 口
LAN	LAN 口
MGMT	管理端口

图 4-5　控制器 OmniCore C30 的通信接口

1）标准 I/O 接口的端子分配如图 4-6 所示。

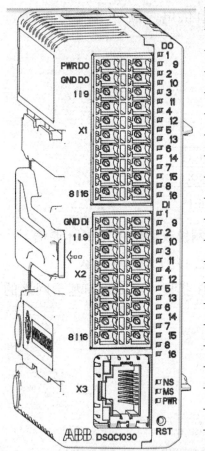

说　明	左	右
X1 数字输出和电源	10 – PWR DO	20 – PWR DO
	9 – GND DO	19 – GND DO
	8 – DO01	18 – DO09
	7 – DO02	17 – DO10
	6 – DO03	16 – DO11
	5 – DO04	15 – DO12
	4 – DO05	14 – DO13
	3 – DO06	13 – DO14
	2 – DO07	12 – DO15
	1 – DO08	11 – DO16
X2 数字输入端	9 – GND DI	18 – GND DI
	8 – DI01	17 – DI09
	7 – DI02	16 – DI10
	6 – DI03	15 – DI11
	5 – DI04	14 – DI12
	4 – DI05	13 – DI13
	3 – DI06	12 – DI14
	2 – DI07	11 – DI15
	1 – DI08	10 – DI16

图 4-6　标准 I/O 接口的端子分配

2）外接 24V 电源接口 X19 可用于给 I/O 端口供电，额定电流为 3A，端子分配如图 4-7 所示。

端　子	说　明
1	24V_I/O_EXT_1
2	0V_I/O_EXT_1
3	24V_I/O_EXT_2
4	0V_I/O_EXT_2
5	24V_I/O_EXT_3
6	0V_I/O_EXT_3
7	24V_I/O_EXT_4
8	0V_I/O_EXT_4

图 4-7　外接 24V 电源接口 X19 端子分配

3）WAN 口用于工业以太网协议通信和 Socket 通信。

4）LAN 口用于将工业机器人控制器连接到工厂范围与 WAN 隔离的工业网络，比如 I/O 模块。

5）MGMT 口用于与 RobotStudio 通信。

任务 4-2　配置 OmniCore 紧凑型控制柜标准 I/O 接口

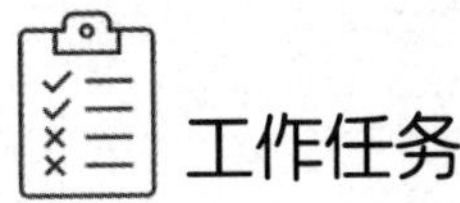

工作任务

☑ 掌握 OmniCore 紧凑型控制柜 E10 的 I/O 定义

☑ 掌握 OmniCore 紧凑型控制柜 C30 的 I/O 定义

☑ 了解虚拟工作站中 I/O 的定义

ABB 工业机器人 OmniCore 控制柜的 I/O 都是通过 RobotStudio 连接控制柜实时进行设定的。

为了适配的需要， RobotStudio 的版本不应低于控制柜出厂日期的年份。比如控制柜出厂年份是 2022 年，那么 RobotStudio 的版本不应低于 2022。RobotWare 版本也与控制柜的版本匹配。读者可以关注微信公众号 robotpartnerweixin，了解更多 RobotStudio 的更新信息。

I/O 定义的准备工作如下：

1．PC 端 IP 地址设置为自动获取，然后通过网线与控制柜进行连接。

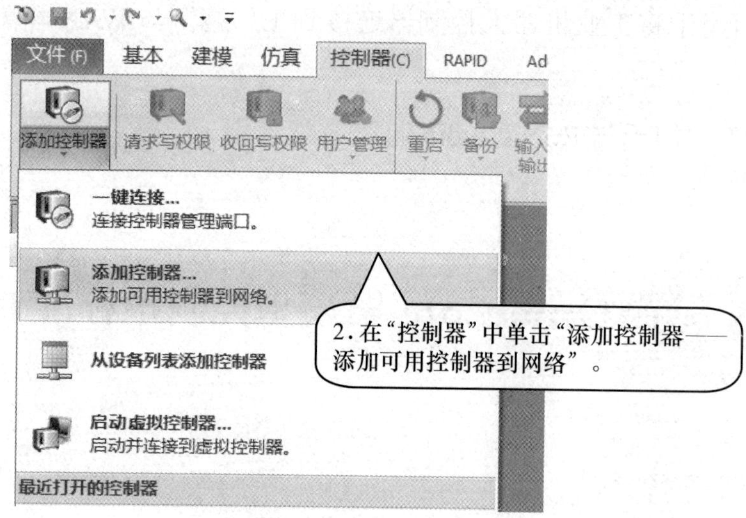

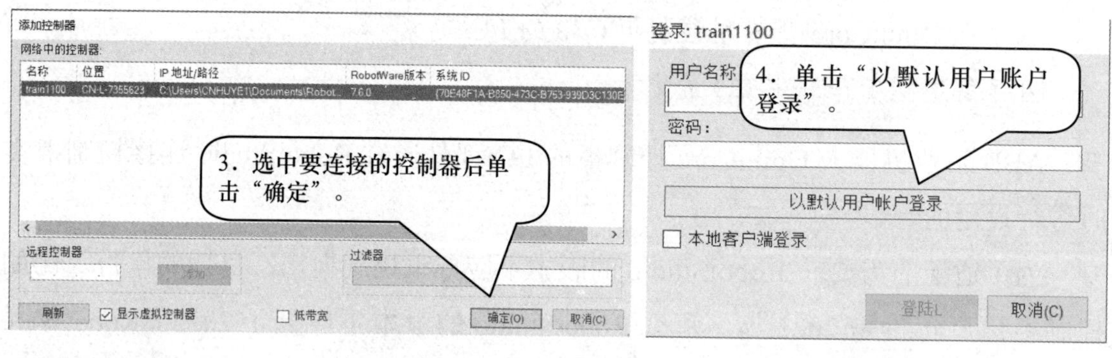

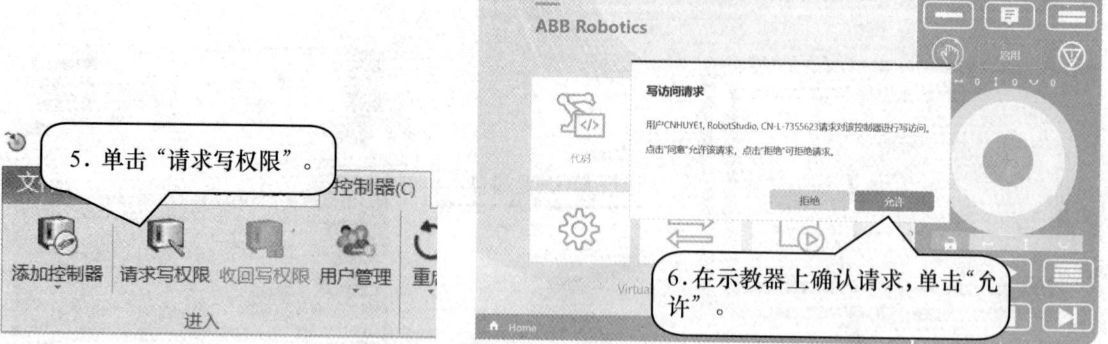

到此完成了进行 I/O 定义的准备工作。

一、OmniCore 紧凑型控制柜 E10 的 I/O 定义

OmniCore 紧凑型控制柜 E10 的 I/O 定义具体操作如下：

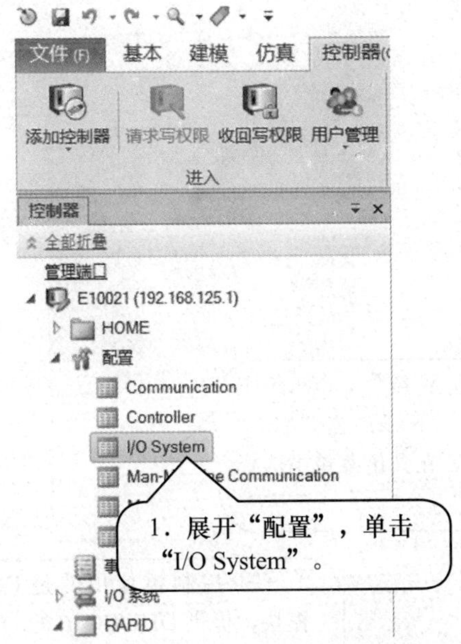

配置 - I/O System　配置 - Controller

类型	Name	Network	State when System Startup	Trust Level	Simulated	Identification Label	InputSize	OutputSize
Access Level	IntegratedIOInternalDevice	IntegratedIONetwork	Activated	InternalDeviceTrustLevel	No	Integrated I/O Internal Device	16	8
Cross Connection								
Device Trust Level								
EtherNet/IP Command								
EtherNet/IP Device								
EtherNet/IP Internal Device								
Ethernet/IP IO Connection								
EtherNet/IP Network								
IntegratedIO Internal Device								
IntegratedIO Network								

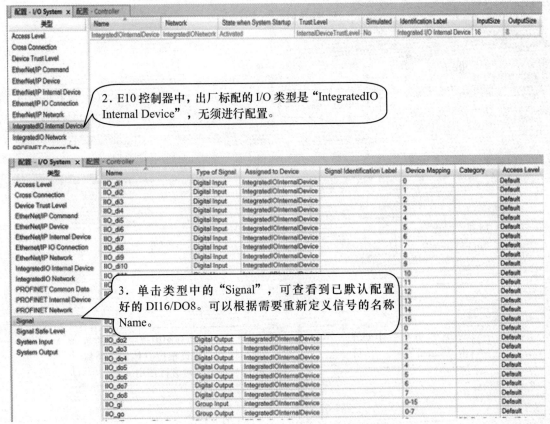

2．E10 控制器中，出厂标配的 I/O 类型是“IntegratedIO Internal Device”，无须进行配置。

配置 - I/O System　配置 - Controller

类型	Name	Type of Signal	Assigned to Device	Signal Identification Label	Device Mapping	Category	Access Level
Access Level	IIO_di1	Digital Input	IntegratedIOInternalDevice		0		Default
Cross Connection	IIO_di2	Digital Input	IntegratedIOInternalDevice		1		Default
Device Trust Level	IIO_di3	Digital Input	IntegratedIOInternalDevice		2		Default
EtherNet/IP Command	IIO_di4	Digital Input	IntegratedIOInternalDevice		3		Default
EtherNet/IP Device	IIO_di5	Digital Input	IntegratedIOInternalDevice		4		Default
EtherNet/IP Internal Device	IIO_di6	Digital Input	IntegratedIOInternalDevice		5		Default
Ethernet/IP IO Connection	IIO_di7	Digital Input	IntegratedIOInternalDevice		6		Default
EtherNet/IP Network	IIO_di8	Digital Input	IntegratedIOInternalDevice		7		Default
IntegratedIO Internal Device	IIO_di9	Digital Input	IntegratedIOInternalDevice		8		Default
IntegratedIO Network	IIO_di10	Digital Input	IntegratedIOInternalDevice		9		Default
PROFINET Common Data	[illegible]	[illegible]	[illegible]		10		Default
PROFINET Internal Device	[illegible]	[illegible]	[illegible]		11		Default
PROFINET Network	[illegible]	[illegible]	[illegible]		12		Default
Signal	[illegible]	[illegible]	[illegible]		13		Default
Signal Safe Level	[illegible]	[illegible]	[illegible]		14		Default
System Input	[illegible]	[illegible]	[illegible]		15		Default
System Output	[illegible]	[illegible]	[illegible]		0		Default
	IIO_do2	Digital Output	IntegratedIOInternalDevice		1		Default
	IIO_do3	Digital Output	IntegratedIOInternalDevice		2		Default
	IIO_do4	Digital Output	IntegratedIOInternalDevice		3		Default
	IIO_do5	Digital Output	IntegratedIOInternalDevice		4		Default
	IIO_do6	Digital Output	IntegratedIOInternalDevice		5		Default
	IIO_do7	Digital Output	IntegratedIOInternalDevice		6		Default
	IIO_do8	Digital Output	IntegratedIOInternalDevice		7		Default
	IIO_gi	Group Input	integratedIOInternalDevice		0-15		Default
	IIO_go	Group Output	integratedIOInternalDevice		0-7		Default

3．单击类型中的“Signal”，可查看到已默认配置好的 DI16/DO8。可以根据需要重新定义信号的名称 Name。

二、OmniCore 紧凑型控制柜 C30 的 I/O 定义

OmniCore 紧凑型控制柜 C30 的 I/O 定义具体操作如下：

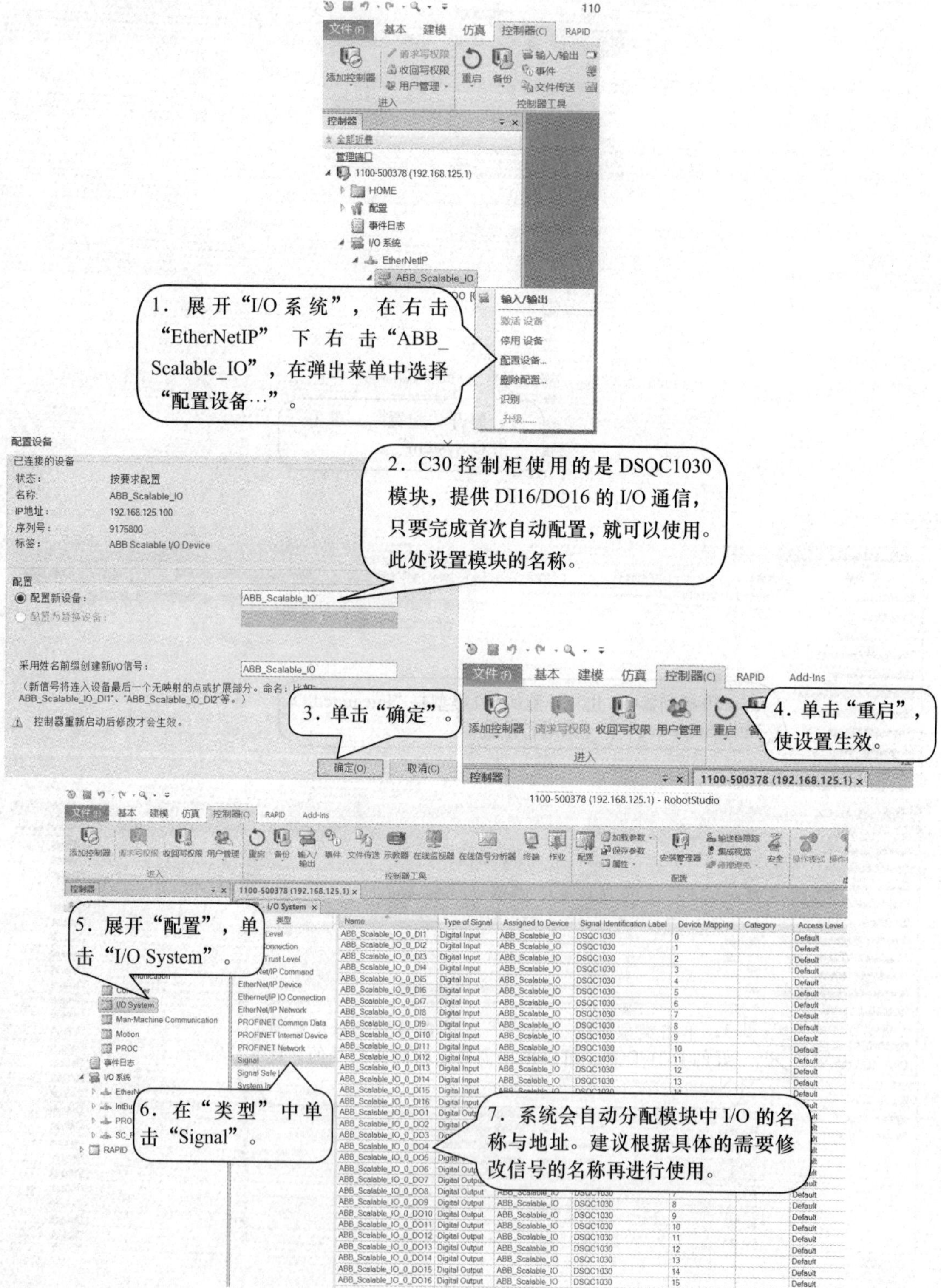

1. 展开“I/O 系统”，在右击“EtherNetIP”下右击“ABB_Scalable_IO”，在弹出菜单中选择“配置设备…”。
2. C30 控制柜使用的是 DSQC1030 模块，提供 DI16/DO16 的 I/O 通信，只要完成首次自动配置，就可以使用。此处设置模块的名称。
3. 单击“确定”。
4. 单击“重启”，使设置生效。
5. 展开“配置”，单击“I/O System”。
6. 在“类型”中单击“Signal”。
7. 系统会自动分配模块中 I/O 的名称与地址。建议根据具体的需要修改信号的名称再进行使用。

三、在虚拟机器人系统中定义 I/O

在真实的 ABB 工业机器人 OmniCore 控制器上，自带的 I/O 信号设置非常简单，使用方便。E10 控制器默认已配置好，直接使用即可。C30 控制器只需通过 RobotStudio 快速自动配置就可使用。

在虚拟机器人系统中，以 DSQC1030 为例，从零开始具体解析 I/O 信号的设置流程。

ABB 工业机器人 OmniCore 控制柜的标准 I/O 模块 DSQC1030（DI16/DO16）是下挂在 EtherNet/IP 工业网络中的，以 DSQC1030 为基本模块最多拓展 4 块 I/O 模块，如图 4-8 所示。X1、X2 端子说明见表 4-1、表 4-2。在 RobotStudio 的虚拟工作站中就可以进行此设置的操作，大家可以从微信公众号 robotpartnerweixin 下载此工作站进行学习。

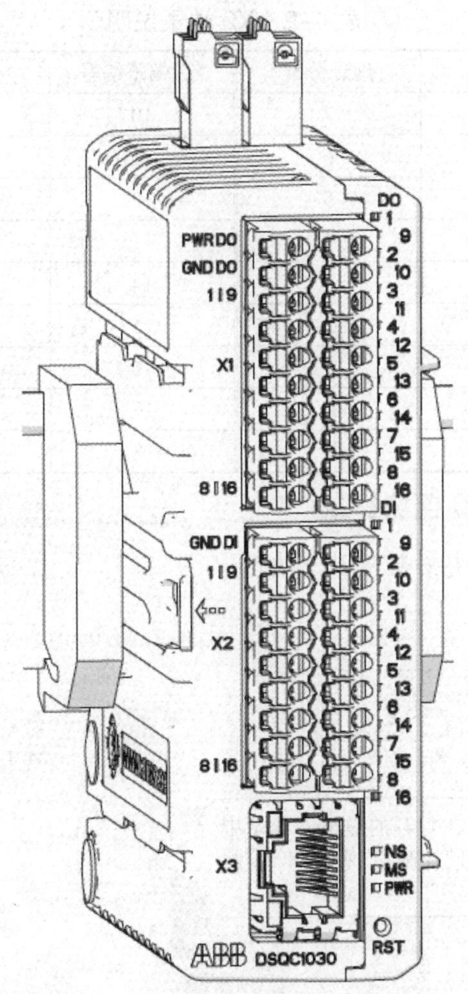

图 4-8　ABB 工业机器人 OmniCore 控制柜的标准 I/O 模块 DSQC1030

表 4-1　X1 端子说明

X1 端子编号	使用定义	地址分配	X1 端子编号	使用定义	地址分配
1	DO08	7	11	DO16	15
2	DO07	6	12	DO15	14
3	DO06	5	13	DO14	13
4	DO05	4	14	DO13	12
5	DO04	3	15	DO12	11
6	DO03	2	16	DO11	10
7	DO02	1	17	DO10	9
8	DO01	0	18	DO09	8
9	0V		19	0V	
10	24V		20	24V	

表 4-2　X2 端子说明

X2 端子编号	使用定义	地址分配	X2 端子编号	使用定义	地址分配
1	DI08	7	10	DI16	15
2	DI07	6	11	DI15	14
3	DI06	5	12	DI14	13
4	DI05	4	13	DI13	12
5	DI04	3	14	DI12	11
6	DI03	2	15	DI11	10
7	DI02	1	16	DI10	9
8	DI01	0	17	DI09	8
9	0V		18	0V	

1. 定义 DSQC1030 模块参数

定义 DSQC1030 模块参数的步骤如下：

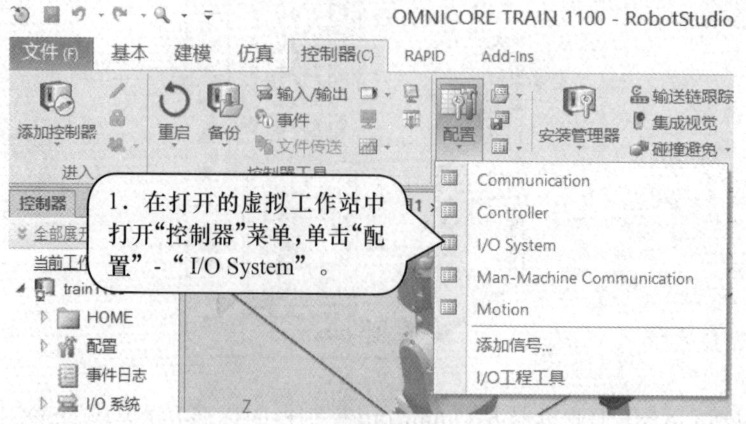

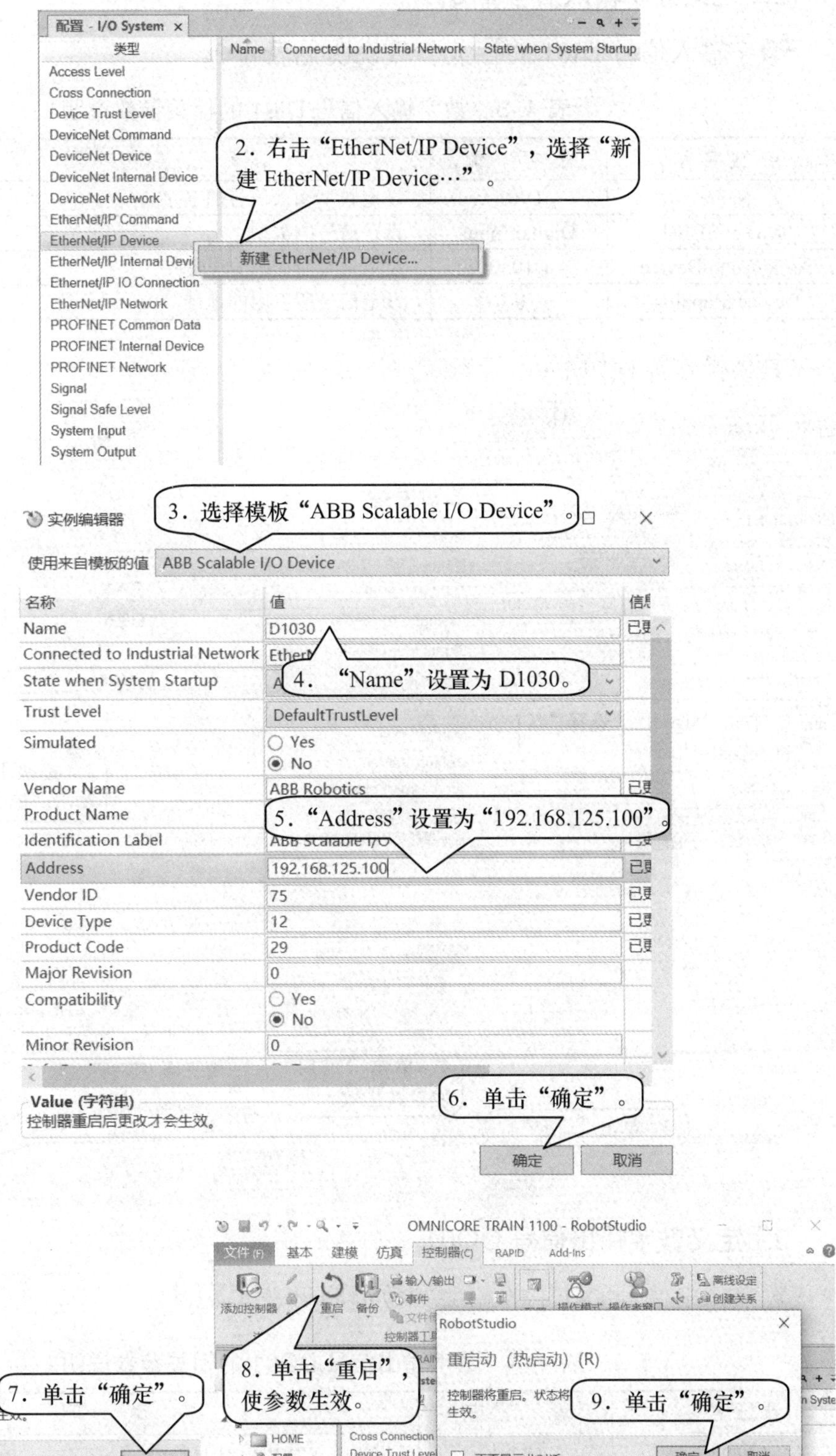
配置 - I/O System
类型
Name
Connected to Industrial Network
State when System Startup
Access Level
Cross Connection
Device Trust Level
DeviceNet Command
DeviceNet Device
DeviceNet Internal Device
DeviceNet Network
EtherNet/IP Command
EtherNet/IP Device
EtherNet/IP Internal Devi
Ethernet/IP IO Connection
EtherNet/IP Network
PROFINET Common Data
PROFINET Internal Device
PROFINET Network
Signal
Signal Safe Level
System Input
System Output
新建 EtherNet/IP Device...
2．右击“EtherNet/IP Device”，选择“新建 EtherNet/IP Device…”。
实例编辑器
3．选择模板“ABB Scalable I/O Device”。
使用来自模板的值
ABB Scalable I/O Device
名称
值
Name
D1030
Connected to Industrial Network
State when System Startup
4．“Name”设置为 D1030。
Trust Level
DefaultTrustLevel
Simulated
Yes
No
Vendor Name
ABB Robotics
Product Name
5．“Address”设置为“192.168.125.100”。
Identification Label
Address
192.168.125.100
Vendor ID
75
Device Type
12
Product Code
29
Major Revision
0
Compatibility
Yes
No
Minor Revision
0
Value (字符串)
控制器重启后更改才会生效。
6．单击“确定”。
确定
取消
OMNICORE TRAIN 1100 - RobotStudio
文件
基本
建模
仿真
控制器(C)
RAPID
Add-Ins
添加控制器
重启
备份
输入/输出
事件
离线设定
创建关系
RobotStudio
实例编辑器
控制器重启后更改才会生效。
7．单击“确定”。
不再显示此对话
确定
8．单击“重启”，使参数生效。
HOME
配置
Cross Connection
Device Trust Level
RobotStudio
重启动（热启动）(R)
控制器将重启。状态将
生效。
9．单击“确定”。
不再显示此对话
确定
取消

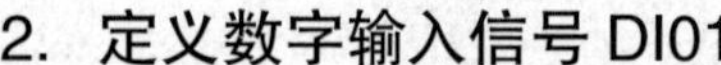

2. 定义数字输入信号 DI01

数字输入信号 DI01 的相关参数说明见表 4-3。

表 4-3　数字输入信号 DI01 的相关参数说明

参数名称	设定值	说明
Name	DI01	设定数字输入信号的名字
Type of Signal	Digital Input	设定信号的类型
Assigned to Device	D1030	设定信号所在的 I/O 模块
Device Mapping	0	设定信号所占用的地址

具体操作流程如下：

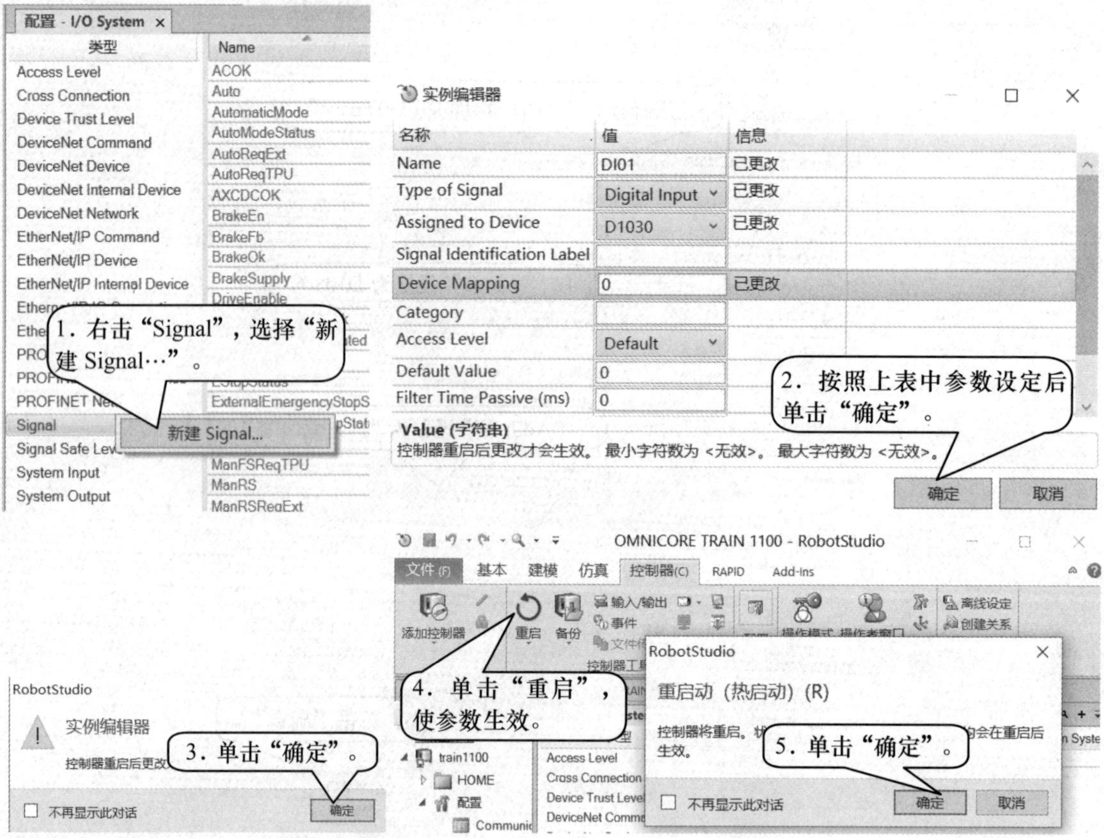

1. 右击“Signal”，选择“新建 Signal…”。

2. 按照上表中参数设定后单击“确定”。

3. 单击“确定”。

4. 单击“重启”，使参数生效。

5. 单击“确定”。

3. 定义数字输出信号 DO01

数字输出信号 DO01 的相关参数说明见表 4-4。

表 4-4　数字输出信号 DO01 的相关参数说明

参数名称	设定值	说明
Name	DO01	设定数字输出信号的名字
Type of Signal	Digital Output	设定信号的类型
Assigned to Device	D1030	设定信号所在的 I/O 模块
Device Mapping	0	设定信号所占用的地址

具体操作流程如下：

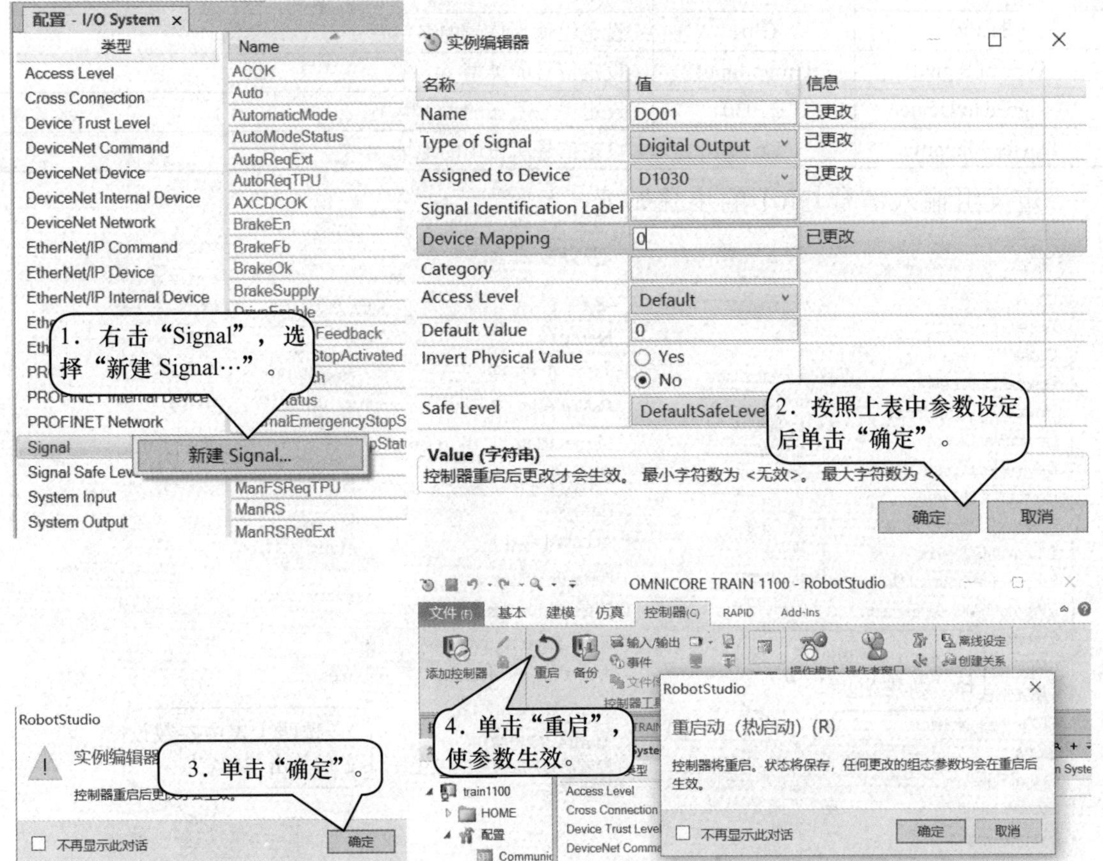

4. 定义组输入信号 GI01

组输入信号就是将几个数字输入信号组合起来使用，用于接收外围设备输入的 BCD 编码的十进制数。

在本任务中，GI01 占用地址 1～4 共 4 位，可以代表十进制数 0~15。如此类推，如果占用地址 5 位的话，可以代表十进制数 0～31。地址和十进制数的关系见表 4-5。

表 4-5　地址和十进制数的关系

状　态	地址 1	地址 2	地址 3	地址 4	十 进 制 数
	1	2	4	8	
状态 1	0	1	0	1	2+8=10
状态 2	1	0	1	1	1+4+8=13

组输入信号 gi1 的相关参数及状态说明见表 4-6。

表 4-6　组输入信号 gi1 的相关参数及状态说明

参数名称	设定值	说　明
Name	GI01	设定组输入信号的名字
Type of Signal	Group Input	设定信号的类型
Assigned to Device	D1030	设定信号所在的 I/O 模块
Device Mapping	1 ～ 4	设定信号所占用的地址

定义组输入信号 GI01 的步骤如下：

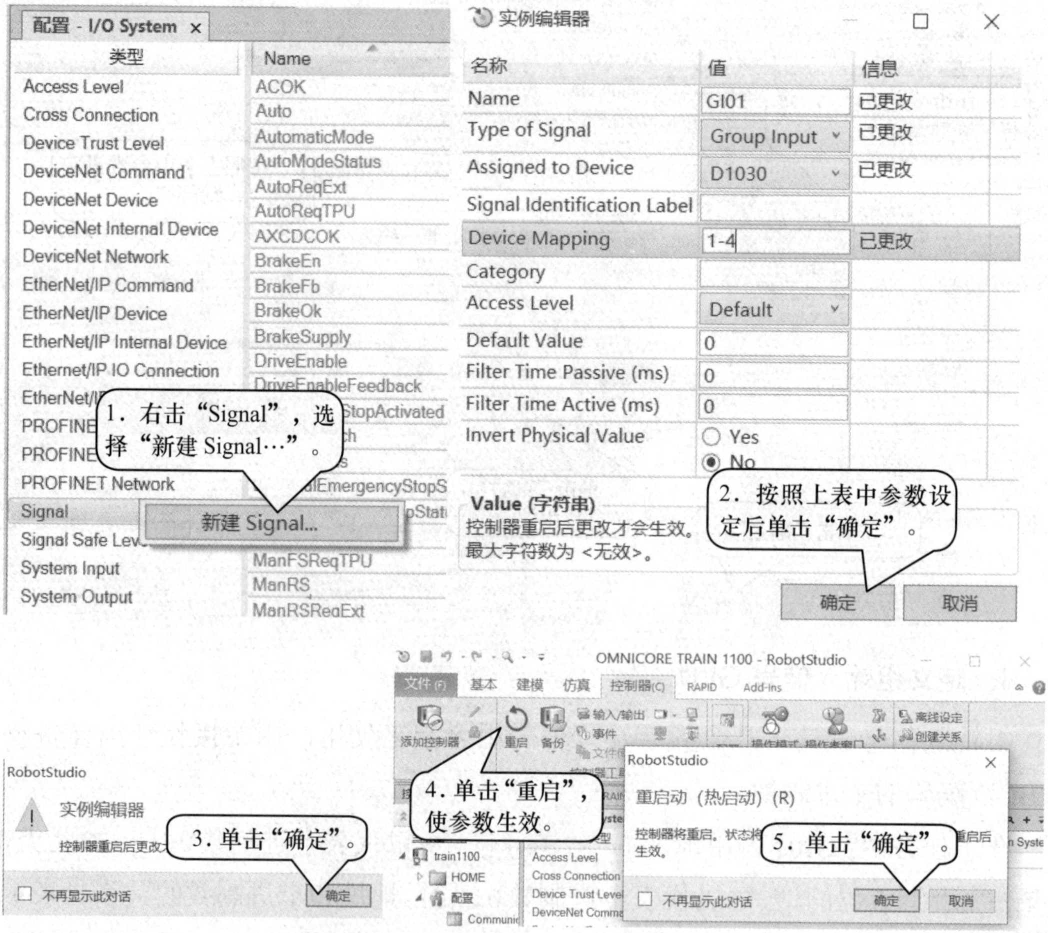

1. 右击“Signal”，选择“新建 Signal…”。
2. 按照上表中参数设定后单击“确定”。
3. 单击“确定”。
4. 单击“重启”，使参数生效。
5. 单击“确定”。

5. 定义组输出信号 GO01

组输出信号 GO01 的相关参数及状态见表 4-7。

表 4-7　组输出信号 GO01 的相关参数及状态说明

参数名称	设定值	说　明
Name	GO01	设定组输出信号的名字
Type of Signal	Group Output	设定信号的类型
Assigned to Device	D1030	设定信号所在的 I/O 模块
Device Mapping	1 ～ 4	设定信号所占用的地址

定义组输出信号 GO01 的步骤如下：

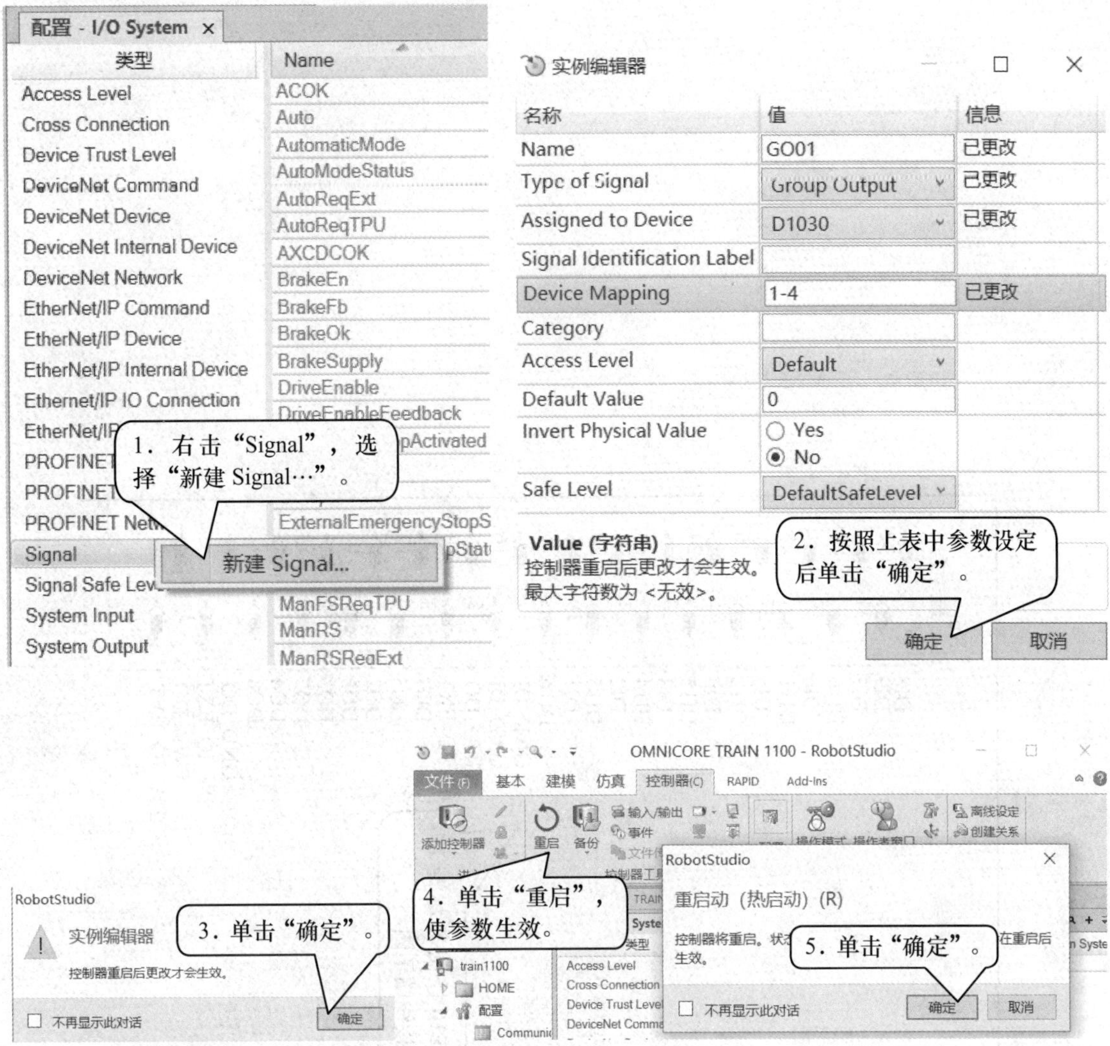

1．右击“Signal”，选择“新建 Signal…”。

2．按照上表中参数设定后单击“确定”。

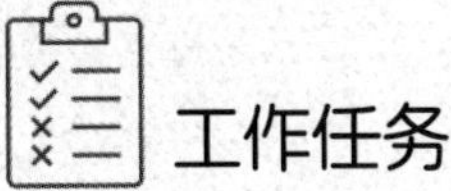

3．单击“确定”。

4．单击“重启”，使参数生效。

5．单击“确定”。

任务 4–3　OmniCore 紧凑型控制器标准 I/O 的接线

工作任务

☑ 掌握 OmniCore 紧凑型控制器 E10 的数字输入 DI 的接线

☑ 掌握 OmniCore 紧凑型控制器 E10 的数字输出 DO 的接线

OmniCore 紧凑型控制器 E10 自带 16 个数字输入 DI 和 8 个数字输出 DO，接线端子如图 4–9 所示。可以使用控制器上自带的直流 24V 供电，也可以使用外接直流 24V 供电。

下面介绍 E10 的接线规则和 C30 控制器的 I/O 模块 DSQC1030 的接线。

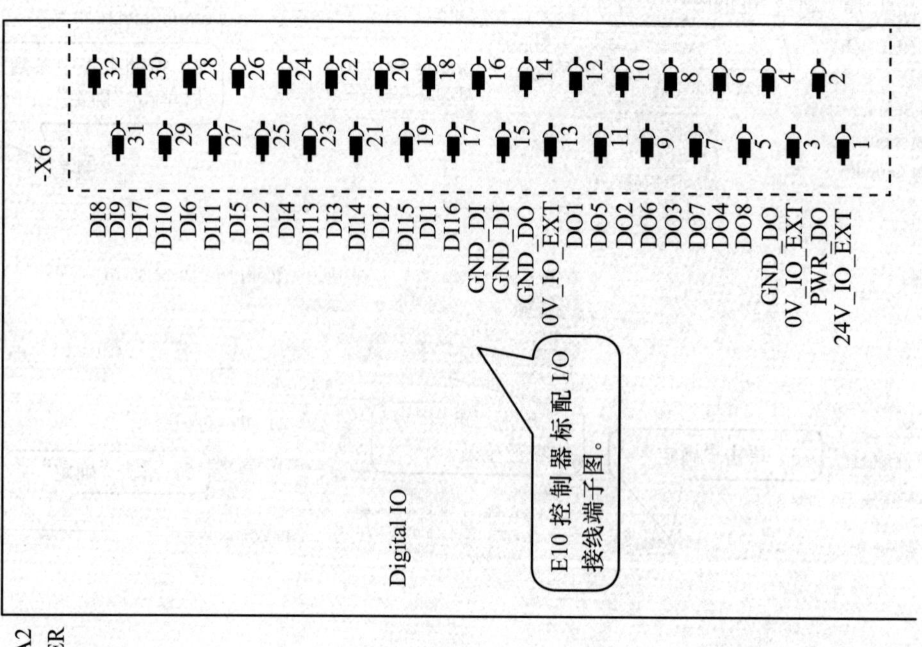
-A2
MAIN COMPUTER
-X6
Digital IO
E10 控制器标配 I/O 接线端子图。
DI8
DI9
DI7
DI10
DI6
DI11
DI5
DI12
DI4
DI13
DI3
DI14
DI2
DI15
DI1
DI16
GND_DI
GND_DI
GND_DO
0V_IO_EXT
DO1
DO5
DO2
DO6
DO3
DO7
DO4
DO8
GND_DO
0V_IO_EXT
PWR_DO
24V_IO_EXT
32
31
30
29
28
27
26
25
24
23
22
21
20
19
18
17
16
15
14
13
12
11
10
9
8
7
6
5
4
3
2
1

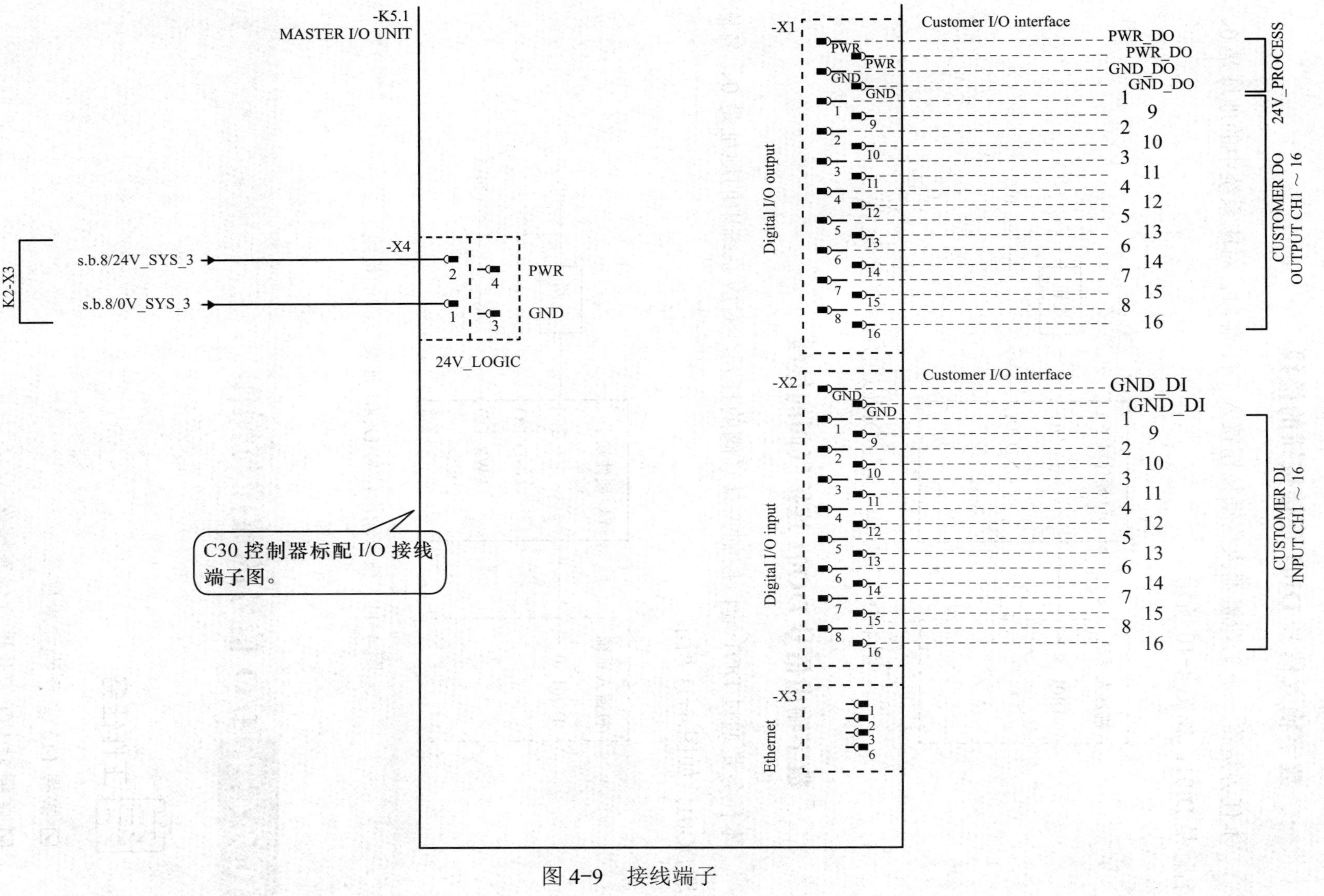

C30 控制器标配 I/O 接线端子图。

图 4-9　接线端子

一、数字输入信号 DI01 连接按钮的接线

本任务是将一个工业机器人启动按钮接入 DI1 端口，对应系统中的地址是 0、名称是 DI01，如图 4-10 所示。

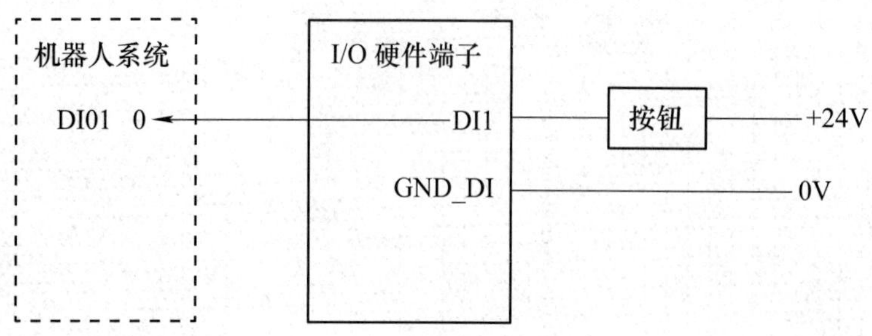

图 4-10 数字输入信号 DI01 连接按钮的接线

二、数字输出信号 DO01 连接气阀的接线

本任务是通过 DO1 端口控制夹具气阀的打开，对应系统中的地址是 0、名称是 DO01，如图 4-11 所示。

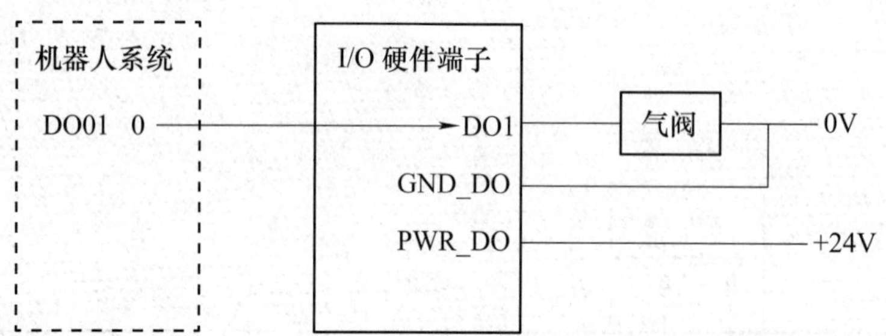

图 4-11 数字输出信号 DO01 连接气阀的接线

任务 4-4 I/O 信号的监控与操作

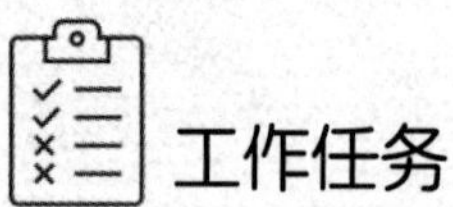

工作任务

☑ 掌握 I/O 信号的查看操作

☑ 掌握对 I/O 信号进行仿真操作

一、查看任务 4-2 中在虚拟工作站里手动设置的 I/O 信号

具体操作如下：

消息
事件日志
100%
轴 1-3
启用
ABB Robotics
代码
程序数据
微动
设置
I/O
资源管理器
1．在示教器主画面中单击“I/O”。
Virtual Controller / train1100
Home
10:11 PM

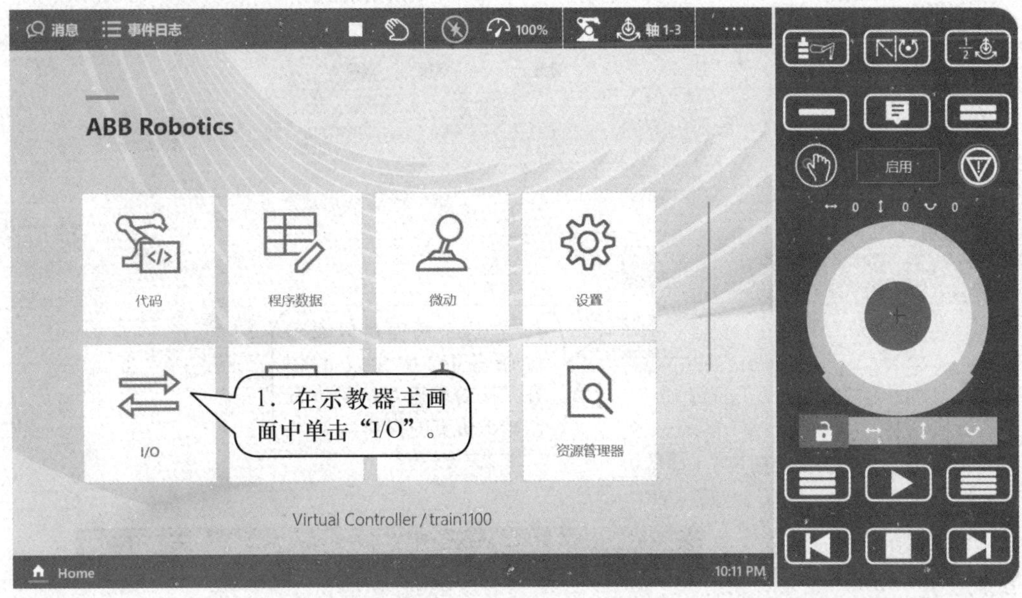

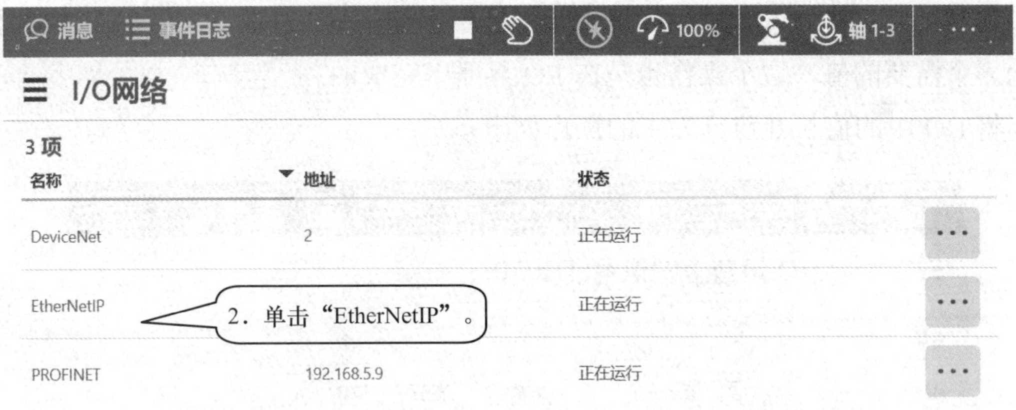

消息
事件日志
100%
轴 1-3
I/O网络
3 项
名称
地址
状态
DeviceNet
2
正在运行
EtherNetIP
2．单击“EtherNetIP”。
正在运行
PROFINET
192.168.5.9
正在运行

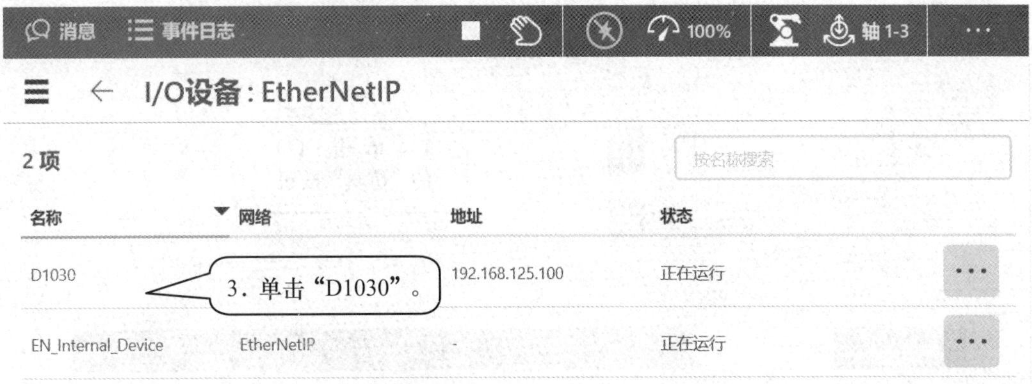

消息
事件日志
100%
轴 1-3
I/O设备：EtherNetIP
2 项
按名称搜索
名称
网络
地址
状态
D1030
3．单击“D1030”。
192.168.125.100
正在运行
EN_Internal_Device
EtherNetIP
-
正在运行

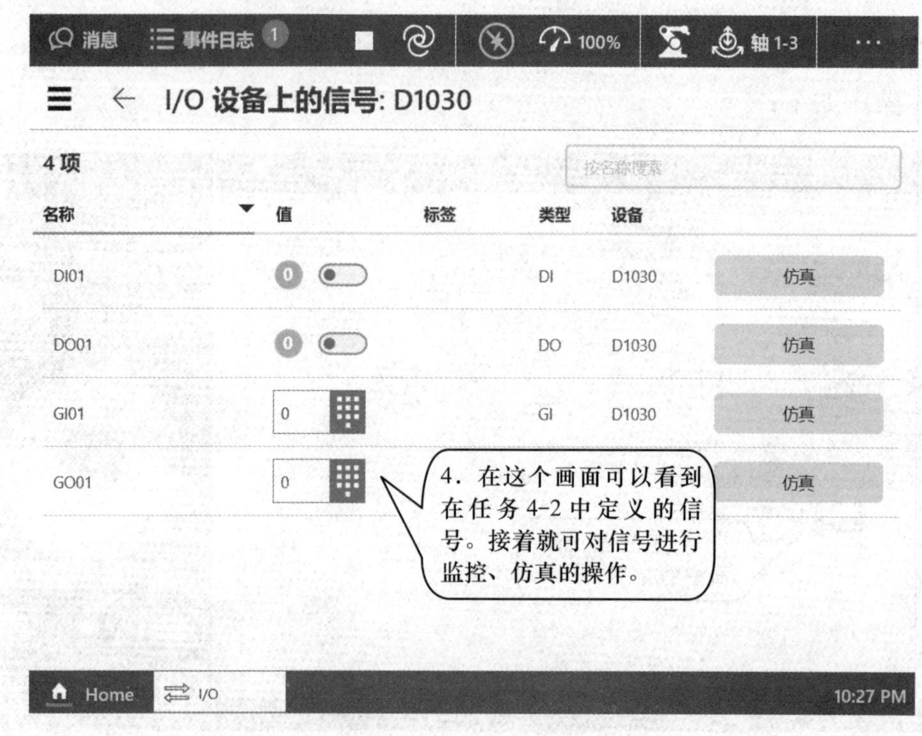

二、对 I/O 信号进行仿真操作

在对工业机器人进行调试和检修时，需要手动仿真 I/O 的状态，将 I/O 信号强制为一个需要的值，这个操作也是在 I/O 界面中完成的。

将 DO01 的值从 0 仿真为 1 的操作如下：

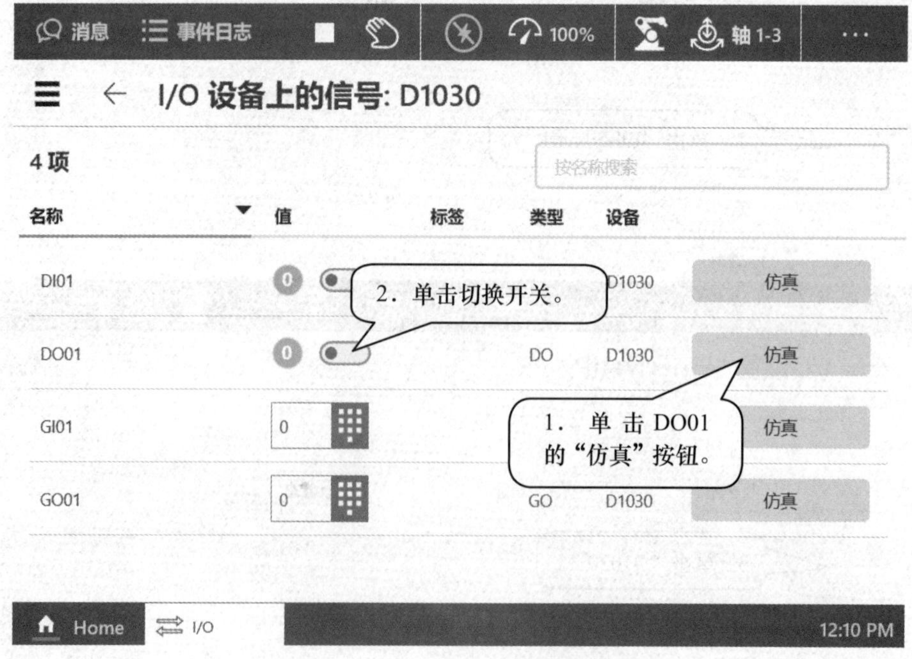

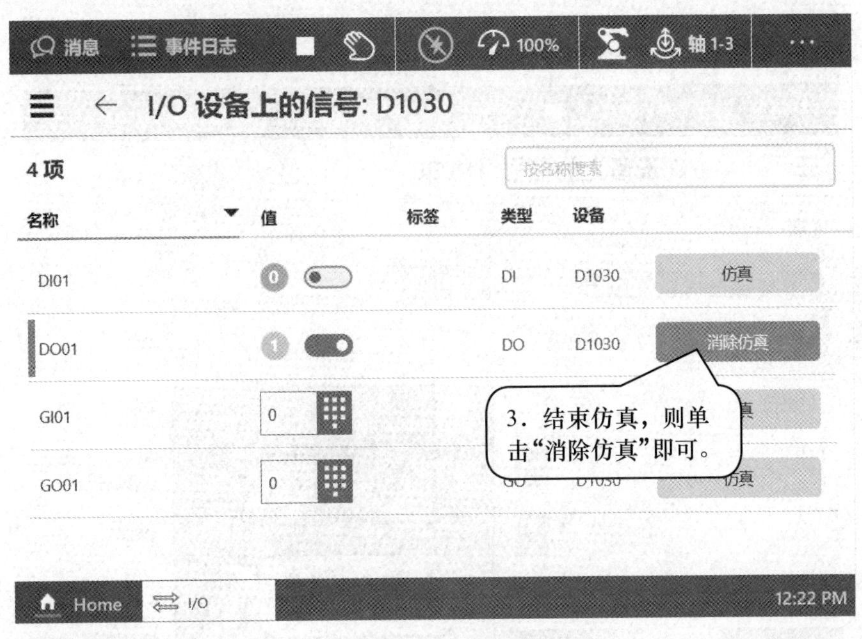

使用同样的操作，可以对 GI01 进行仿真。

将 GI01 的值从 0 仿真为 15 的操作如下：

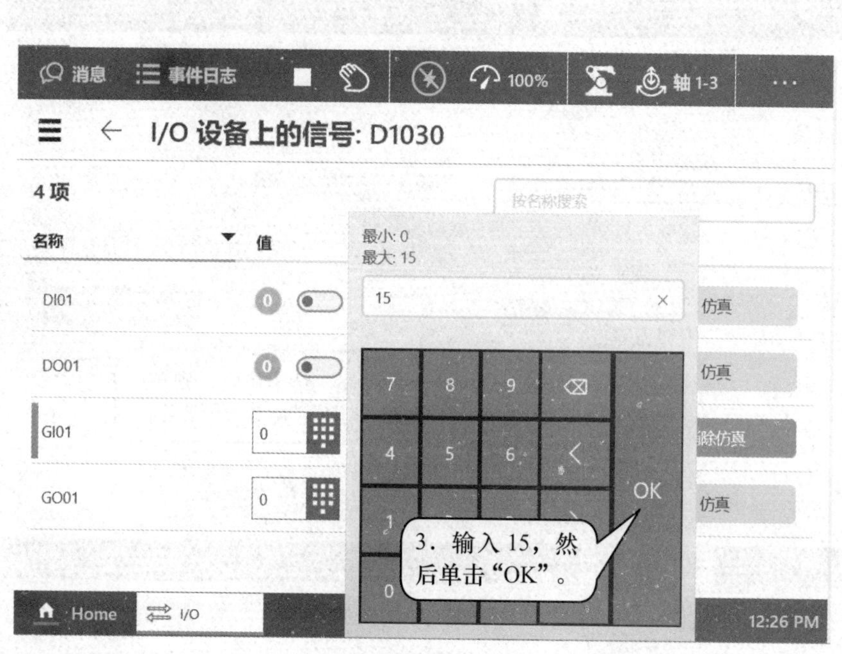

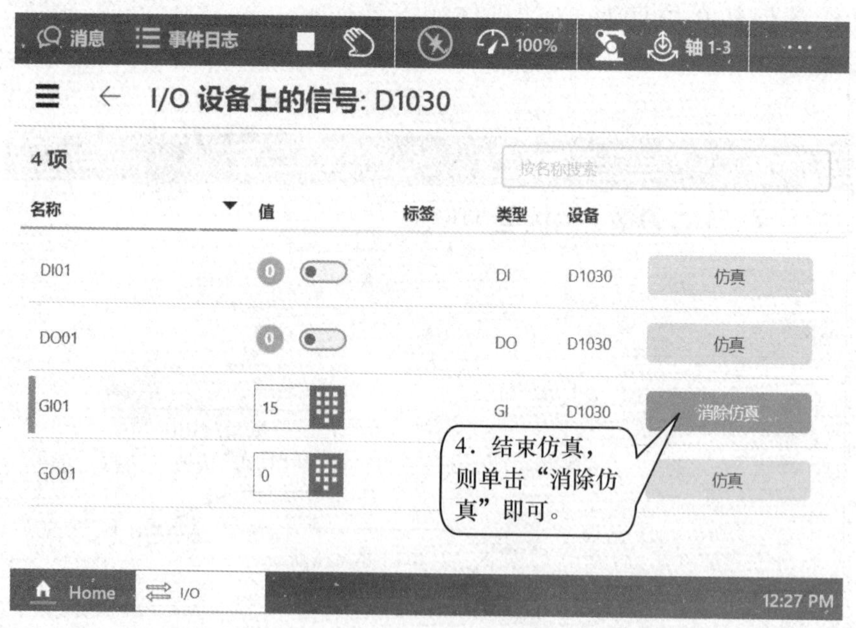

使用同样的操作，可以对 GO01 进行仿真。

任务4–5　配置工业网络 PROFINET

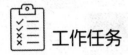

工作任务

☑ 掌握工业机器人端 PROFINET 从站的设置

☑ 了解 PLC 端 PROFINET 配置的方法

我们可以通过网线将计算机连接起来实现联网（图 4–12），进行计算机之间文件的传送，还可以访问互联网。

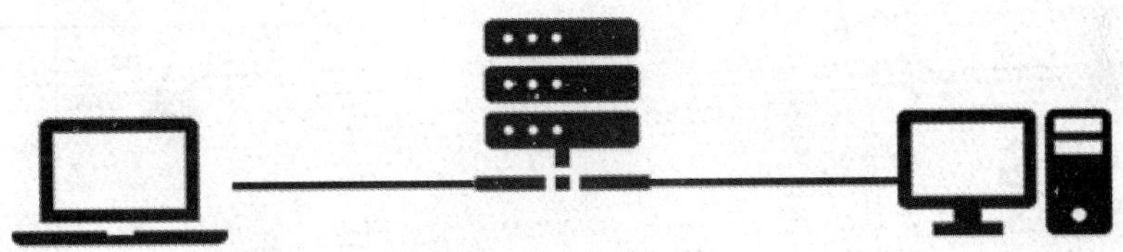

图 4–12　联网

在工业现场，我们会将设备联网组成工业以太网（图 4–13），实现数据的互通和管理。

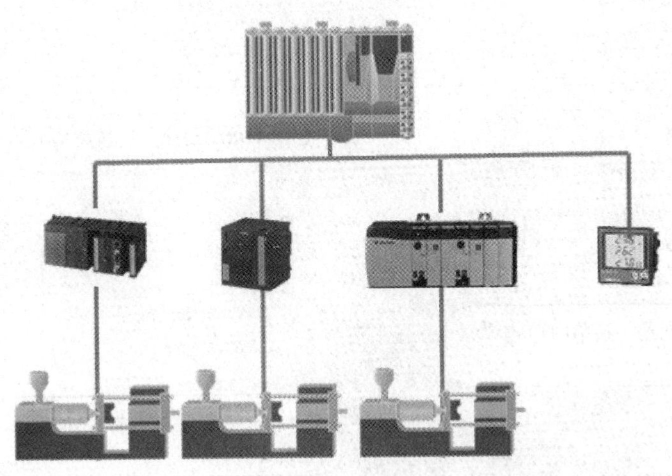

图 4–13　工业以太网

在计算机中，应用层协议基本已实现标准化，比如 HTTP、FTP。而工业以太网中，不同的厂商设备在应用层会应用不同的协议，比如西门子是 PROFINET、BR 是 POWERLINK 等。

PROFINET 通信是 ABB 工业机器人常用的工业网络通信方式，将工业机器人作为 PROFINET 从站的设置具体操作如下：

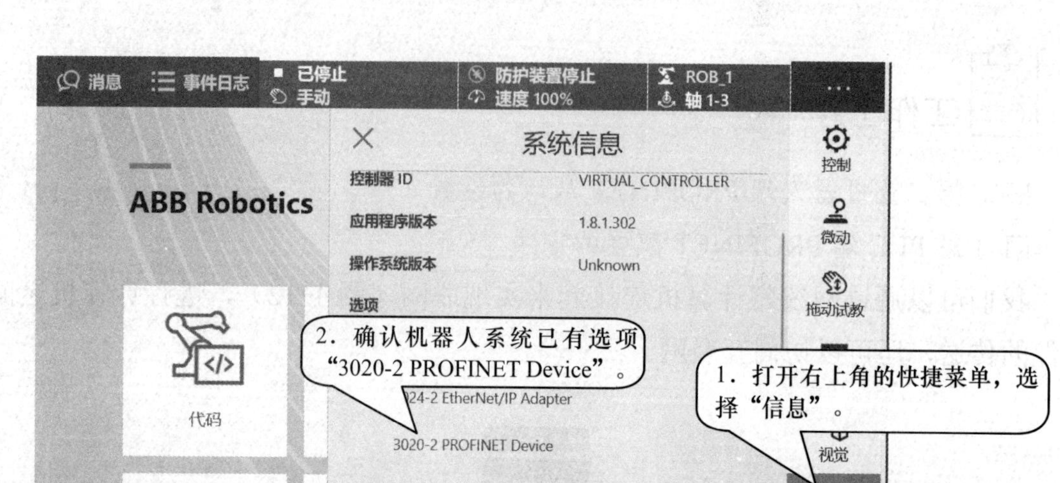

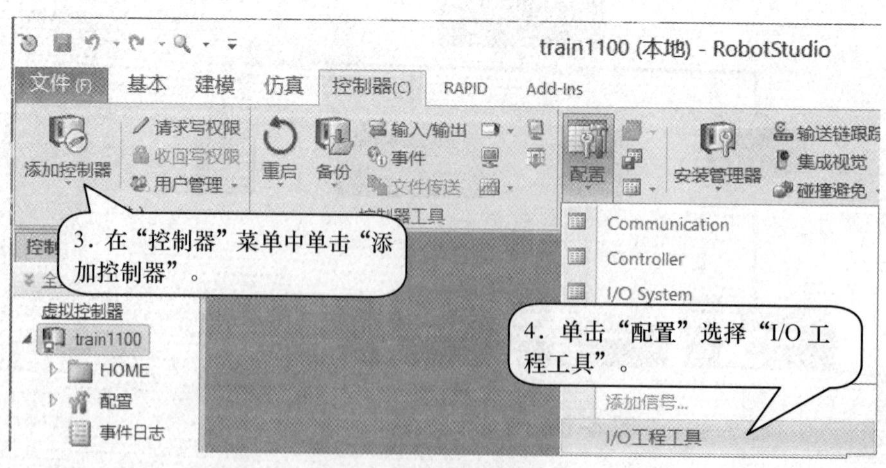

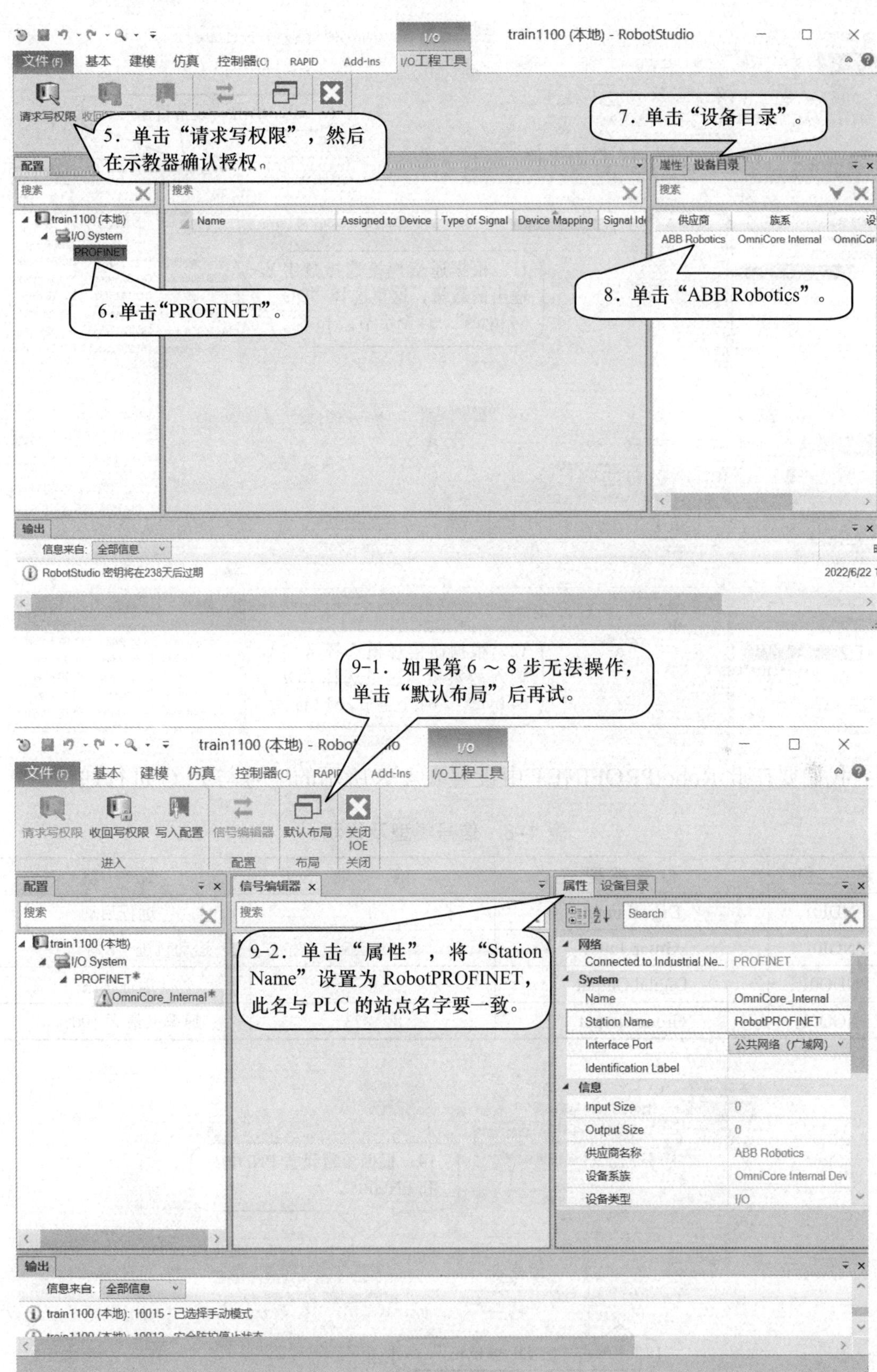
5. 单击“请求写权限”，然后在示教器确认授权。
6. 单击“PROFINET”。
7. 单击“设备目录”。
8. 单击“ABB Robotics”。
9-1. 如果第 6 ～ 8 步无法操作，单击“默认布局”后再试。
9-2. 单击“属性”，将“Station Name”设置为 RobotPROFINET，此名与 PLC 的站点名字要一致。

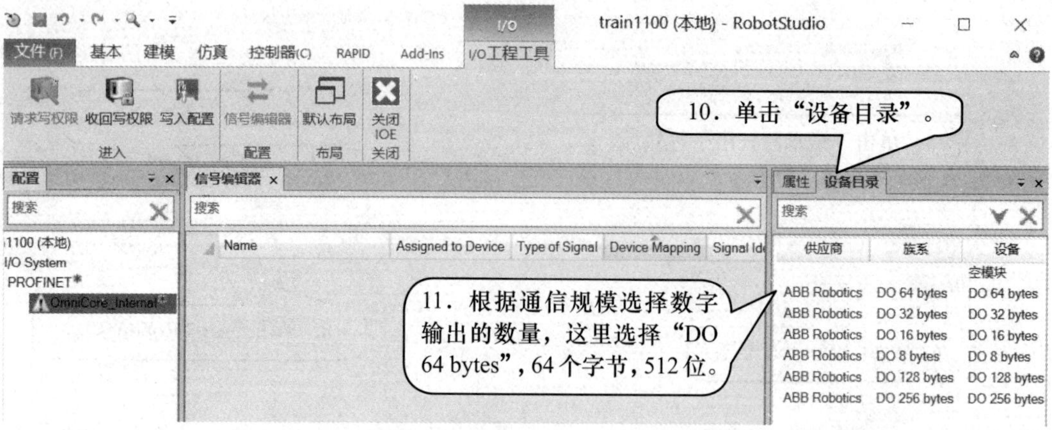

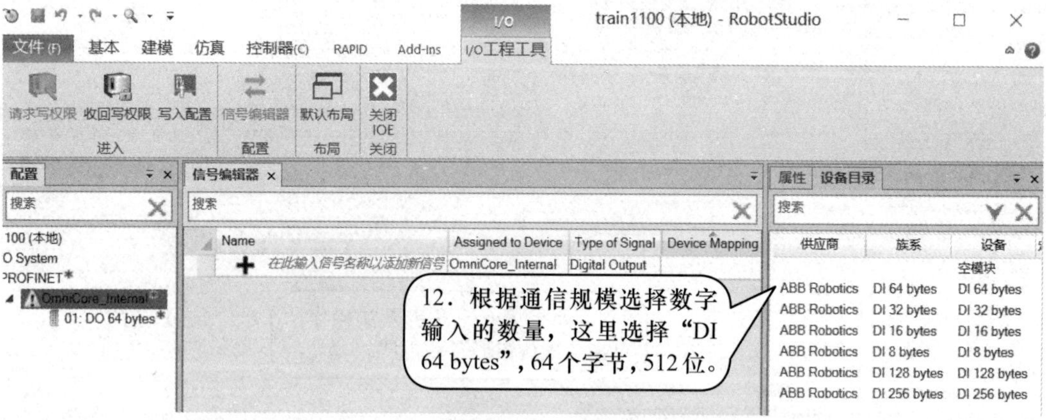

train1100 (本地) - RobotStudio
10．单击“设备目录”。
11．根据通信规模选择数字输出的数量，这里选择“DO 64 bytes”，64 个字节，512 位。

train1100 (本地) - RobotStudio
12．根据通信规模选择数字输入的数量，这里选择“DI 64 bytes”，64 个字节，512 位。

我们要在此 RobotPROFINET 中设置表 4-8 所示的信号与 PLC 进行通信。

表 4-8　信号类型及说明

名　称	信号类型	地　址	说　明
PNDI01	Digital Input	0	远程启动
PNGI01	Group Input	8 ～ 15	运动轨迹（8 种选择）
PNDO01	Digital Output	0	运行状态
PNGO01	Group Output	8 ～ 23	速率（最大 100%）

14．根据参数设置 PNDI01 和 PNGI01。
13．单击“02:DI 64 bytes”。

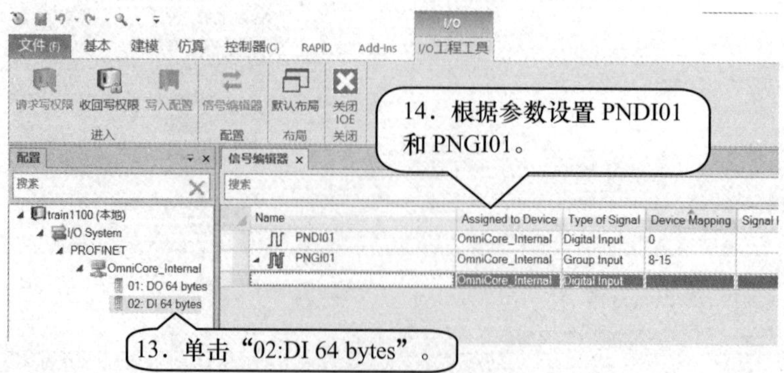

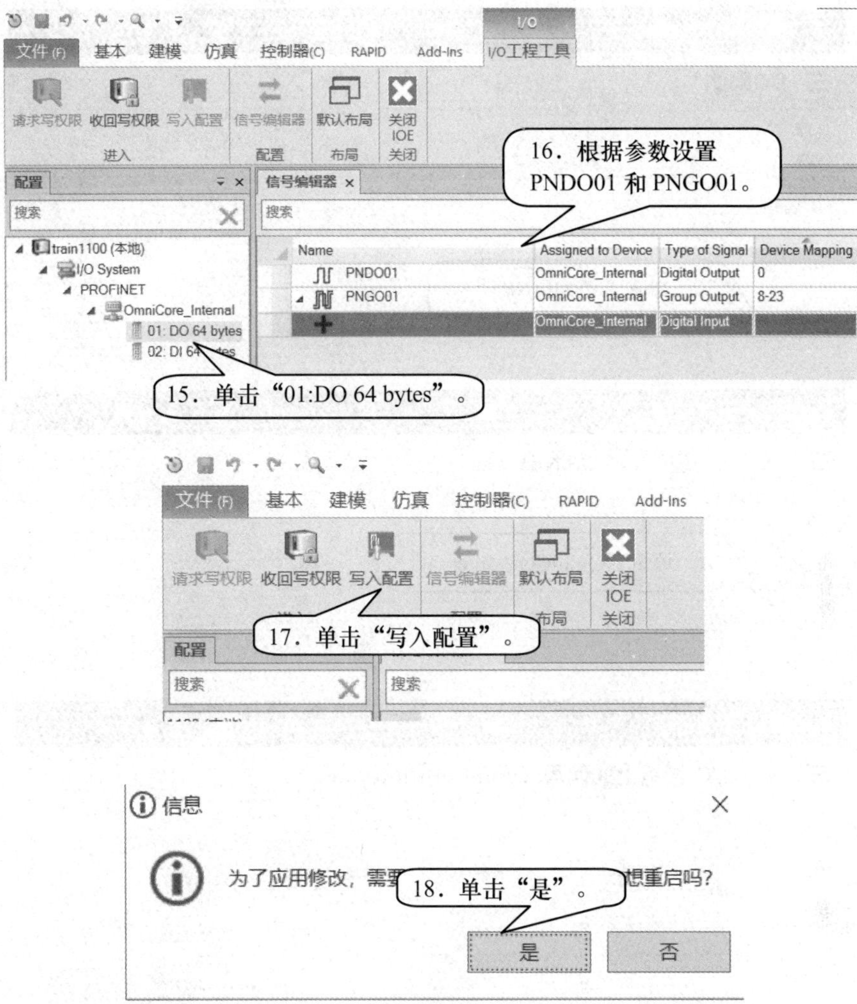

16．根据参数设置 PNDO01 和 PNGO01。
15．单击“01:DO 64 bytes”。
17．单击“写入配置”。
18．单击“是”。

我们来查看一下示教器中设置完成 PROFINET 的 I/O 信号。

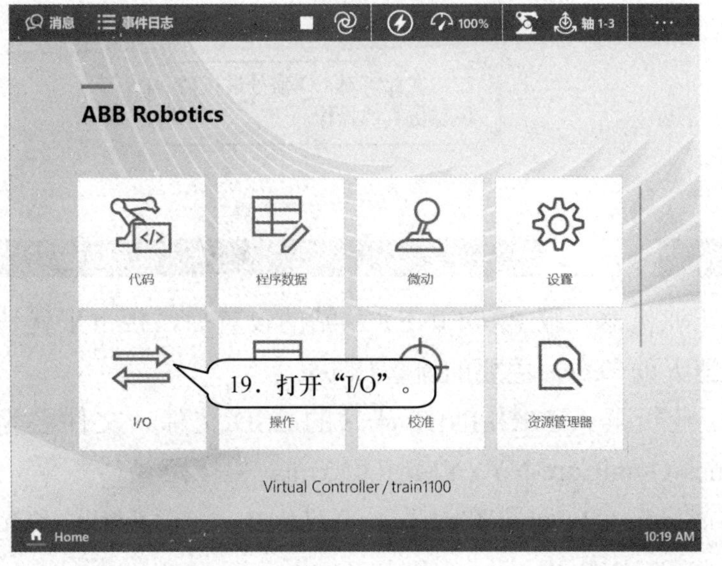

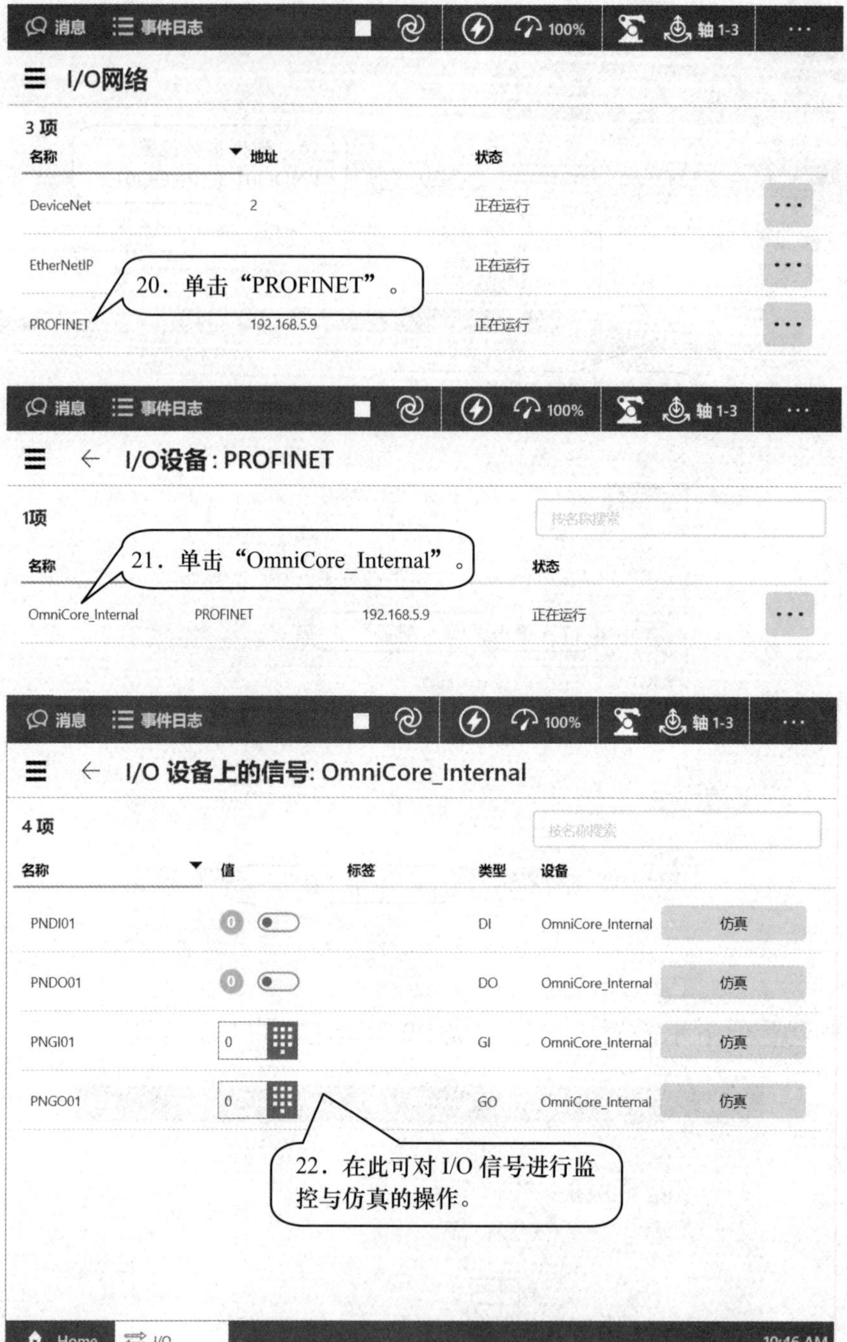

在完成了工业机器人端 PROFINET 从站的设置后，接下来就是在 PLC 主站进行配置连通机器人的参数，主要的流程如下：

1）获取工业机器人 PROFINET 从站的 GSD 文件。文件名为：GSDML-V2.xx-ABB-Robotics-OmniCore-YYYYMMDD.xml，提取路径：

①在 RobotStudio 的 RobotWare 安装文件夹中：…\DistributI/OnPackages\ABB.RobotWare-x.x.x-xxx\RobotPackages\RobotControl_x.x.xxx\utility\service\GSDML\。

②在 OmniCore 控制器中：…\products\RobotControl_x.x.x\utility\service\GSDML\。

2）将工业机器人端 PROFINET 从站的 GSD 文件导入 PLC。

3）在 PLC 进行扫描工业机器人的操作，并设置工业机器人端 PROFINET 的 IP 地址。

4）PLC 中设置工业机器人站点名字要与工业机器人里 Station Name 一致。

5）在 PLC 中的 DI DO 字节数要与工业机器人端的设置对应。

6）在 PLC 端分配与工业机器人端对应地址的信号名称。

任务 4-6　配置工业网络 EtherNet/IP

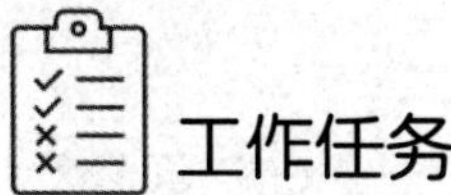

工作任务

☑ 掌握工业机器人端 EtherNet/IP 从站的设置

☑ 了解 PLC 端 EtherNet/IP 配置的方法

EtherNet/IP 是一个面向工业自动化应用的工业应用层协议。它建立在标准 UDP/IP 与 TCP/IP 协议之上，利用固定的以太网硬件和软件，为配置、访问和控制工业自动化设备定义了一个应用层协议。

EtherNet/IP 通信是 ABB 工业机器人常用的工业网络通信方式，将工业机器人作为 EtherNet/IP 从站的设置具体操作如下：

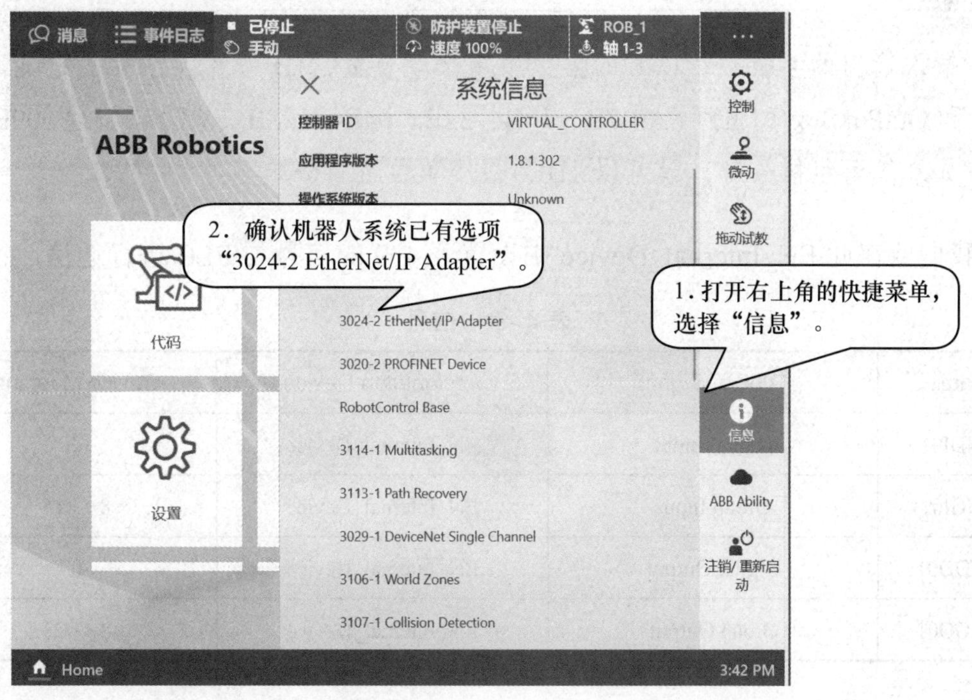

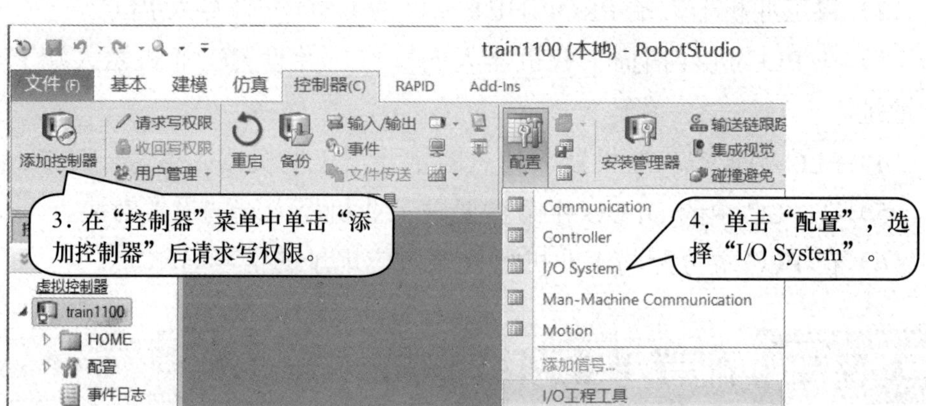

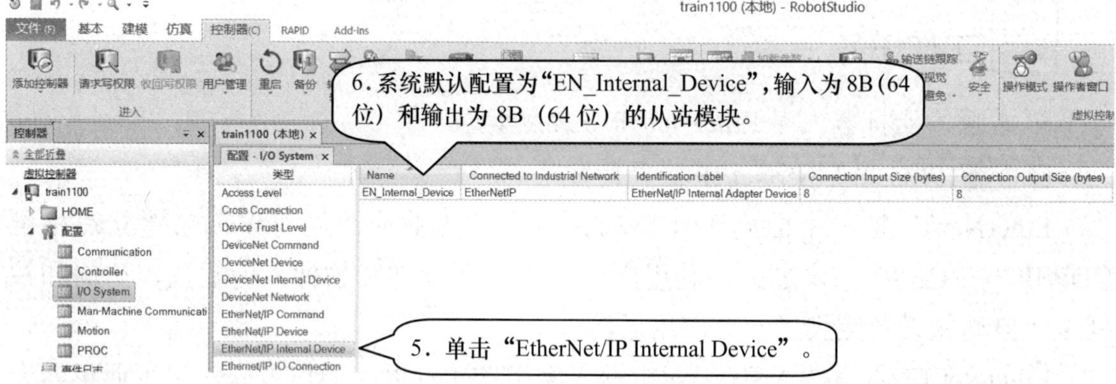

小技巧

输入输出的字节数，以 8 的倍数来定义字节数，1B 为 8 位，所以建议 Input Size 和 OutPut Size 的值可设为 8B、16B、32B、64B、128B。最大不超过 509B。

如果使用组信号时，最好以 1B 为最小单位进行分配。

我们要在此 EN_Internal_Device 中设置表 4-9 的信号与 PLC 进行通信。

表 4-9　信号

Name	Type of Signal	Assigned to Device	Device Mapping
ENDI01	Digital Input	EN_Internal_Device	0
ENGI01	Group Input	EN_Internal_Device	8 ～ 15
ENDO01	Digital Output	EN_Internal_Device	0
ENGO01	Group Output	EN_Internal_Device	8 ～ 23

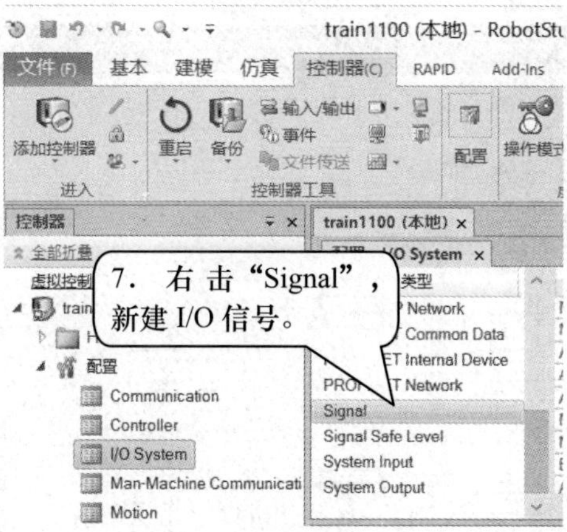

train1100 (本地) - RobotStu

文件(F) 基本 建模 仿真 控制器(C) RAPID Add-Ins

添加控制器 重启 备份 输入/输出 事件 文件传送 配置 操作模式

进入 控制器工具

控制器 train1100 (本地) I/O System

全部折叠 虚拟控制器 train1100 配置 Communication Controller I/O System Man-Machine Communicati Motion

类型 Network Common Data ET Internal Device PROFINET Network Signal Signal Safe Level System Input System Output

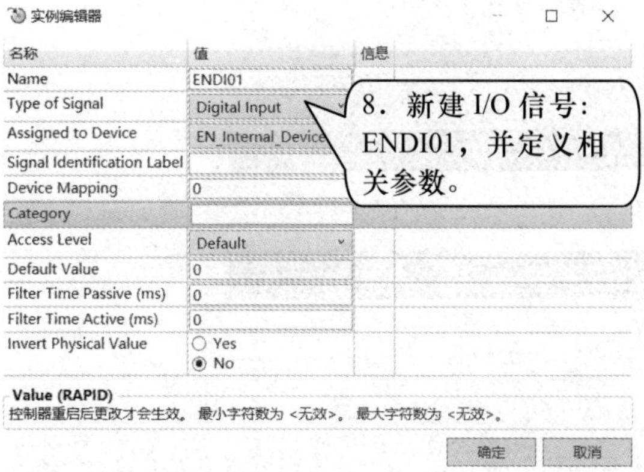

7. 右击“Signal”，新建I/O信号。

实例编辑器

名称	值	信息
Name	ENDI01	
Type of Signal	Digital Input	
Assigned to Device	EN_Internal_Device	
Signal Identification Label		
Device Mapping	0	
Category		
Access Level	Default	
Default Value	0	
Filter Time Passive (ms)	0	
Filter Time Active (ms)	0	
Invert Physical Value	○ Yes ◉ No	

Value (RAPID)
控制器重启后更改才会生效。最小字符数为 <无效>。最大字符数为 <无效>。

确定 取消

8. 新建I/O信号：ENDI01，并定义相关参数。

实例编辑器

名称	值	信息
Name	ENGI01	
Type of Signal	Group Input	
Assigned to Device	EN_Internal_Device	
Signal Identification Label		
Device Mapping	8-15	
Category		
Access Level	Default	
Default Value	0	
Filter Time Passive (ms)	0	
Filter Time Active (ms)	0	
Invert Physical Value	○ Yes ◉ No	

Value (RAPID)
控制器重启后更改才会生效。最小字符数为 <无效>。最大字符数为 <无效>。

确定 取消

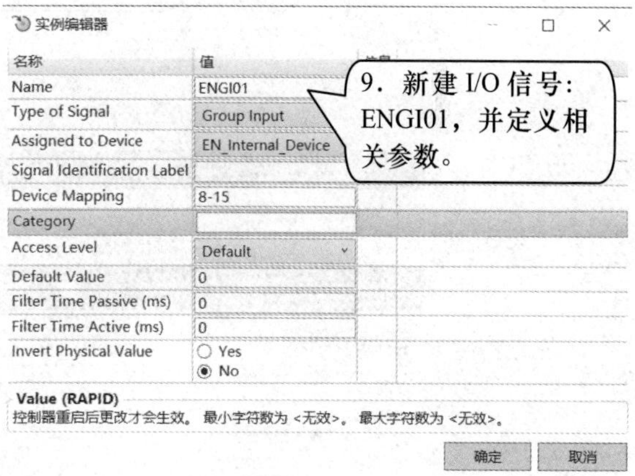

9. 新建I/O信号：ENGI01，并定义相关参数。

实例编辑器

名称	值	信息
Name	ENDO01	
Type of Signal	Digital Output	
Assigned to Device	EN_Internal_Device	
Signal Identification Label		
Device Mapping	0	
Category		
Access Level	Default	
Default Value	0	
Invert Physical Value	○ Yes ◉ No	
Safe Level	DefaultSafeLevel	

Value (字符串)
控制器重启后更改才会生效。最小字符数为 <无效>。最大字符数为 <无效>。

确定 取消

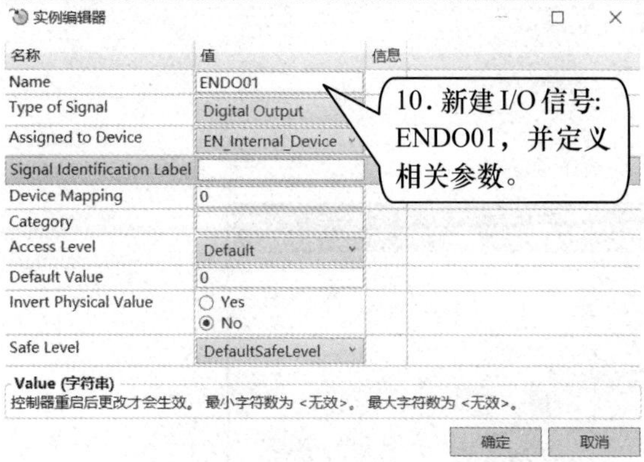

10. 新建I/O信号：ENDO01，并定义相关参数。

实例编辑器

名称	值	信息
Name	ENGO01	
Type of Signal	Group Output	
Assigned to Device	EN_Internal_Device	
Signal Identification Label		
Device Mapping	8-23	
Category		
Access Level	Default	
Default Value	0	
Invert Physical Value	○ Yes ◉ No	
Safe Level	DefaultSafeLevel	

Value (字符串)
控制器重启后更改才会生效。最小字符数为 <无效>。最大字符数为 <无效>。

确定 取消

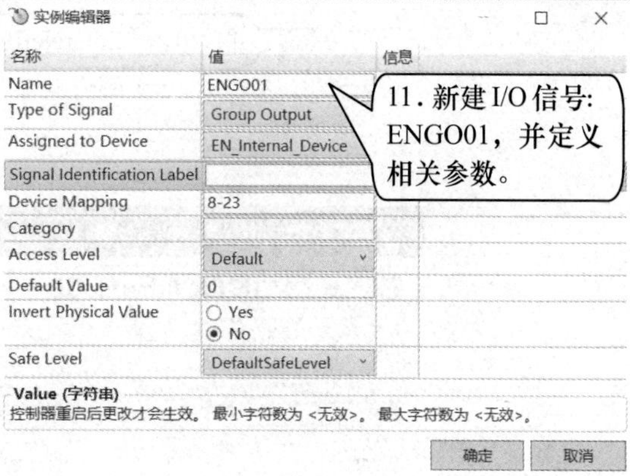

11. 新建I/O信号：ENGO01，并定义相关参数。

文件(F) 基本 建模 仿真 控制器(C) RAPID Add-Ins

添加控制器 请求写权限 收回写权限 用户管理 重启

进入

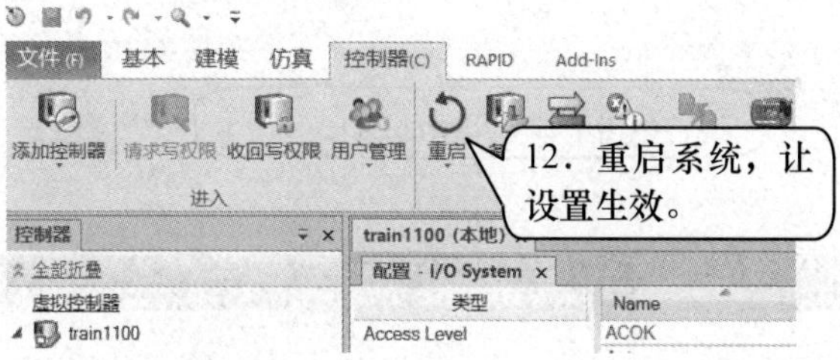

控制器 train1100 (本地) 配置 - I/O System

全部折叠 虚拟控制器 train1100 类型 Access Level Name ACOK

12. 重启系统，让设置生效。

我们来查看一下示教器中设置完成 EtherNet/IP 的 I/O 信号。

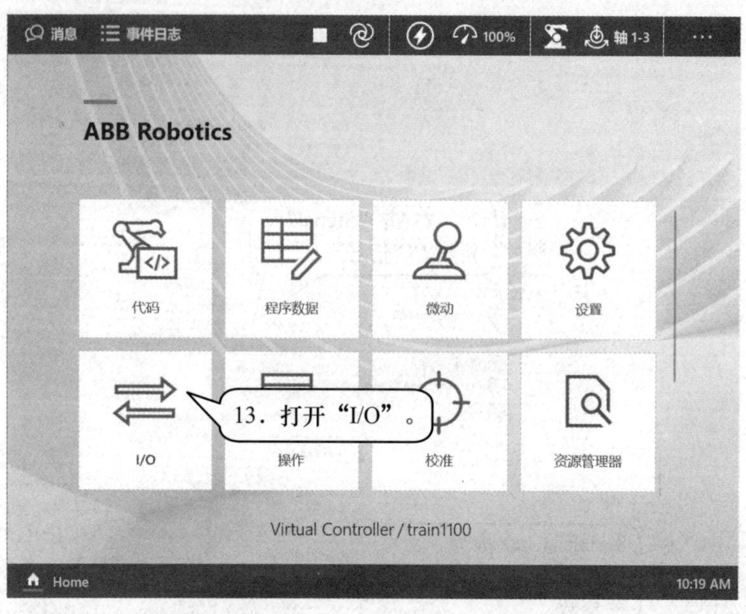

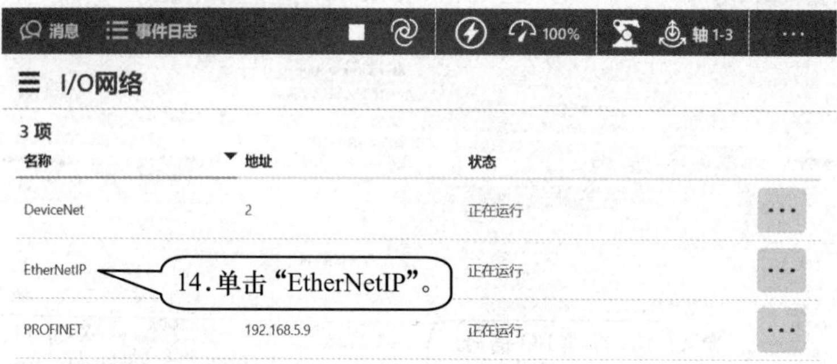

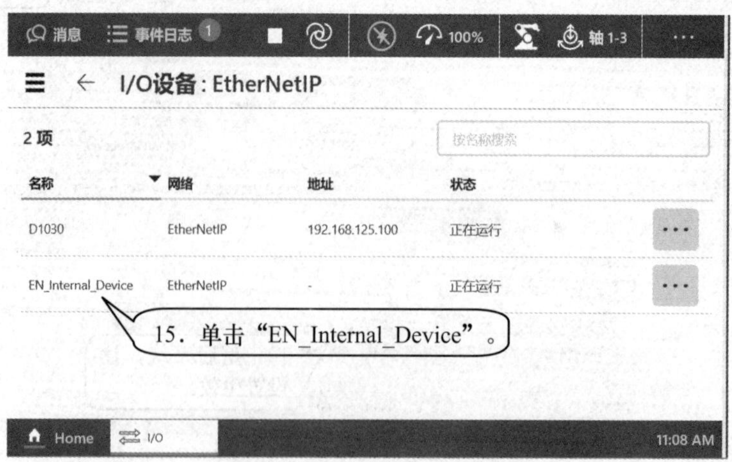

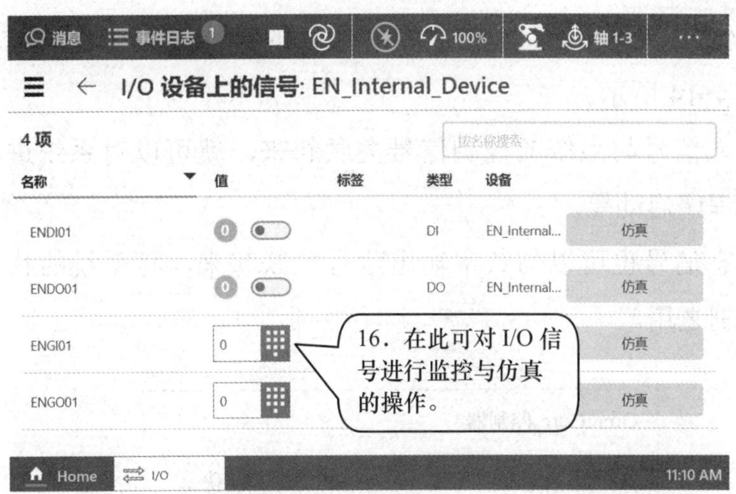

在完成了工业机器人端 EtherNet/IP 从站的设置后，接下来就是在 PLC 主站进行配置连通工业机器人的参数，主要的流程如下：

1）获取工业机器人 EtherNet/IP 从站的 EDS 文件。文件名为 OmniCore.eds，提取路径：

① 在 RobotStudio 的 RobotWare 安装文件夹中：…\DistributI/OnPackages\ABB.RobotWare-x.x.x-xxx\RobotPackages\RobotControl_x.x.xxx\utility\service\EDS\。

② 在 OmniCore 控制器中：…\RobotWare\RobotControl_x.x.x-xxx\utility\service\EDS\。

2）将工业机器人端 EtherNet/IP 从站的 EDS 文件导入 PLC。

3）在 PLC 进行扫描机器人的操作，并设置工业机器人端 EtherNet/IP 的 IP 地址。

4）在 PLC 中的 DI DO 字节数要与工业机器人端的设置对应。

5）在 PLC 端分配与工业机器人端对应地址的信号名称。

任务 4-7　设置系统输入 / 输出与 I/O 信号的关联

工作任务

☑ 建立系统输入“电动机开启”与数字输入信号 DI01 的关联

☑ 建立系统输出“电动机开启”状态与数字输出信号 DO01 的关联

☑ 了解常用的系统输入 / 输出接口

ABB 工业机器人 OmniCore 控制器里运行的机器人系统提供了功能丰富的系统接口，如图 4-14 所示。

将数字输入信号与系统的控制信号关联起来，就可以对系统进行控制，例如电动机开启、程序启动等。

系统的状态信号也可以与数字输出信号关联起来，将系统的状态输出给外围设备，以作控制之用。

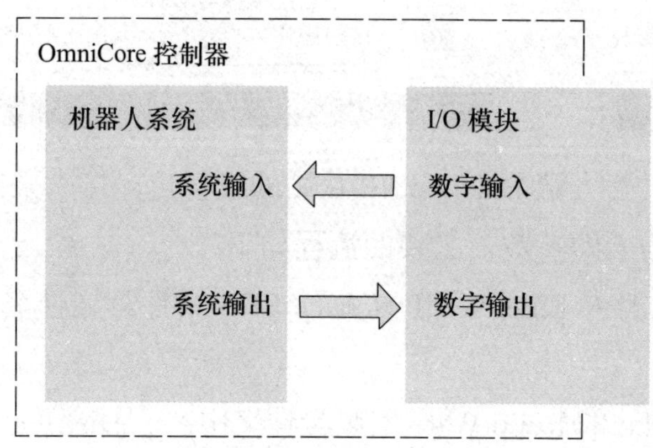

图 4-14　OmniCore 控制器

一、建立系统输入“电动机开启”与数字输入信号 DI01 的关联

建立系统输入“电动机开启”与数字输入信号 DI01 的关联，我们就可以使用按钮通过 DI01 连接机器人系统，实现电动机开启的操作，如图 4-15 所示。

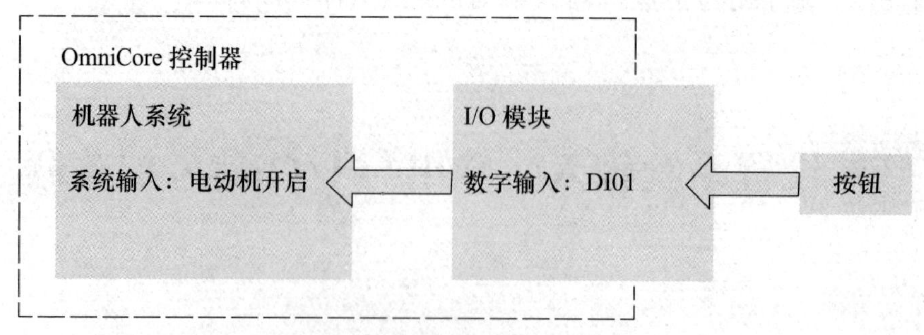

图 4-15　实现电动机开启

此功能的设置是在 RobotStudio 中进行的。具体操作如下：

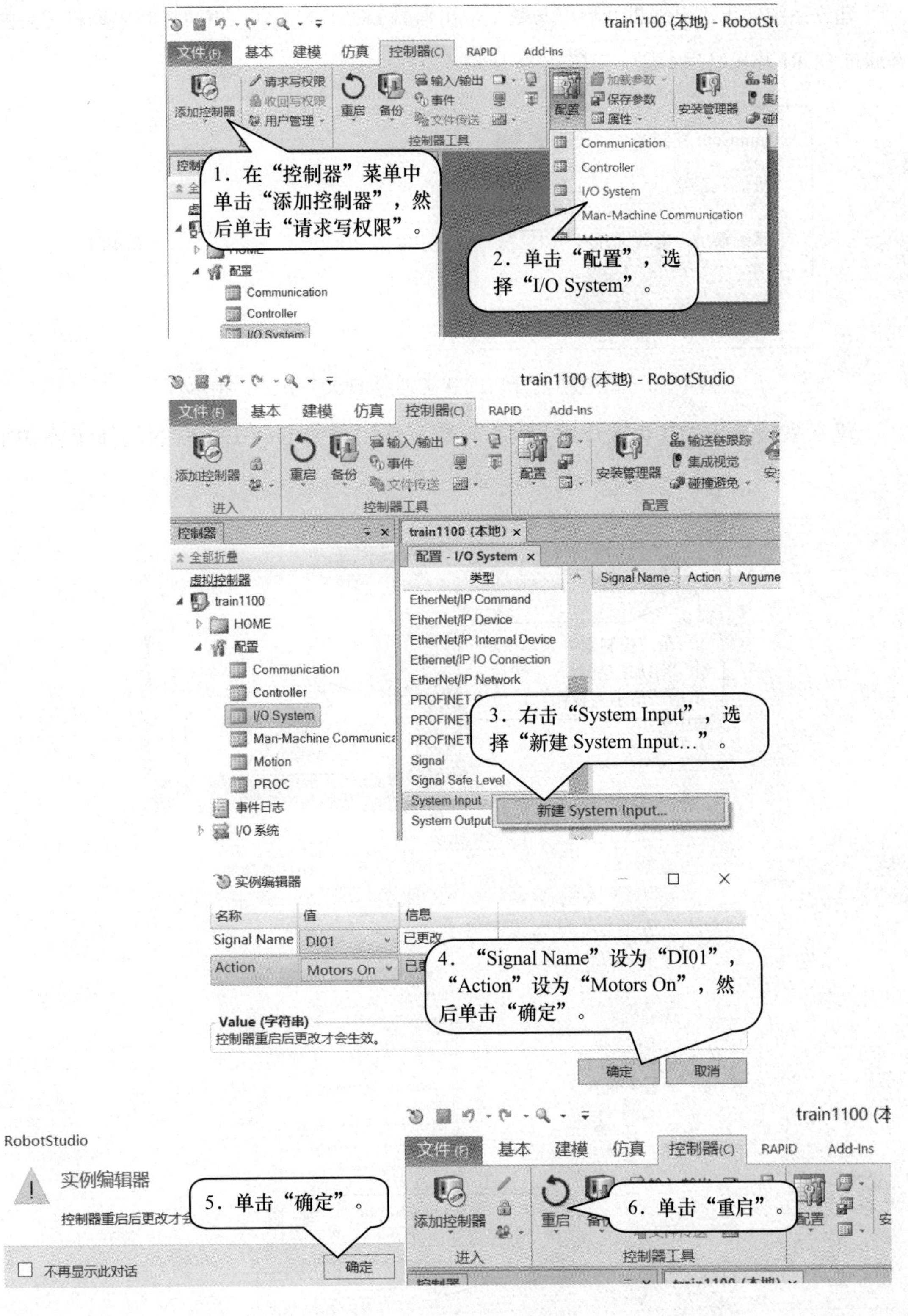
1. 在“控制器”菜单中单击“添加控制器”，然后单击“请求写权限”。
2. 单击“配置”，选择“I/O System”。
3. 右击“System Input”，选择“新建 System Input...”。
4. “Signal Name”设为“DI01”，“Action”设为“Motors On”，然后单击“确定”。
5. 单击“确定”。
6. 单击“重启”。

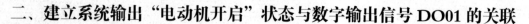

二、建立系统输出“电动机开启”状态与数字输出信号 DO01 的关联

建立系统输出“电动机开启”与数字输出信号 DO01 的关联，就可以将电动机开启的状态通过 DO01 输出给指示灯，如图 4-16 所示。

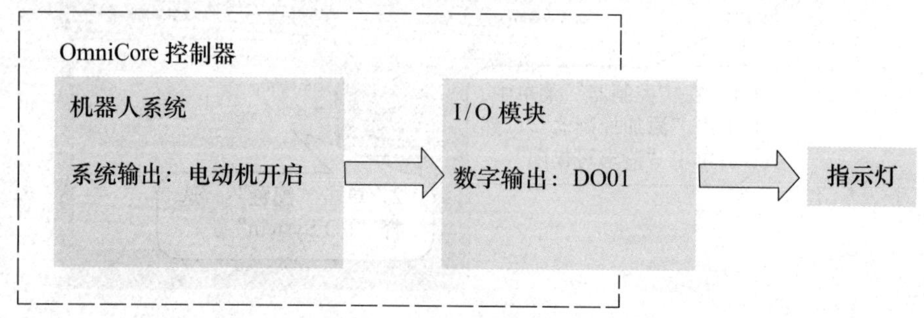

图 4-16　将电动机开启的状态通过 DO01 输出给指示灯

建立系统输出“电动机开启”状态与数字输出信号 DO01 关联的具体步骤如下：

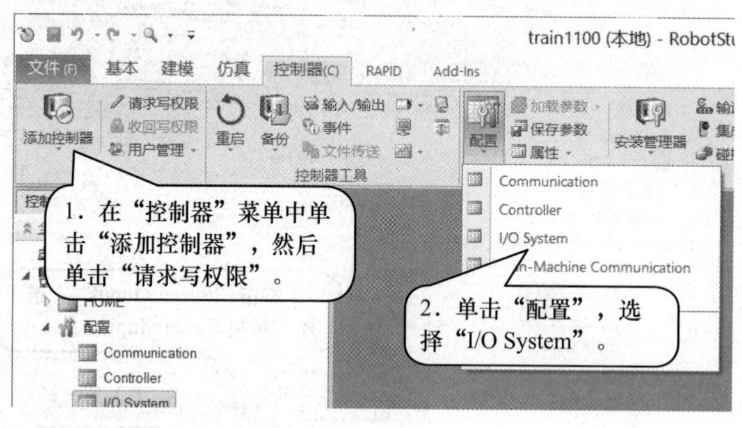

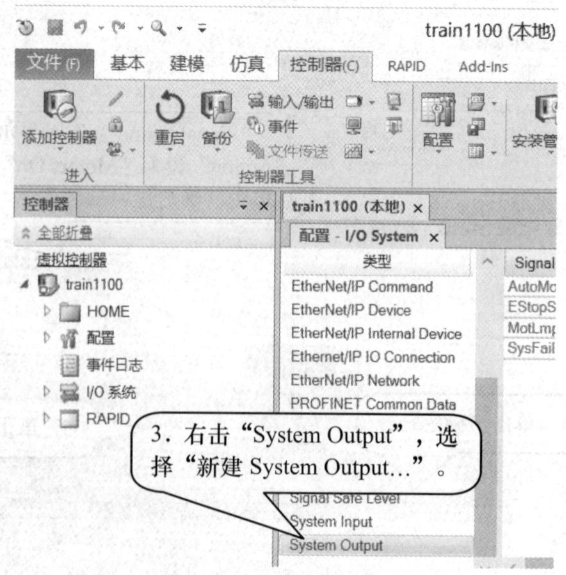

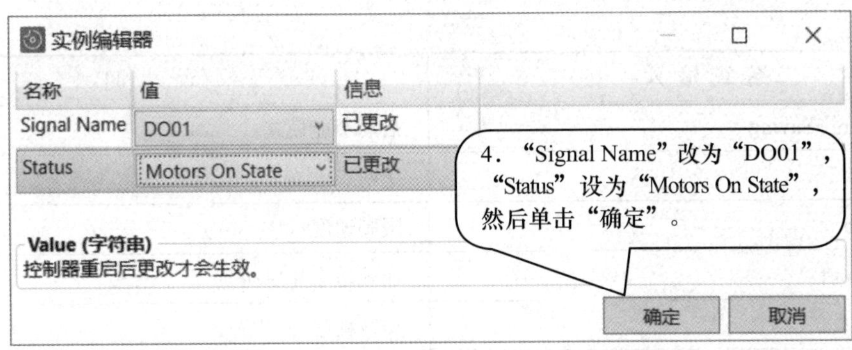

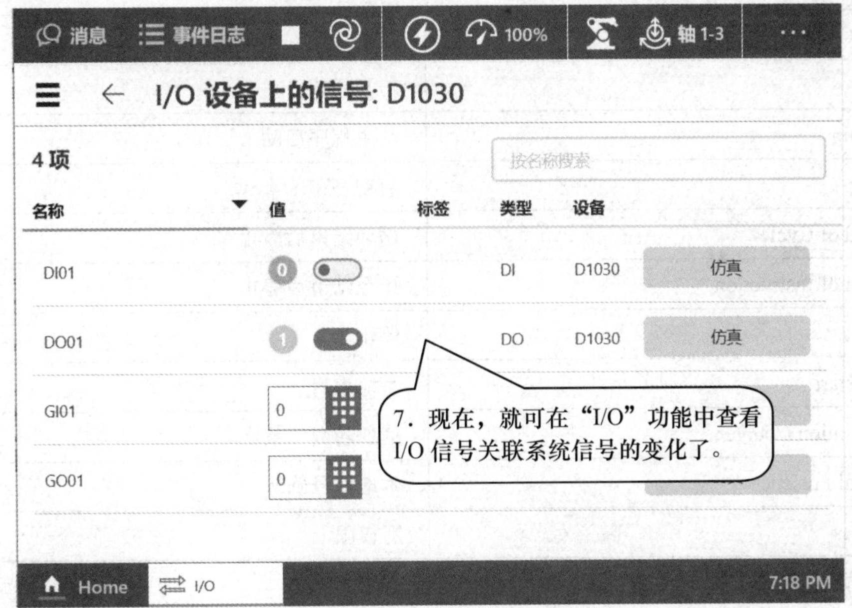

三、常用的系统输入 / 输出接口

1）常用的系统输入接口说明见表 4-10。

表 4-10　常用的系统输入接口说明

系 统 输 入	说　明
Backup	备份
Collision Avoidance	碰撞避让
Disable Backup	阻止备份

（续）

系统输入	说　明
Enable Energy Saving	启动节能模式
Interrupt	中断
Limit Speed	限制速度
Load and Start	加载程序并启动
Load	加载程序
Motors On and Start	电动机上电和启动
Motors On	电动机上电
PP to Main	程序指针移至 Main
ProfiSafeOpAck	通知 PROFIsafe 通信变化
Quick Stop	快速停止
Reset Execution Error Signal	复位执行错误信号
Set Speed Override	设置速率
SimMode	仿真模式
Start at Main	从主程序启动
Start	启动
Stop at End of Cycle	循环结束后停止
Stop at End of Instruction	指令结束后停止
Stop	停止
System Restart	系统重启
Trust Revolution Counter	信任转数计数器
Verify Local Presence	本地信号确认
Write Access	写权限

2）常用的系统输出接口说明见表 4-11。

表 4-11　常用的系统输出接口说明

系统输出	说　明
Absolute Accuracy Active	绝对精度激活
Auto On	自动状态
Backup Error	备份出错
Backup in progress	备份中
Collision Avoidance	碰撞避让
Cycle On	循环中

（续）

系统输出	说　明
Emergency Stop	紧急停止
Enable Energy Saving	已启动节能模式
Execution Error	执行出错
Limit Speed	速度限制
Mechanical Unit Active	机械装置已激活
Mechanical Unit Not Moving	机械装置不在运动
Motion Supervision On	运动监控生效
Motion Supervision Triggered	运动监控被触发
Motors Off State	电动机关闭状态
Motors Off	电动机关闭
Motors On State	电动机上电状态
Motors On	电动机上电
Path Return Region Error	路径返回出错
Power Fail Error	程序无法在上电失败后从其当前位置继续运行
PP Moved	程序指针已移动
Production Execution Error	生产执行出错
Revolution Counter Lost	转数计数器数据丢失
Robot In Trusted Position	机器人在程序的路径上
Run Chain OK	运行链正常
SimMode	仿真状态
Simulated I/O	I/O 处于仿真状态
SMB Battery Charge Low	SMB（串行测量电路板）电池电量低
Speed Override	速率
System Input Busy	系统输入忙
TaskExecuting	任务执行中
TCP Speed Reference	程序中的 TCP 速度
TCP Speed	当前 TCP 速度
Temperature Warning	温度报警
Write Access	写权限已获得

任务 4-8 设置示教器上的可编程按键

工作任务

☑ 理解什么是可编程按键

☑ 将 PNDO01 与可编程按键 1 建立关联

为了更好地在调试编程时能快速对常用的 I/O 信号进行仿真的操作，示教器上提供了 4 个可编程按键与 I/O 信号关联实现仿真的操作，如图 4-17 所示。

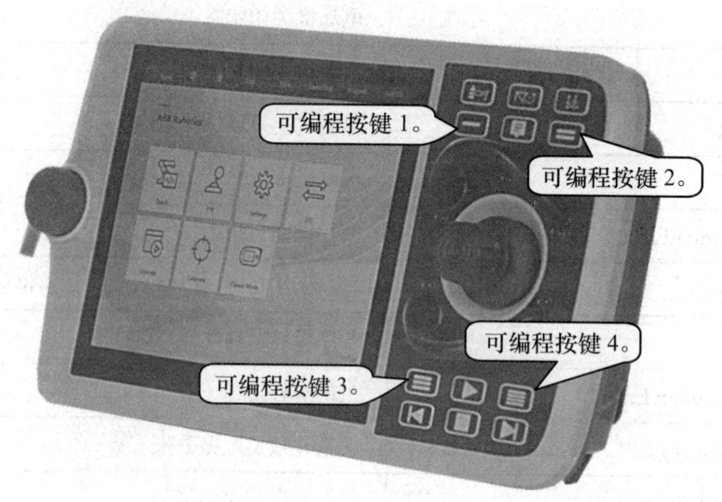

图 4-17 示教器上提供了 4 个可编程按键与 I/O 信号关联实现仿真的操作

下面我们一起来完成将 PNDO01 与可编程按键 1 建立关联的设置。具体操作如下：

消息
事件日志
100%
轴 1-3
设置
找到设置
系统诊断
设定语言、日期和时间
2. 单击“个性化”。
个性化
可编程键
更新
更新示教器和控制器软件
消息
事件日志
100%
轴 1-3
设置
找到设置
个性化
可编程键
可编程键
配置可编程按键
全部折叠
按键1
未配置
3. 单击“按键1”。
按键3
未配置
按键4
未配置
消息
事件日志
100%
轴 1-3
设置
找到设置
个性化
可编程键
可编程键
配置可编程按键
全部折叠
易记名称
Button1
4.“易记名称”按需设定，“类型”设为“输出”，“按下按键”设为“切换”，“允许自动模式”设为“否”，“数字输出”设为“PNDO01”。
类型
输出
按下按键
切换
允许自动模式
否
数字输出
PNDO01
5. 单击“应用”。
重置
应用
Home
设置
12:18 PM

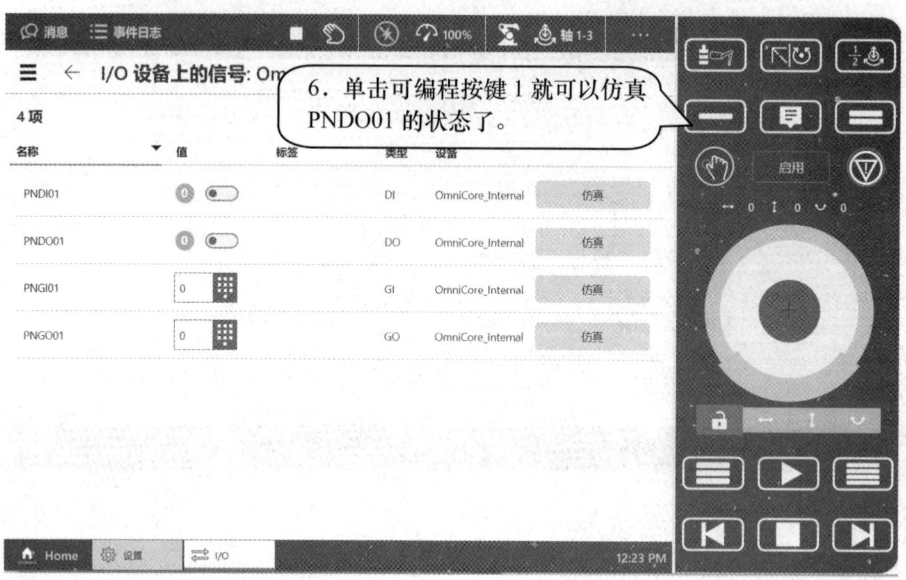

小技巧

可编程按键参数的可选项有：

1）类型：输入、输出和系统。

2）按下按键：切换、设为 1、设为 0、按下 / 松开和脉冲。

3）允许自动模式：是或否。

4）数字输入（输出）：指定具体的 I/O 信号。

任务 4–9 安全保护机制的设置

工作任务

☑ 理解什么是工业机器人的安全保护机制

☑ 认识工业机器人控制柜上的安全回路

☑ 学会紧急停止回路（ES）的典型配置

☑ 学会自动停止回路（AS）的典型配置

☑ 学会常规停止回路（GS）的典型配置

机器人系统基于安全的要求，需要与安全保护装置进行可靠的连接，例如门互锁开关、安全光栅等。以常用的工业机器人工作站的门互锁开关为例，当门被打开时，工业机器人则停止运行，避免造成人机碰撞伤害。

工业机器人控制器有三个独立的安全保护机制，分别为常规停止（GS，General Stop 的简称）、自动停止（AS，Auto Stop 的简称）和紧急停止（ES，Emergency Stop 的简称），具体见表 4-12。

表 4-12　三个独立的安全保护机制

安全保护	保护机制说明
常规停止	在任何操作模式下都有效
自动停止	在自动模式下有效
紧急停止	在急停按钮被按下时有效

一、控制器 C30 安全回路说明

控制器 C30 安全回路如图 4-18 所示。

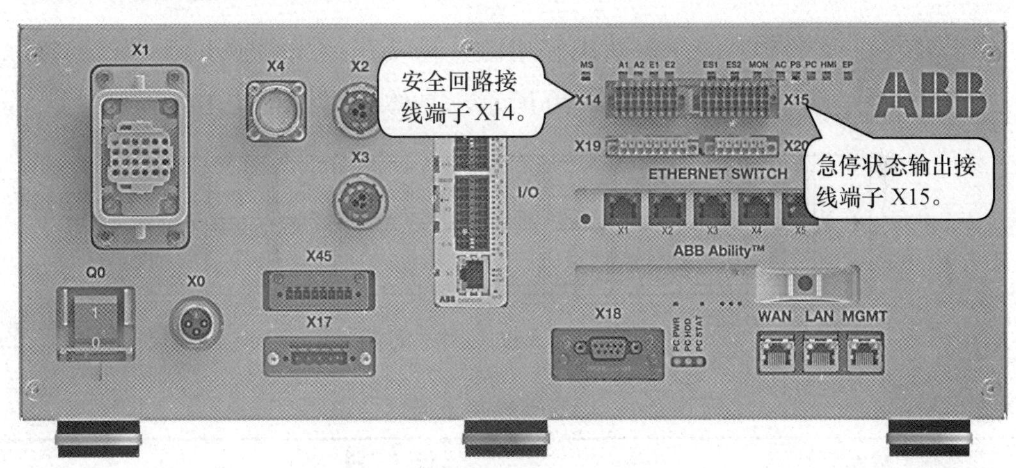

图 4-18　控制器 C30 安全回路

1）X14 接线端子的编号如图 4-19 所示，具体说明见表 4-13。

15	13	11	9	7	5	3	1
16	14	12	10	8	6	4	2

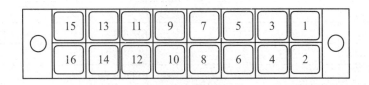

图 4-19　X14 接线端子的编号

表 4-13 X14 接线端子的编号说明

X14 接线端子编号	说　明
1	0V_CH1_CH2
2	24V_CH2
3	ES2−
4	ES2+
5	ES1−
6	ES1+
7	0V_CH1_CH2
8	24V_CH1
9	0V_CH1_CH2
10	24V_CH2
11	AS2/GS2−
12	AS2/GS2+
13	AS1/GS1−
14	AS1/GS1+
15	0V_CH1_CH2
16	24V_CH1

当需要将工业机器人的急停状态输出时，需要在接线端子 X15 进行连接。

2）X15 接线端子的编号如图 4-20 所示，具体说明见表 4-14。

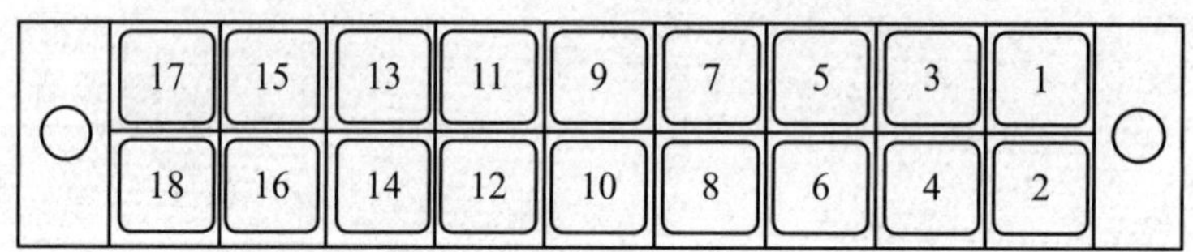

图 4-20 X15 接线端子的编号

表 4-14 X15 接线端子的编号说明

X15 接线端子编号	说　明
1	MON_PB
2	24V_MON
3	MON_LAMP
4	24V_MON
5 ～ 10	NC
11	ESOUT2−
12	ESOUT2+
13	ESOUT1−
14	ESOUT1+
15 ～ 18	NC

二、控制器 E10 安全回路说明

控制器 E10 安全回路如图 4-21 所示。

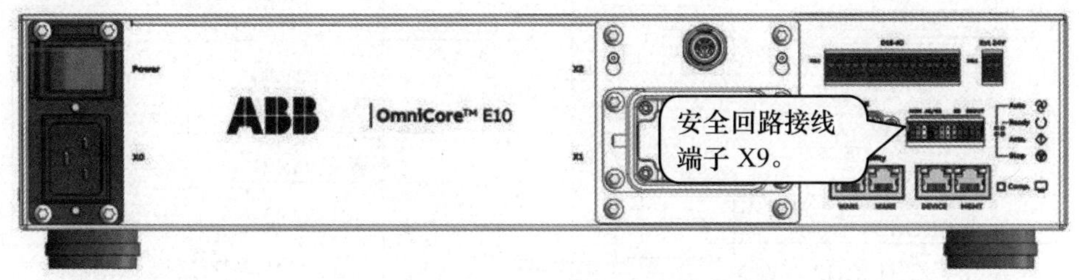

图 4-21　控制器 E10 安全回路

X9 接线端子的编号如图 4-22 所示，具体说明见表 4-15。

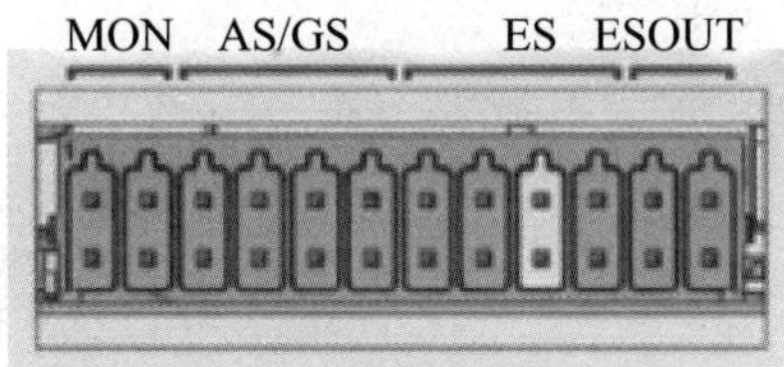

图 4-22　X9 接线端子的编号

表 4-15　X9 接线端子的编号说明

X9 接线端子编号	说　明	X9 接线端子编号	说　明
1	MON_PB	13	24V_CH2
2	24V_MON	14	0V_CH1_CH2
3	MON_LAMP	15	ES2+
4	24V_MON	16	ES2–
5	24V_CH2	17	24V_CH1
6	0V_CH1_CH2	18	0V_CH1_CH2
7	AS2/GS2+	19	ES1+
8	AS2/GS2–	20	ES1–
9	24V_CH1	21	ES2_OUT+
10	0V_CH1_CH2	22	ES2_OUT
11	AS1/GS1+	23	ES1_OUT+
12	AS1/GS1–	24	ES1_OUT

三、安全回路的接线示范

当使用内部电源进行 AS/GS 连接时，请参考图 4-23 的接线示范。

当使用外接电源进行 AS/GS 连接时，请参考图 4-24 的接线示范。

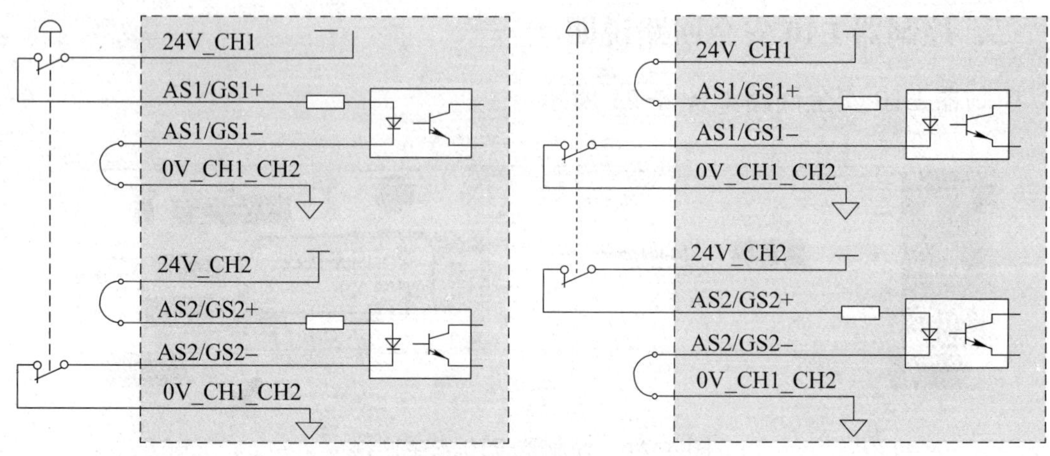

图 4-23　接线示范 1

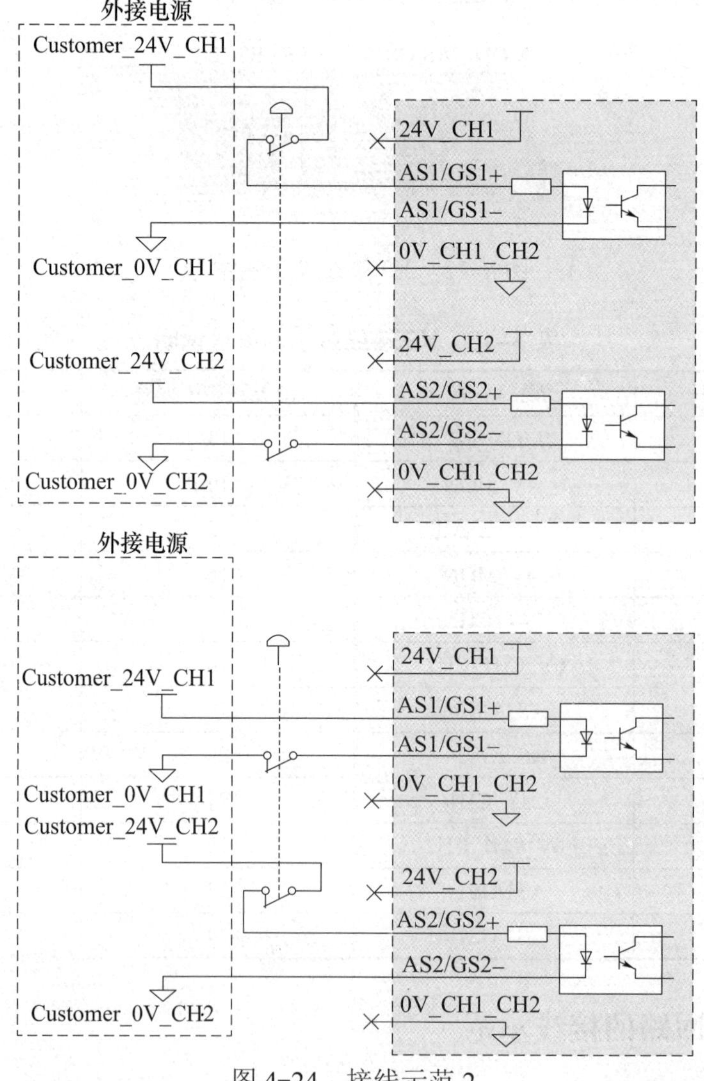

图 4-24　接线示范 2

当使用内部电源进行急停开关连接时，请参考图 4-25 的接线示范。

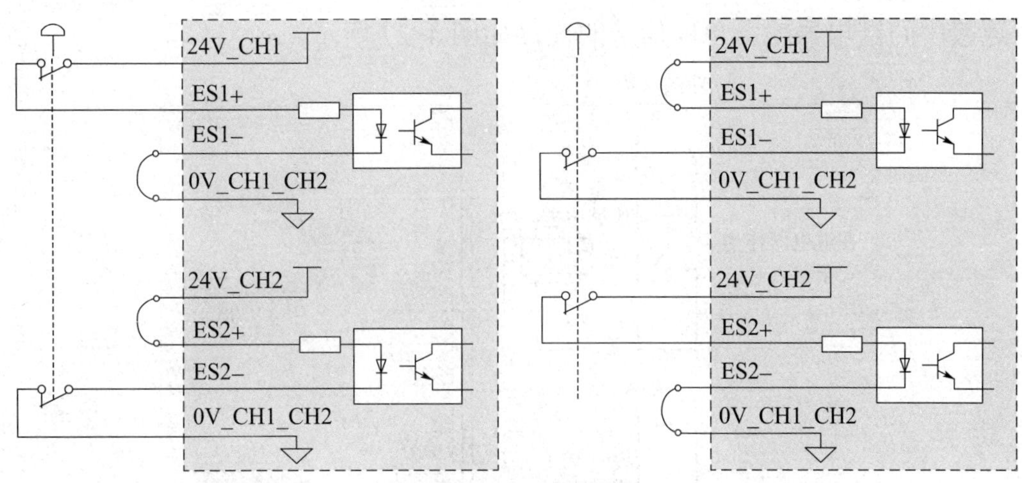

图 4-25　接线示范 3

当使用外接电源进行急停开关连接时，请参考图 4-26 的接线示范。

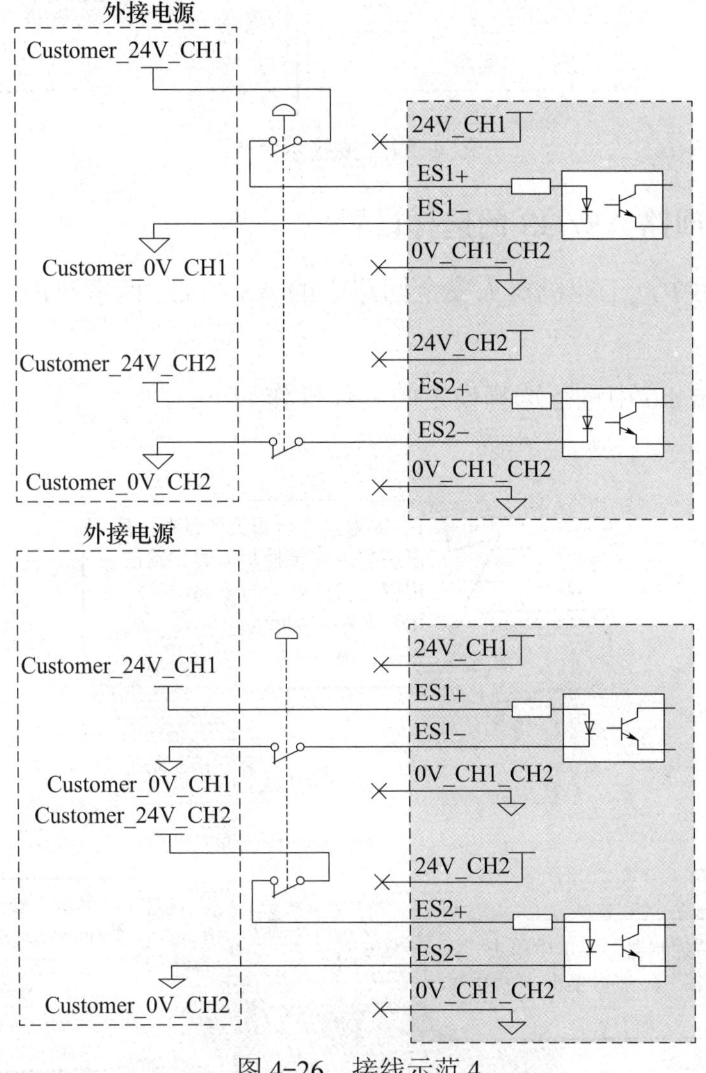

图 4-26　接线示范 4

连接中间继电器输出急停信号的连接如图 4-27 所示。

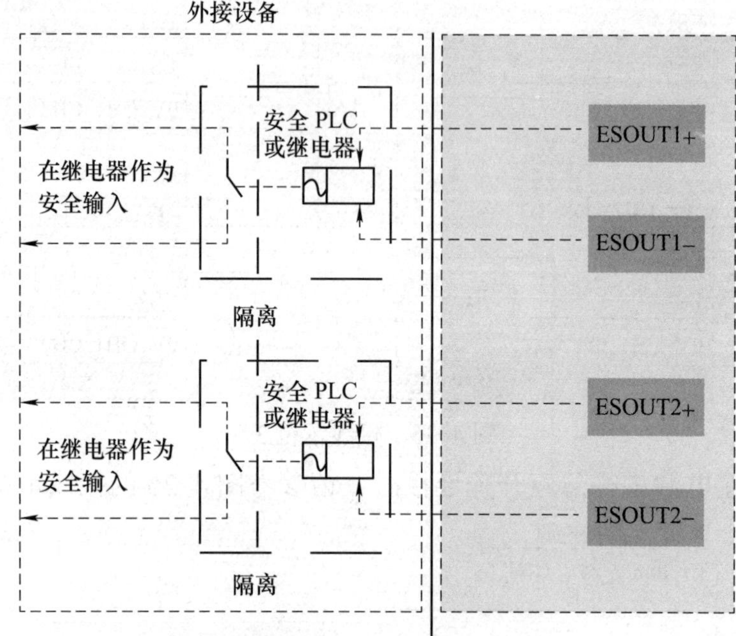

图 4-27　接线示范 5

四、安全回路 AS/GS 的选择设置

在实际应用中，工业机器人安全回路中的 AS 和 GS 两者只能二选一，不能同时使用。

在 Robot Studio 中进行选择设定的具体操作如下：

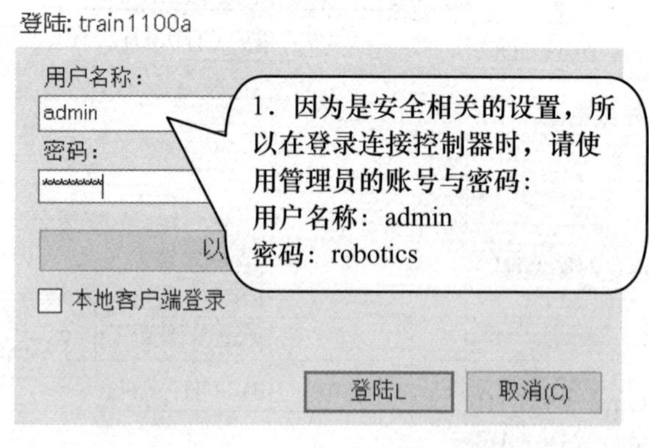

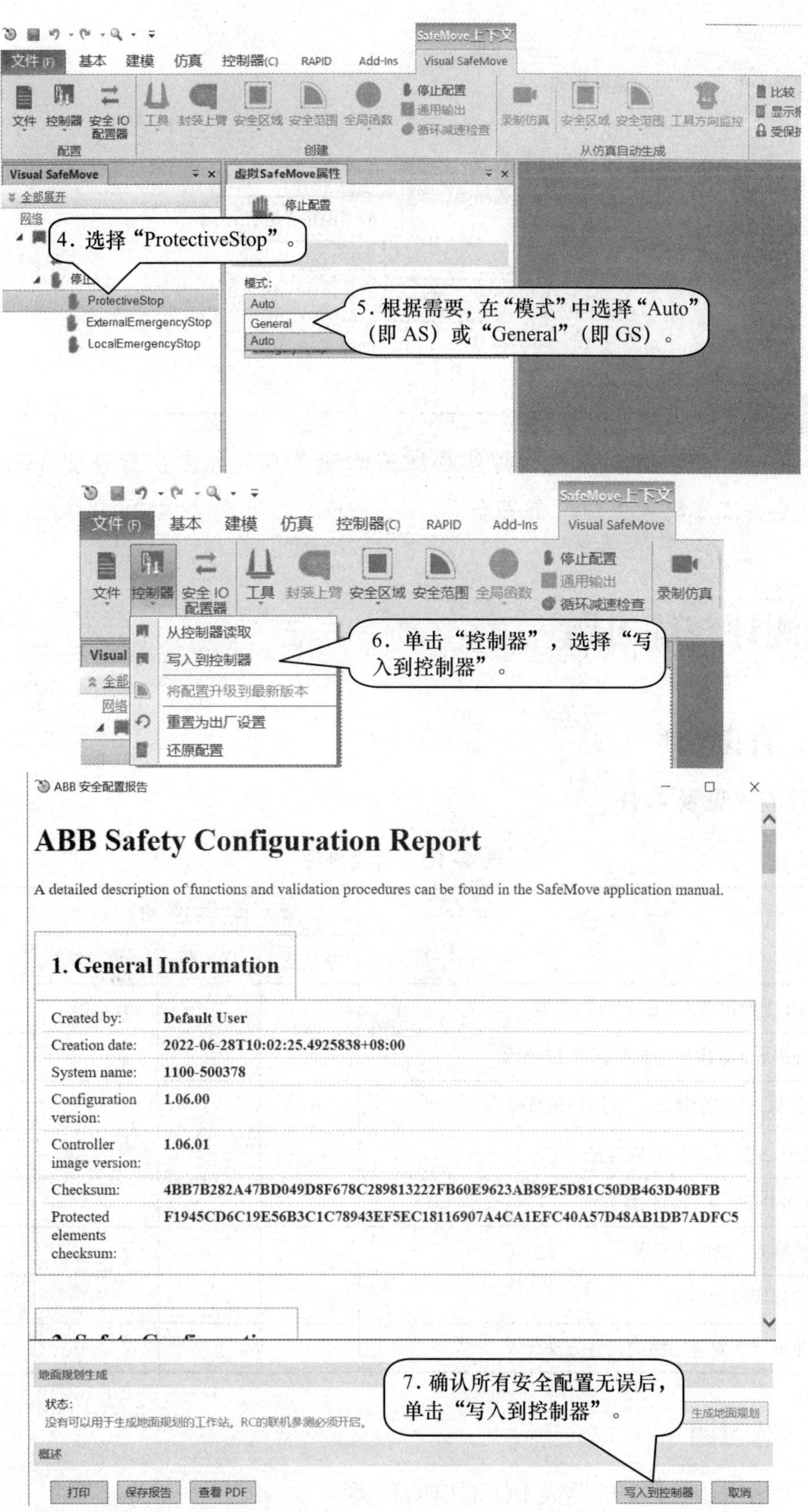
4. 选择“ProtectiveStop”。
5. 根据需要，在“模式”中选择“Auto”（即 AS）或“General”（即 GS）。
6. 单击“控制器”，选择“写入到控制器”。
7. 确认所有安全配置无误后，单击“写入到控制器”。
ABB Safety Configuration Report
A detailed description of functions and validation procedures can be found in the SafeMove application manual.
1. General Information
Created by: Default User
Creation date: 2022-06-28T10:02:25.4925838+08:00
System name: 1100-500378
Configuration version: 1.06.00
Controller image version: 1.06.01
Checksum: 4BB7B282A47BD049D8F678C289813222FB60E9623AB89E5D81C50DB463D40BFB
Protected elements checksum: F1945CD6C19E56B3C1C78943EF5EC18116907A4CA1EFC40A57D48AB1DB7ADFC5
ProtectiveStop
ExternalEmergencyStop
LocalEmergencyStop
从控制器读取
写入到控制器
将配置升级到最新版本
重置为出厂设置
还原配置
打印
保存报告
查看 PDF
写入到控制器
取消

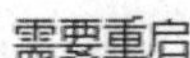

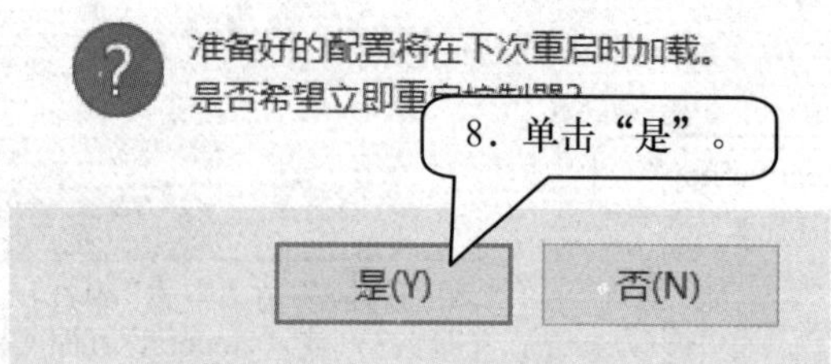

小技巧

务必验证停止配置以确认可实现所需的安全性。如未执行验证或验证不充分，则无法依靠配置保证人员安全。

自我测评与练习题

一、自我测评

自我测评见表 4-16。

表 4-16　自我测评

要　求	自我评价			备　注
	掌　握	理　解	再　学	
了解 ABB 工业机器人 I/O 通信的种类				
掌握 OmniCore 紧凑型控制柜标准 I/O 配置				
掌握标准 I/O 接口的接线、监控和仿真操作				
掌握 Ethernet/IP 从站的配置方法				
掌握 PROFINET 从站的配置方法				
掌握系统输入 / 输出的设置				
掌握可编程按键的使用				
掌握工业机器人安全回路的设置方法				

二、练习题

1. 列出 ABB 工业机器人 I/O 通信的种类。

2．练习 OmniCore 紧凑型控制柜 C30 标准 I/O 配置。

3．在虚拟工作站中定义 I/O 模块 DSQC1030。

4．为 DSQC1030 板上定义 DI01、DO01、GI01、GO01 信号。

5．在 RobotStudio 配置一个 Ethernet/IP 从站。

6．在 RobotStudio 配置一个 PROFINET 从站。

7．尝试配置一个与 STOP 关联的系统输入信号。

8．尝试配置一个与 MOTOR ON 关联的系统输出信号。

9．画出紧急停止回路的接线图。

项目 5　工业机器人的程序数据

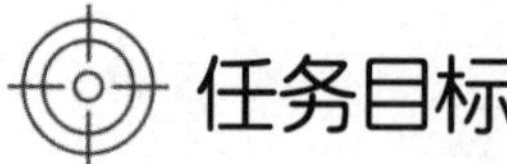

1．理解什么是程序数据

2．学会建立程序数据的操作

3．理解程序数据的类型与分类

4．学会三个关键程序数据（tooldata、wobjdata、loaddata）的设定方法

任务描述

程序内声明的数据被称为程序数据。数据是信息的载体，它能够被计算机识别、存储和加工处理。它是计算机程序加工的原料，应用程序处理各种各样的数据。计算机科学中，所谓数据就是计算机加工处理的对象，它可以是数值数据，也可以是非数值数据。数值数据是一些整数、实数或复数，主要用于工程计算、科学计算和商务处理等；非数值数据包括字符、文字、图形、图像、语音等。

通过本项目的学习，大家可以了解 ABB 工业机器人编程时使用到的程序数据类型及分类、如何创建程序数据，掌握最重要的三个关键程序数据（tooldata、wobjdata、loaddata）的设定方法。

任务 5-1　认识工业机器人运动指令调用的程序数据

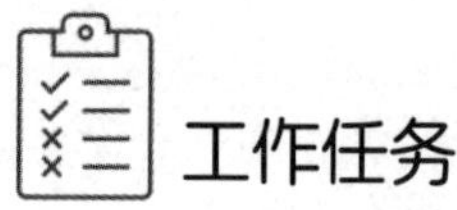

☑ 了解常用运动指令中所调用的程序数据

程序数据是在程序模块或系统模块中设定值和定义一些环境数据。创建的程序数据由同一个模块或其他模块中的指令进行引用。如图 5-1 所示，虚线框中是一条常用的工业机器人关节运动指令（MoveJ），并调用了 4 个程序数据，具体说明见表 5-1。

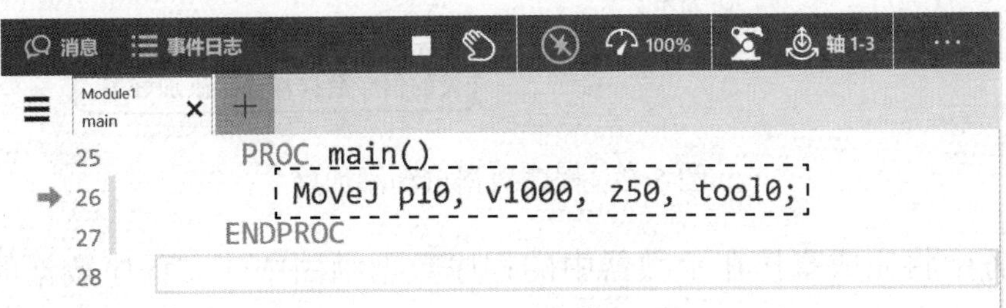

图 5-1　工业机器人关节运动指令 MoveJ

表 5-1　程序数据说明

程序数据	数据类型	说　明
p10	robtarget	工业机器人运动目标位置数据
v1000	speeddata	工业机器人运动速度数据
z50	zonedata	工业机器人运动转弯数据
tool0	tooldata	工业机器人工具数据 TCP

任务 5-2　建立程序数据

工作任务

☑ 建立 bool 类型程序数据的操作

☑ 建立 num 类型程序数据的操作

☑ 建立 string 类型程序数据的操作

程序数据的建立一般可以分为两种形式，一种是在建立程序指令时，同时自动生成对应的程序数据，如图 5-2 所示；另一种是直接在示教器中的程序数据画面中建立程序数据。

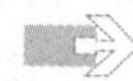

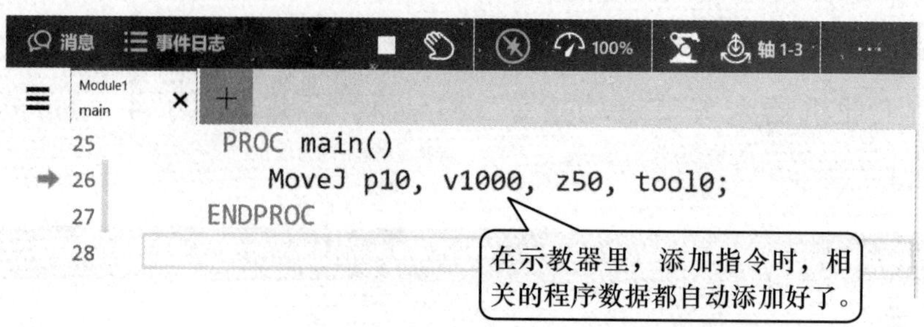

图 5-2　程序数据自动添加好

本任务中将完成直接在示教器中的程序数据画面中建立程序数据的操作。以建立布尔数据（bool）、数值数据（num）和字符串数据（string）为例子进行说明。这三种基本的程序数据类型，是构成其他复杂程序数据类型的基础元素。

一、建立 bool 类型程序数据的操作

建立 bool 类型程序数据的操作具体如下：

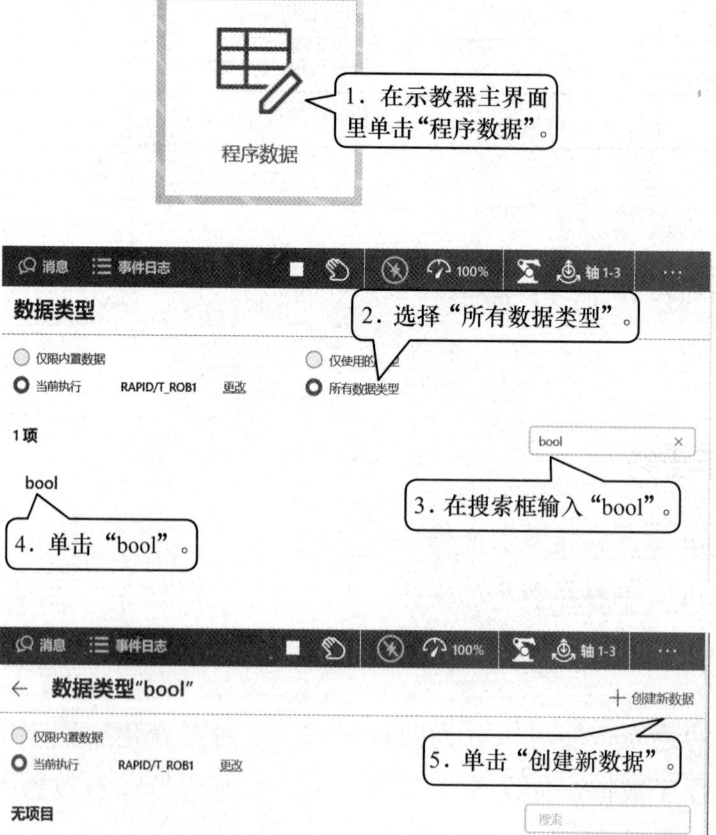

bool 数据设定参数及说明详见表 5-2。

表 5-2　bool 数据设定参数及说明

数据设定参数	说　明
名称	设定数据的名称
范围	设定数据可使用的范围
存储类型	设定数据的可存储类型
任务	设定数据所在的任务
模块	设定数据所在的模块
例行程序	设定数据所在的例行程序
维数	设定数据的维数
初始值	设定数据的初始值

小技巧

创建新数据时，需要声明的参数基本都是一样的。

二、建立 num 类型程序数据的操作

建立 num 类型程序数据的操作具体如下：

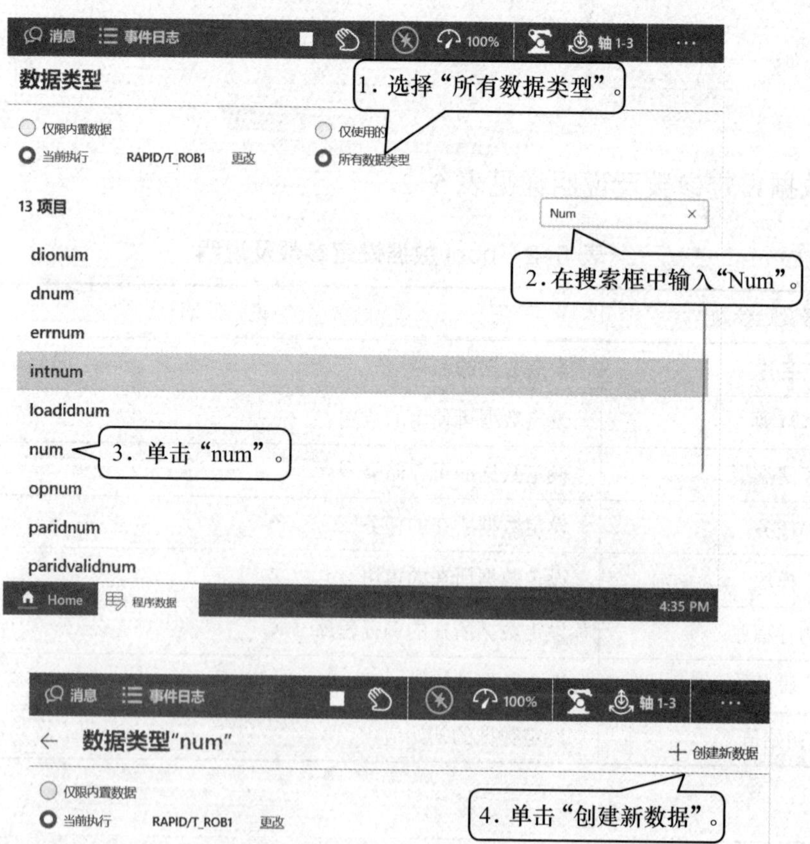

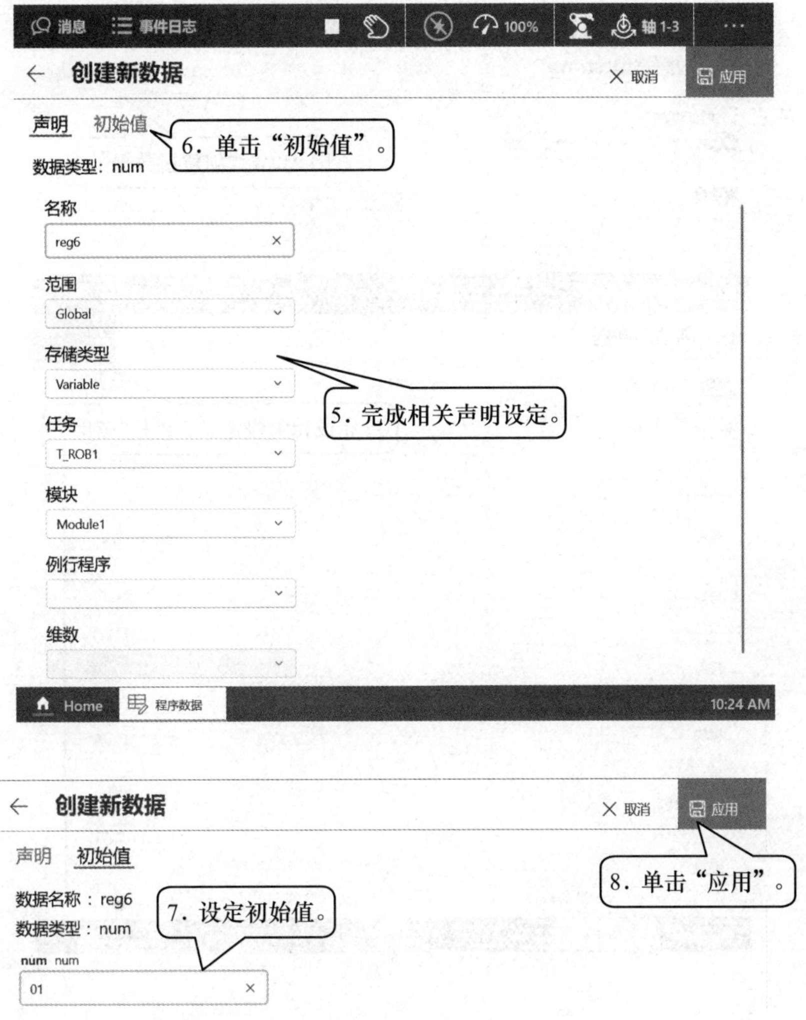

所有的程序数据都可以设定初始值，而且常量类型的程序数据的赋值都在初始值中设定。

三、建立 string 类型程序数据的操作

建立 string 类型程序数据的操作具体如下：

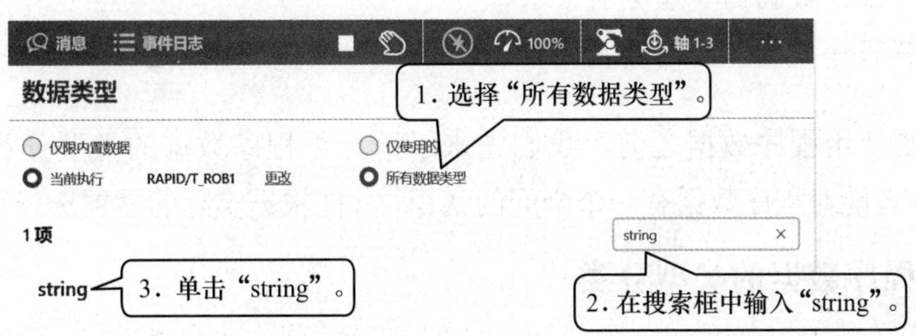

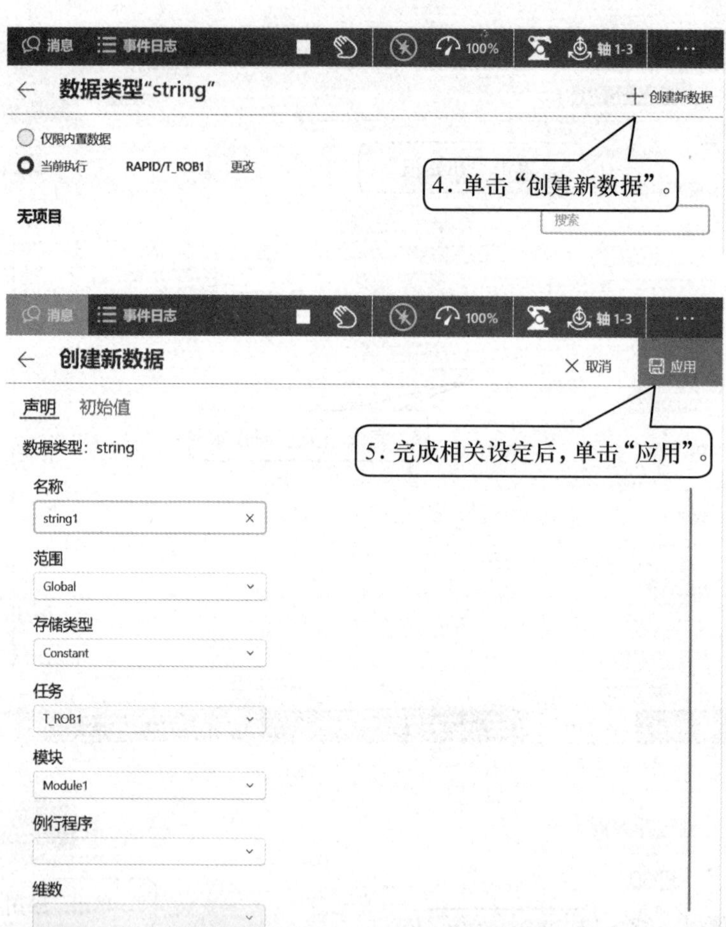

任务 5-3 程序数据的类型分类与存储类型

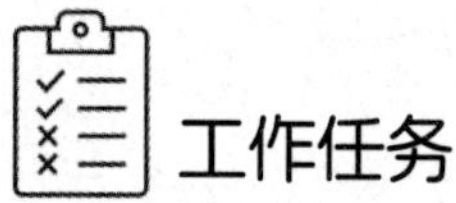

工作任务

☑ 了解程序数据的类型分类

☑ 理解程序数据的存储类型

在开始使用程序数据之前，我们先来了解一下程序数据的类型分类与存储类型，以便读者能对程序数据有一个全面的认识，并能根据实际的需要选择程序数据。

一、程序数据的类型分类

ABB 工业机器人系统自带的程序数据共有 100 个左右，随着工业机器人的应用范围不断扩大，程序数据的类型在不断增加。并且可以根据实际应用的需要，进行程序数据的创建，这为 ABB 工业机器人的程序设计带来了无限的可能。具体如下：

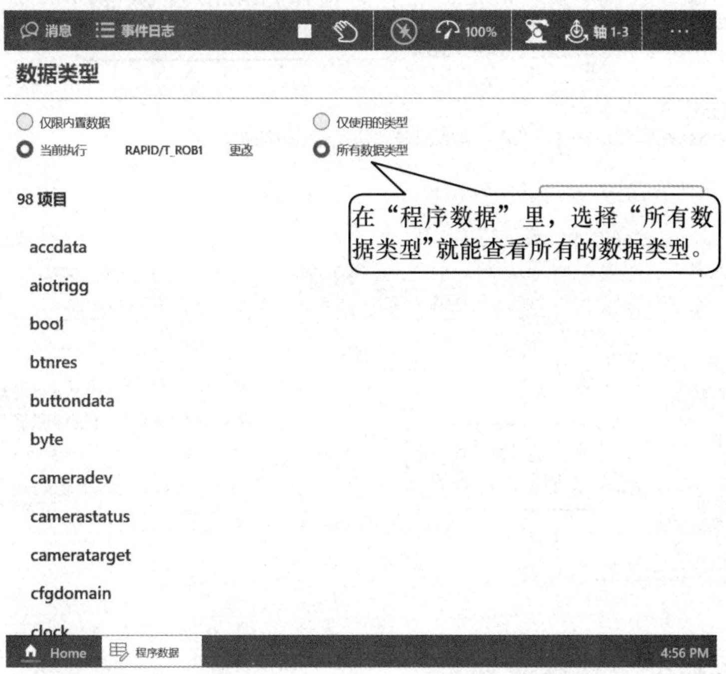

每一个程序数据类型的详细说明，可以在 RobotStudio 中查看。具体操作如下：

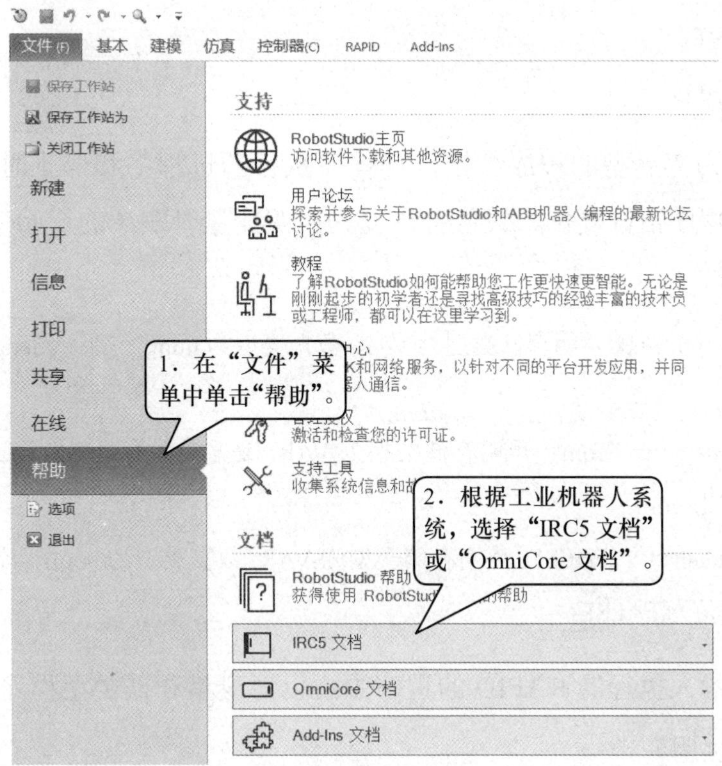

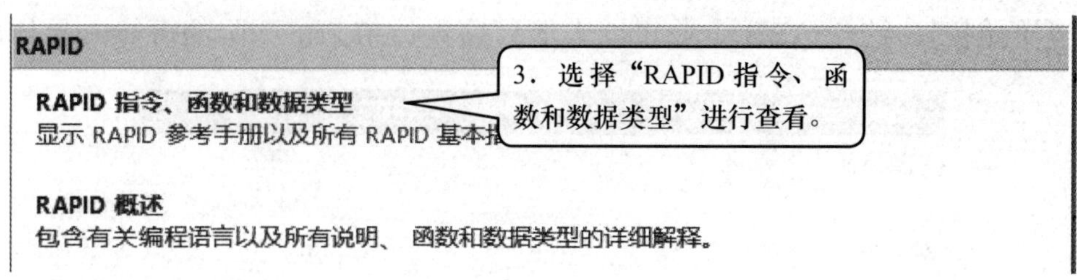

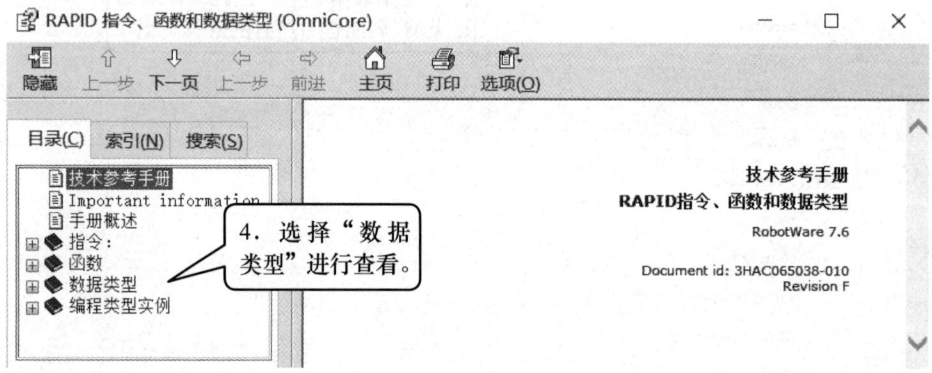

二、程序数据的存储类型

ABB 工业机器人的程序数据可以根据需要选择三种存储类型，分别是 VAR、PERS 和 CONST。

1. 变量 VAR

存储类型为变量型的程序数据，在程序执行的过程中和停止时，会保持当前的值。但如果程序指针复位，数值会恢复为声明变量时赋予的初始值。

举例说明：

VAR num length := 0; 声明存储类型为 VAR, 数据类型为 num，名称为 length 的程序数据，初始值为 0

VAR string name := "Tom"; 声明存储类型为 VAR, 数据类型为 string，名称为 name 的程序数据，初始值为 Tom。

VAR bool finished := FALSE; 声明存储类型为 VAR, 数据类型为 bool，名称为 finished 的程序数据，初始值为 FALSE。

在工业机器人执行的 RAPID 的程序中可以对变量存储类型程序数据进行赋值的操作。具体说明如下：

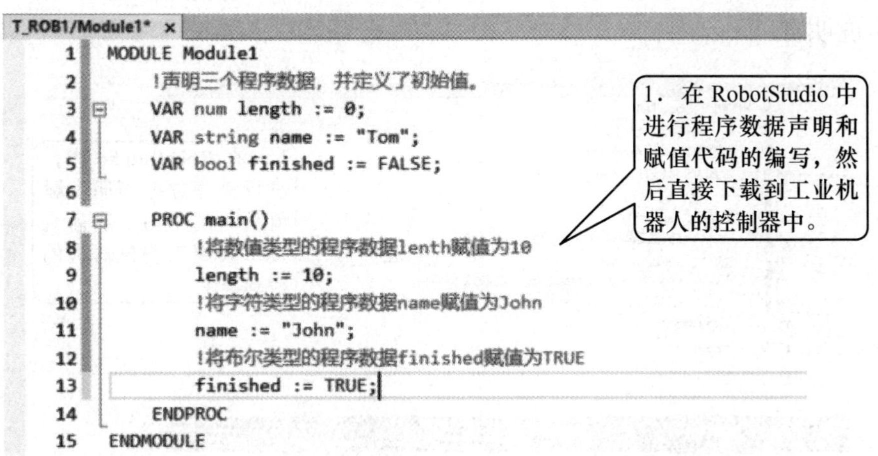

小技巧

1）在 RobotStudio 进行复杂 RAPID 程序的代码编写，然后下载到工业机器人控制器中，使用示教器进行现场调试，这样可以大幅提升工业机器人的应用效率。

2）RAPID 程序现在支持使用中文字符注释代码。

3）使用 RobotStudio 进行 RAPID 程序的开发是免费的功能。

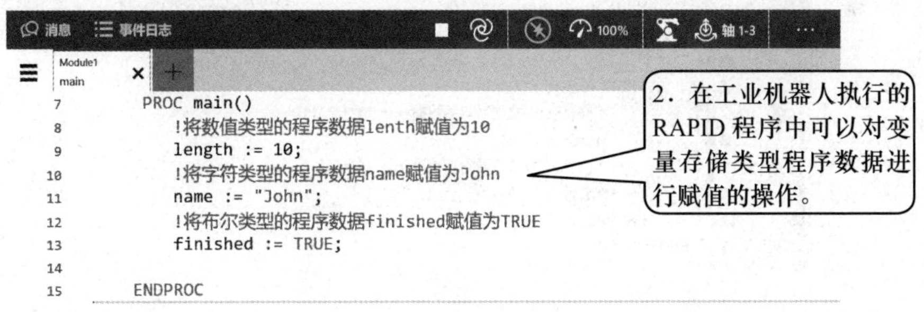

2. 可变量 PERS

存储类型为可变量型的程序数据，无论程序的指针如何变化，工业机器人控制器是否重启，可变量型的数据都会保持最后一次被赋予的值。

举例说明：

PERS num numb := 1; 声明存储类型为 PERS, 数据类型为 num，名称为 numb 的程序数据，最新被赋予的值为 1

PERS string text := "Hello"; 声明存储类型为 PERS, 数据类型为 string，名称为 text 的程序数据，最新被赋予的值为 Hello

具体说明如下：

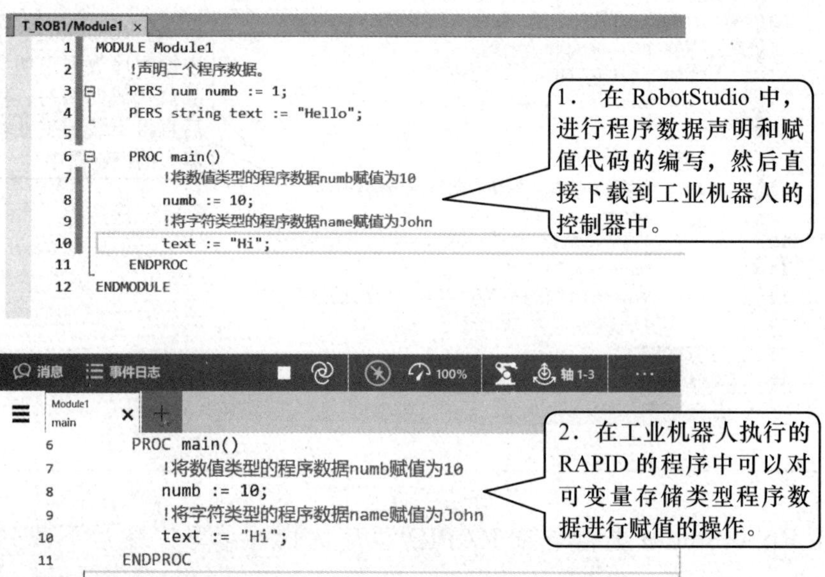

在程序执行后，赋值的结果会一直保持到下一次对其进行重新赋值。

视图1　IRB1100_4_58 (工作站)　T_ROB1/Module1

```
MODULE Module1
    !声明二个程序数据。
    PERS num numb := 10;
    PERS string text := "Hi";

    PROC main()
        !将数值类型的程序数据numb赋值为10
        numb := 10;
        !将字符类型的程序数据name赋值为John
        text := "Hi";
    ENDPROC
ENDMODULE
```

3. 在程序执行后，声明中的值已更新。

3. 常量 CONST

存储类型为常量型的程序数据，特点是在定义时已赋予了数值，并不能在程序中进行修改，只能手动修改。存储类型为常量的程序数据，不允许在程序中进行赋值的操作。

举例说明（图 5-3）：

CONST num gravity := 9.81; 声明存储类型为 CONST, 数据类型为 num，名称为 gravity 的程序数据，固定值为 9.81

CONST string greating := "Hello"; 声明存储类型为 CONST, 数据类型为 string，名称为 greating 的程序数据，固定值为 Hello

```
T_ROB1/Module1*
MODULE Module1
    !声明两个存储类型为常量的程序数据
    !值是固定的
    CONST num gravity := 9.81;
    CONST string greating := "Hello";
```

图 5-3　常量 CONST

任务 5-4　常用程序数据说明

工作任务

☑ 理解数值数据 num 的含义

☑ 理解逻辑值数据 bool 的含义

☑ 理解字符串数据 string 的含义

☑ 理解位置数据 robtarget 的含义

☑ 理解关节位置数据 jointtarget 的含义

☑ 理解速度数据 speeddata 的含义

☑ 理解转角区域数据 zonedata 的含义

ABB 工业机器人的程序数据可分为两大类型，基本类型和基本类型组合出来的复合类型。

下面对常用的基本类型和复合类型的程序数据进行详细的介绍。

一、基本类型

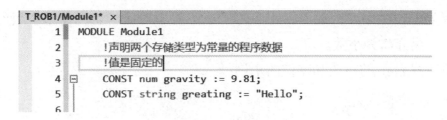

在 ABB 工业机器人的 RAPID 程序中，常用基本类型的程序数据为数值数据 num、逻辑值 bool 和字符串数据 string。

1. 数值数据 num

num 用于存储数值数据；例如计数器。

num 数据类型的值可以为整数，例如 3、−5；小数，例如 3.45；也可以指数的形式写入，例如 2E3（$=2\times10^3=2000$）、2.5E−2（=0.025）。

整数数值始终将 −8388607 ～ +8388608 之间的整数作为准确的整数储存。小数数值仅为近似数字，因此不得用于等于或不等于对比。若为使用小数的除法和运算，则结果亦将为小数。

数值数据 num 的声明和赋值的示例：

```
! 声明程序数据 count1
VAR num count1;

! 将整数 3 赋值给名称为 count1 的数值数据
count1 := 3;
```

2. 逻辑值数据 bool

bool 用于存储逻辑值（真 / 假）数据，即 bool 型数据值只可以为 TRUE 或 FALSE。

逻辑值数据 bool 的声明和赋值的示例：

```
! 声明程序数据 highvalue
VAR bool highvalue;

! 首先判断 count1 中的数值是否大于 100
! 如果是大于 100，则向 highvalue 赋值 TRUE，否则赋值 FALSE
highvalue := count1 >100;
```

3. 字符串数据 string

string 用于存储字符串数据。字符串由一串前后附有引号（""）的字符（最多 80 个）组成，例如 " 这是一个字符串 "。在 OmniCore 控制器中支持中文字符作为字符串数据的。

如果字符串中包括反斜线（\），则必须写两个反斜线符号，例如 "This string contains a \\ character"。

字符串数据 string 的声明和赋值的示例：

```
! 声明程序数据 text
VAR string text;

! 将 " 正常运行 " 赋值给 text
text := " 正常运行 ";
```

二、复合类型

复合类型的程序数据一般是由基本类型的程序数据构成，而且一些复杂的复合类型是由基本类型和复合类型的程序数据构成。

在 ABB 工业机器人的 RAPID 程序中，常用复合类型的程序数据为位置数据 robtarget、关节位置数据 jointtarget、速度数据 speeddata 和转角区域数据 zonedata。

1. 位置数据 robtarget

robtarget（robot target）用于存储工业机器人和附加轴的位置数据。位置数据的内容是在运动指令中工业机器人和外轴将要移动到的位置。

robtarget 由 4 个部分组成，如表 5-3 所示。

表 5-3　robtarget 的组成说明

组　件	说　明
trans	1）translation 2）数据类型：pos 3）工具中心点的所在位置（x、y 和 z），单位为 mm 4）存储当前工具中心点在当前工件坐标系的位置。如果未指定任何工件坐标系，则当前工件坐标系为大地坐标系
rot	1）rotation 2）数据类型：orient 3）工具姿态，以四元数的形式表示（q1、q2、q3 和 q4） 4）存储相对于当前工件坐标系方向的工具姿态。如果未指定任何工件坐标系，则当前工件坐标系为大地坐标系
robconf	1）robot configuration 2）数据类型：confdata 3）机械臂的轴配置（cf1、cf4、cf6 和 cfx）。以轴 1、轴 4 和轴 6 当前四分之一旋转的形式进行定义。将第一个正四分之一旋转 0°～90° 定义为 0。组件 cfx 的含义取决于机械臂类型
extax	1）external axes 2）数据类型：extjoint 3）附加轴的位置 4）对于旋转轴，其位置定义为从校准位置起旋转的度数 5）对于线性轴，其位置定义为与校准位置的距离（mm）

位置数据 robtarget 示例如下：

```
CONST robtarget  p15 := [ [600, 500, 225.3], [1, 0, 0, 0], [1, 1, 0, 0], [ 11, 12.3, 9E9, 9E9, 9E9, 9E9] ];
```

位置 p15 定义如下：

1）工业机器人在工件坐标系中的位置：x=600、y=500、z=225.3mm。

2）工具的姿态与工件坐标系的方向一致。

3）工业机器人的轴配置：轴 1 和轴 4 位于 90° ～ 180°，轴 6 位于 0° ～ 90°。

4）附加逻辑轴 a 和 b 的位置以度或毫米表示（根据轴的类型）。

5）未定义轴 c 到轴 f。

2. 关节位置数据 jointtarget

jointtarget 用于存储工业机器人和附加轴的每个单独轴的角度位置。通过指令 MoveAbsJ 可以使工业机器人和附加轴运动到 jointtarget 关节位置处。

jointtarget 由 2 个部分组成，见表 5-4。

表 5-4 jointtarget 组成说明

组　件	说　明
robax	1）robot axes 2）数据类型：robjoint 3）机械臂轴的轴位置，单位（°） 4）将轴位置定义为各轴（臂）从轴校准位置沿正方向或反方向旋转的度数
extax	1）external axes 2）数据类型：extjoint 3）附加轴的位置 4）对于旋转轴，其位置定义为从校准位置起旋转的度数 5）对于线性轴，其位置定义为与校准位置的距离（mm）

关节位置数据 jointtarget 示例如下：

```
CONST jointtarget calib_pos := [ [ 0, 0, 0, 0, 0, 0], [ 0, 9E9,9E9, 9E9, 9E9, 9E9] ];
```

通过数据类型 jointtarget 在 calib_pos 存储了工业机器人的机械原点位置，同时定义外部轴 a 的原点位置 0（（°）或 mm），未定义外轴 b 到 f。

3. 速度数据 speeddata

speeddata 用于存储工业机器人和附加轴运动时的速度数据。速度数据定义了工具中心点移动时的速度、工具的重定位速度、线性或旋转外轴移动时的速度。

speeddata 由 4 个部分组成，见表 5-5。

表 5-5　speeddata 组成说明

组　件	说　明
v_tcp	1）velocity tcp 2）数据类型：num 3）工具中心点（TCP）的速度，单位 mm/s 4）如果使用固定工具或协同的外轴，则是相对于工件的速率
v_ori	1）external axes 2）数据类型：num 3）TCP 的重定位速度，单位（°）/s 4）如果使用固定工具或协同的外轴，则是相对于工件的速率
v_leax	1）velocity linear external axes 2）数据类型：num 3）线性外轴的速度，单位 mm/s
v_leax	1）velocity rotational external axes 2）数据类型：num 3）旋转外轴的速率，单位（°）/s

速度数据 speeddata 示例如下：

```
VAR speeddata vmedium := [ 1000, 30, 200, 15 ];
```

使用以下速度，定义了速度数据 vmedium：

1）TCP 速度为 1000 mm/s。

2）工具的重定位速度为 30°/s。

3）线性外轴的速度为 200 mm/s。

4）旋转外轴速度为 15°/s。

4. 转角区域数据 zonedata

zonedata 用于规定如何运动到一个位置，也就是在朝下一个位置移动之前，工业机器人必须如何接近编程位置。

可以以停止点或飞越点的形式运动到一个位置。

停止点意味着机械臂和外轴必须在使用下一个指令来继续程序执行之前到达指定位置（静止不动）。

飞越点意味着飞越编程位置，飞越该位置后前往下一个位置点。

zonedata 由 7 个部分组成，见表 5-6。

表 5-6　zonedata 组成说明

组　件	说　明
finep	1）fine point 2）数据类型：bool 3）规定运动是否以停止点（fine 点）或飞越点结束 ① TRUE：运动随停止点而结束，且程序执行将不再继续，直至机械臂达到停止点。未使用区域数据中的其他组件数据 ② FALSE：运动随飞越点而结束，且程序执行在机械臂达到区域之前继续进行大约 100ms
pzone_tcp	1）path zone TCP 2）数据类型：num 3）TCP 区域的尺寸（半径），单位 mm 4）根据组件 pzone_ori、zone_reax 和编程运动，将扩展区域定义为区域的最小相对尺寸
pzone_ori	1）path zone orientation 2）数据类型：num 3）有关工具重新定位的区域半径。将半径定义为 TCP 距编程点的距离，单位 mm 4）数值必须大于 pzone_tcp 的对应值。如果低于，则数值自动增加，以使其与 pzone_tcp 相同
pzone_eax	1）path zone external axes 2）数据类型：num 3）有关外轴的区域半径。将半径定义为 TCP 距编程点的距离，以 mm 计 4）数值必须大于 pzone_tcp 的对应值。如果低于，则数值自动增加，以使其与 pzone_tcp 相同
zone_ori	1）zone orientation 2）数据类型：num 3）工具重定位的区域半径大小，单位（°） 4）如果机械臂正夹持着工件，则是指工件的旋转角度
zone_leax	1）zone linear external axes 2）数据类型：num 3）线性外轴的区域半径大小，单位 mm
zone_reax	1）zone rotational external axes 2）数据类型：num 3）旋转外轴的区域半径大小，单位（°）

转角区域数据 zonedata 示例：

```
VAR zonedata path := [ FALSE, 25, 40, 40, 10, 35, 5 ];
```

通过以下数据，定义转角区域数据 path：

1）TCP 路径的区域半径为 25 mm。

2）工具重定位的区域半径为 40 mm（TCP 运动）。

3）外轴的区域半径为 40 mm（TCP 运动）。

如果 TCP 静止不动，或存在大幅度重新定位，或存在有关该区域的外轴大幅度运动，则应用以下规定：

1）工具重定位的区域半径为 10°。

2）线性外轴的区域半径为 35 mm。

3）旋转外轴的区域半径为 5°。

如果需要学习 ABB 工业机器人更多的程序数据，请查阅 RobotStudio 中的帮助文件。

任务 5–5　工具数据 tooldata 的设定

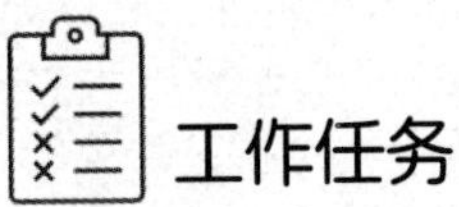

☑ 学会设定工具数据 tooldata 的设定方法

在进行正式的编程之前，需要先构建起必要的工业机器人编程环境，其中有三个必需的程序数据（工具数据 tooldata、工件坐标数据 wobjdata、有效载荷数据 loaddata）需要在编程前进行定义。下面就来学习工具数据 tooldata 的组成及设定方法。

工具数据 tooldata 用于描述安装在工业机器人第六轴上的工具的 TCP、质量、重心等参数数据。

工业机器人根据应用不同会配置不同的工具，比如说弧焊的工业机器人会使用弧焊枪作为工具，而用于搬运板材的工业机器人会使用吸盘式的夹具作为工具，如图 5-4 所示。

默认工具（tool0）的工具中心点位于工业机器人安装法兰的中心，如图 5-5 所示。图中的 A 点就是原始的 TCP，程序数据为 tool0。

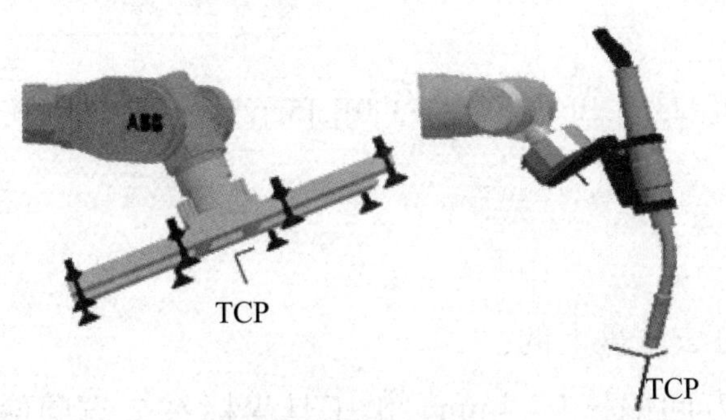

图 5-4　工业机器人的工具

图 5-5　工具中心点

1. tooldata 的组成

tooldata 用于描述工具（例如焊枪或夹具）的特征。此类特征包括工具中心点的位置和方位以及工具负载的物理特征。

tooldata 由 3 个部分组成，见表 5-7。

表 5-7　tooldata 组成说明

组　件	说　明
robhold	1）robot hold 2）数据类型：bool 3）定义机器人是否夹持工具 ① TRUE：工业机器人正夹持着工具 ② FALSE：工业机器人未夹持工具，即为固定工具
tframe	1）tool frame 2）数据类型：pose 3）工具坐标系，即 ① TCP 的位置（x、y 和 z），单位 mm，相对于腕坐标系（tool0） ② 工具坐标系的方向，相对于腕坐标系
tload	1）tool load 2）数据类型：loaddata 3）机械臂夹持着工具：工具的负载，即 ① 工具的质量，单位 kg ② 工具负载的重心（x、y 和 z），单位 mm，相对于腕坐标系 ③ 工具力矩主惯性轴的方位，相对于腕坐标系。 ④ 围绕力矩惯性轴的惯性矩，单位 $kg \cdot m^2$。如果将所有惯性部件定义为 0 $kg \cdot m^2$，则将工具作为一个点质量来处理 4）固定工具：用于描述夹持工件的夹具的负载 ① 所移动夹具的质量（重量），单位 kg ② 所移动夹具的重心（x、y 和 z），以 mm 计，相对于腕坐标系 ③ 所移动夹具力矩主惯性轴的方位，相对于腕坐标系 ④ 围绕力矩惯性轴的惯性矩，单位 $kg \cdot m^2$。如果将所有惯性部件定义为 0 $kg \cdot m^2$，则将夹具作为一个点质量来处理

工具数据 tooldata 示例如下：

```
PERS tooldata gripper := [ TRUE, [[97.4, 0, 223.1], [0.924, 0,0.383 ,0]], [5, [23, 0, 75], [1, 0, 0, 0], 0, 0, 0]];
```

工具数据 gripper 定义内容如下：

1）工具是安装在工业机器人轴 6 的法兰盘上的。

2）TCP 所在点沿着工具坐标系 X 方向偏移 97.4mm，沿工具坐标系 Z 方向偏移 223.1 mm。

3）工具的 X 方向和 Z 方向相对于腕坐标系 Y 方向旋转 45°。

4）工具质量为 5 kg。

5）重心所在点沿着腕坐标系 X 方向偏移 23mm，沿腕坐标系 Z 方向偏移 75mm。

可将负载视为一个点质量，即不带转矩惯量。

2. tooldata 的设定

工具中心点的设定（图 5-6）原理如下：

1）在工业机器人工作范围内找一个非常精确的固定点作为参考点。

2）在工具上确定一个参考点（最好是工具的中心点）。

3）用之前学习到的手动操纵工业机器人的方法移动工具上的参考点，以最少四种不同的工业机器人姿态尽可能与固定点刚好碰上。为了获得更准确的 TCP，在以下的任务中使用六点法进行操作，第四点是用工具的参考点垂直于固定点，第五点是工具参考点从固定点向将要设定为 TCP 的 X 方向移动，第六点是工具参考点从固定点向将要设定为 TCP 的 Z 方向移动。

4）工业机器人可以通过这四个位置点的位置数据计算求得 TCP 的数据，然后 TCP 的数据保存在 tooldata 这个程序数据中被程序调用。

设置 TCP 就是以不同的
姿态将工具中心点对上
一个精确的固定点。

图 5-6　工具中心点的设定

与此任务配套了一个虚拟的工业机器人工作站，可用于此 TCP 的设定实训。读者可以从微信公众号 robotpartnerweixin 中获得。

我们以设定 4 个点加 X、Z 方向来确定 TCP 为目标进行 TCP 设定任务的执行。具体操作如下：

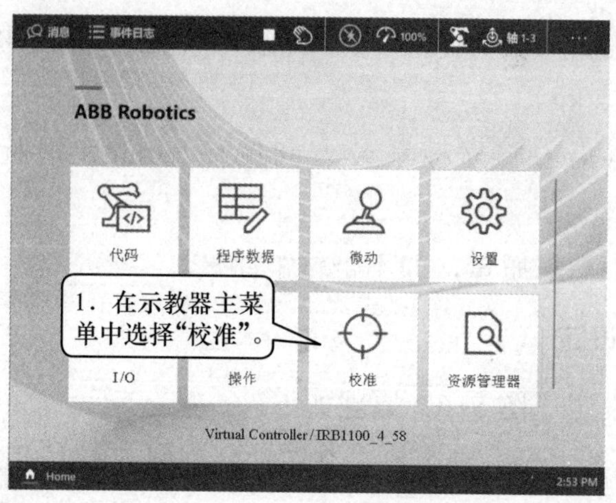
消息
事件日志
100%
轴 1-3
ABB Robotics
代码
程序数据
微动
设置
1. 在示教器主菜单中选择“校准”。
I/O
操作
校准
资源管理器
Virtual Controller / IRB1100_4_58
Home
2:53 PM

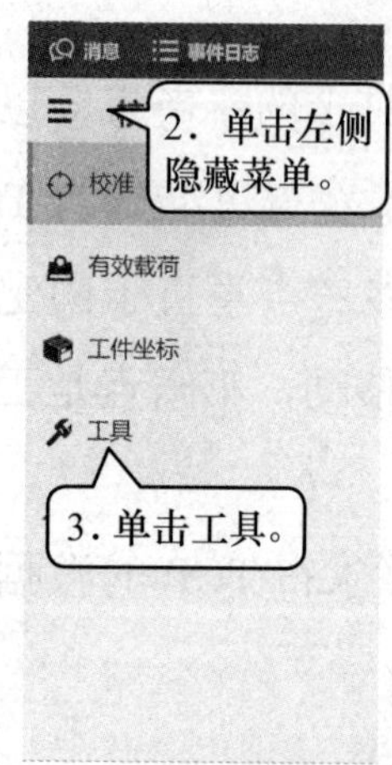
消息
事件日志
2. 单击左侧隐藏菜单。
校准
有效载荷
工件坐标
工具
3. 单击工具。

消息
事件日志
100%
轴 1-3
T_ROB1
工具
4. 单击“创建新数据”。
创建新数据
2 项 排序: A - Z
搜索
任务
MyTool
[TRUE,[[31.7926,0,229.639],...
Module1 , Global
tool0
[TRUE,[[0,0,0],[1,0,0,0]],[0.001,[0,0,0.001],...
BASE , Global
仅查看

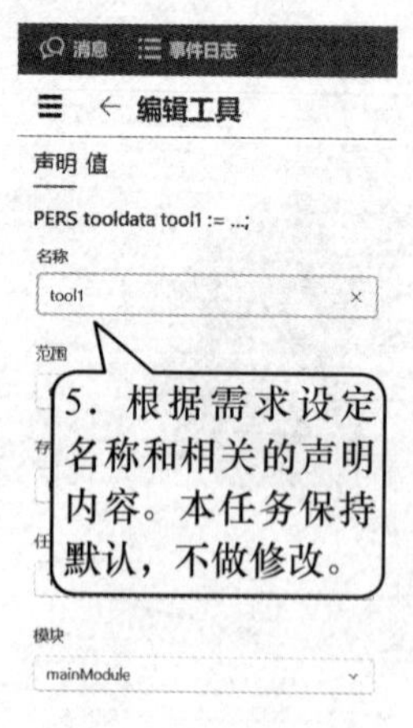
消息
事件日志
编辑工具
声明 值
PERS tooldata tool1 := ...;
名称
tool1
范围
5. 根据需求设定名称和相关的声明内容。本任务保持默认，不做修改。
模块
mainModule

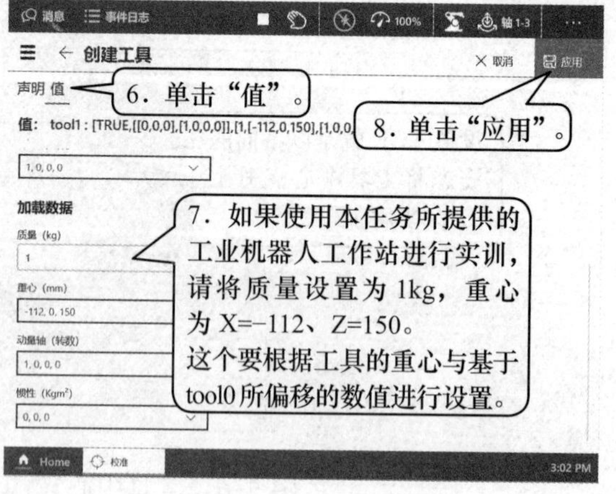
消息
事件日志
100%
轴 1-3
创建工具
取消
应用
声明 值
6. 单击“值”。
值: tool1 : [TRUE,[[0,0,0],[1,0,0,0]],[1,[-112,0,150],[1,0,0,
8. 单击“应用”。
1, 0, 0, 0
加载数据
质量 (kg)
1
重心 (mm)
-112, 0, 150
动量轴 (转数)
1, 0, 0, 0
惯性 (Kgm²)
0, 0, 0
7. 如果使用本任务所提供的工业机器人工作站进行实训，请将质量设置为 1kg，重心为 X=-112、Z=150。
这个要根据工具的重心与基于tool0 所偏移的数值进行设置。
Home
校准
3:02 PM

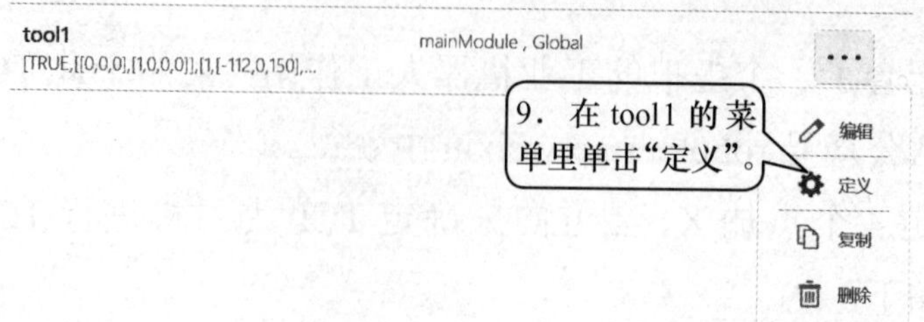
tool1
[TRUE,[[0,0,0],[1,0,0,0]],[1,[-112,0,150],...
mainModule , Global
9. 在 tool1 的菜单里单击“定义”。
编辑
定义
复制
删除

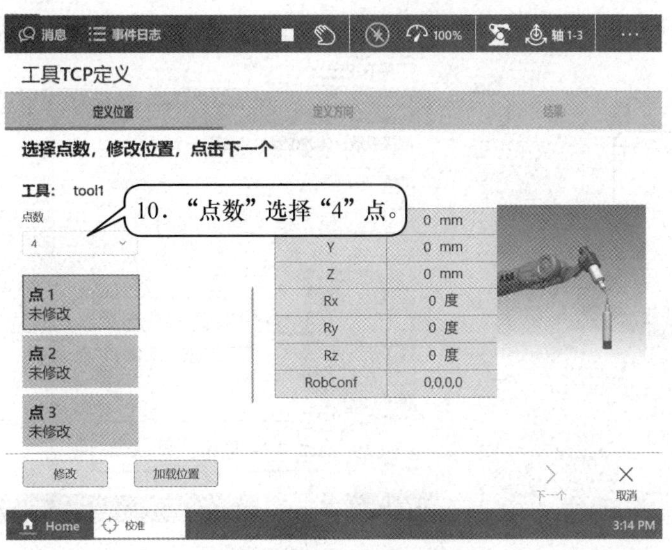
消息
事件日志
100%
轴 1-3
工具TCP定义
定义位置
定义方向
结果
选择点数，修改位置，点击下一个
工具：　tool1
点数
4
10．“点数”选择“4”点。
0 mm
Y
0 mm
Z
0 mm
Rx
0 度
Ry
0 度
Rz
0 度
RobConf
0,0,0,0
点 1
未修改
点 2
未修改
点 3
未修改
修改
加载位置
下一个
取消
Home
校准
3:14 PM

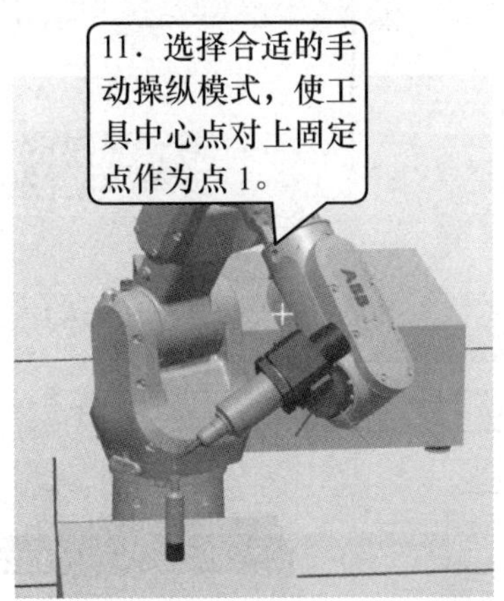
11．选择合适的手动操纵模式，使工具中心点对上固定点作为点1。

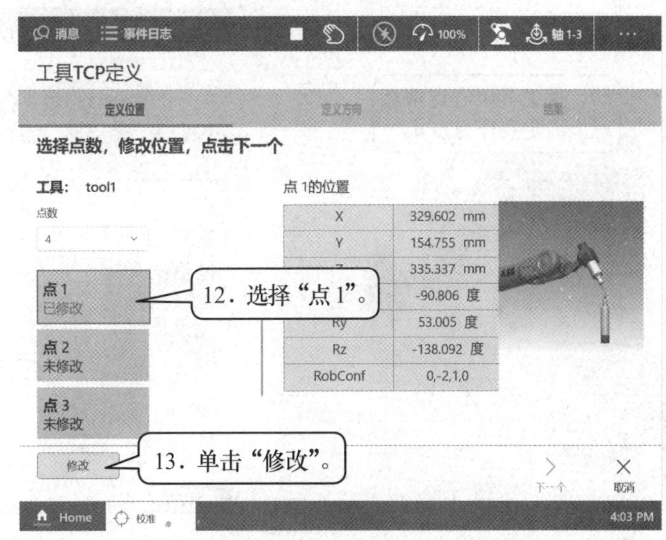
消息
事件日志
100%
轴 1-3
工具TCP定义
定义位置
定义方向
结果
选择点数，修改位置，点击下一个
工具：　tool1
点 1的位置
点数
4
X
329.602 mm
Y
154.755 mm
335.337 mm
-90.806 度
53.005 度
Rz
-138.092 度
RobConf
0,-2,1,0
点 1
已修改
12．选择“点1”。
点 2
未修改
点 3
未修改
修改
13．单击“修改”。
下一个
取消
Home
校准
4:03 PM

14．使工具中心点对上固定点作为点2。

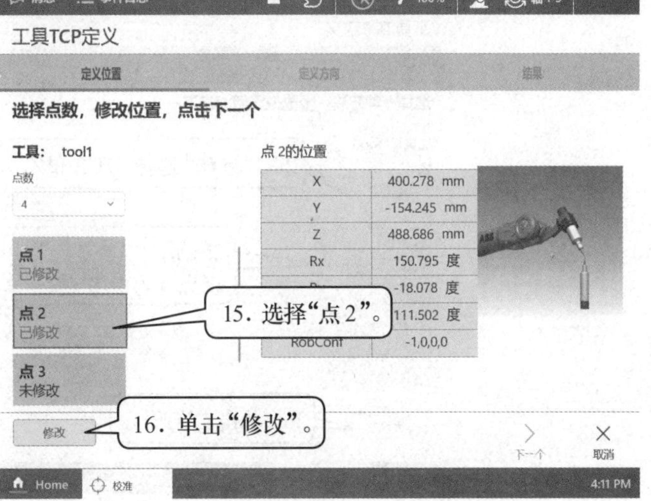
消息
事件日志
100%
轴 1-3
工具TCP定义
定义位置
定义方向
结果
选择点数，修改位置，点击下一个
工具：　tool1
点 2的位置
点数
4
X
400.278 mm
Y
-154.245 mm
Z
488.686 mm
Rx
150.795 度
-18.078 度
111.502 度
-1,0,0,0
点 1
已修改
点 2
已修改
15．选择“点2”。
点 3
未修改
修改
16．单击“修改”。
下一个
取消
Home
校准
4:11 PM

17. 使工具中心点对上固定点作为点 3。

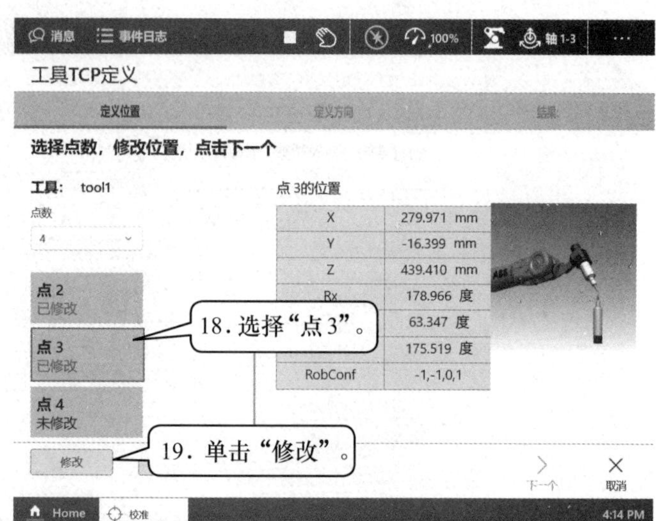
工具TCP定义
定义位置
定义方向
结果
选择点数，修改位置，点击下一个
工具: tool1
点数
4
点 3的位置
X 279.971 mm
Y -16.399 mm
Z 439.410 mm
178.966 度
63.347 度
175.519 度
RobConf -1,-1,0,1
点 2 已修改
点 3 已修改
点 4 未修改
18. 选择“点 3”。
19. 单击“修改”。
修改
下一个
取消
Home
校准
4:14 PM

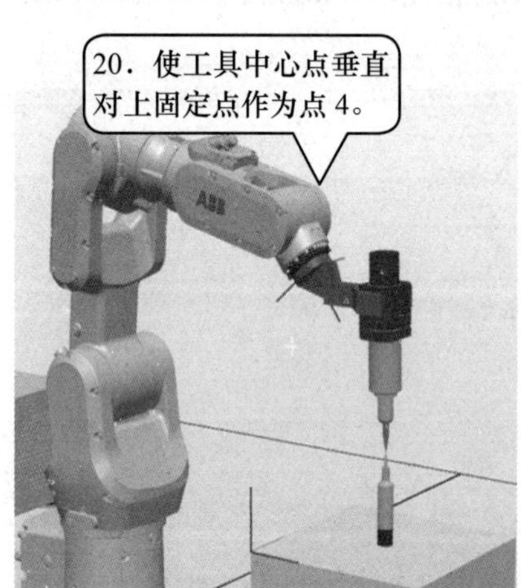
20. 使工具中心点垂直对上固定点作为点 4。

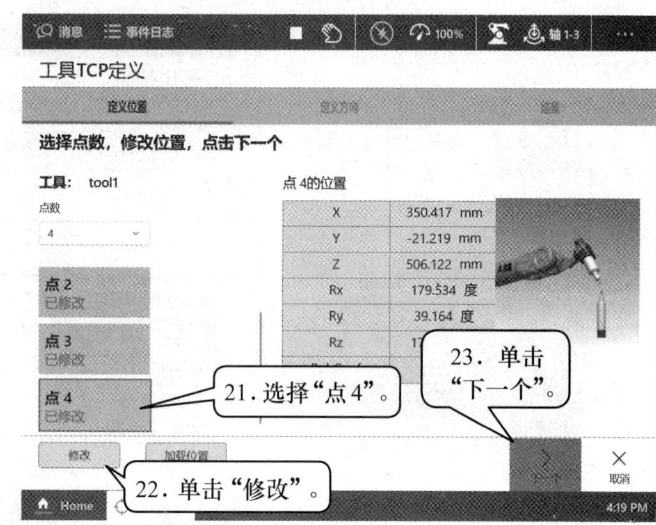
工具TCP定义
定义位置
定义方向
结果
选择点数，修改位置，点击下一个
工具: tool1
点数
4
点 4的位置
X 350.417 mm
Y -21.219 mm
Z 506.122 mm
Rx 179.534 度
Ry 39.164 度
Rz
点 2 已修改
点 3 已修改
点 4 已修改
21. 选择“点 4”。
23. 单击“下一个”。
22. 单击“修改”。
修改
加载位置
下一个
取消
Home
4:19 PM

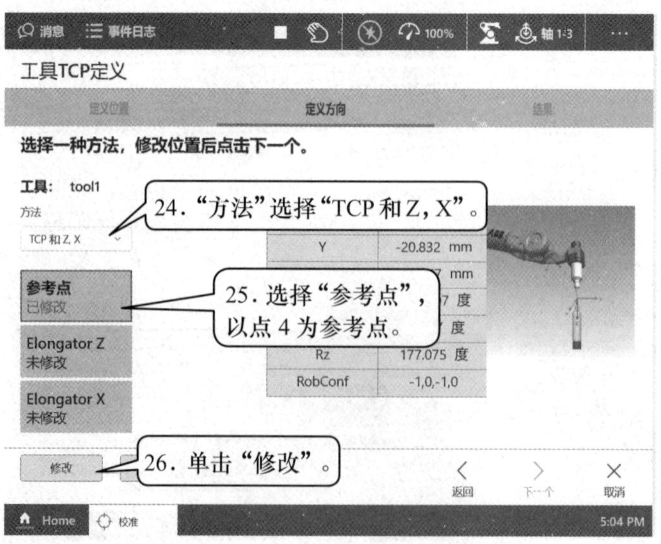
工具TCP定义
定义位置
定义方向
结果
选择一种方法，修改位置后点击下一个。
工具: tool1
方法
TCP 和 Z, X
24. “方法”选择“TCP 和 Z，X”。
Y -20.832 mm
Rz 177.075 度
RobConf -1,0,-1,0
参考点 已修改
Elongator Z 未修改
Elongator X 未修改
25. 选择“参考点”，以点 4 为参考点。
26. 单击“修改”。
修改
返回
下一个
取消
Home
校准
5:04 PM

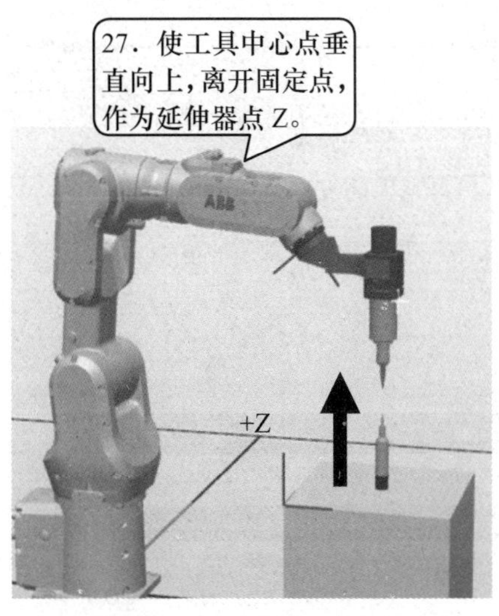
27. 使工具中心点垂直向上，离开固定点，作为延伸器点Z。
ABB
+Z

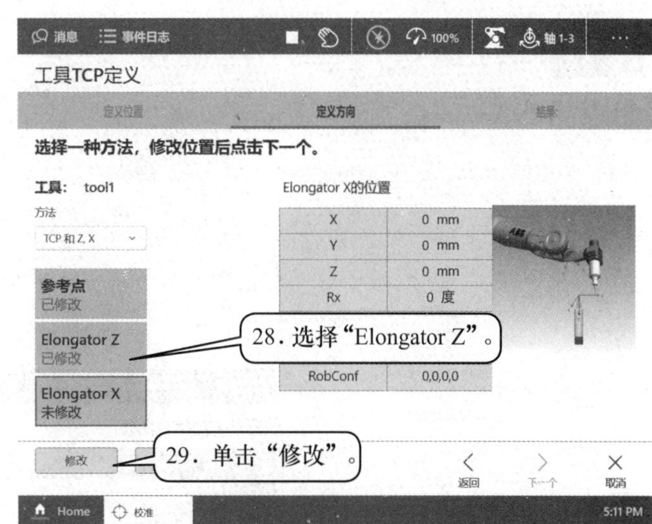
消息
事件日志
100%
轴 1-3
工具TCP定义
定义位置
定义方向
结果
选择一种方法，修改位置后点击下一个。
工具: tool1
方法
TCP 和 Z, X
参考点
已修改
Elongator Z
已修改
Elongator X
未修改
Elongator X的位置
X 0 mm
Y 0 mm
Z 0 mm
Rx 0 度
RobConf 0,0,0,0
28. 选择“Elongator Z”。
修改
29. 单击“修改”。
返回
下一个
取消
Home
校准
5:11 PM

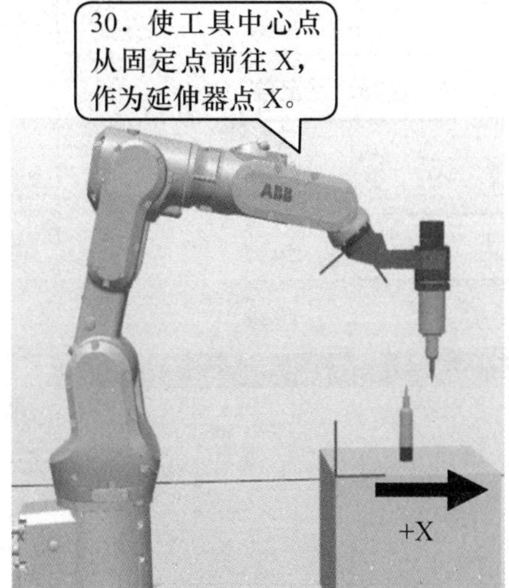
30. 使工具中心点从固定点前往X，作为延伸器点X。
ABB
+X

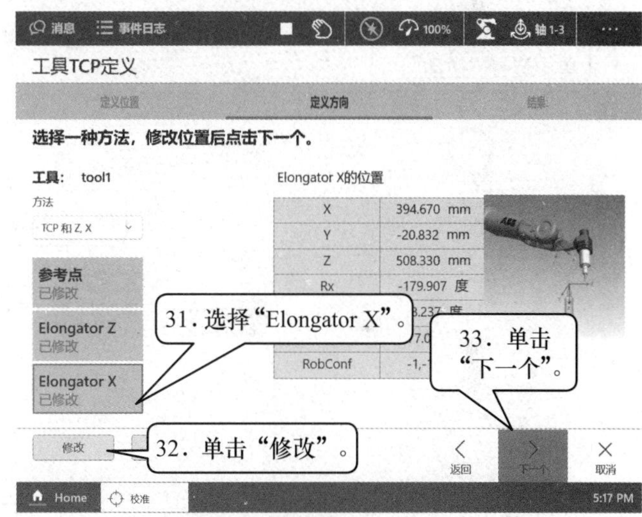
消息
事件日志
100%
轴 1-3
工具TCP定义
定义位置
定义方向
结果
选择一种方法，修改位置后点击下一个。
工具: tool1
方法
TCP 和 Z, X
参考点
已修改
Elongator Z
已修改
Elongator X
已修改
Elongator X的位置
X 394.670 mm
Y -20.832 mm
Z 508.330 mm
Rx -179.907 度
RobConf
31. 选择“Elongator X”。
33. 单击“下一个”。
修改
32. 单击“修改”。
返回
下一个
取消
Home
校准
5:17 PM

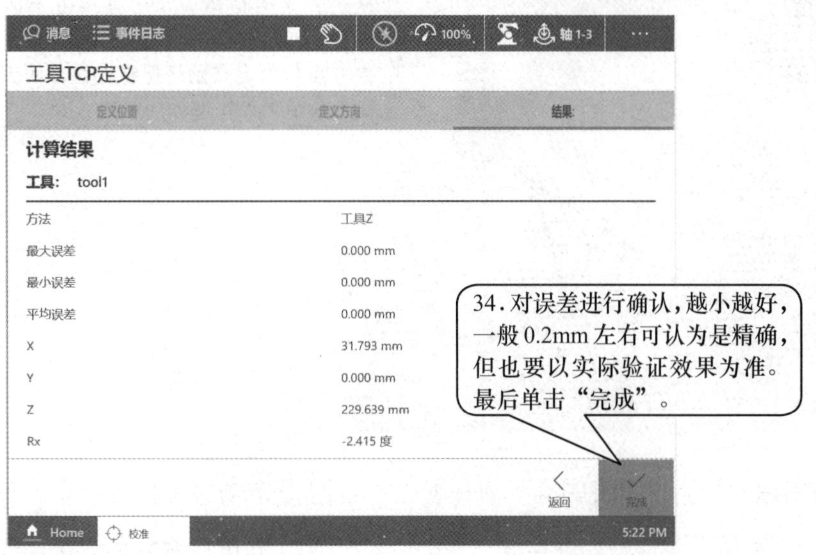
消息
事件日志
100%
轴 1-3
工具TCP定义
定义位置
定义方向
结果
计算结果
工具: tool1
方法 工具Z
最大误差 0.000 mm
最小误差 0.000 mm
平均误差 0.000 mm
X 31.793 mm
Y 0.000 mm
Z 229.639 mm
Rx -2.415 度
34. 对误差进行确认，越小越好，一般0.2mm左右可认为是精确，但也要以实际验证效果为准。最后单击“完成”。
返回
完成
Home
校准
5:22 PM

小技巧

1）在定义 4 个点时，工业机器人的姿态相差越大，误差越小。

2）第 4 个点垂直于固定点，这样就可以作为 TCP 方向的参考点。

3）如果工具中心点与法兰上的 tool0 不是一个方向，就有重新定义 TCP 方向的需要了。比如弧焊枪的 TCP。

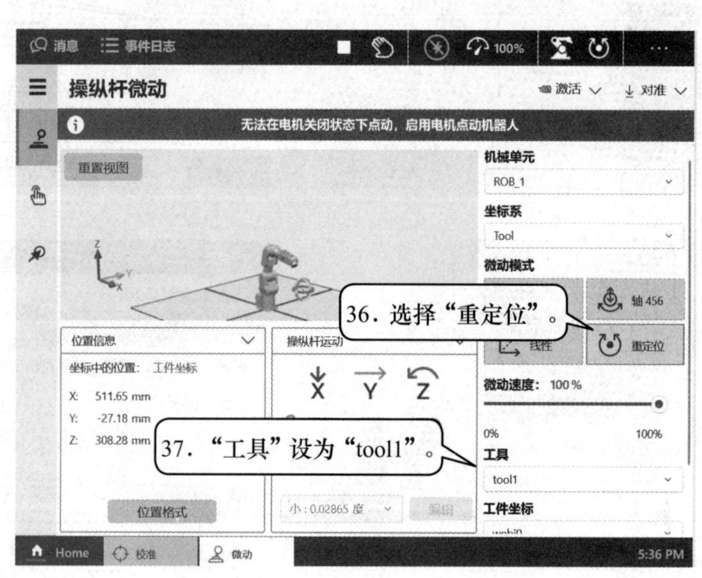

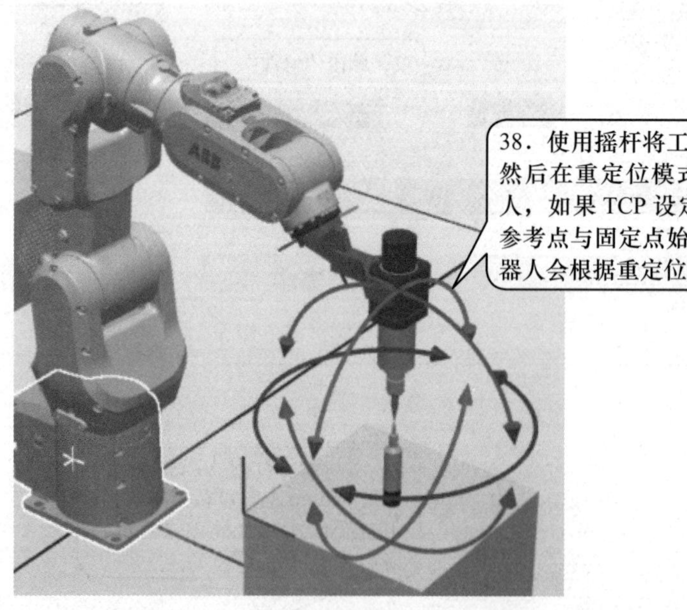

38．使用摇杆将工具参考点靠上固定点，然后在重定位模式下手动操纵工业机器人，如果 TCP 设定精确，可以看到工具参考点与固定点始终保持接触，而工业机器人会根据重定位操作改变着姿态。

如果使用的是搬运的夹具，一般的工具数据设定方法如下：

以图 5-7 中的搬运薄板的真空吸盘夹具为例，质量是 25kg，重心在默认 tool 0

的 Z 正方向偏移 250mm，TCP 点设定在吸盘的接触面上，从默认 tool0 上的 Z 正方向偏移了 300mm。

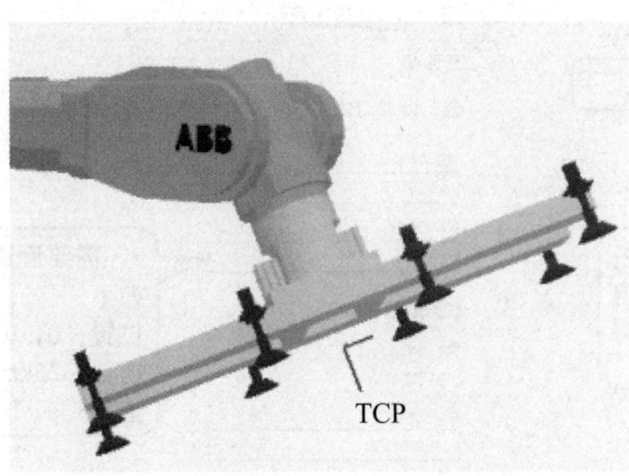

图 5-7　搬运薄板的真空吸盘夹具

小技巧

工业机器人搬运用的夹具设置 TCP 的目的，主要是方便基于 TCP 的位置偏移和调整夹具与搬运对象之间的姿态用的。

在示教器中的设定流程如下：

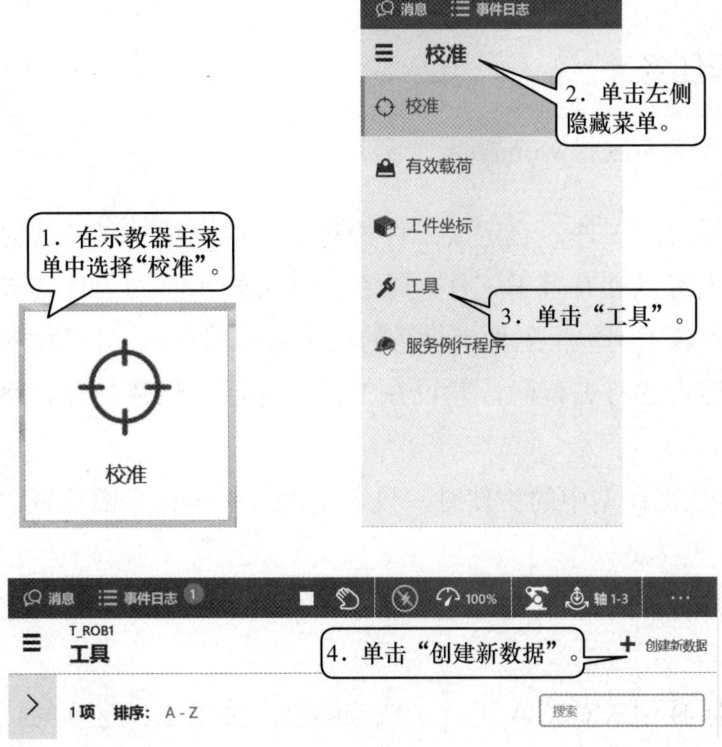

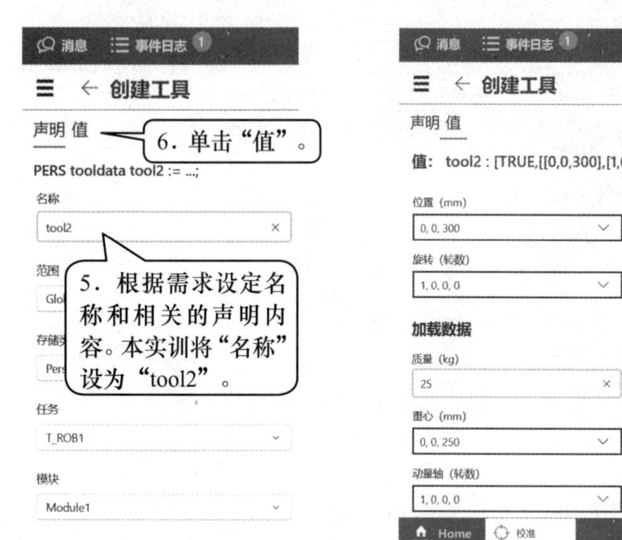

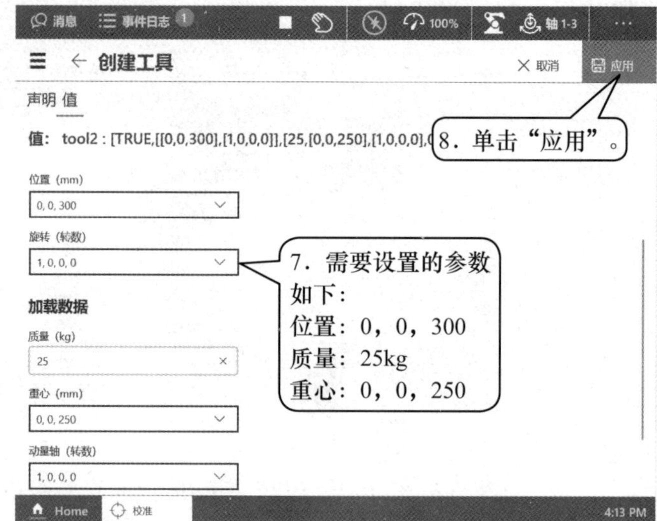

至此，搬运夹具一般的工具数据 tooldata 设定完成。

任务 5-6 工件坐标数据 wobjdata 的设定

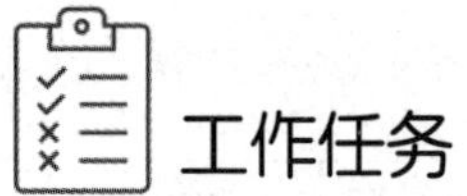

工作任务

☑ 学会工件坐标数据 wobjdata 的设定方法

工件坐标系对应工件，它定义工件相对于大地坐标系（或其他坐标系）的位置。工业机器人可以拥有若干工件坐标系，或者表示不同工件，或者表示同一工件在不同位置的若干副本。工件坐标系的设定数据保存在工件数据 wobjdata 中。

对工业机器人进行编程时，建议在工件坐标系中创建目标和路径，这可带来以下优点：

1）重新定位工作站中的工件时，只需更改工件坐标系的位置，所有路径将即刻随之更新。

2）允许操作以外轴或传送导轨移动的工件，因为整个工件可连同其路径一起移动。

在工件坐标 B 中对对象 A 进行了轨迹编程，如果工件坐标的位置变化成工件坐标 D，只需在工业机器人系统重新定义工件坐标 D，则工业机器人的轨迹就自动更新到 C，不需要再次轨迹编程，如图 5-8 所示。因 A 相对于 B，C 相对于 D 的关系是一样，并没有因为整体偏移而发生变化。

A 是工业机器人的大地坐标，为了方便编程为第一个工件建立了一个工件坐标 B，并在这个工件坐标 B 进行轨迹编程。如果台子上还有一个一样的工件需要走一样的轨迹，那只需要建立一个工件坐标 C，将工件坐标 B 中的轨迹复制一份，然后将工件坐标从 B 更新为 C，则无须对一样的工件重复进行轨迹编程，如图 5-9 所示。

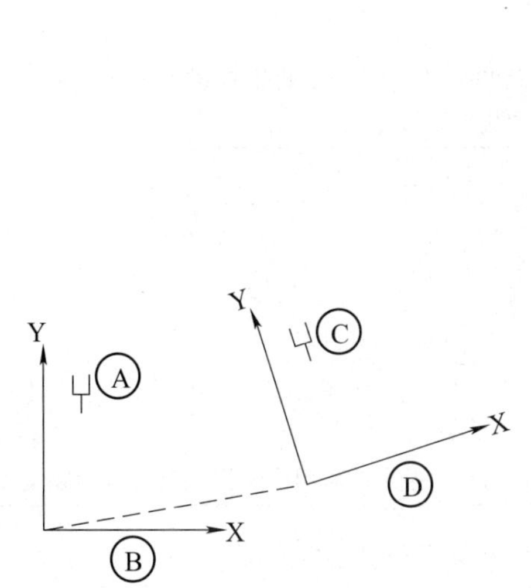

图 5-8　工件坐标的位置变化

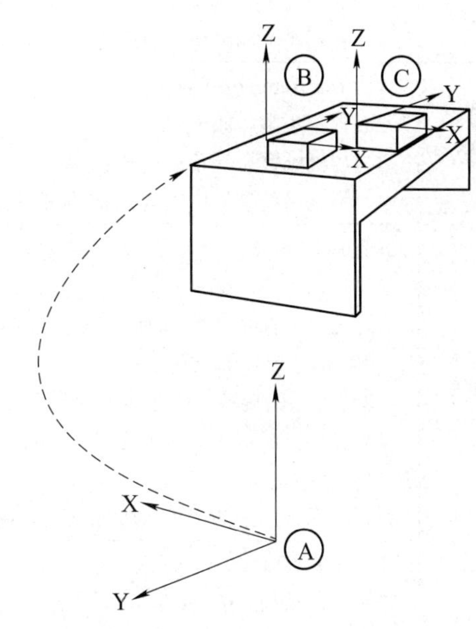

图 5-9　无须对一样的工件重复进行轨迹编程

1. wobjdata 的组成

如果在运动指令中指定了工件坐标系，则目标点位置将基于该工件坐标系。其优点如下：

1）便捷地手动输入位置数据，例如离线编程，则可从图样中获得位置数值。

2）轨迹程序可以根据变化，快速重新使用。如果移动了工作台，则仅需重新定义工作台工件坐标系即可。

3）可根据变化对工件坐标系进行补偿。利用传感器获得偏差数据来定位工件。

wobjdata 由 5 个部分组成，见表 5-8。

表 5–8　wobjdata 组成说明

组　件	说　明
robhold	1）robot hold 2）数据类型：bool 3）定义机械臂是否夹持工件 ① TRUE: 机械臂正夹持着工件，即使用了固定工具 ② FALSE: 机械臂未夹持工件，即机械臂夹持工具
ufprog	1）user frame programmed 2）数据类型：bool 3）规定是否使用固定的用户坐标系 ① TRUE: 固定的用户坐标系 ② FALSE: 可移动的用户坐标系，即使用协调外轴 4）也用于 MultiMove 系统的半协调或同步协调模式
ufmec	1）user frame mechanical unit 2）数据类型：string 3）与机械臂协调移动的机械单元。仅在可移动的用户坐标系中进行指定（ufprog 为 FALSE） 4）指定系统参数中所定义的机械单元名称，例如 orbit_a
uframe	1）user frame 2）数据类型：pose 3）用户坐标系，即当前工作面或固定装置的位置 ① 坐标系原点的位置（x、y 和 z），以 mm 计 ② 坐标系的旋转，表示为一个四元数（q1、q2、q3 和 q4） 4）如果机械臂正夹持着工具，则在大地坐标系中定义用户坐标系（如果使用固定工具，则在腕坐标系中定义） 5）对于可移动的用户坐标系（ufprog 为 FALSE），由系统对用户坐标系进行持续定义
oframe	1）object frame 2）数据类型：pose 3）目标坐标系，即当前工件的位置 ① 坐标系原点的位置（x、y 和 z），以 mm 计 ② 坐标系的旋转，表示为一个四元数（q1、q2、q3 和 q4） 4）在用户坐标系中定义目标坐标系

工件坐标数据 wobjdata 示例：

```
PERS wobjdata wobj1 :=[ FALSE, TRUE, "", [ [300, 600, 200], [1, 0,0 ,0] ], [ [0, 200, 30], [1, 0, 0 ,0] ] ];
```

工件坐标数据 wobj1 定义内容如下：

1）工业机器人未夹持着工件。

2）使用固定的用户坐标系。

3）用户坐标系不旋转，且在大地坐标系中用户坐标系的原点为 x=300mm、y=600mm 和 z=200mm。

4）目标坐标系不旋转，且在用户坐标系中目标坐标系的原点为 x=0mm、y=200mm 和 z=30mm。

2. wobjdata 的设定

在对象的平面上，只需要定义三个点就可以建立一个工件坐标系，如图 5-10 所示。

1）X1、X2 确定工件坐标 X 正方向。

2）Y1 确定工件坐标 Y 正方向。

3）工件坐标系的原点是 Y1 在工件坐标 X 上的投影。

4）工件坐标系符合右手定则。

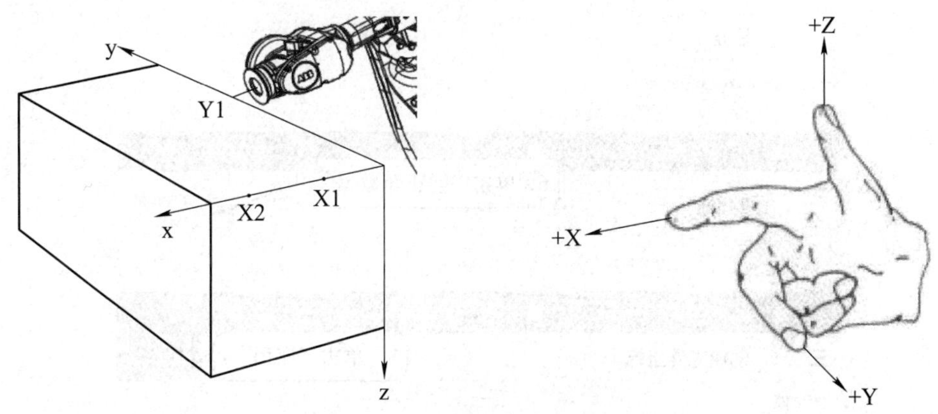

图 5-10　工件坐标系

按照以下的操作步骤完成工件坐标系的建立：

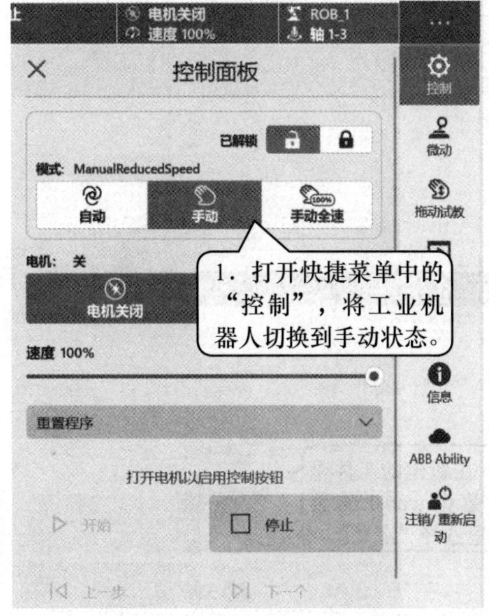

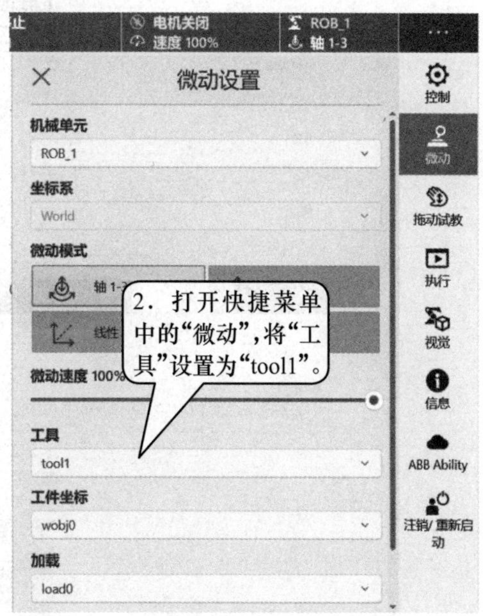

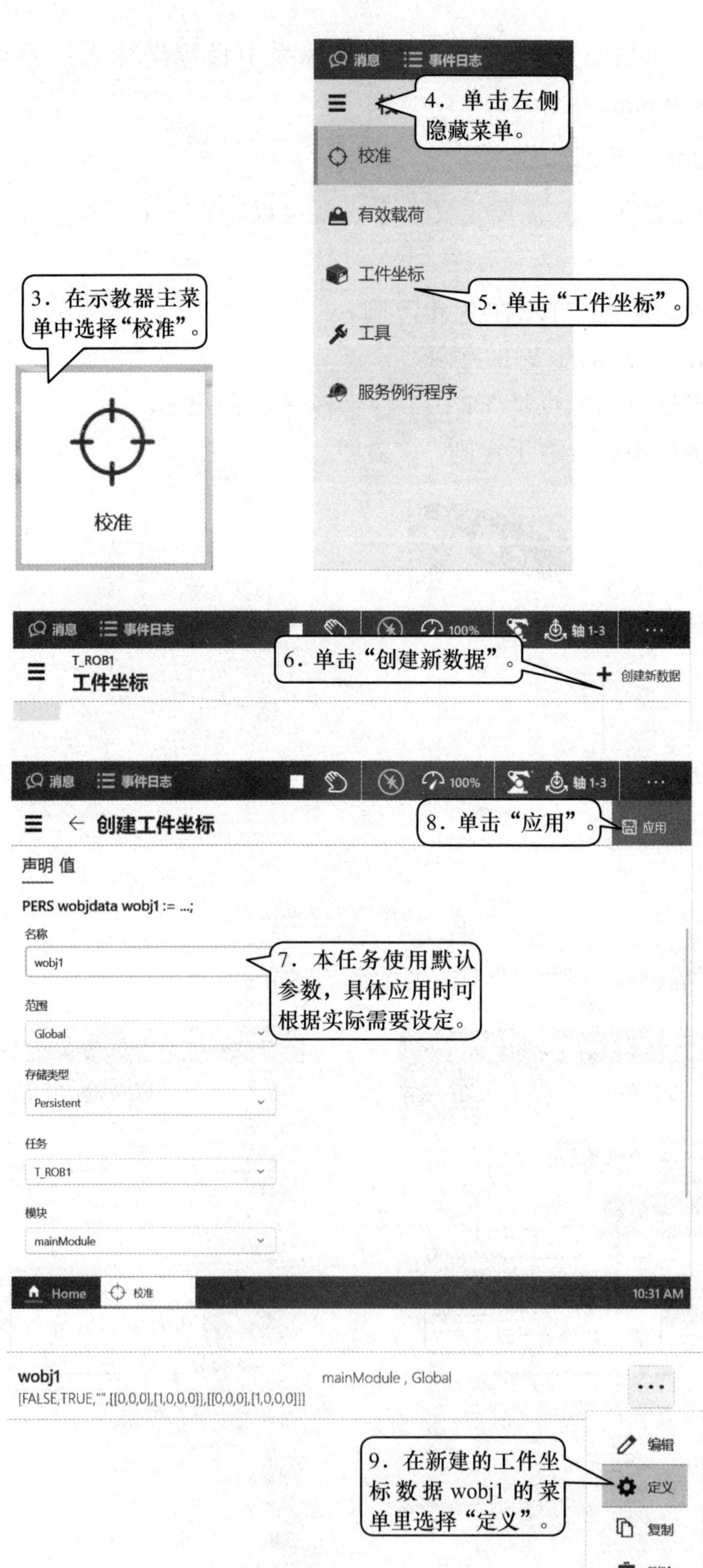
消息
事件日志
4．单击左侧隐藏菜单。
校准
有效载荷
工件坐标
5．单击“工件坐标”。
工具
服务例行程序
3．在示教器主菜单中选择“校准”。
校准
6．单击“创建新数据”。
T_ROB1
工件坐标
创建新数据
创建工件坐标
8．单击“应用”。
应用
声明 值
PERS wobjdata wobj1 := ...;
名称
wobj1
7．本任务使用默认参数，具体应用时可根据实际需要设定。
范围
Global
存储类型
Persistent
任务
T_ROB1
模块
mainModule
Home
10:31 AM
wobj1
[FALSE,TRUE,"",[[0,0,0],[1,0,0,0]],[[0,0,0],[1,0,0,0]]]
mainModule , Global
编辑
定义
复制
删除
9．在新建的工件坐标数据 wobj1 的菜单里选择“定义”。

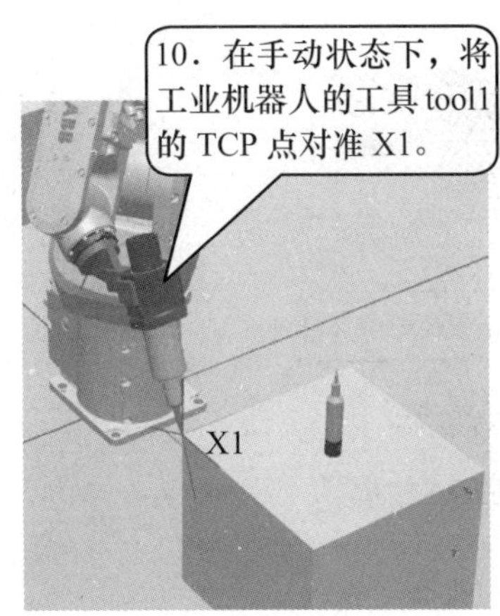
10．在手动状态下，将工业机器人的工具 tool1 的 TCP 点对准 X1。
X1

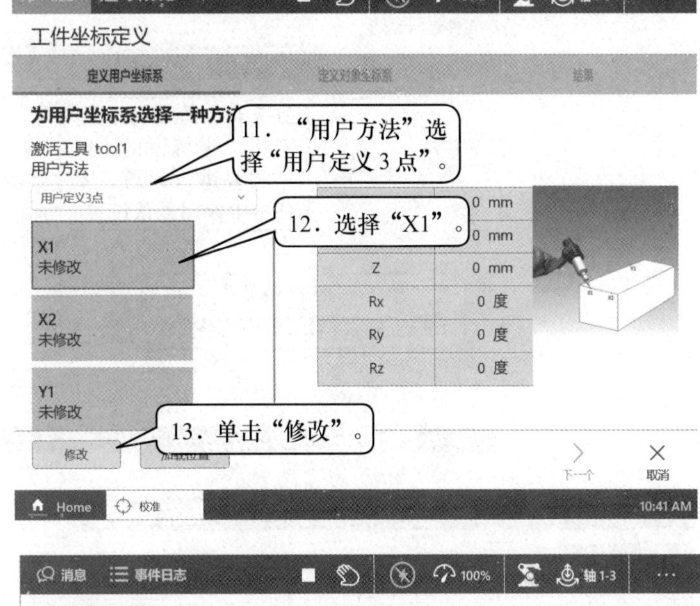
消息
事件日志
100%
轴 1-3
工件坐标定义
定义用户坐标系
定义对象坐标系
结果
为用户坐标系选择一种方法
激活工具 tool1
用户方法
用户定义3点
X1
未修改
X2
未修改
Y1
未修改
修改
Z 0 mm
Rx 0 度
Ry 0 度
Rz 0 度
下一个
取消
Home
校准
10:41 AM
11．“用户方法”选择“用户定义 3 点”。
12．选择“X1”。
13．单击“修改”。

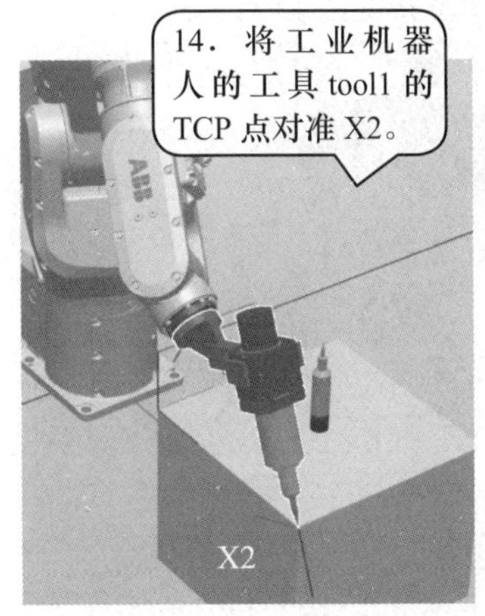
14．将工业机器人的工具 tool1 的 TCP 点对准 X2。
X2

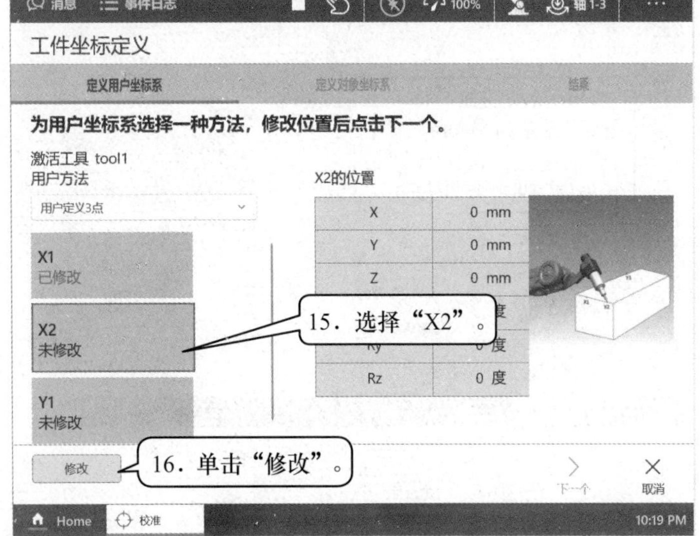
消息
事件日志
100%
轴 1-3
工件坐标定义
定义用户坐标系
定义对象坐标系
结果
为用户坐标系选择一种方法，修改位置后点击下一个。
激活工具 tool1
用户方法
用户定义3点
X2的位置
X 0 mm
Y 0 mm
Z 0 mm
Rz 0 度
X1
已修改
X2
未修改
Y1
未修改
修改
下一个
取消
Home
校准
10:19 PM
15．选择“X2”。
16．单击“修改”。

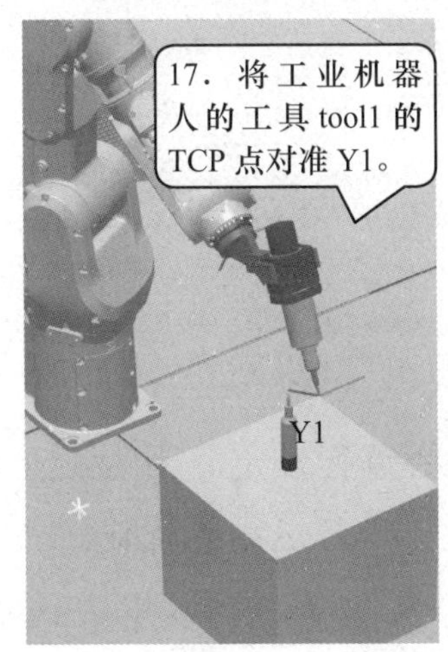
17．将工业机器人的工具 tool1 的 TCP 点对准 Y1。
Y1

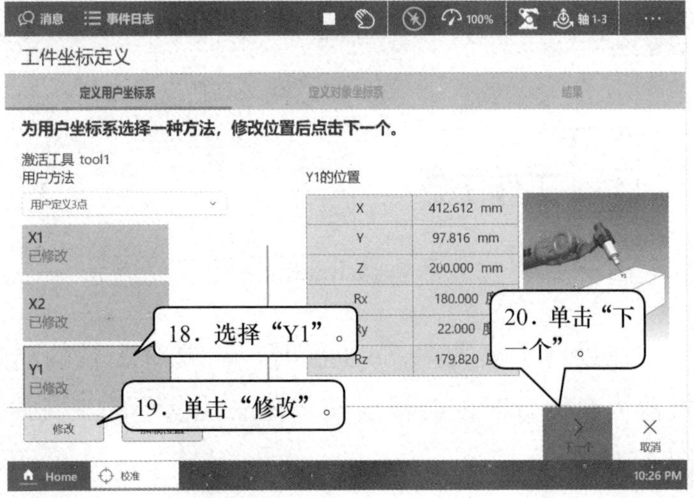
消息
事件日志
100%
轴 1-3
工件坐标定义
定义用户坐标系
定义对象坐标系
结果
为用户坐标系选择一种方法，修改位置后点击下一个。
激活工具 tool1
用户方法
用户定义3点
Y1的位置
X 412.612 mm
Y 97.816 mm
Z 200.000 mm
Rx 180.000
22.000
Rz 179.820
X1
已修改
X2
已修改
Y1
已修改
修改
取消
Home
校准
10:26 PM
18．选择“Y1”。
19．单击“修改”。
20．单击“下一个”。

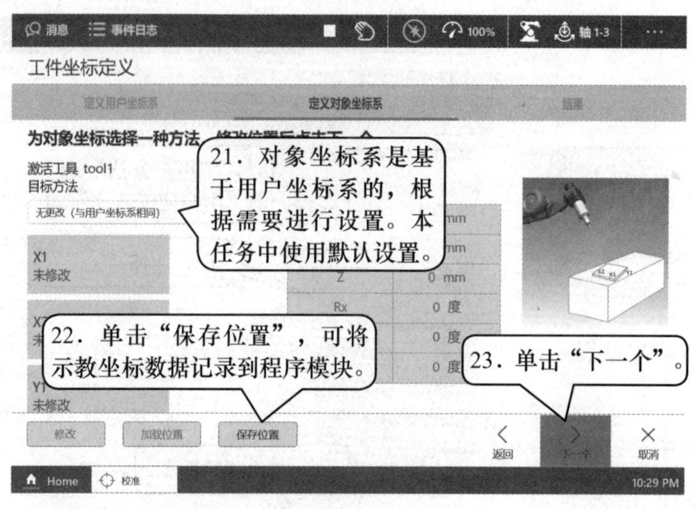

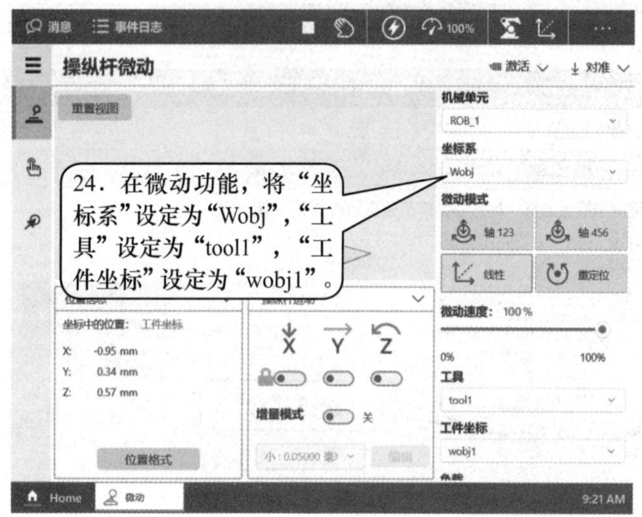

任务 5-7 有效载荷数据 loaddata 的设定

工作任务

☑ 学会有效载荷数据 loaddata 的设定方法

在设置工具数据 tooldata 时，需要将工具的质量与重心进行设定。因为工业机器人在运行时，会根据安装在法兰盘上的工具质量与重心进行运动的优化。如图 5-11 所示。

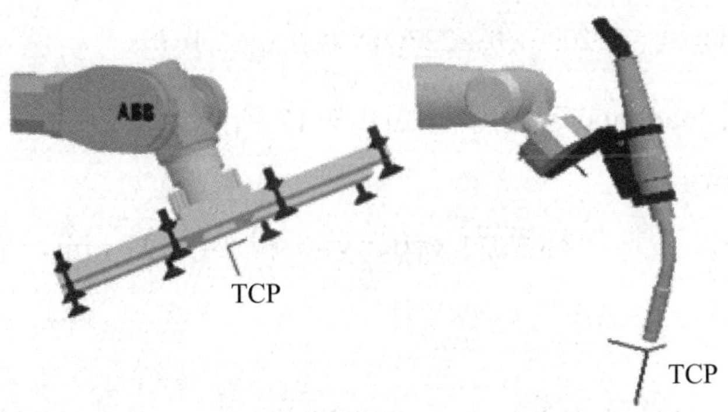

图 5-11　设定工具的质量与重心

对于搬运应用的工业机器人，应正确设定夹具的工具数据质量、重心 tooldata 以及搬运对象有效载荷数据的质量和重心数据 loaddata。

有效载荷数据 loaddata 由 6 个部分组成，见表 5-9。

表 5-9　有效载荷数据 loaddata 组成说明

组　件	描　述
mass	1）数据类型：num 2）负载的质量，单位 kg
cog	1）center of gravity 2）数据类型：pos 3）如果工业机器人正夹持着工具，则有效载荷的重心是相对于工具坐标系的，单位 mm 4）如果使用固定工具，则有效载荷的重心是相对于机械臂上的可移动的工件坐标系的
aom	1）axes of moment 2）数据类型：orient 3）矩轴的方向姿态是指处于 cog 位置的有效载荷惯性矩的主轴 4）如果机械臂正夹持着工具，则方向姿态是相对于工具坐标系的 5）如果使用固定工具，则方向姿态是相对于可移动的工件坐标系的
ix	1）inertia x 2）数据类型：num 3）负载绕着 X 轴的转动惯量，单位 $kg \cdot m^2$ 4）正确定义转动惯量，则会合理利用路径规划器和轴控制器。当处理大块金属板等时，该参数尤为重要。所有等于 $0\ kg \cdot m^2$ 的转动惯量 ix、iy 和 iz 均指一个点质量
iy	1）inertia y 2）数据类型：num 3）负载绕着 Y 轴的转动惯量，单位 $kg \cdot m^2$ 4）更多信息参见 ix
iz	1）inertia z 2）数据类型：num 3）负载绕着 Z 轴的转动惯量，单位 $kg \cdot m^2$ 4）更多信息参见 ix

本任务的有效载荷数据 loaddata 示例：

```
PERS loaddata load1 := [ 20, [0, 0, –227], [1, 0, 0, 0], 0, 0, 0];
```

有效载荷数据 loaddata 定义内容如图 5-12 所示。

1）质量为 20 kg。

2）重心相对于工具坐标系为 x=0、y=0 和 z=–227 mm，有效负载为一个点质量。

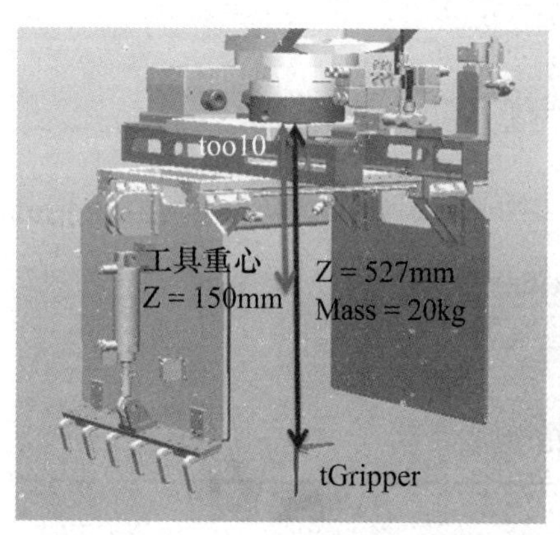

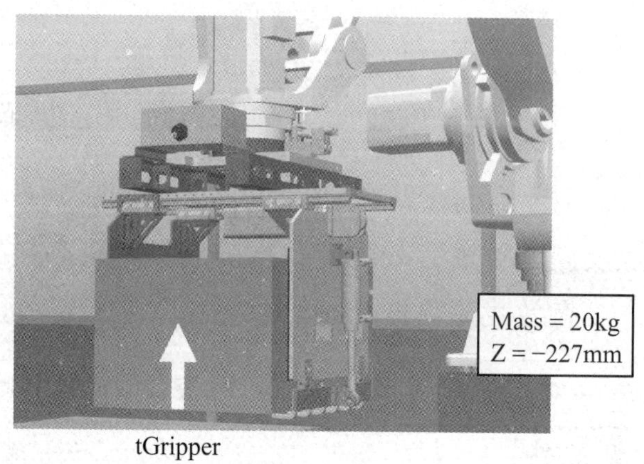

图 5-12　有效载荷数据 loaddata 定义

3）有效载荷数据的重心偏移是基于当前使用工具数据的 TCP。以此箱子夹具为例，载荷的重心是从夹具的程序数据 tGripper 的 TCP 的 Z 坐标负方向偏移 227mm，在输入数据时要带上负号。

具体操作如下：

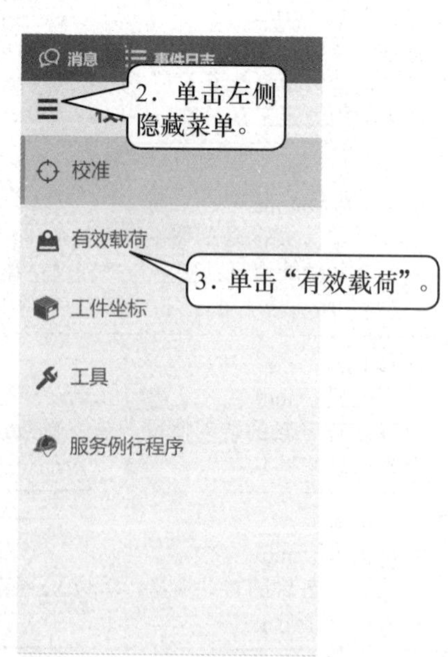

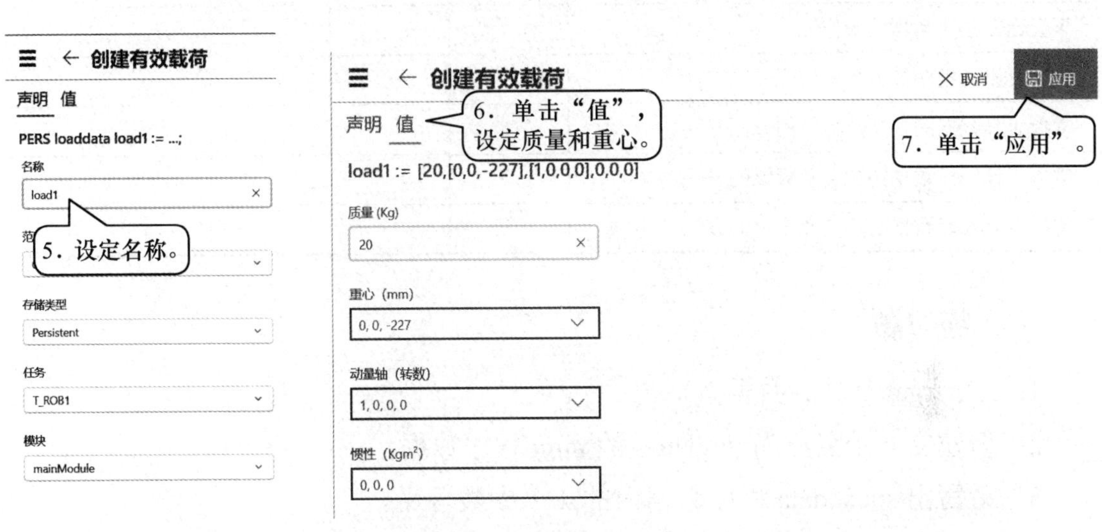

在 RAPID 编程中，需要对有效载荷的情况进行实时控制，如图 5-13 所示。

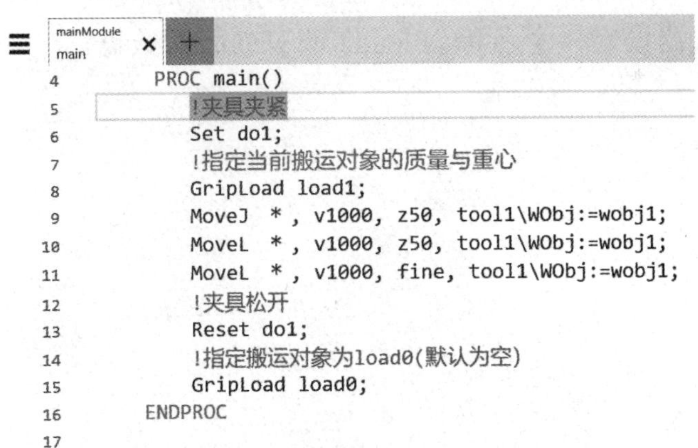

图 5-13　对有效载荷的情况进行实时控制

自我测评与练习题

一、自我测评

自我测评见表 5-10。

表 5-10　自我测评

要　求	自我评价			备　注
	掌　握	理　解	再　学	
了解 ABB 工业机器人 RAPID 程序的程序数据				
学会建立程序数据的操作				
掌握常用的程序数据含义				
掌握工具数据的含义及标定的方法				
掌握工件坐标数据的含义及标定的方法				
掌握有效载荷数据的含义及设定的方法				

二、练习题

1．robtarget 是什么数据？

2．请建立一个名称为 flagNum 的 num 程序数据。

3．请写出 speeddata 程序数据内的 4 个参数含义。

4．请在示教器设定一个名称为 tool2 的工具数据。

5．请在示教器设定一个名称为 wobj2 的工件坐标数据。

6．请在示教器设定一个名称为 load2 的有效载荷数据。

项目 6　工业机器人程序编写实战

任务目标

1．学会使用图形化编程

2．理解任务、程序模块和例行程序

3．认识常用的 RAPID 指令

4．学会建立一个可以运行的基本 RAPID 程序

5．学会中断程序 TRAP 的使用

6．学会创建带参数的例行程序

7．学会功能 FUNCTION 的使用

8．了解 RAPID 程序指令与功能

任务描述

我们是通过使用 RAPID 编程语言对 ABB 工业机器人进行逻辑与运动控制的。

对于一些简单的工业机器人应用可以使用 WIZARD 图形化编程，从而提升编程效率。如果是复杂的工业机器人应用，为了发挥工业机器人最大的效能，就要使用 RAPID 编程语言进行编程。

RAPID 是一种基于计算机高级编程的语言，易学易用，灵活性强；支持二次开发，支持中断、错误处理，多任务处理等高级功能。RAPID 程序中包含了一连串控制工业机器人的指令，执行这些指令可以实现对工业机器人的控制操作。

使用 ABB 工业机器人编程语言 RAPID 进行编程需要掌握基本概念及其中任务、模块、例行程序之间的关系，掌握常用 RAPID 指令和中断程序的用法。

应用程序是由 RAPID 编程语言的特定词汇和语法编写而成。所包含的指令可以移动工业机器人、设置输出、读取输入，还能实现决策、循环、构造程序、与系统操作员交流等功能。

任务 6-1 实战图形化程序编程

工作任务

☑ 了解图形化编程的应用与优点

☑ 学会简单搬运的图形化编程

☑ 了解图形化编程的基本指令

ABB 工业机器人在新一代的 OmniCore 控制器系统中集成了 Wizard 图形化编程功能，这是一种图形化编程方法，旨在使用户无须专门的培训，便能够为工业机器人快速创建应用程序，如图 6-1 所示。

图 6-1　图形化编程功能

Wizard 基于 Blockly 概念建立。Blockly 是一种开源的可视化编码方法，把编程语言或代码以图形块的形式呈现。通过使用这种简化的方法，Wizard 软件使用户无须事先了解任何机器人编程语言，就能对机器人编程并使用。用户可以简单地将这些功能块拖放到示教器上，并立即看到结果，且能在几秒钟内调整机器人的动作。

一、应用 Wizard 图形化编程编写一个工业机器人程序

应用 Wizard 图形化编程编写一个工业机器人程序具体操作如下：

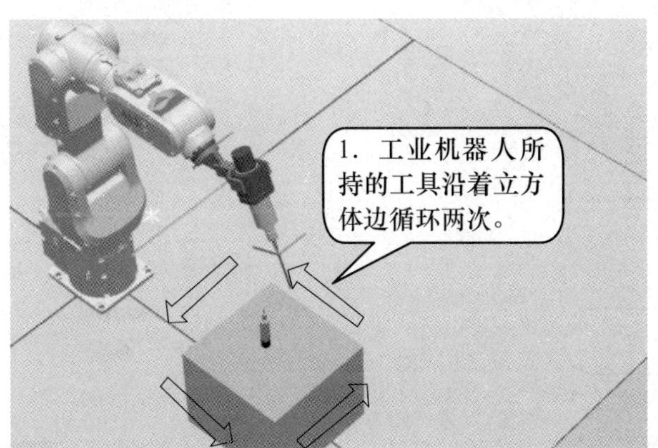

Wizard 是 ABB 工业机器人 OmniCore 控制器对应小型机器人的标配功能，本任务如果是在 Robotstudio 的虚拟工作站操作，则已在系统中安装好 Wizard 软件。此虚拟工作站已打包好供下载使用，我们要沿用上一个任务所创建的工具数据 tool1 和工件坐标数据 wobj1。

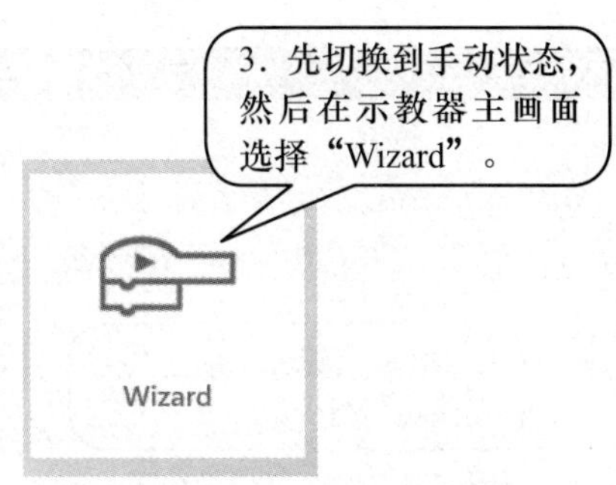

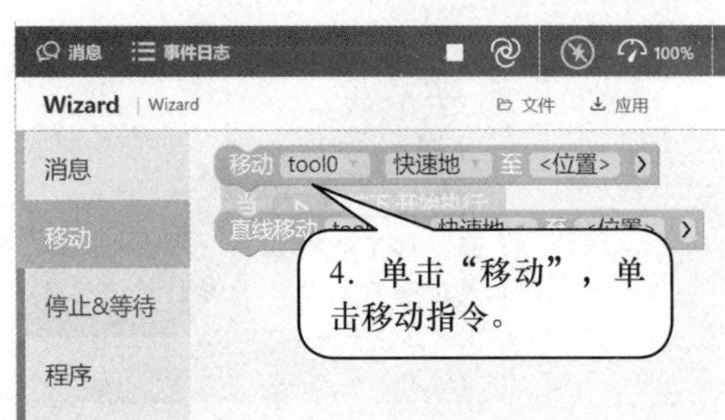

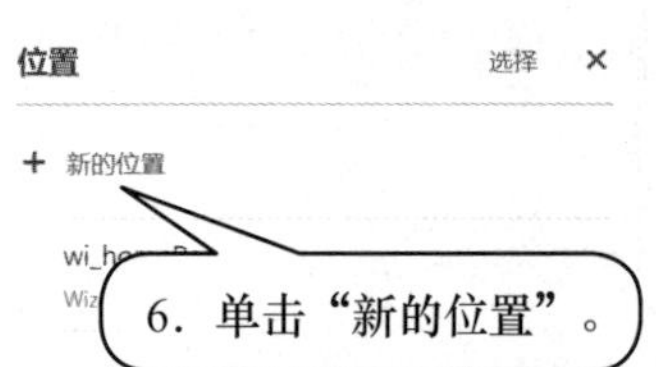
位置
选择
新的位置
6. 单击“新的位置”。

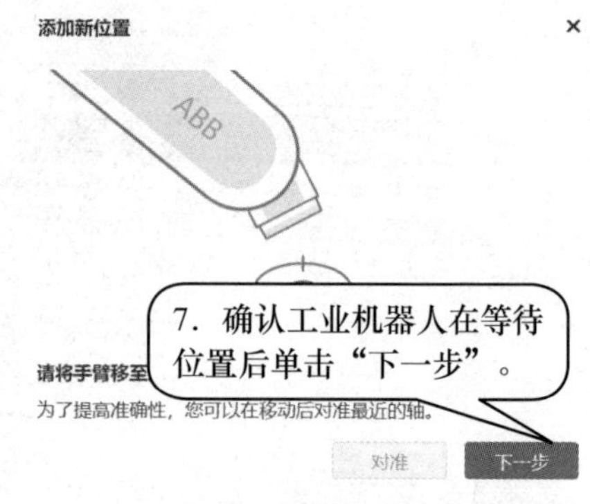
添加新位置
ABB
7. 确认工业机器人在等待位置后单击“下一步”。
为了提高准确性，您可以在移动后对准最近的轴。
对准
下一步

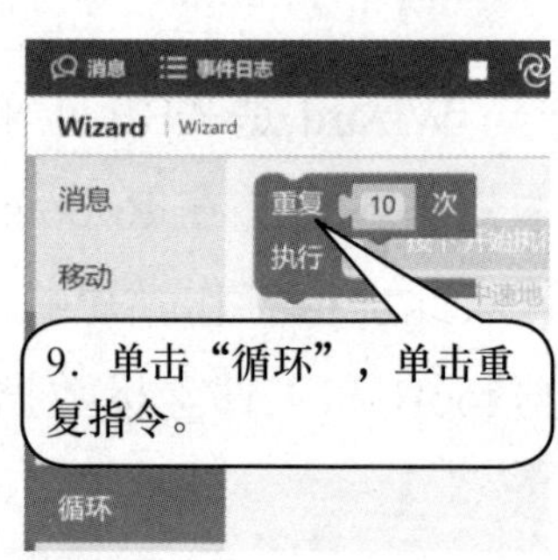
消息
事件日志
Wizard
消息
重复 10 次
执行
移动
9. 单击“循环”，单击重复指令。
循环

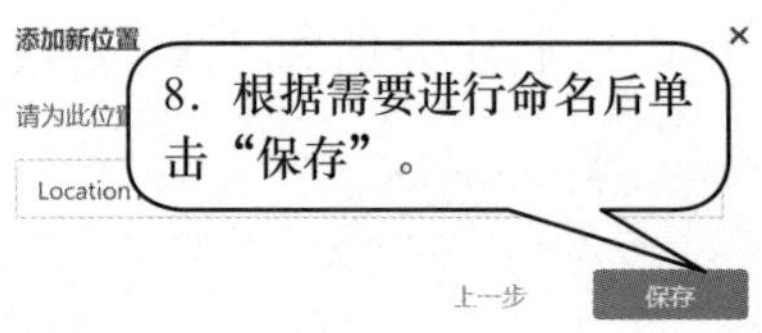
添加新位置
8. 根据需要进行命名后单击“保存”。
上一步
保存

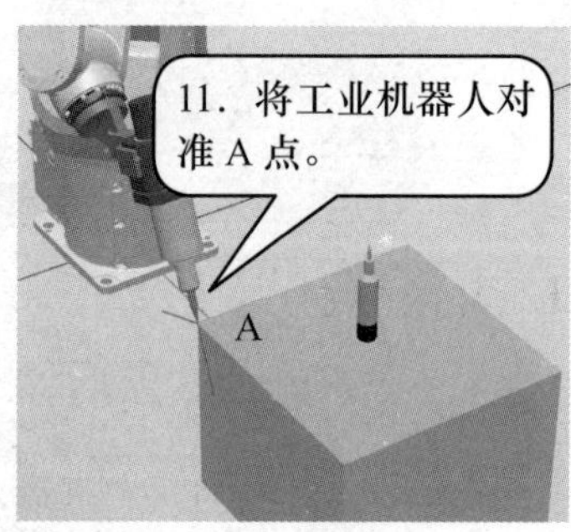
11. 将工业机器人对准 A 点。
A

Wizard
文件
应用
消息
移动
停止&等待
程序
当 按下,开始执行:
移动 tool1 中速地 至 Location1
重复 2 次
执行
10. 将次数设定为 2。

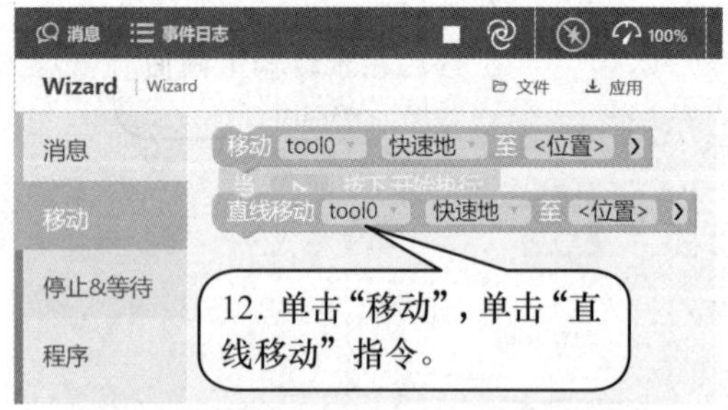
消息
事件日志
100%
Wizard
文件
应用
消息
移动
停止&等待
程序
移动 tool0 快速地 至 <位置>
直线移动 tool0 快速地 至 <位置>
12. 单击“移动”，单击“直线移动”指令。

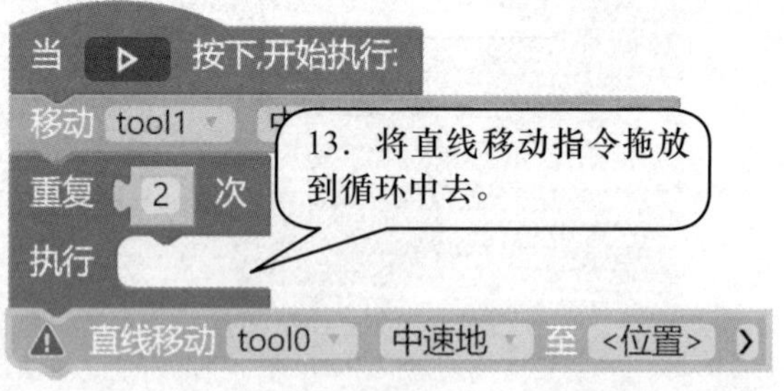
当 按下,开始执行:
移动 tool1
重复 2 次
执行
13. 将直线移动指令拖放到循环中去。
直线移动 tool0 中速地 至 <位置>

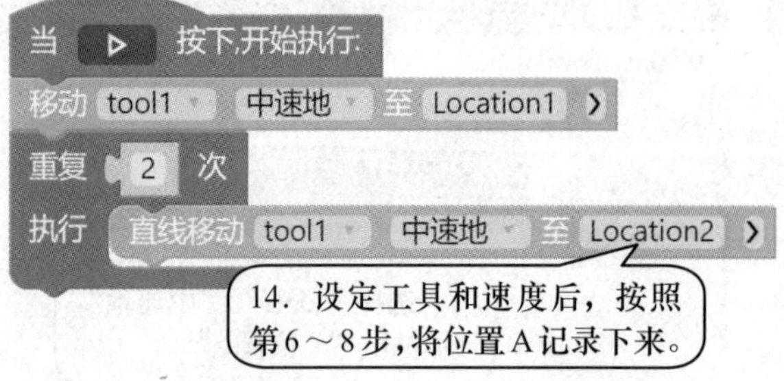
当 按下,开始执行:
移动 tool1 中速地 至 Location1
重复 2 次
执行 直线移动 tool1 中速地 至 Location2
14. 设定工具和速度后，按照第6～8步，将位置A记录下来。

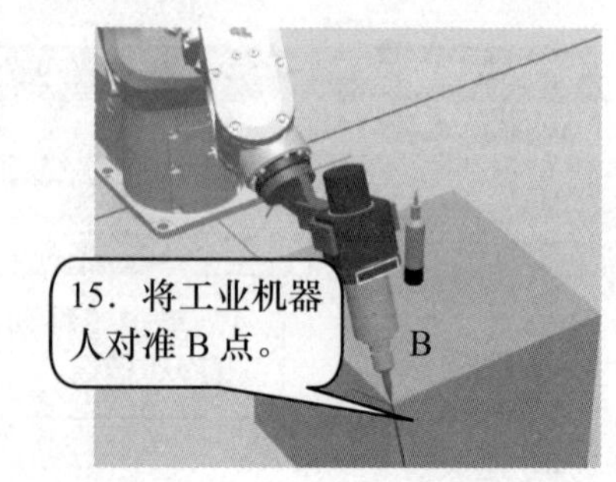
15. 将工业机器人对准 B 点。
B

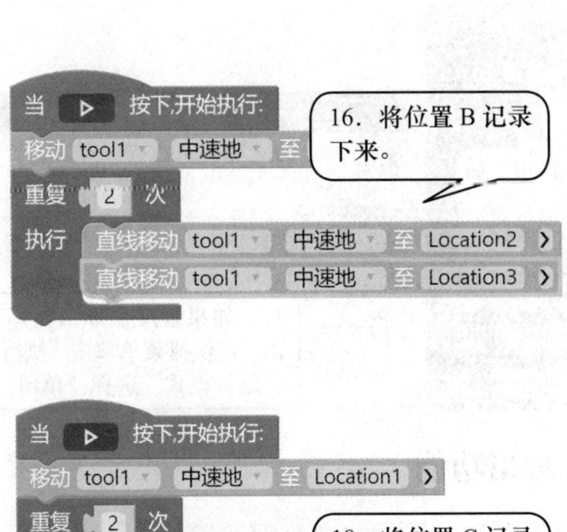

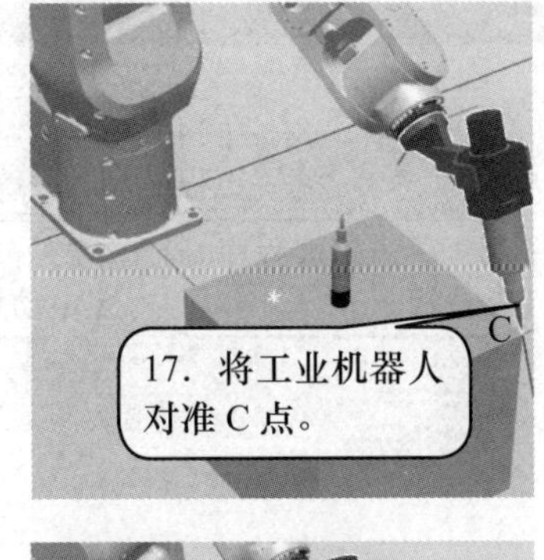

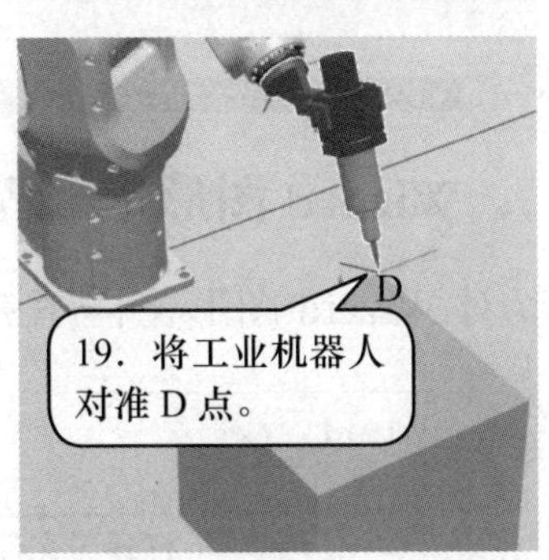

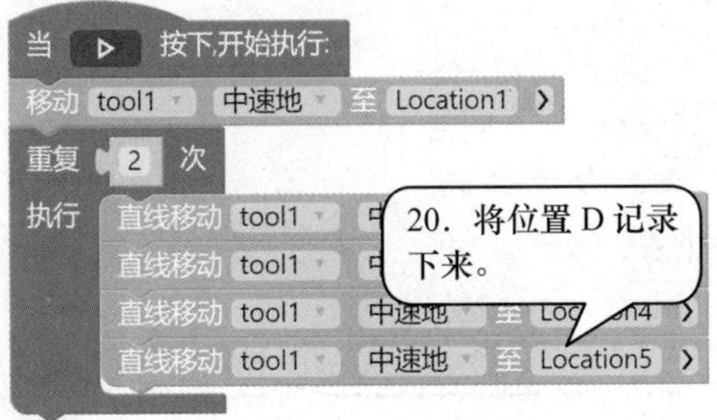

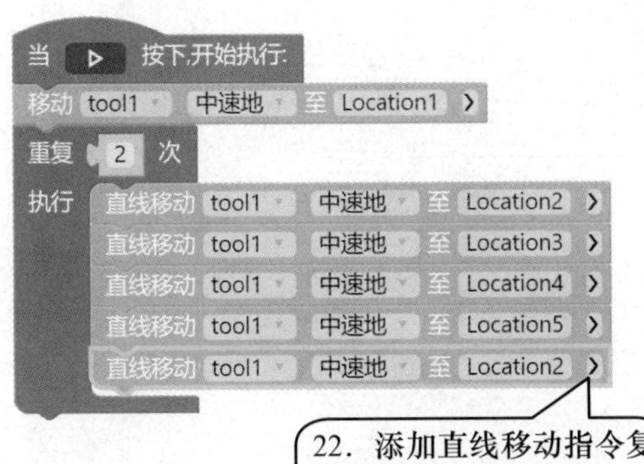

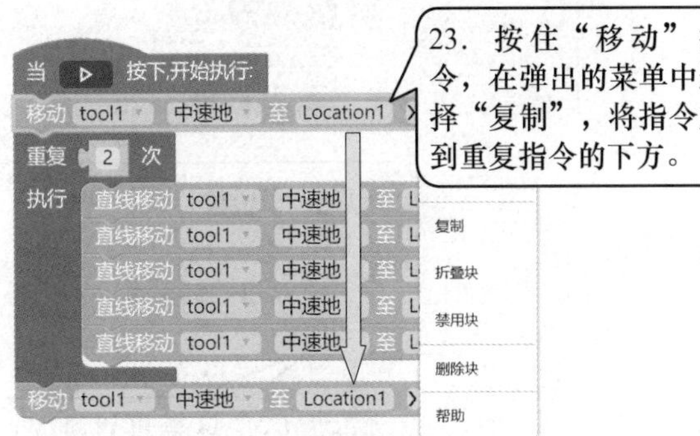

小技巧

如果是在 Robotstudio 使用虚拟示教器中的 Wizard 时，要打开指令的菜单，请将鼠标指针放在指令上，然后右击就可以了。

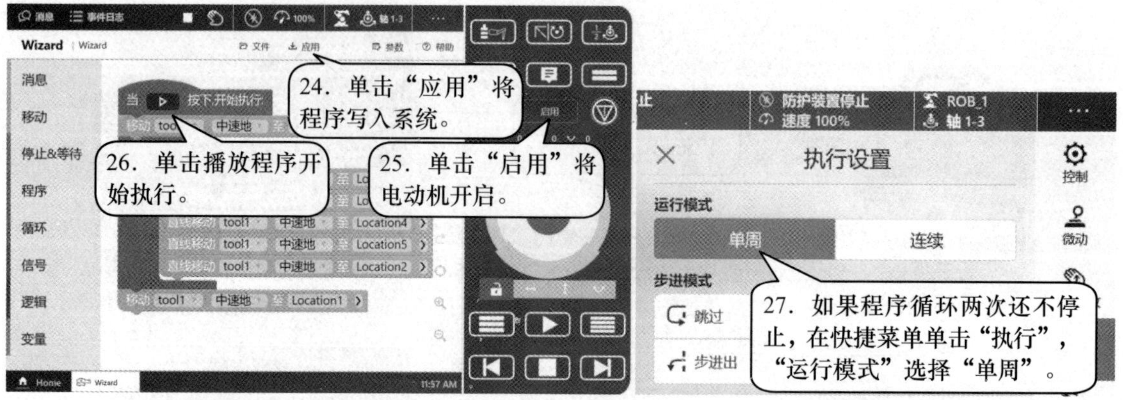

二、Wizard 图形化编程画面常用功能

1）对 Wizard 图形化程序进行文件操作。具体操作如下：

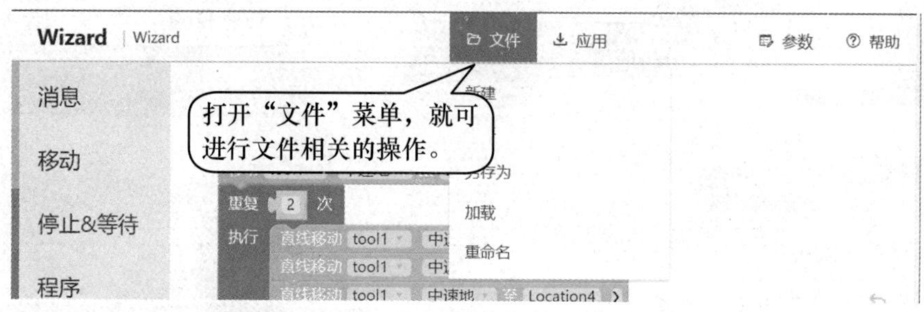

2）程序数据的管理。具体操作如下：

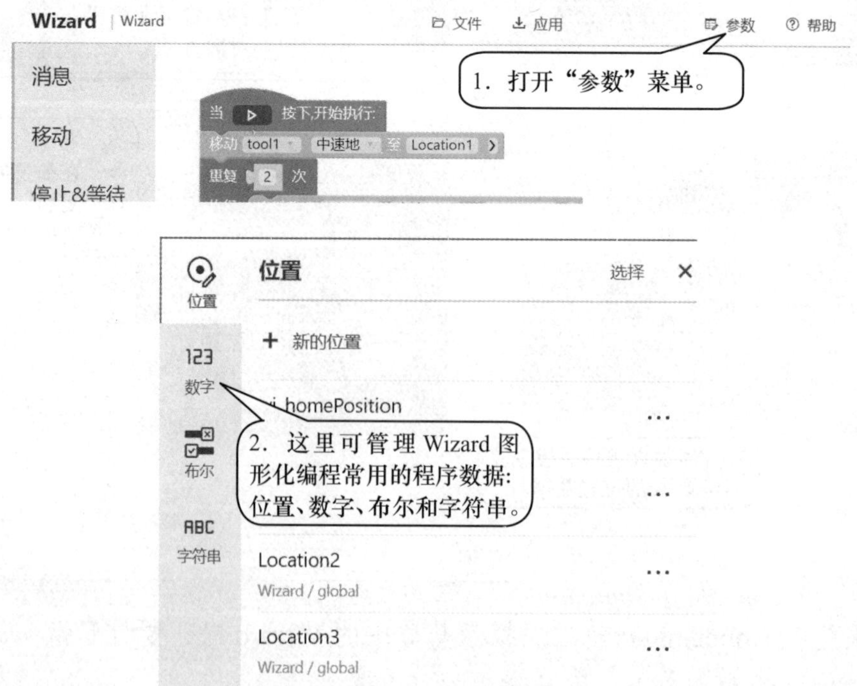

3）调整图形指令执行顺序的操作。具体操作如下：

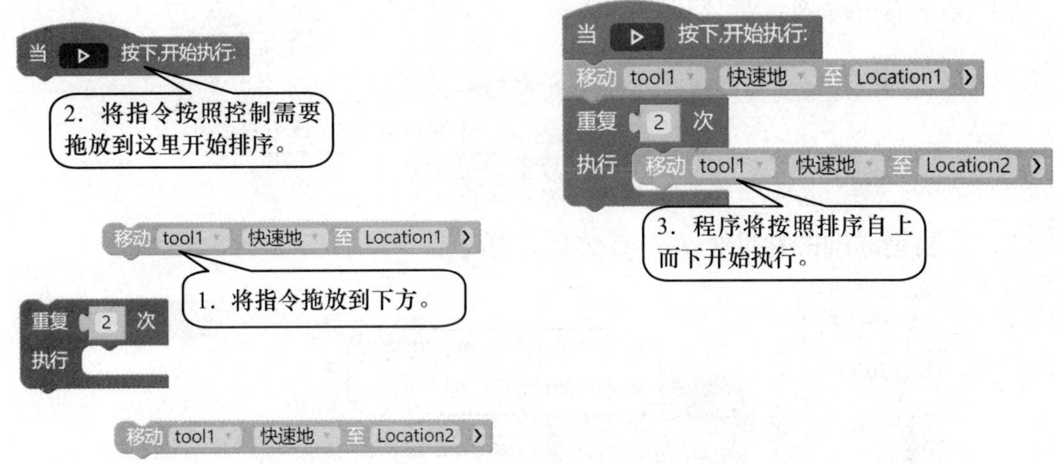

4）撤销与恢复的操作。在使用 Wizard 图形化编程的过程中，如果想撤销或恢复操作，可尝试以下的操作：

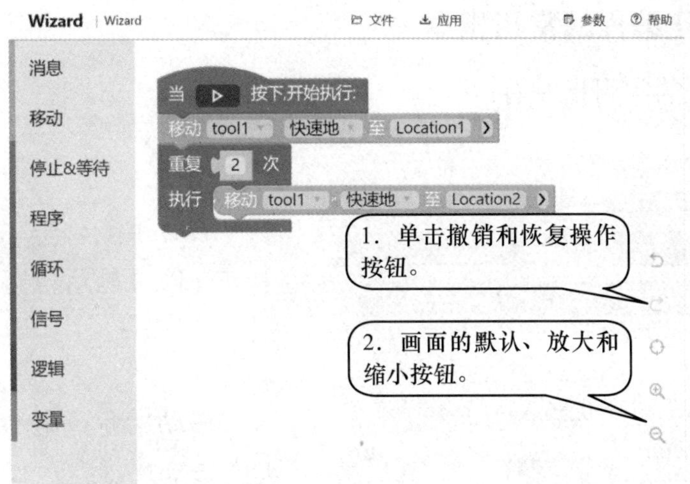

5）删除指令的操作。具体操作如下：

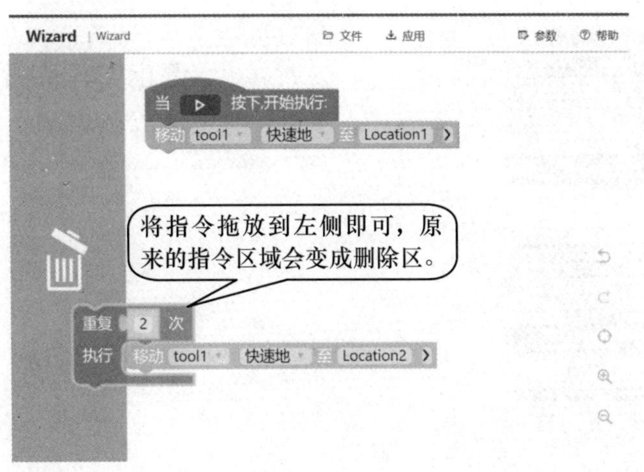

6）指令的可选项。具体操作如下：

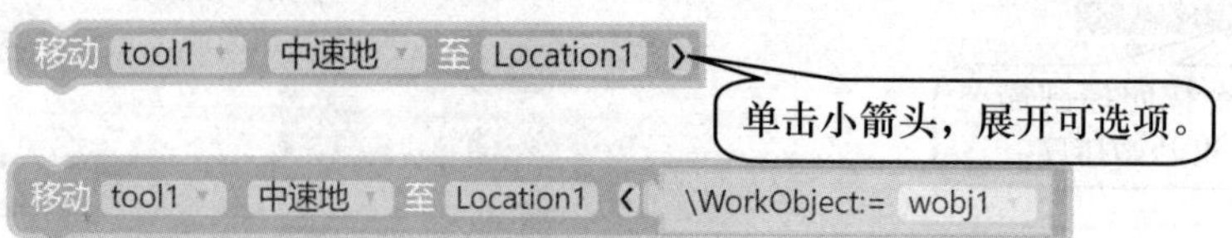

7）获取更详细的帮助信息。具体操作如下：

三、图形化编程的常用指令

图形化编程的常用指令有：

消息指令：用于与用户在运行中进行信息显示与交互。

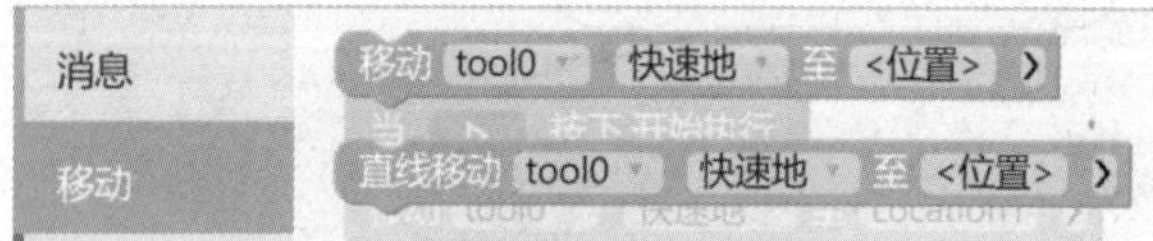

移动指令：用于控制工业机器人的运动。

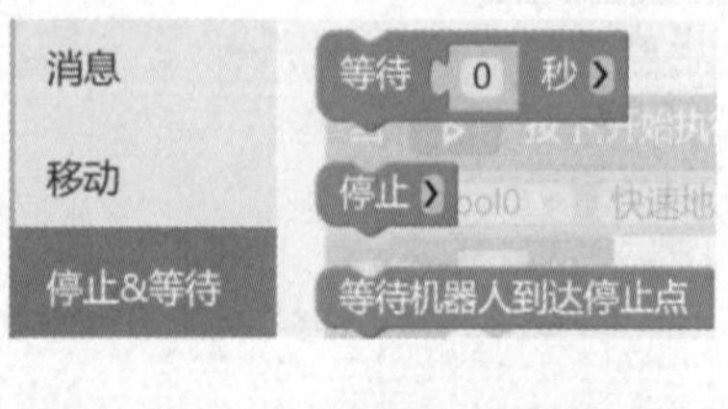

停止 & 等待指令：用于实现停止与等待的相关控制。

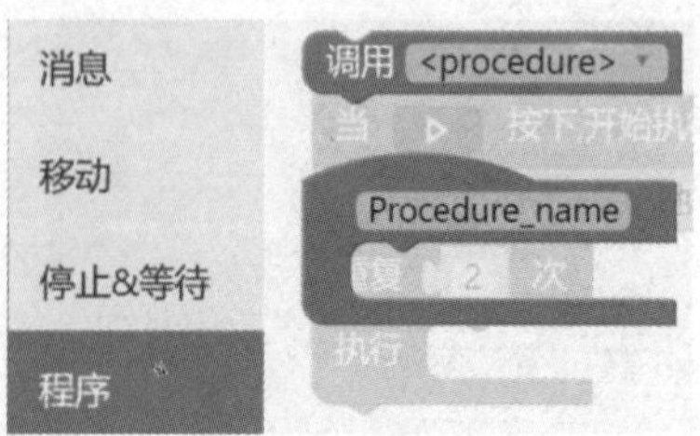

程序指令：用于程序调用。

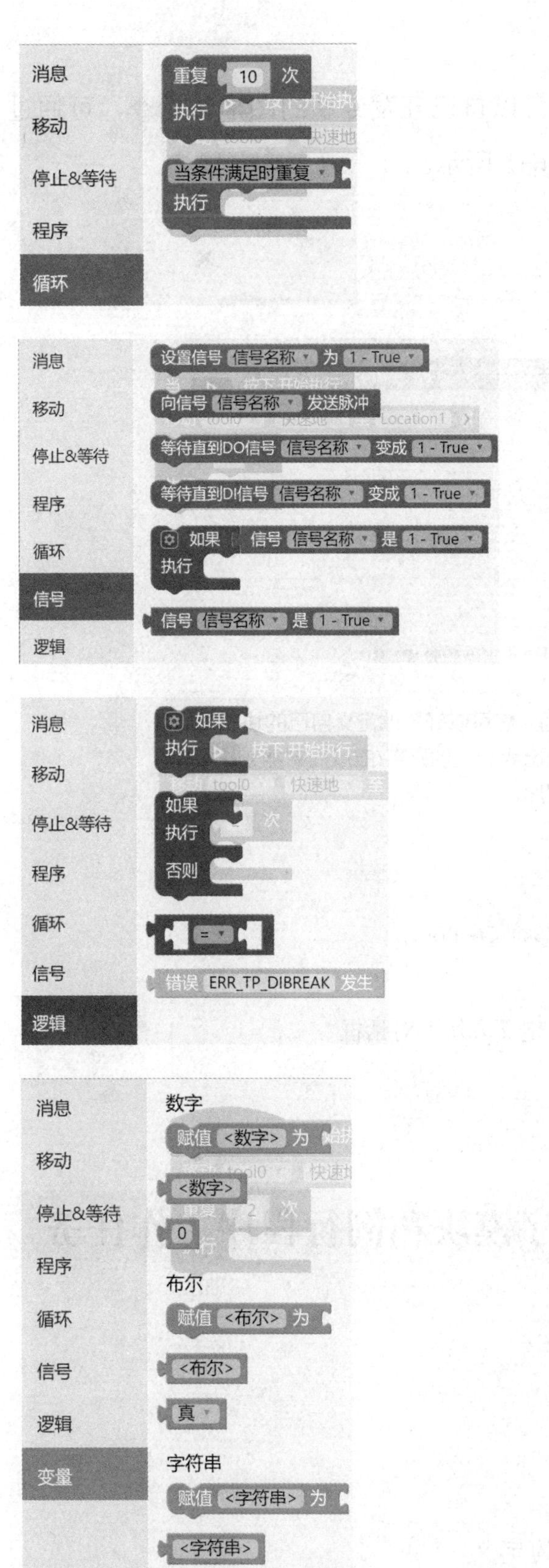

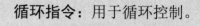

循环指令：用于循环控制。

信号指令：用于 I/O 信号的控制。

逻辑指令：用于程序的逻辑控制。

变量指令：用于程序数据数字、布尔和字符串控制。

如果觉得系统自带的指令不够用，可以自己开发专属的图形化指令，可通过“创建自定义方块”对话框实现，如图 6-2 所示。

创建自定义方块

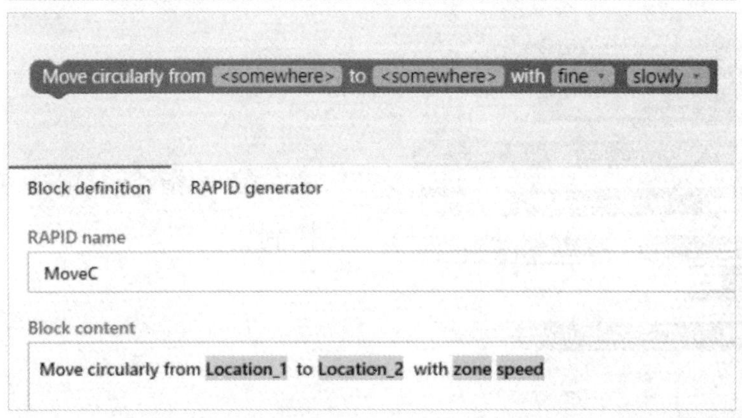

Skill Creator提供了一个开放的界面，您可以轻松地定义自己的块和相关参数。通过将类别（一组块）导出或导入到真实/虚拟控制器或从中导入，您可以在向导中展开应用程序。

如何获取?

请在ABB Developer Center里搜索'Skill Creator'。

图 6-2 “创建自定义方块”对话框

任务 6-2 什么是任务、程序模块和例行程序工作任务

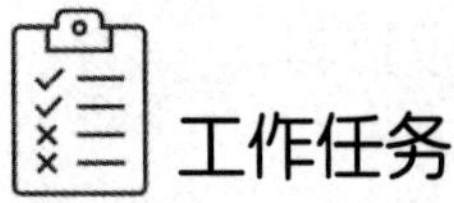

工作任务

☑ 理解 RAPID 的程序构成

☑ 理解任务、程序模块和例行程序的定义

RAPID 的程序构成如图 6-3 所示。

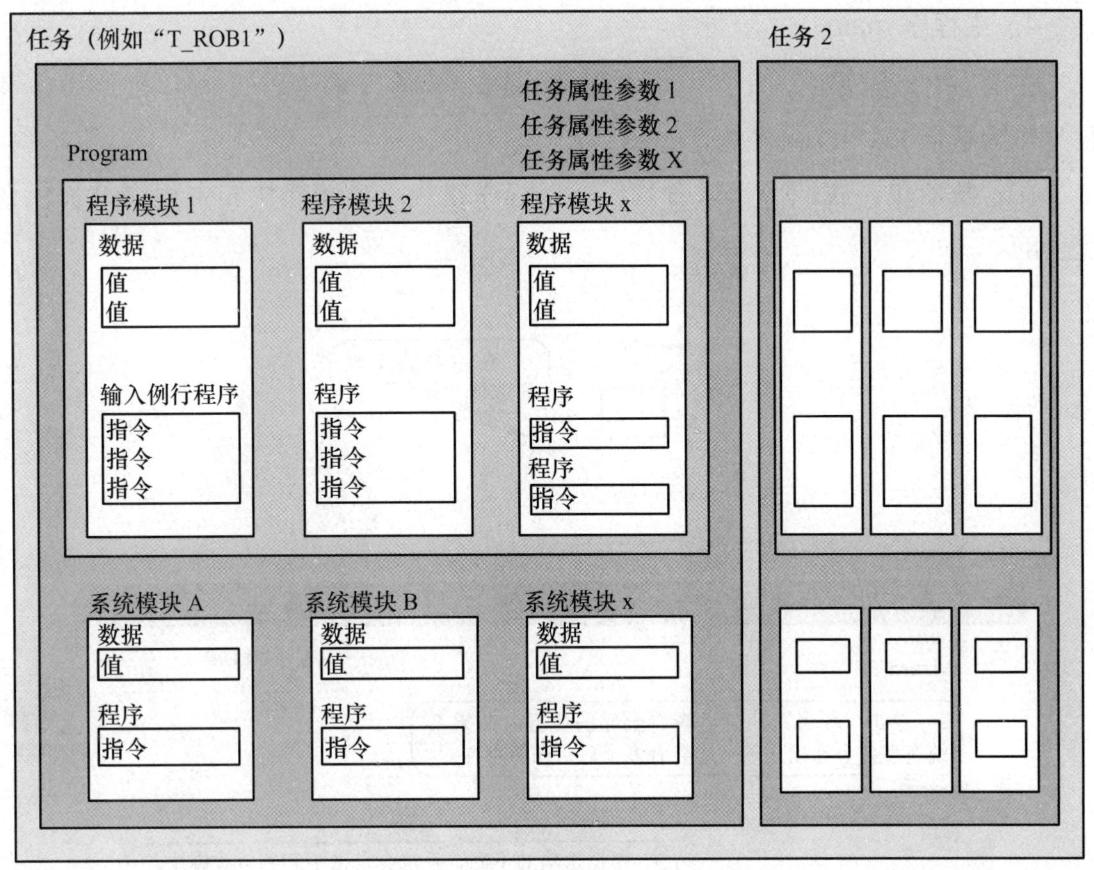

图 6-3　RAPID 的程序构成

1. 任务

通常每个任务最少包含了一个 RAPID 程序模块和系统模块，并实现一个具体的工业机器人应用功能。一般只通过新建程序模块来构建工业机器人的程序，而系统模块多用于系统方面的控制。

2. 程序模块

可以根据不同的用途创建多个程序模块，如专门用于主控制的程序模块，用于位置计算的程序模块，用于存放数据的程序模块，这样的目的在于方便归类管理不同用途的例行程序与数据。每一个程序模块包含程序数据、例行程序、中断程序和功能四种对象，但不一定在一个模块都有这四种对象的存在，程序模块之间的数据、例行程序、中断程序和功能是可以互相调用的。

3. 例行程序

例行程序是计算机语言中的子程序。在 ABB 工业机器人里，无返回值子程序叫作例行程序，这是RAPID程序中最普遍的形式，用于承载工业机器人逻辑与运动控制。

4. 主程序 main

在 RAPID 程序中，只有一个主程序 main，存在于任意一个程序模块中，并且是作为整个 RAPID 程序执行的起点。

在示教器里，我们一起来看看任务、程序模块、系统模块和主程序是长什么样子的。

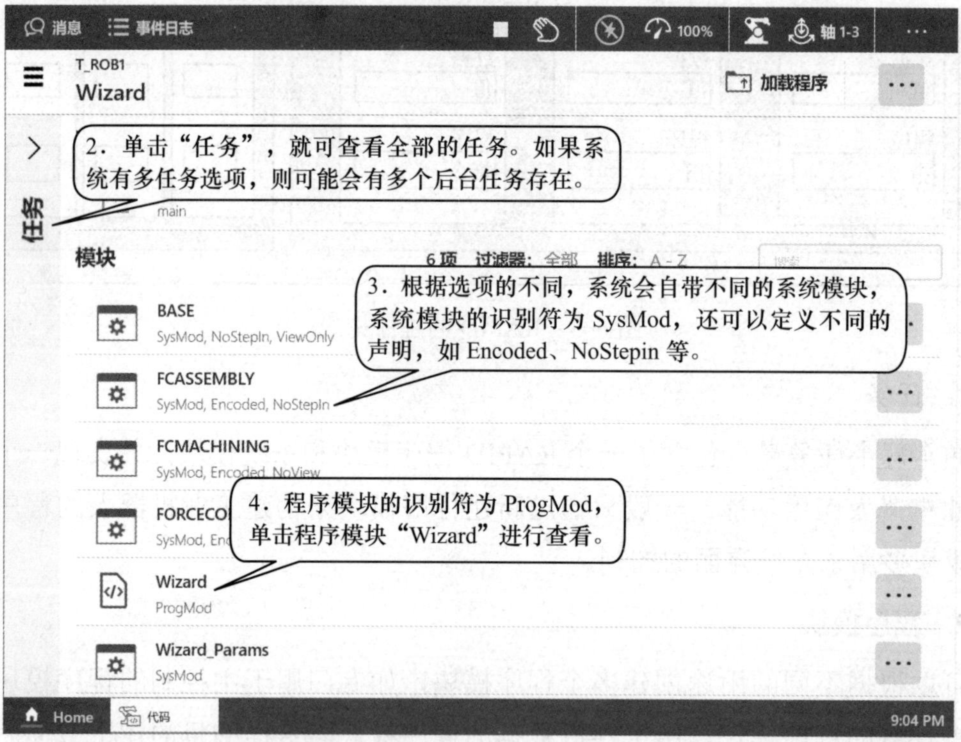

消息 事件日志 100% 轴 1-3

T_ROB1
Wizard
加载程序

任务
main

2．单击“任务”，就可查看全部的任务。如果系统有多任务选项，则可能会有多个后台任务存在。

模块 6 项 过滤器：全部 排序：A - Z

BASE
SysMod, NoStepIn, ViewOnly

FCASSEMBLY
SysMod, Encoded, NoStepIn

FCMACHINING
SysMod, Encoded, NoView

FORCECO
SysMod, Enc

Wizard
ProgMod

Wizard_Params
SysMod

3．根据选项的不同，系统会自带不同的系统模块，系统模块的识别符为 SysMod，还可以定义不同的声明，如 Encoded、NoStepin 等。

4．程序模块的识别符为 ProgMod，单击程序模块“Wizard”进行查看。

Home 代码 9:04 PM

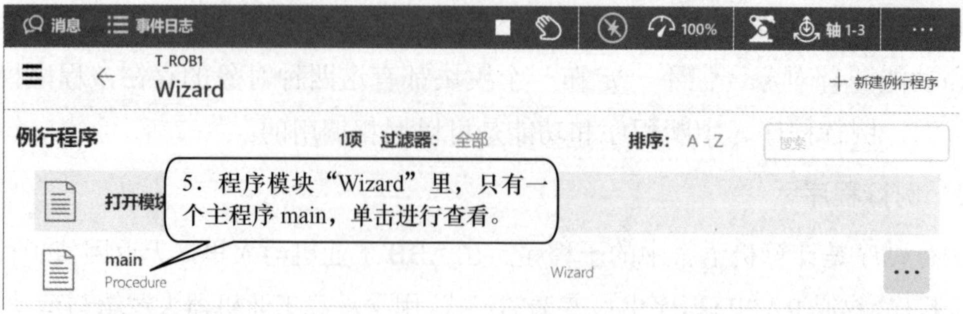

消息 事件日志 100% 轴 1-3

T_ROB1
Wizard
新建例行程序

例行程序 1项 过滤器：全部 排序：A - Z

打开模块

main
Procedure Wizard

5．程序模块“Wizard”里，只有一个主程序 main，单击进行查看。

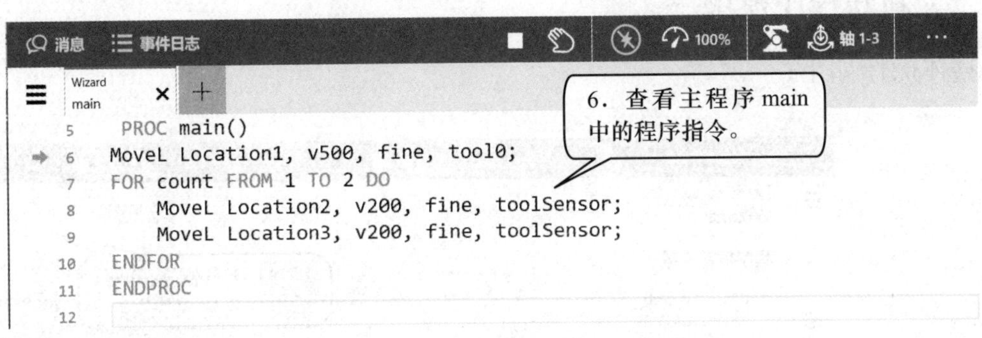

任务 6–3　常用的 RAPID 程序指令

工作任务

☑ 学会创建程序模块 Module1、例行程序 Routine1

☑ 学会创建赋值指令 :=

☑ 学会创建线性运动指令 MoveL

☑ 学会创建关节运动指令 MoveJ

☑ 学会创建圆弧运动指令 MoveC

☑ 学会创建绝对位置运动指令 MoveAbsJ

☑ 学会创建 I/O 控制指令

☑ 学会创建逻辑控制指令

☑ 学会创建等待指令

☑ 学会创建其他常用指令

ABB 工业机器人的 RAPID 编程提供了丰富的指令来完成各种简单与复杂的应用。下面就从最常用的指令开始学习 RAPID 编程，领略 RAPID 丰富的指令集为我们提供的编程便利性。

下面先来看看在示教器进行指令编辑的基本操作。

一、新建程序模块

具体操作如下：

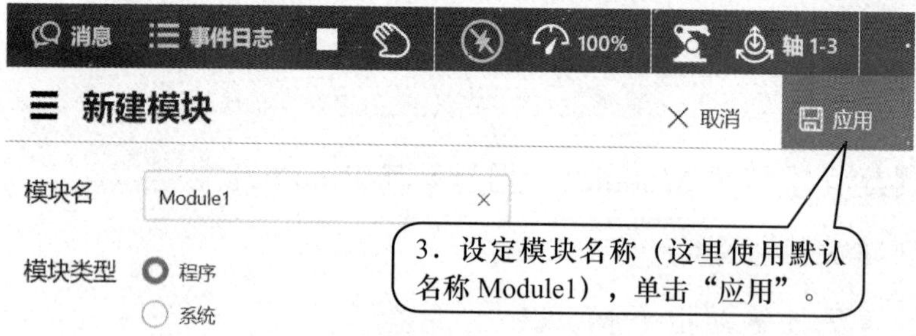

二、新建例行程序

具体操作如下：

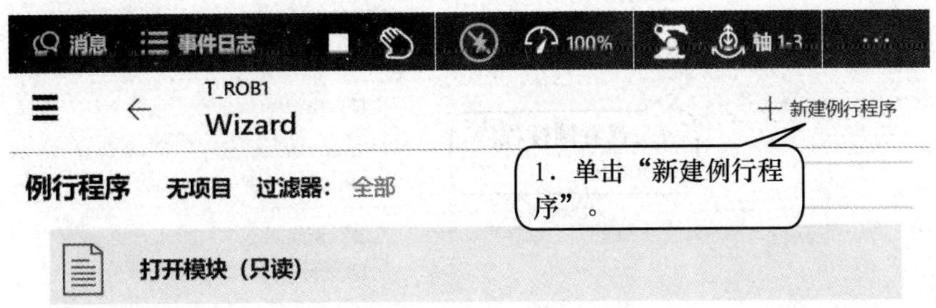

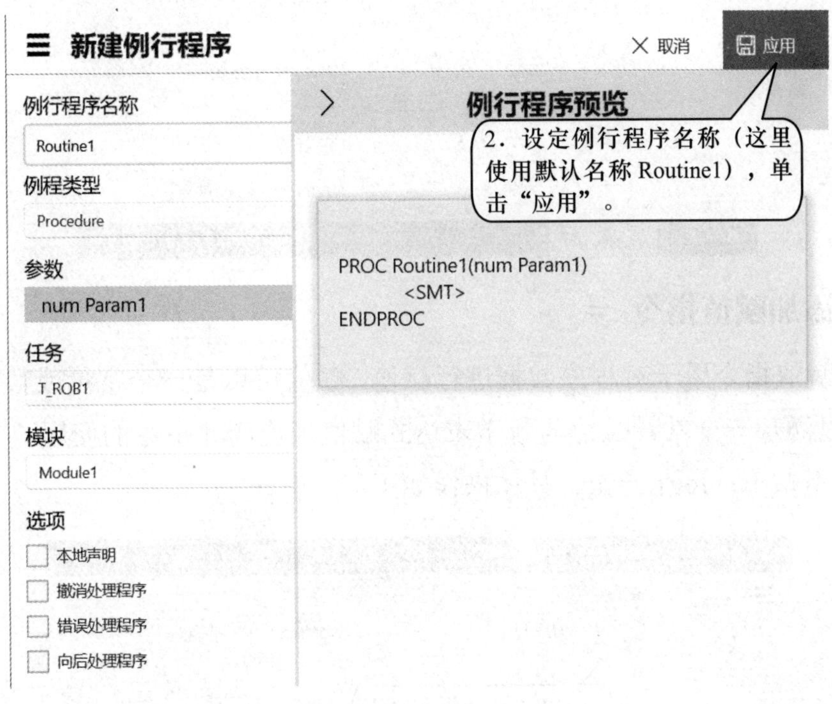

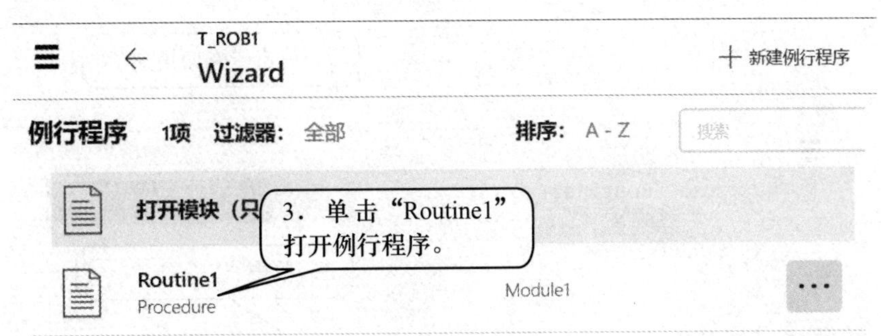

三、添加赋值指令 :=

“:=”赋值指令用于对程序数据进行赋值，赋值可以是一个常量或数学表达式。下面以添加一个常量赋值与数学表达式赋值来说明此指令的使用。

1）常量赋值：reg1 := 5;。具体操作如下：

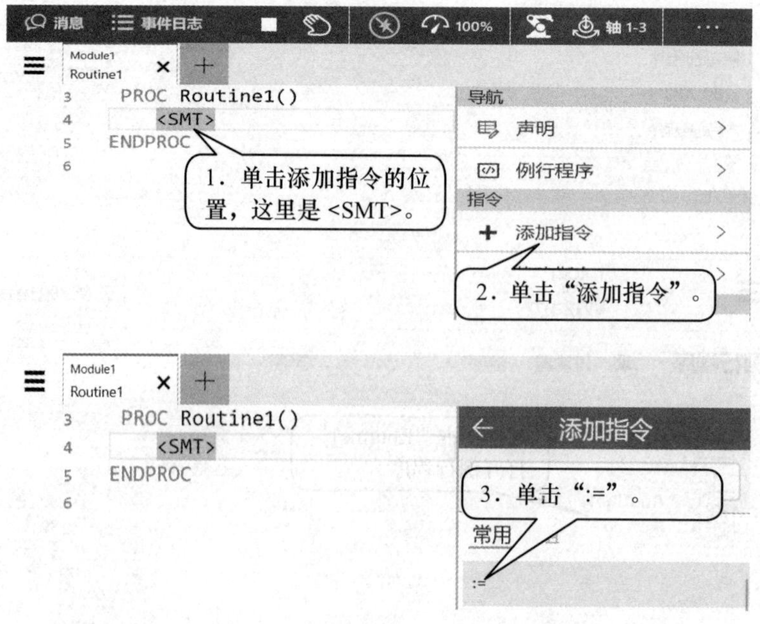

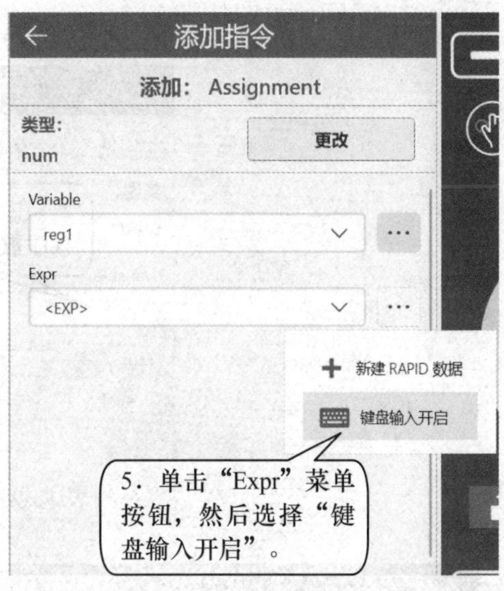

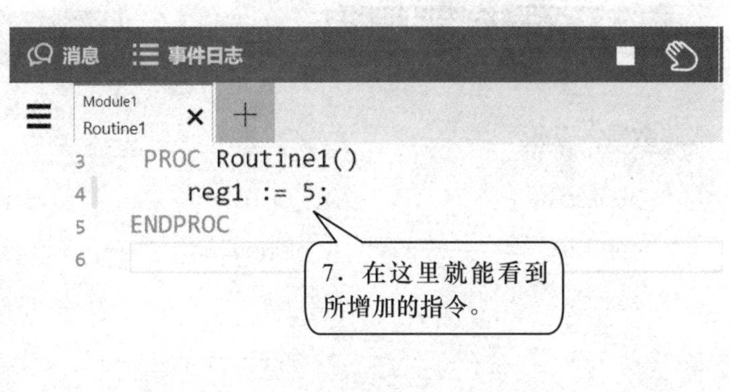

2）数学表达式赋值：reg2 := reg1+4;。添加带数学表达式的赋值指令的操作如下：

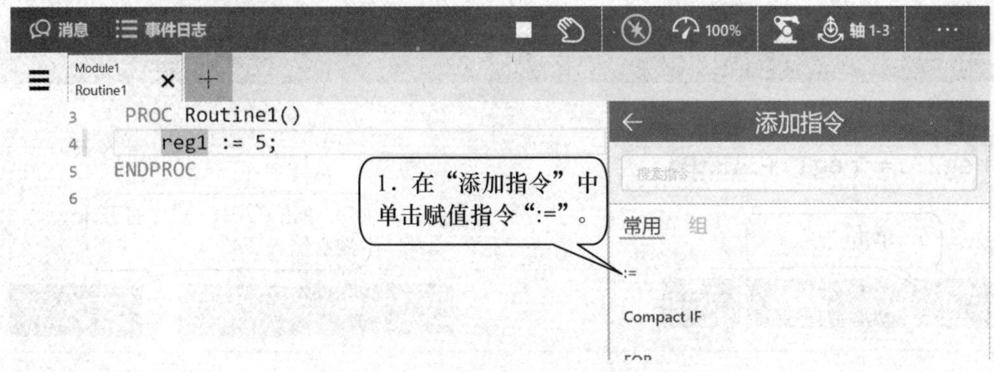

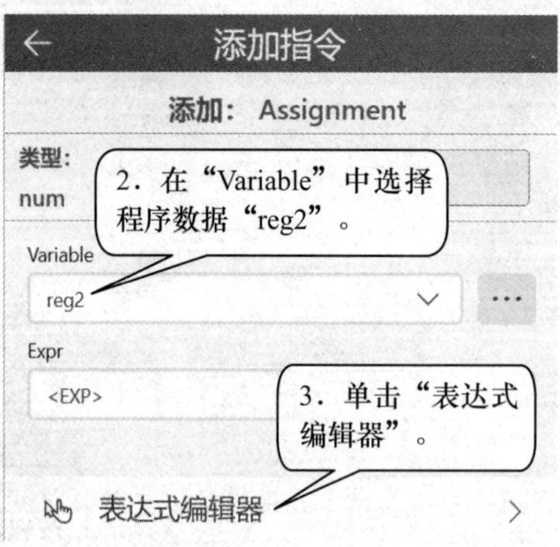
添加指令
添加： Assignment
类型:
num
2. 在“Variable”中选择程序数据“reg2”。
Variable
reg2
Expr
<EXP>
3. 单击“表达式编辑器”。
表达式编辑器

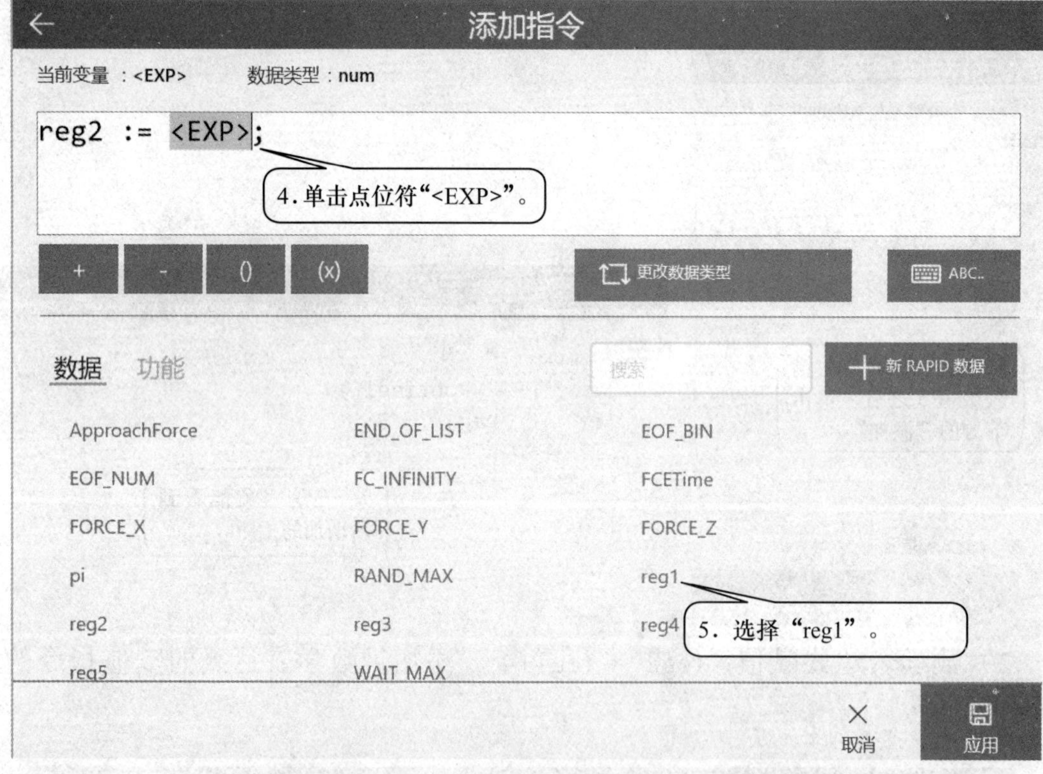
添加指令
当前变量 : <EXP>
数据类型 : num
reg2 := <EXP>;
4.单击点位符“<EXP>”。
+
-
()
(x)
更改数据类型
ABC..
数据
功能
搜索
新 RAPID 数据
ApproachForce
END_OF_LIST
EOF_BIN
EOF_NUM
FC_INFINITY
FCETime
FORCE_X
FORCE_Y
FORCE_Z
pi
RAND_MAX
reg1
reg2
reg3
reg4
5. 选择“reg1”。
reg5
WAIT_MAX
取消
应用

添加指令
当前变量 : <EXP>
数据类型 : num
reg2 := reg1 + <EXP>;
6. 单击“+”。
7. 单击“ABC…”，打开键盘输入“4”。
+
-
()
(x)
更改数据类型
ABC..

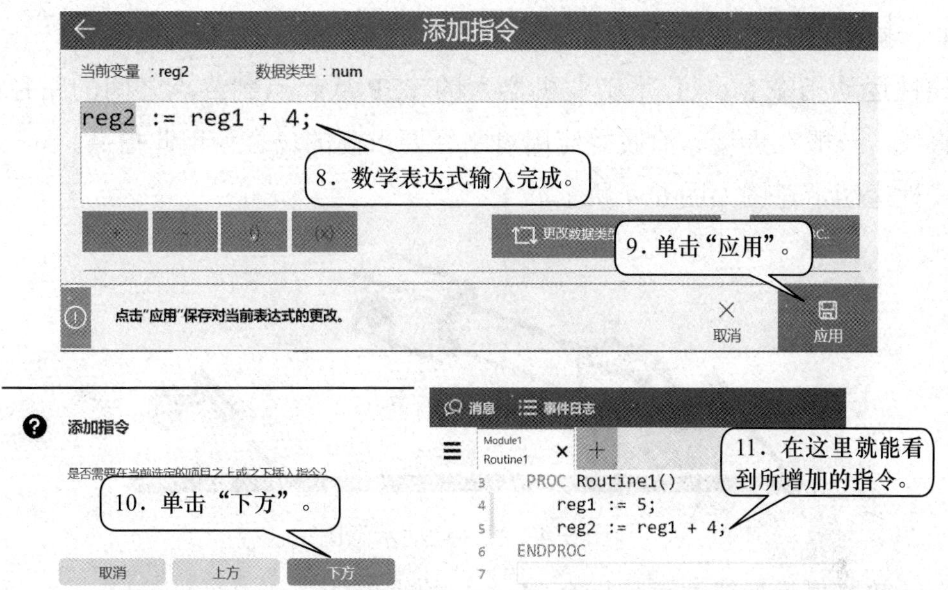

四、运动指令

工业机器人在空间中进行运动主要是关节运动（MoveJ）、线性运动（MoveL）、圆弧运动（MoveC）和绝对位置运动（MoveAbsj）四种方式。

小技巧

在添加或修改工业机器人的运动指令之前一定要确认所使用的工具坐标与工件坐标。

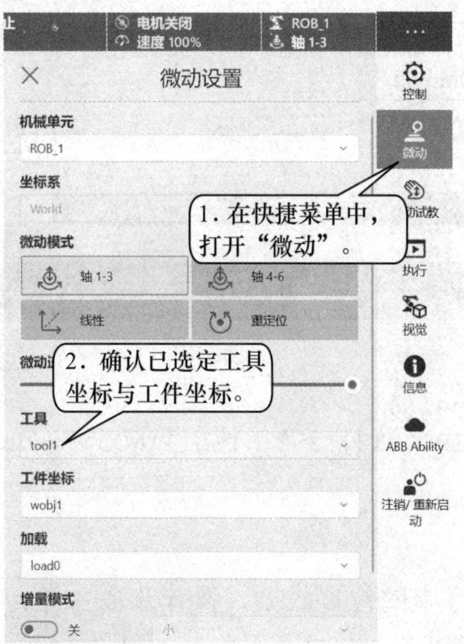

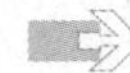

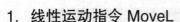

1. 线性运动指令 MoveL

线性运动指令 MoveL 是工业机器人的 TCP 从起点到终点之间的路径始终保持为直线，一般在焊接、涂胶等应用对路径要求高的场合使用此指令。

线性运动示意图如图 6-4 所示。

线性运动路径

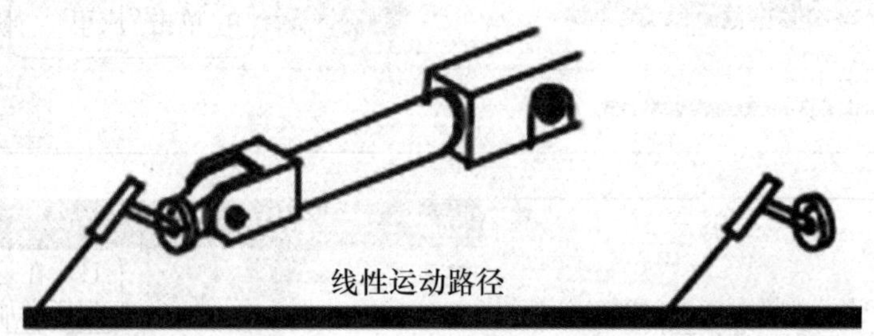

图 6-4　线性运动示意图

在示教器里添加线性运动指令 MoveL 的操作如下：

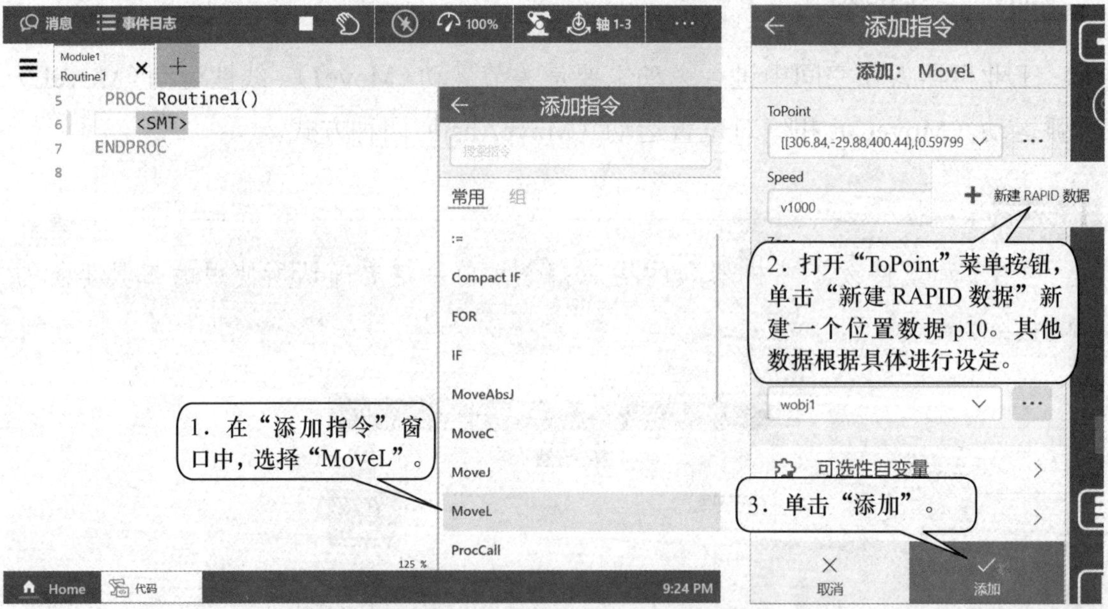

消息
事件日志
100%
轴 1-3
Module1
Routine1
PROC Routine1()
<SMT>
ENDPROC
添加指令
常用
组
:=
Compact IF
FOR
IF
MoveAbsJ
MoveC
MoveJ
MoveL
ProcCall
Home
代码
9:24 PM
添加：MoveL
ToPoint
[[306.84,-29.88,400.44],[0.59799
Speed
v1000
新建 RAPID 数据
wobj1
可选性自变量
取消
添加
1. 在“添加指令”窗口中，选择“MoveL”。
2. 打开“ToPoint”菜单按钮，单击“新建 RAPID 数据”新建一个位置数据 p10。其他数据根据具体进行设定。
3. 单击“添加”。

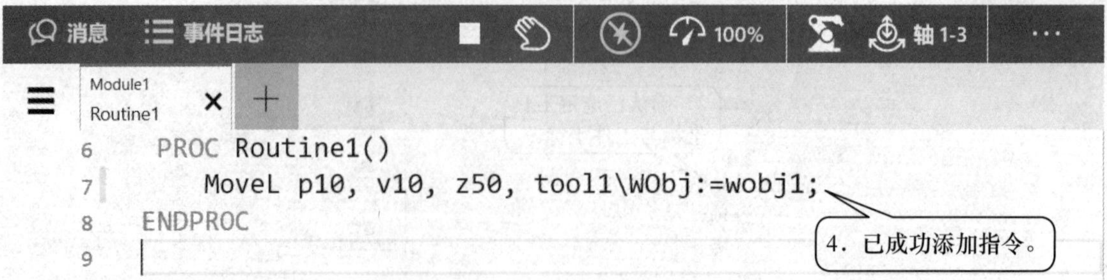

消息
事件日志
100%
轴 1-3
Module1
Routine1
PROC Routine1()
MoveL p10, v10, z50, tool1\WObj:=wobj1;
ENDPROC
4. 已成功添加指令。

如果要修改移动指令中的位置数据，操作步骤如下：

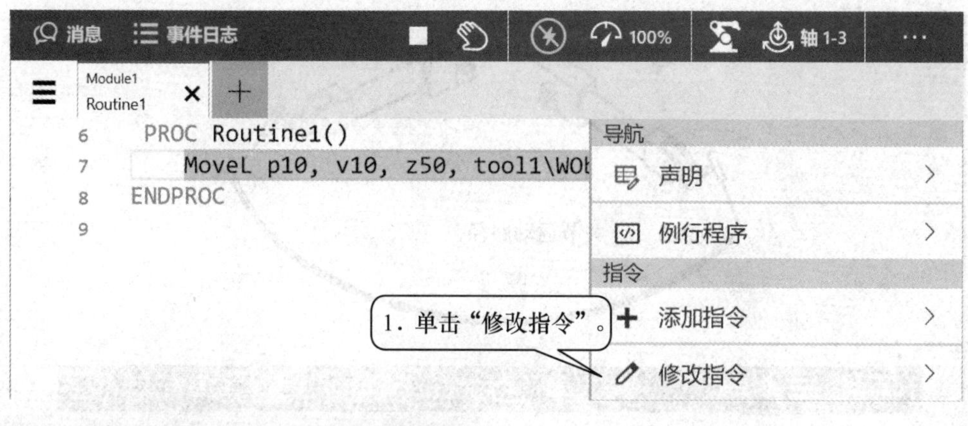

线性运动指令 MoveL 所带的程序数据含义见表 6-1。

表 6-1　线性运动指令 MoveL 所带的程序数据含义

参　数	含　义
p10	1）目标点位置数据 2）定义当前工业机器人 TCP 在工件坐标系中的位置，通过单击“修改位置”进行修改
v10	1）运动速度数据，10mm/s 2）定义速度（mm/s）
z50	1）转角区域数据 2）定义转弯区的大小，单位 mm
tool1	1）工具数据 2）定义当前指令使用的工具坐标
wobj1	1）工件坐标数据 2）定义当前指令使用的工件坐标

2. 关节运动指令 MoveJ

关节运动指令 MoveJ 是在对路径精度要求不高的情况下，工业机器人的工具中心点 TCP 从一个位置移动到另一个位置，两个位置之间的路径不一定是直线。如图 6-5 所示。

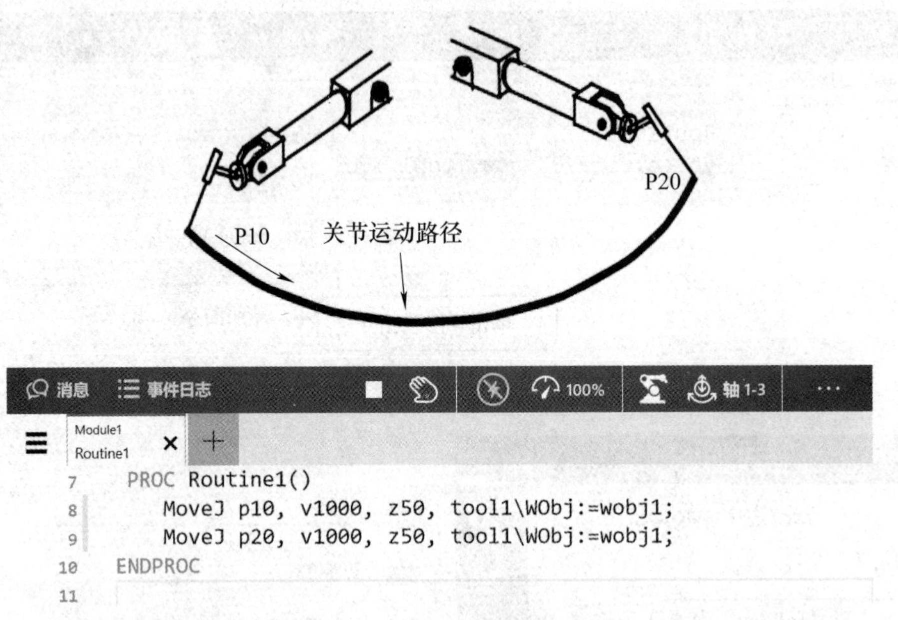

图 6-5　关节运动指令 MoveJ

关节运动指令适合工业机器人大范围运动时使用，不容易在运动过程中出现关节轴进入机械死点的问题。

3. MoveL 和 MoveJ 指令的实际应用详解

MoveL 和 MoveJ 指令的实际应用详解如图 6-6 所示。

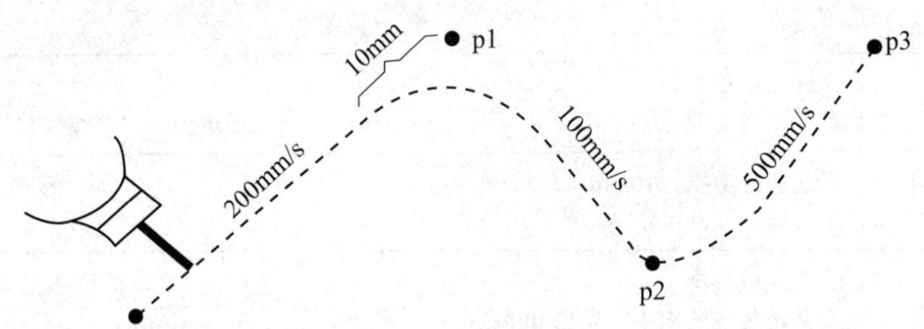

图 6-6　MoveL 和 MoveJ 指令的实际应用详解

指令：MoveL p1, v200, z10, tool1\Wobj:=wobj1;

工业机器人的 TCP 从当前位置向 p1 点以线性运动方式前进，速度是 200mm/s，转弯区数据是 10mm，距离 p1 点还有 10mm 时开始转弯，使用的工具数据是 tool1，工件坐标数据是 wobj1。

指令：MoveL p2, v100, fine, tool1\Wobj:=wobj1;

工业机器人的 TCP 从 p1 向 p2 点以线性运动方式前进，速度是 100mm/s，转弯区数据是 fine，工业机器人在 p2 点稍作停顿，使用的工具数据是 tool1，工件坐标数据是 wobj1。

指令：MoveJ p3, v500, fine, tool1\Wobj:=wobj1;

工业机器人的 TCP 从 p2 向 p3 点以关节运动方式前进，速度是 100mm/s，转弯区数据是 fine，工业机器人在 p3 点停止，使用的工具数据是 tool1，工件坐标数据是 wobj1。

小技巧

1) **关于速度**：速度一般最高只有 5000mm/s，在手动限速状态下，所有的运动速度被限速在 250mm/s。

2) **关于转弯区**：fine 指工业机器人 TCP 达到目标点，在目标点速度降为 0。工业机器人动作有所停顿然后再向下一目标点运动，如果是一段路径的最后一个点一定要为 fine。转弯区数值越大，工业机器人的动作路径越圆滑与流畅。

4. 圆弧运动指令 MoveC

圆弧运动指令 MoveC 是在工业机器人可到达的空间范围内定义三个位置点，第一个点是圆弧的起点，第二个点用于圆弧的曲率，第三个点是圆弧的终点，如图 6-7 所示。

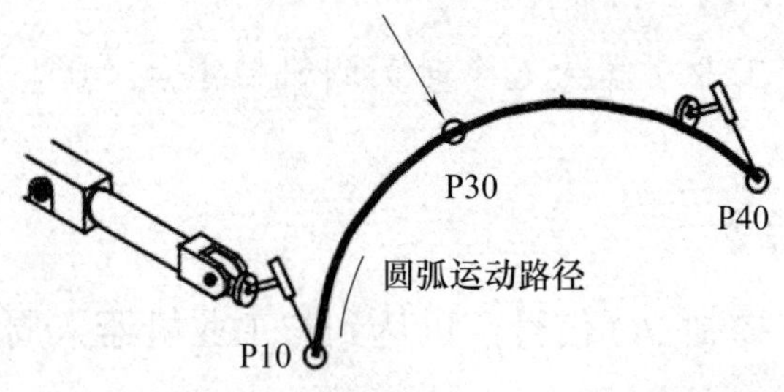

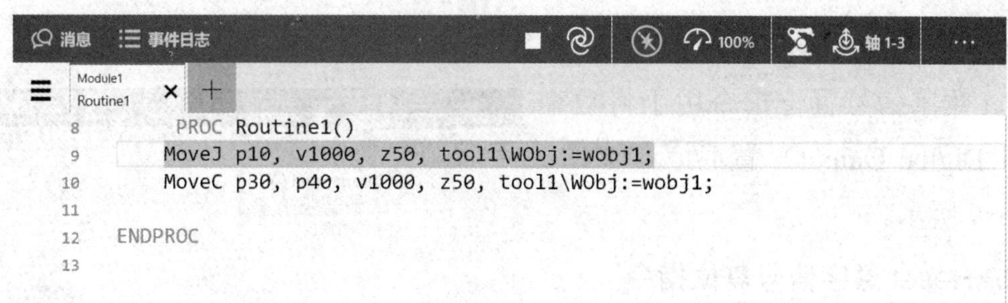

图 6-7　圆弧运动指令 MoveC

圆弧运动指令 MoveC 所带的位置数据含义见表 6-2。

表 6-2　圆弧运动指令 MoveC 所带的位置数据含义

参　数	含　义
p10	圆弧的第一个点
p30	圆弧的第二个点
P40	圆弧的第三个点
tool1	工具坐标数据
wobj1	工件坐标数据，定义当前指令使用的工件坐标

5. 绝对位置运动指令 MoveAbsJ

绝对位置运动指令 MoveAbsJ 是工业机器人的运动使用 6 个轴和外轴的角度值来定义目标位置数据，如图 6-8 所示。

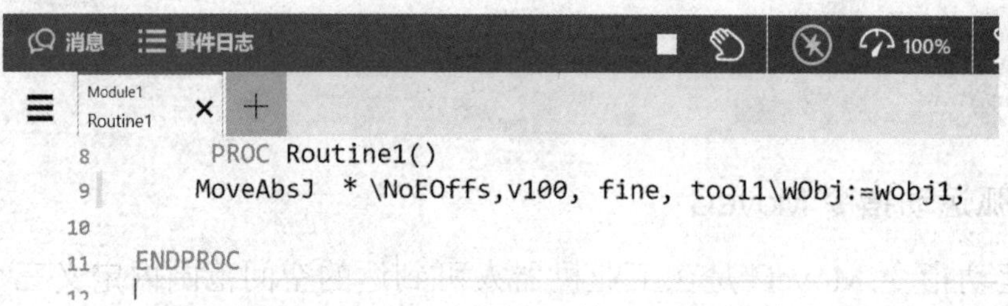

图 6-8　绝对位置运动指令 MoveAbsJ

小技巧

MoveAbsJ 常用于工业机器人 6 个轴回到机械零点（0°）的位置。

五、I/O 控制指令

I/O 控制指令用于控制 I/O 信号，以达到与工业机器人周边设备进行通信的目的。下面介绍基本的 I/O 控制指令：

1. Set 数字信号置位指令

Set 数字信号置位指令用于将数字输出（Digital Output）置位为“1”，如图 6-9 所示。

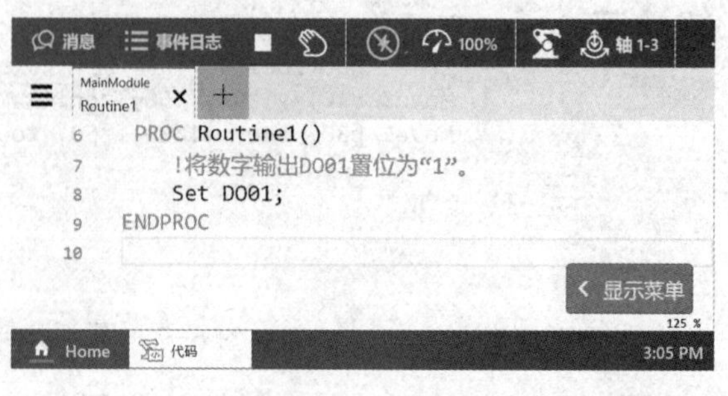

图 6-9　Set 数字信号置位指令

2. Reset 数字信号复位指令

Reset 数字信号复位指令用于将数字输出（Digital Output）置位为“0”，

如图 6-10 所示。

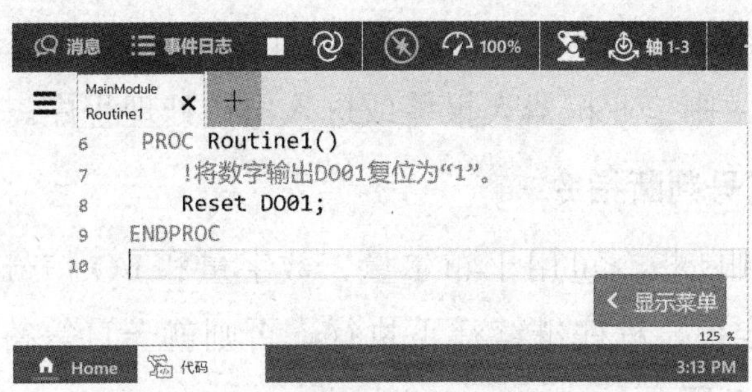

图 6-10　Reset 数字信号复位指令

如果在 Set、Reset 指令前有运动指令 MoveJ、MoveL、MoveC、MoveAbsj 的转变区数据，必须使用 fine 才可以准确到达目标点后输出 I/O 信号状态的变化。

3. WaitDI 数字输入信号判断指令

WaitDI 数字输入信号判断指令用于判断数字输入信号的值是否与目标的一致，如图 6-11 所示。

程序执行此指令时，等待 DI01 的值为 1。为 1 的话，则程序继续往下执行 MoveJ 指令，如果到达最大等待时间 300s（此时间可根据实际进行设定）后，DI01 的值还不为 1，则工业机器人报警或进入出错处理程序。

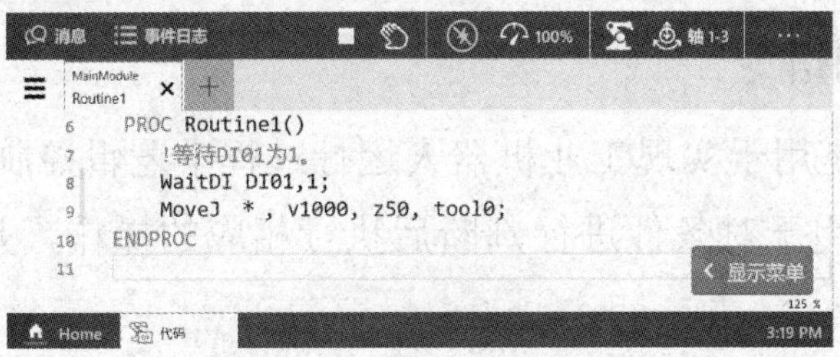

图 6-11　WaitDI 数字输入信号判断指令

4. WaitDO 数字输出信号判断指令

WaitDO 数字输出信号判断指令用于判断数字输出信号的值是否与目标的一致，如图 6-12 所示。

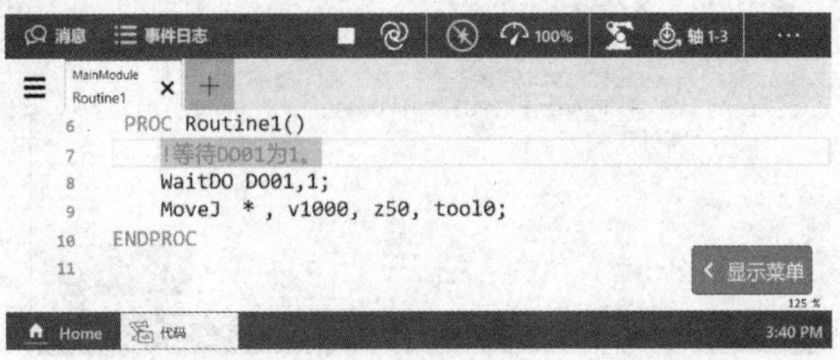

图 6-12　WaitDO 数字输出信号判断指令

程序执行此指令时，等待 DO01 的值为 1。为 1 的话，则程序继续往下执行 MoveJ 指令，如果到达最大等待时间 300s（此时间可根据实际进行设定）后，DO01 的值还不为 1，则工业机器人报警或进入出错处理程序。

5. WaitUntil 信号判断指令

WaitUntil 信号判断指令可用于布尔量、数字量和 I/O 信号值的判断，如果条件到达指令中的设定值，程序继续往下执行，否则就一直等待，除非设定了最大等待时间，如图 6-13 所示。

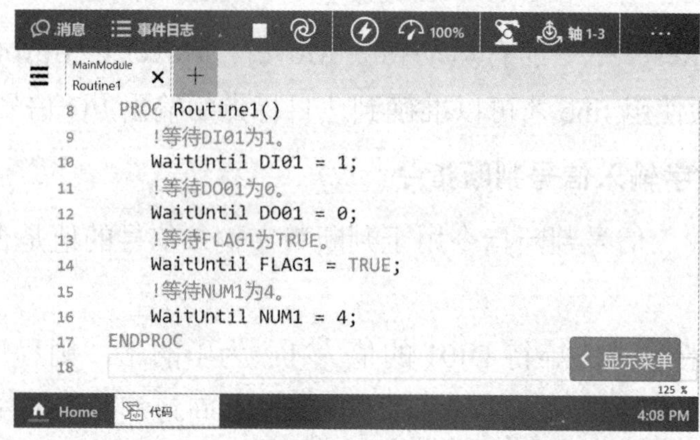

图 6-13　WaitUntil 信号判断指令

六、逻辑控制指令

逻辑控制指令是用于实现工业机器人运行过程中逻辑控制与判断的功能。条件逻辑判断指令是用于对条件进行判断后执行相应的操作，是 RAPID 中重要的组成。

1. Compact IF 紧凑型条件判断指令

Compact IF 紧凑型条件判断指令用于当一个条件满足了以后，就执行一句指令，如图 6-14 所示。

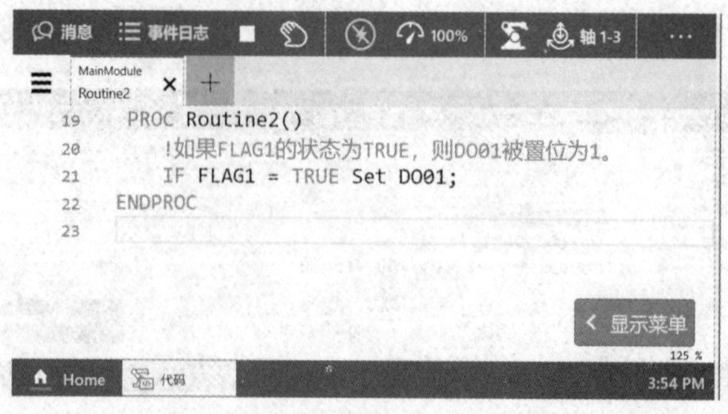

图 6-14　Compact IF 紧凑型条件判断指令

2. IF 条件判断指令

IF 条件判断指令是根据不同的条件去执行不同的指令。条件判定的条件数量可以根据实际情况进行增加与减少。如图 6-15 所示。

3. FOR 重复执行判断指令

FOR 重复执行判断指令用于一个或多个指令需要重复执行数次的情况，如图 6-16 所示。

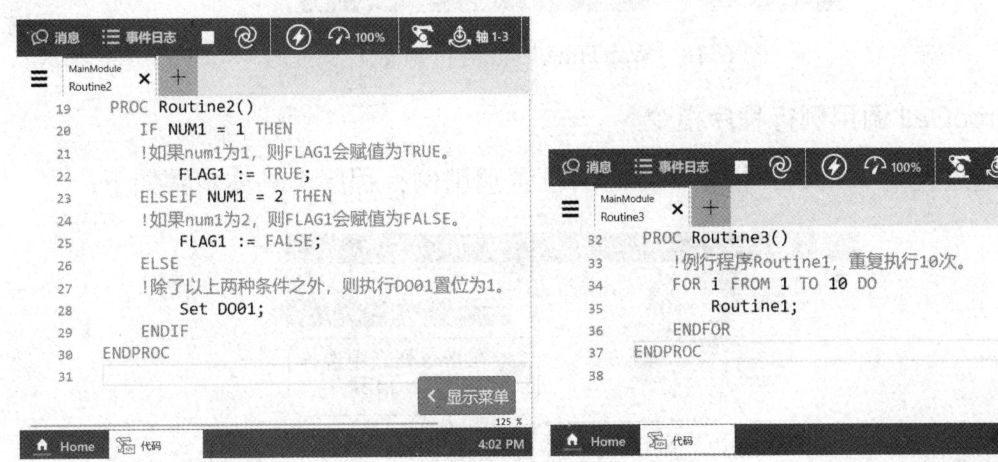

图 6-15　IF 条件判断指令　　　　图 6-16　FOR 重复执行判断指令

4. WHILE 条件判断指令

WHILE 条件判断指令用于在给定的条件满足的情况下，一直重复执行对应的指令，如图 6-17 所示。

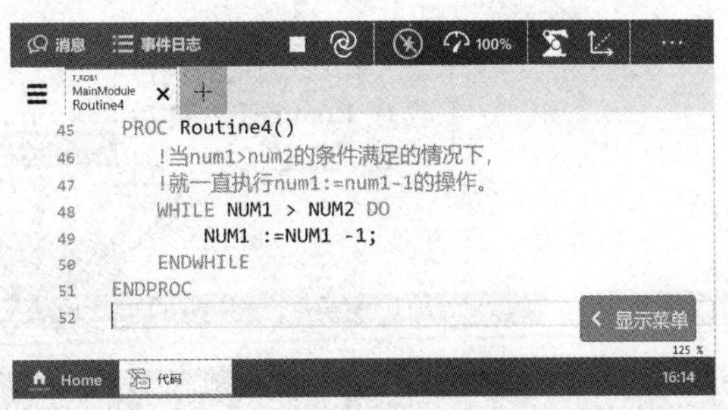

图 6-17　WHILE 条件判断指令

七、程序指令

程序指令主要用于程序本身的控制。

1. WaitTime 时间等待指令

WaitTime 时间等待指令用于程序在等待一个指定的时间以后，再继续向下执行，如图 6-18 所示。

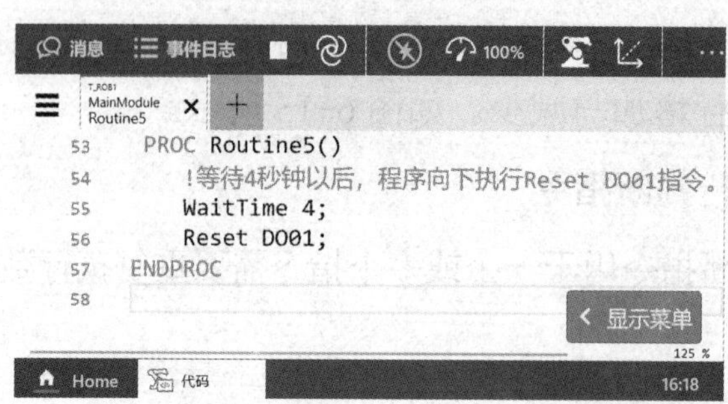

图 6-18　WaitTime 时间等待指令

2. ProcCall 调用例行程序指令

可以通过使用 ProcCall 指令在指定的位置调用例行程序。具体步骤如下：

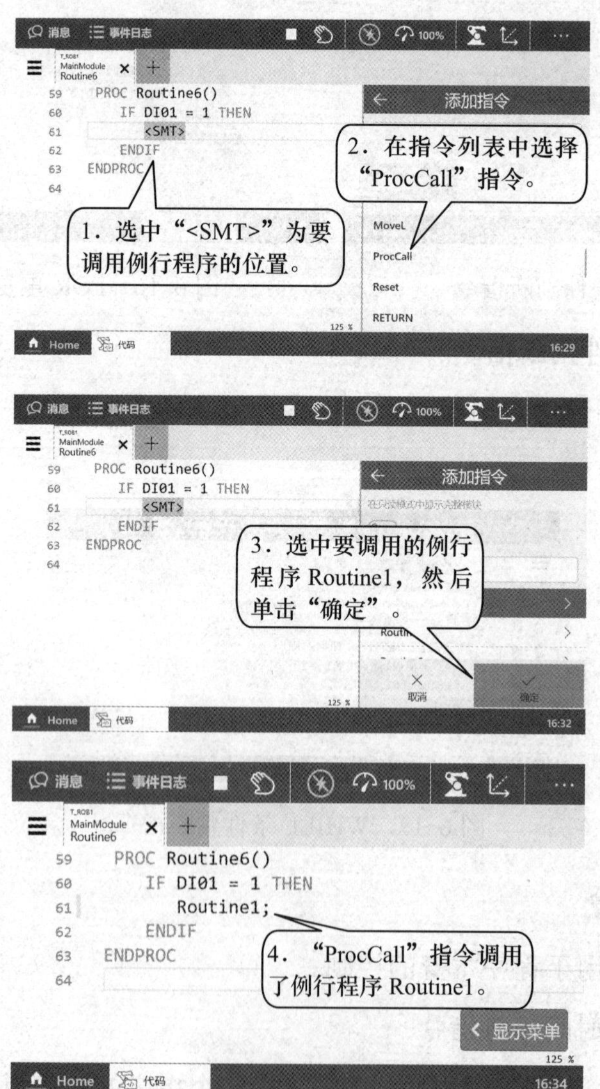

3. Return 返回例行程序指令

当 Return 返回例行程序指令，被执行时，则马上结束本例行程序的执行，返回程序指针到调用此例行程序的位置。

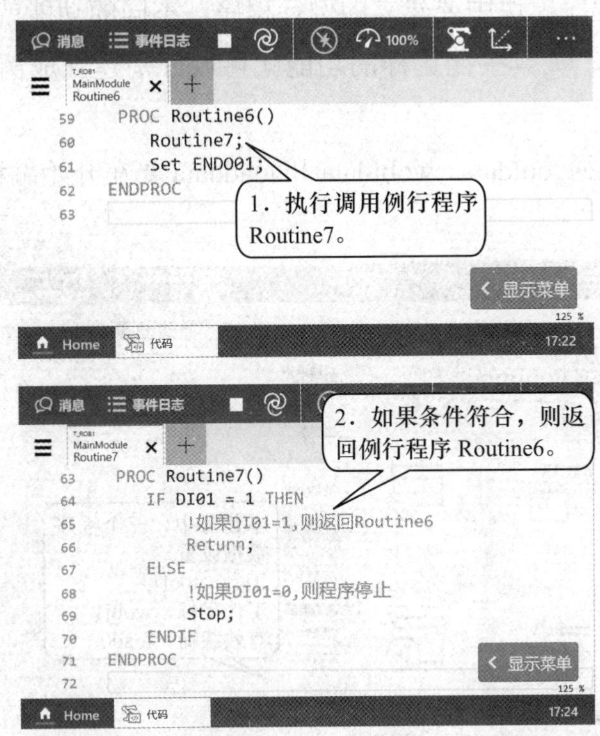

当 DI01=1 时，执行 RETURN 指令，程序指针返回到调用 Routine7 的位置并继续向下执行 Set ENDO01 这个指令。

任务 6-4 建立一个可以运行的基本 RAPID 程序

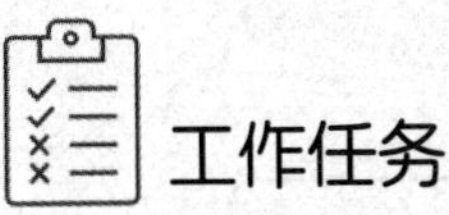

工作任务

☑ 建立一个基本的 RAPID 程序的架构

☑ 创建各个功能例行程序

☑ 示教等待点与轨迹目标点

☑ 构建程序控制逻辑

在之前的任务中，已了解 RAPID 程序编程的相关操作及基本的指令。现在就通过本任务来体验一下 ABB 工业机器人便捷的程序编辑。

编制一个程序的基本流程如下：

1）确定需要多少个程序模块。多少个程序模块是由应用的复杂性所决定的，比如可以将位置计算、程序数据、逻辑控制等分配到不同的程序模块，以方便管理。

2）确定各个程序模块中要建立的例行程序，不同的功能就放到不同的程序模块中，如夹具打开、夹具关闭这样的功能就可以分别建立成例行程序，以方便调用与管理。

3）三个程序数据 tooldata、wobjdata 和 loaddata 要在开始编程之前就设置就绪，如图 6-19 所示。

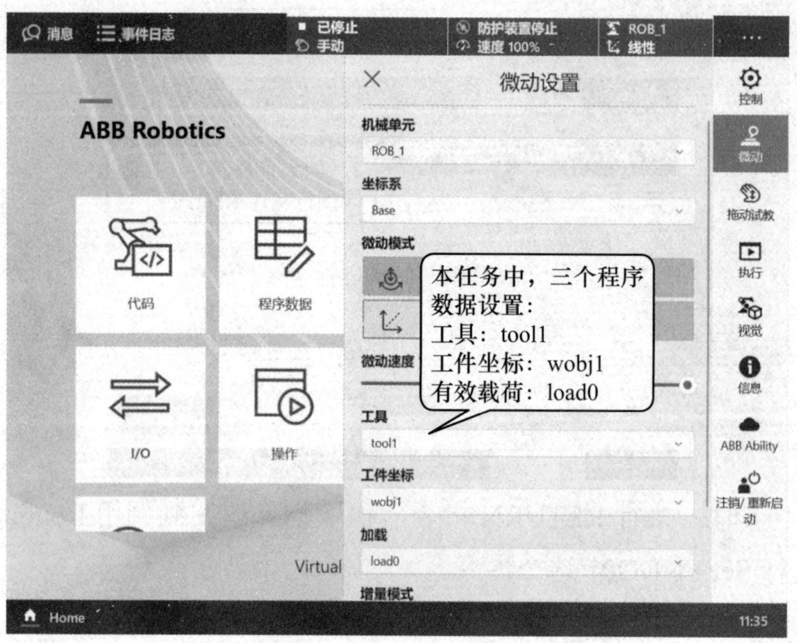

图 6-19　程序数据设置

具体操作如下：

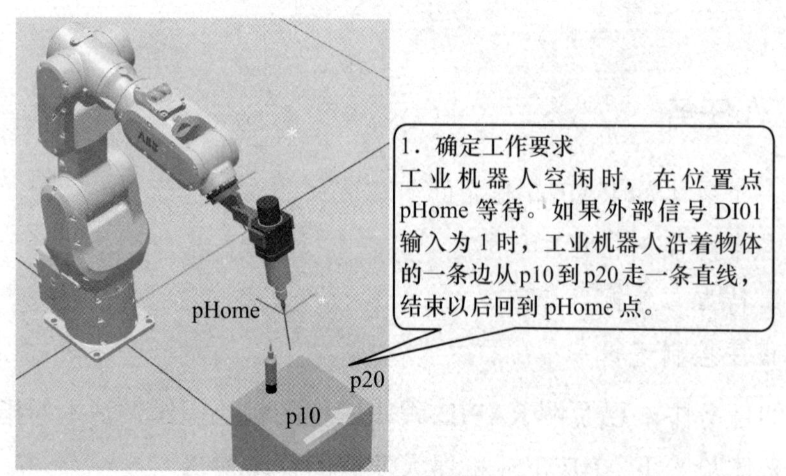

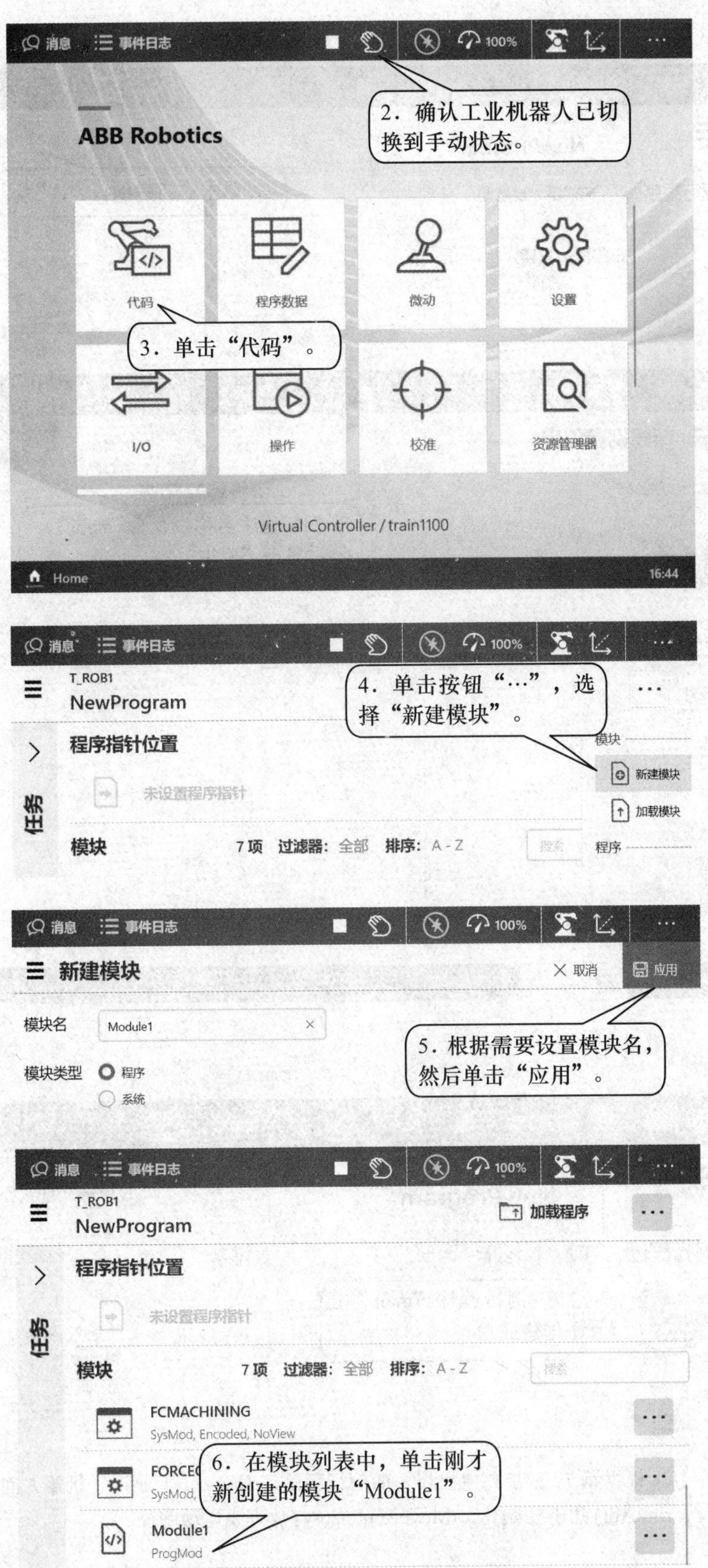
消息
事件日志
100%
2．确认工业机器人已切换到手动状态。
ABB Robotics
代码
程序数据
微动
设置
3．单击“代码”。
I/O
操作
校准
资源管理器
Virtual Controller / train1100
Home
16:44
T_ROB1
NewProgram
4．单击按钮“…”，选择“新建模块”。
程序指针位置
未设置程序指针
模块
新建模块
加载模块
程序
任务
7 项　过滤器：全部　排序：A - Z
新建模块
取消
应用
模块名
Module1
模块类型
程序
系统
5．根据需要设置模块名，然后单击“应用”。
加载程序
FCMACHINING
SysMod, Encoded, NoView
6．在模块列表中，单击刚才新创建的模块“Module1”。
Module1
ProgMod

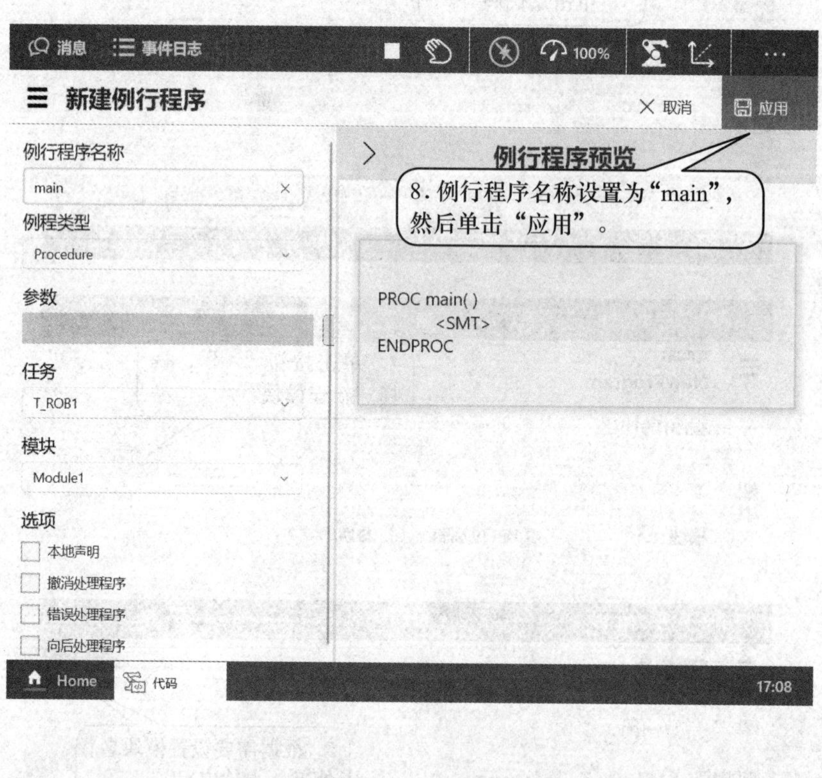

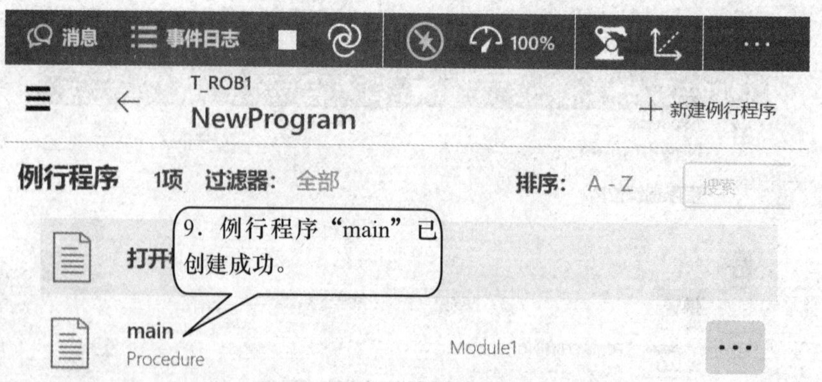

10. 根据第 7、8 步骤建立相关的例行程序：rHome() 工业用于机器人回等待位，rInitAll() 用于初始化，rMoveRoutine() 存放直线运动路径。

11．打开例行程序“rHome”。
12．打开“添加指令”。
13．单击“MoveJ”。
14．单击“ToPoint”菜单按钮选择“新建 RAPID 数据”。

添加指令
数据名称 ：pHome
数据类型 ：robtarget
声明
初始值
名称
pHome
任务
T_ROB1
模块
Module1
例行程序
15．“名称”设置为“pHome”，然后单击“创建”。
取消
创建

添加指令
添加：MoveJ
ToPoint
pHome
Speed
v200
Zone
fine
Tool
16．“Speed”设置为“v200”，“Zone”设置为“fine”，然后单击“添加”。
表达式编辑器
取消
添加

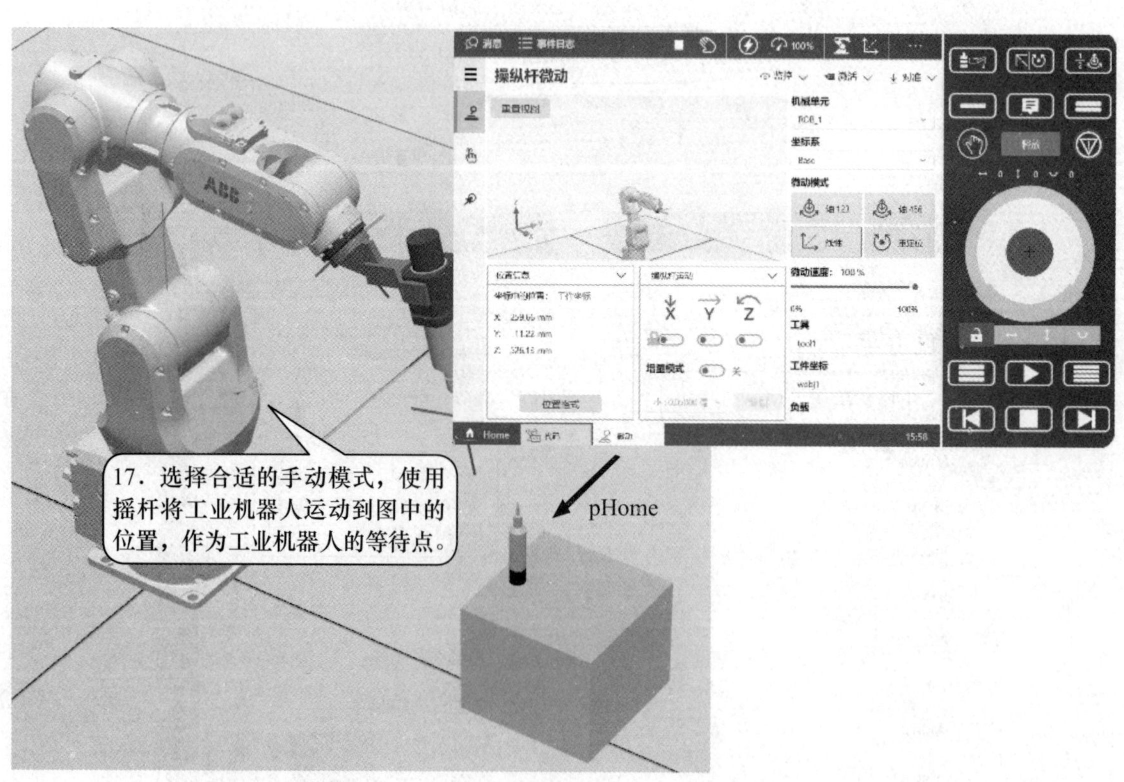
操纵杆微动
17．选择合适的手动模式，使用摇杆将工业机器人运动到图中的位置，作为工业机器人的等待点。
pHome

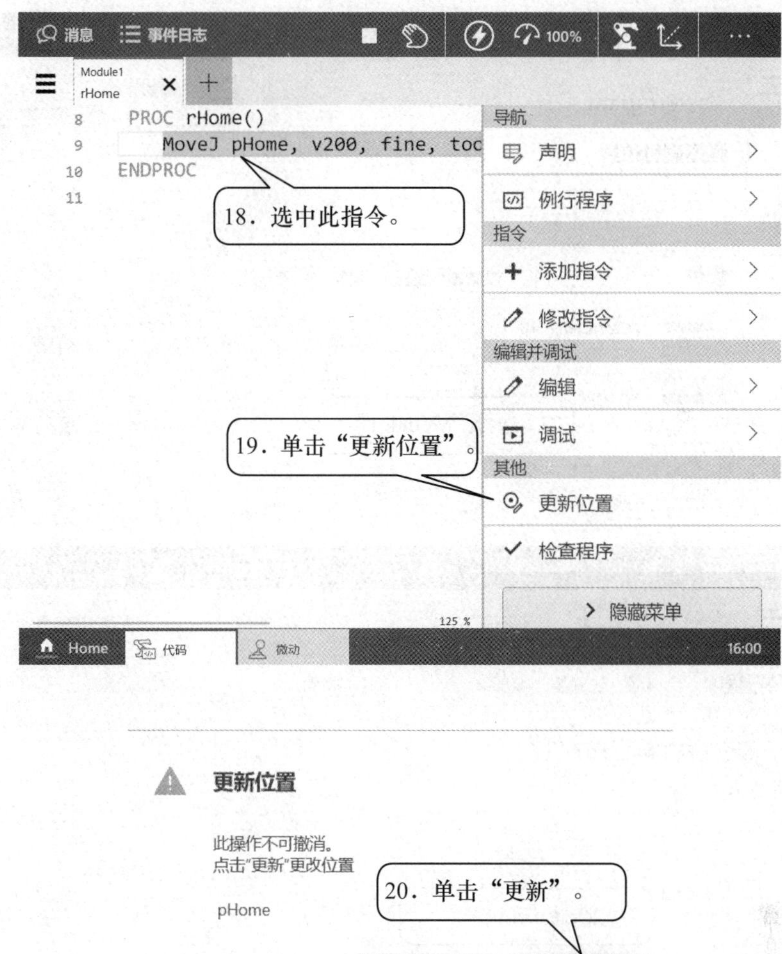
消息
事件日志
100%
Module1
rHome
PROC rHome()
MoveJ pHome, v200, fine, toc
ENDPROC
18．选中此指令。
导航
声明
例行程序
指令
添加指令
修改指令
编辑并调试
编辑
调试
19．单击“更新位置”。
其他
更新位置
检查程序
隐藏菜单
125 %
Home
代码
微动
16:00
更新位置
此操作不可撤消。
点击"更新"更改位置
pHome
20．单击“更新”。
取消
更新

消息
事件日志
100%
Module1
rHome
21．单击左上角的菜单按钮。
v200, fine, toc
ENDPROC
导航
声明
例行程序

消息
事件日志
100%
代码
加载程序
模块
22．单击“模块”。
程序编辑器

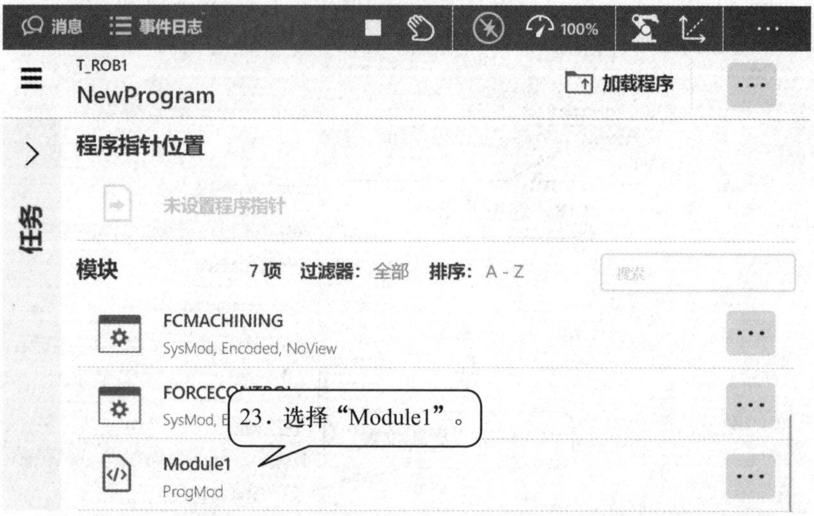

23．选择“Module1”。

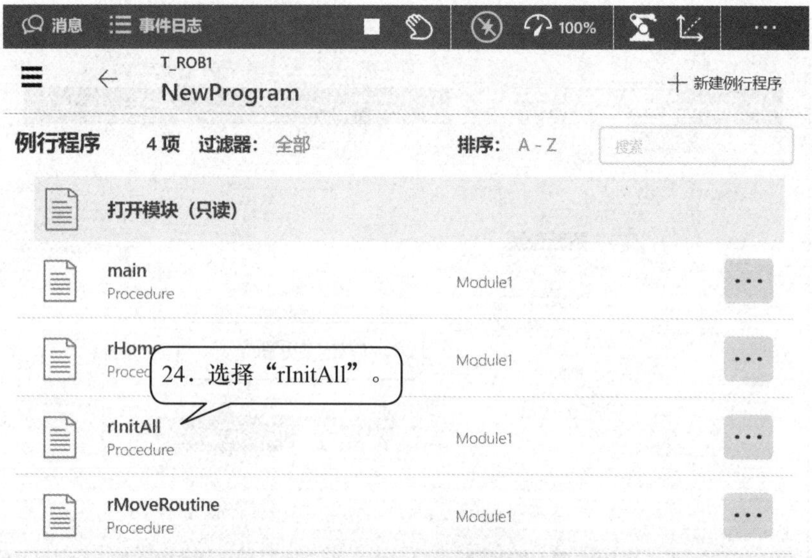

24．选择“rInitAll”。

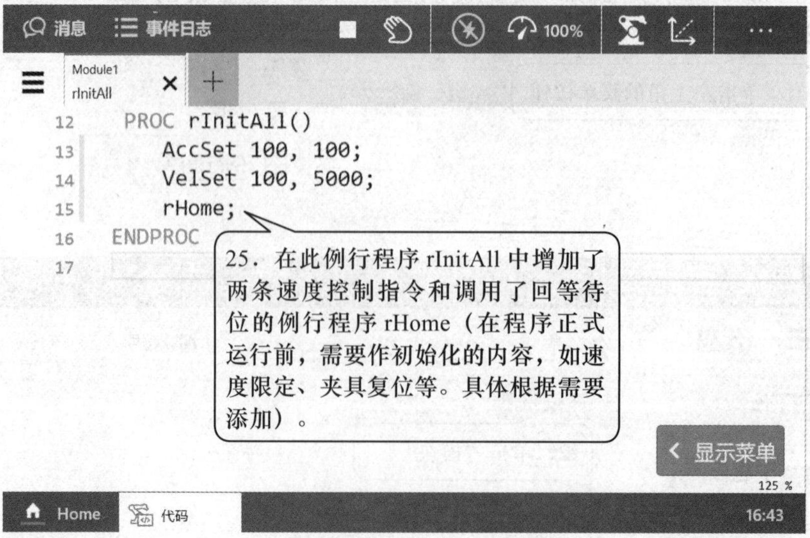

```
PROC rInitAll()
    AccSet 100, 100;
    VelSet 100, 5000;
    rHome;
ENDPROC
```

25．在此例行程序 rInitAll 中增加了两条速度控制指令和调用了回等待位的例行程序 rHome（在程序正式运行前，需要作初始化的内容，如速度限定、夹具复位等。具体根据需要添加）。

消息
事件日志
100%
T_ROB1
NewProgram
新建例行程序
例行程序
4 项
过滤器：全部
排序：A - Z
打开模块（只读）
main
Procedure
Module1
rHome
Procedure
Module1
rInitAll
Procedure
rMoveRoutine
Procedure
Module1
26. 选择“rMoveRoutine”。

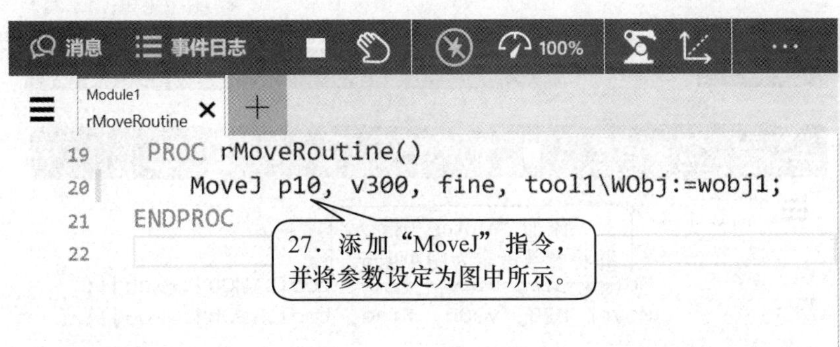
消息
事件日志
100%
Module1
rMoveRoutine
PROC rMoveRoutine()
MoveJ p10, v300, fine, tool1\WObj:=wobj1;
ENDPROC
27. 添加“MoveJ”指令，并将参数设定为图中所示。

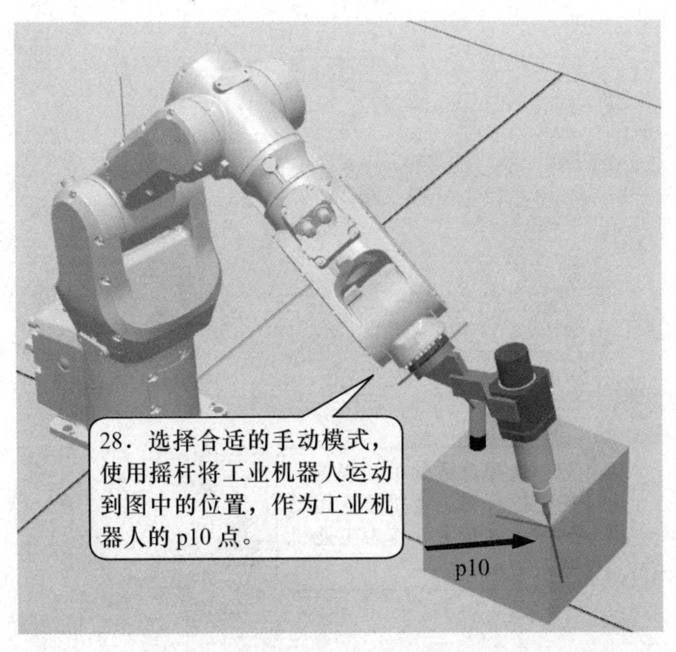
28. 选择合适的手动模式，使用摇杆将工业机器人运动到图中的位置，作为工业机器人的 p10 点。
p10

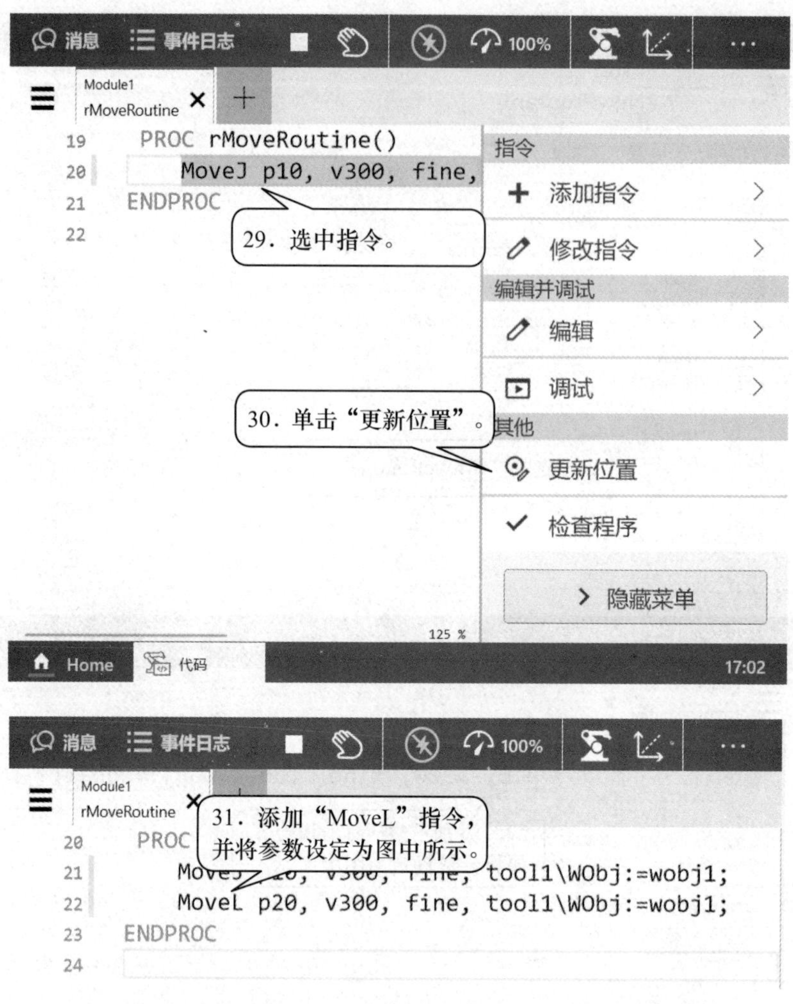
消息
事件日志
100%
Module1
rMoveRoutine
PROC rMoveRoutine()
MoveJ p10, v300, fine,
ENDPROC
29．选中指令。
指令
添加指令
修改指令
编辑并调试
编辑
调试
30．单击“更新位置”。
其他
更新位置
检查程序
隐藏菜单
125 %
Home
代码
17:02
消息
事件日志
100%
Module1
rMoveRoutine
31．添加“MoveL”指令，并将参数设定为图中所示。
PROC
tool1\WObj:=wobj1;
MoveL p20, v300, fine, tool1\WObj:=wobj1;
ENDPROC

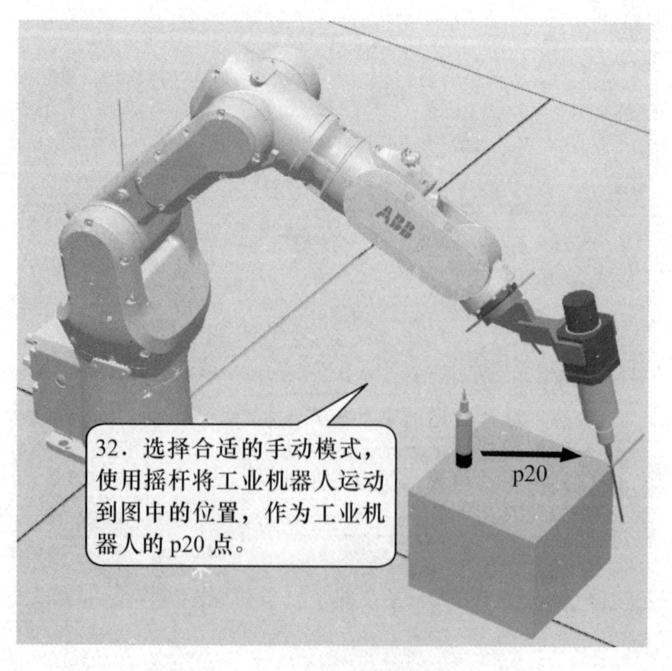
32．选择合适的手动模式，使用摇杆将工业机器人运动到图中的位置，作为工业机器人的 p20 点。
p20

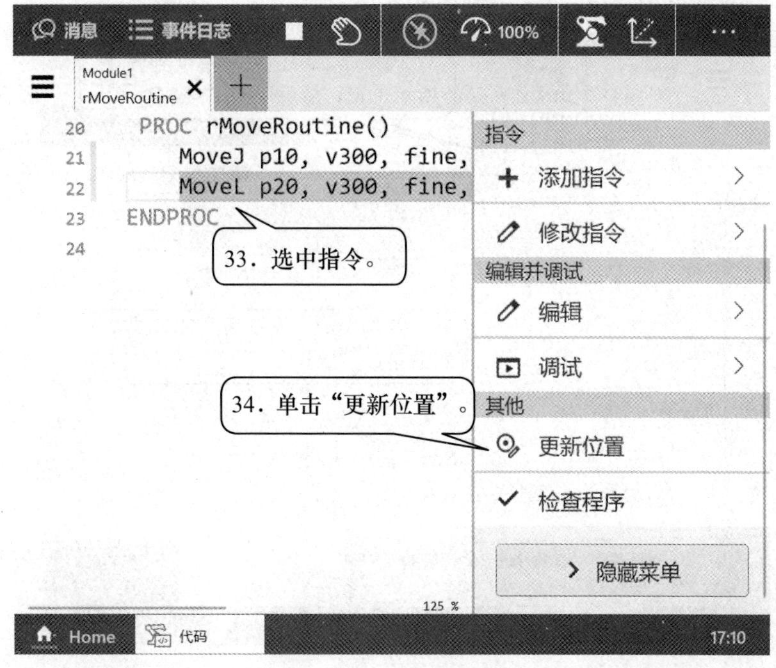
消息
事件日志
100%
Module1
rMoveRoutine
PROC rMoveRoutine()
MoveJ p10, v300, fine,
MoveL p20, v300, fine,
ENDPROC
33. 选中指令。
指令
添加指令
修改指令
编辑并调试
编辑
调试
34. 单击“更新位置”。
其他
更新位置
检查程序
隐藏菜单
125 %
Home
代码
17:10

消息
事件日志
100%
T_ROB1
NewProgram
新建例行程序
例行程序
4 项
过滤器：全部
排序：A - Z
打开模块（只读）
main
Procedure
Module1
35. 选择“Main”。
rHome
Procedure
Module1
rInitAll
Procedure
Module1
rMoveRoutine
Procedure
Module1

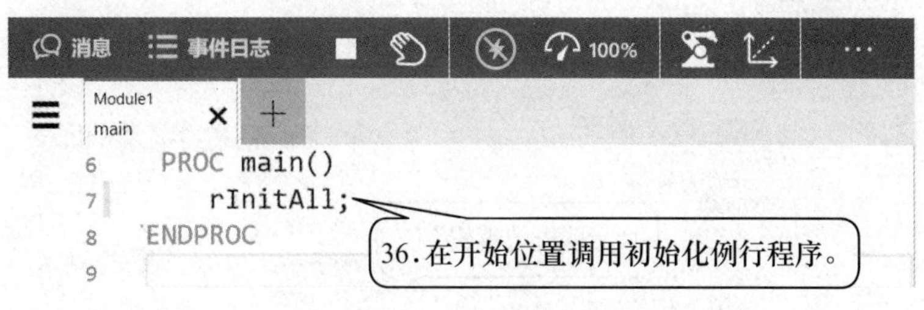
消息
事件日志
100%
Module1
main
PROC main()
rInitAll;
ENDPROC
36. 在开始位置调用初始化例行程序。

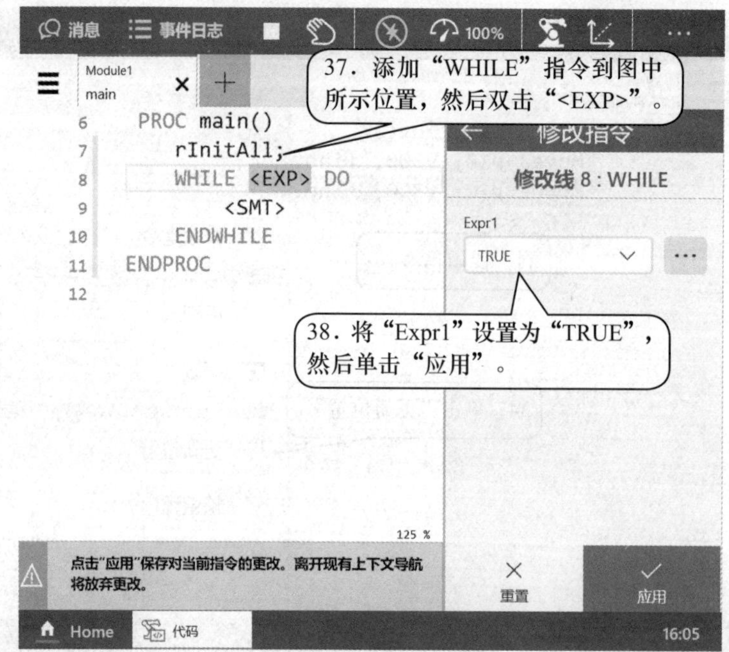

使用 WHILE 指令构建一个死循环的目的在于将初始化程序与正常运行的路径程序隔离开。初始化程序只在一开始时执行一次，然后就根据条件循环执行路径运动。

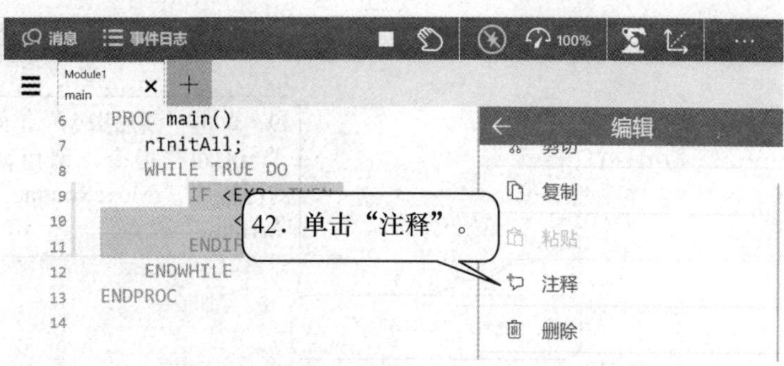
消息
事件日志
100%
Module1
main
PROC main()
rInitAll;
WHILE TRUE DO
IF <EXP> THEN
ENDIF
ENDWHILE
ENDPROC
编辑
复制
粘贴
注释
删除
42. 单击“注释”。

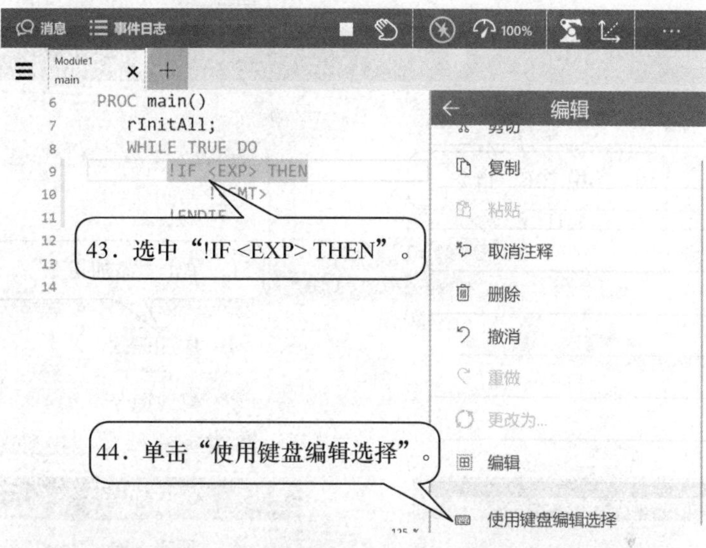
消息
事件日志
100%
Module1
main
PROC main()
rInitAll;
WHILE TRUE DO
!IF <EXP> THEN
!<SMT>
43. 选中“!IF <EXP> THEN”。
编辑
复制
粘贴
取消注释
删除
撤消
重做
更改为...
编辑
使用键盘编辑选择
44. 单击“使用键盘编辑选择”。

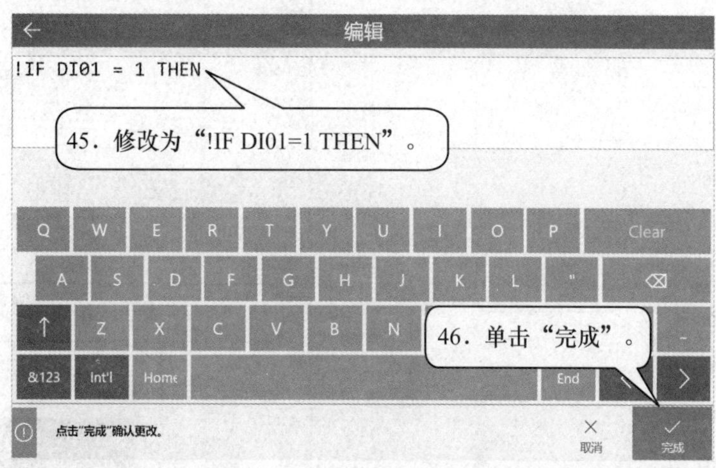
编辑
!IF DI01 = 1 THEN
45. 修改为“!IF DI01=1 THEN”。
Q W E R T Y U I O P Clear
A S D F G H J K L "
Z X C V B N
&123 Int'l Home End
46. 单击“完成”。
点击"完成"确认更改。
取消
完成

消息
事件日志
100%
Module1
main
PROC main()
rInitAll;
WHILE TRUE DO
!IF DI01 = 1 THEN
!<SMT>
!ENDIF
ENDWHILE
ENDPROC
编辑
47. 单击“取消注释”，取消第9～11行的注释。
粘贴
取消注释

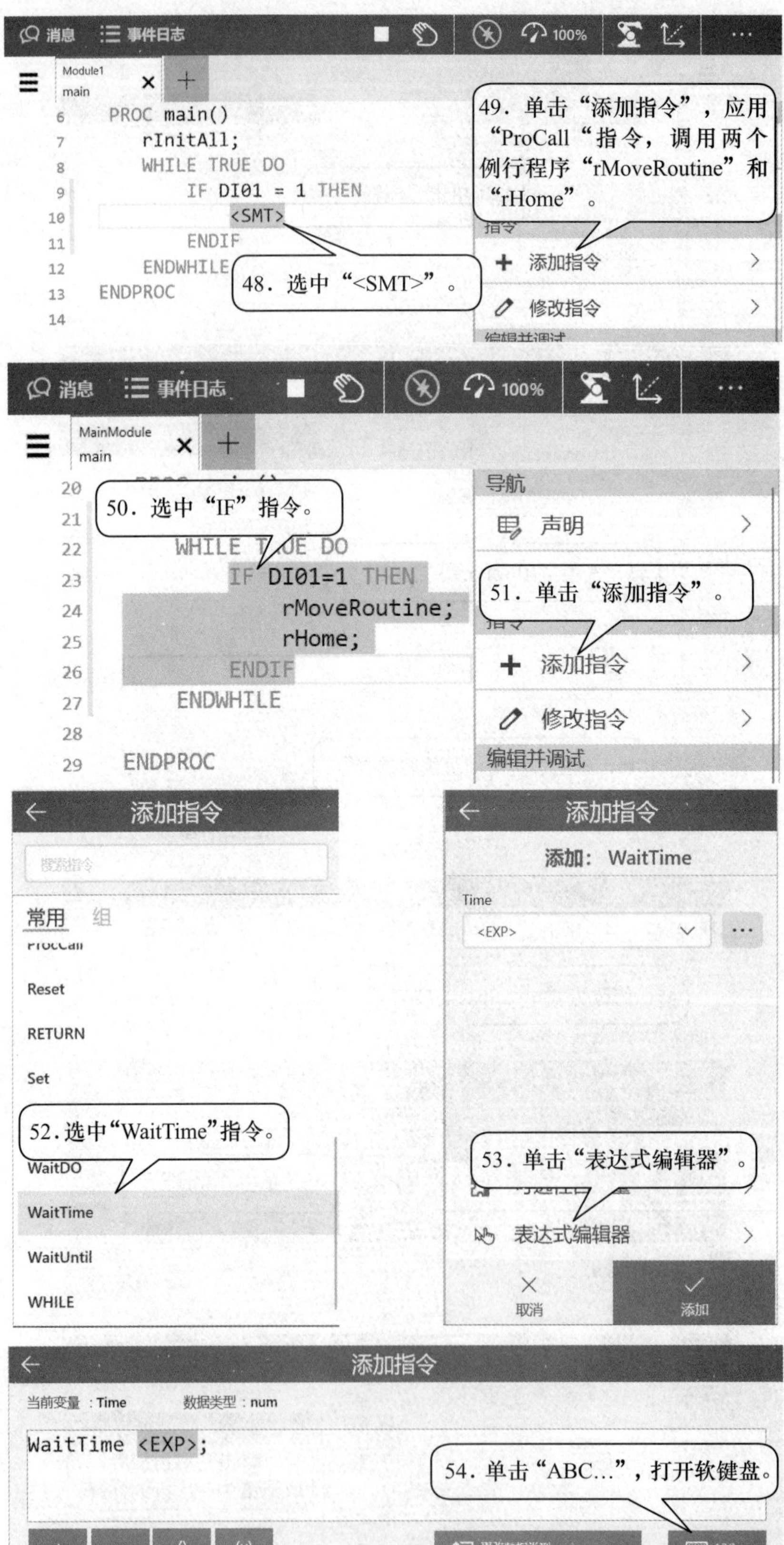

49. 单击“添加指令”，应用“ProCall“指令，调用两个例行程序“rMoveRoutine”和“rHome”。
48. 选中“<SMT>”。
50. 选中“IF”指令。
51. 单击“添加指令”。
52. 选中“WaitTime”指令。
53. 单击“表达式编辑器”。
54. 单击“ABC…”，打开软键盘。

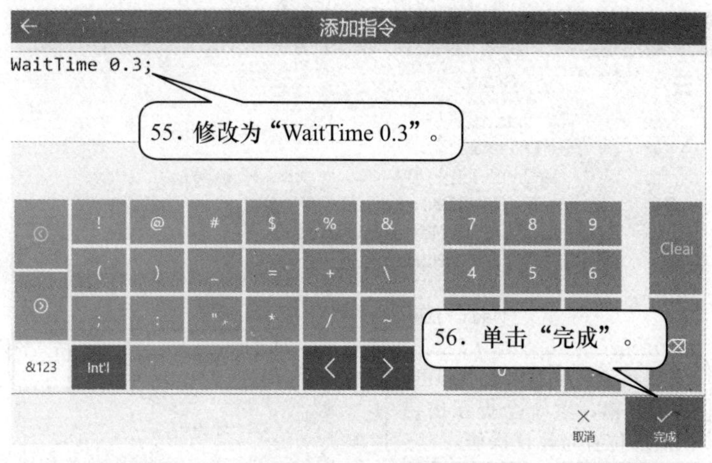

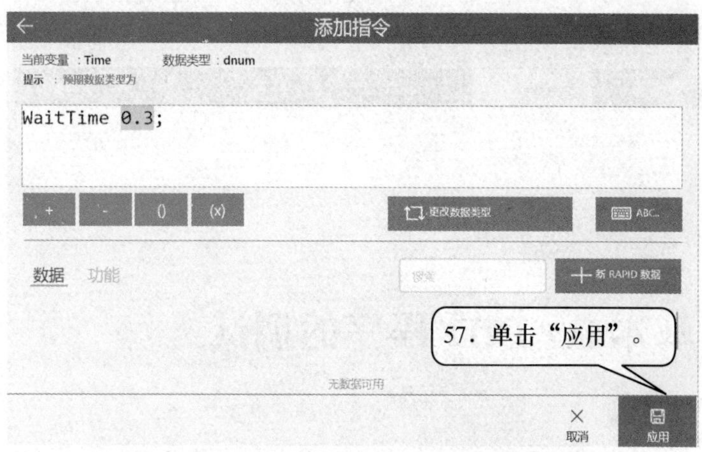

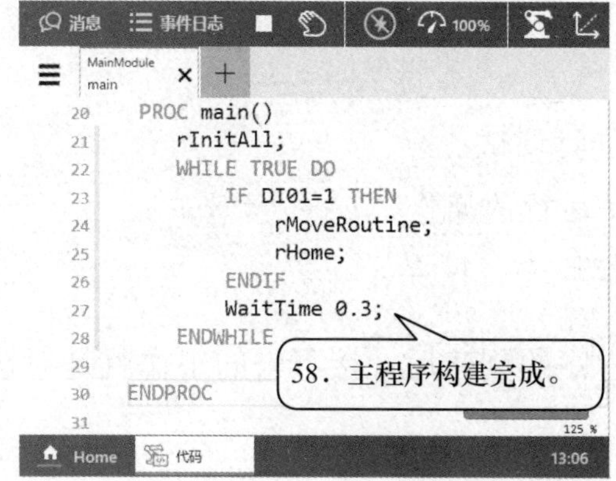

主程序解读：

1）首先进入初始化程序进行相关初始化的设置。

2）进行 WHILE 的死循环，目的是将初始化程序隔离开。

3）如果 DI01=1，则工业机器人执行对应的路径程序。

4）等待 0.3s 的目的是防止系统 CPU 过负荷。

最后一个环节是让工业机器人自己检查一下，程序是否有错误。具体操作如下：

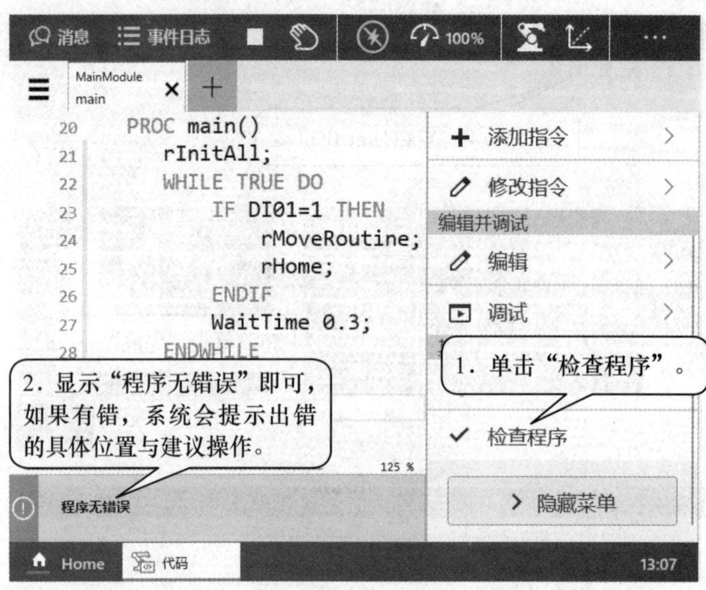

任务 6–5 基本 RAPID 程序的调试

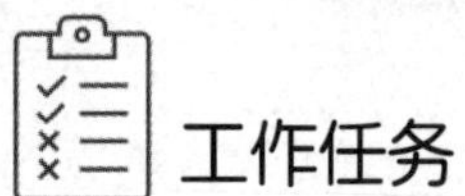

工作任务

☑ 对 RAPID 程序进行调试

☑ RAPID 程序自动运行的操作

☑ 对 RAPID 程序模块进行保存

在完成了 RAPID 程序的创建后，接下来的工作就是对这个程序进行调试，调试的目的有两个：

1）检查程序中示教的目标点是否正确。

2）检查程序的逻辑控制是否有不完善的地方。

一、调试例行程序 rHome

例行程序 rHome 是用于控制工业机器人回等待位的，这里单独对这个例行程序进行调试，确认功能正常。具体操作如下：

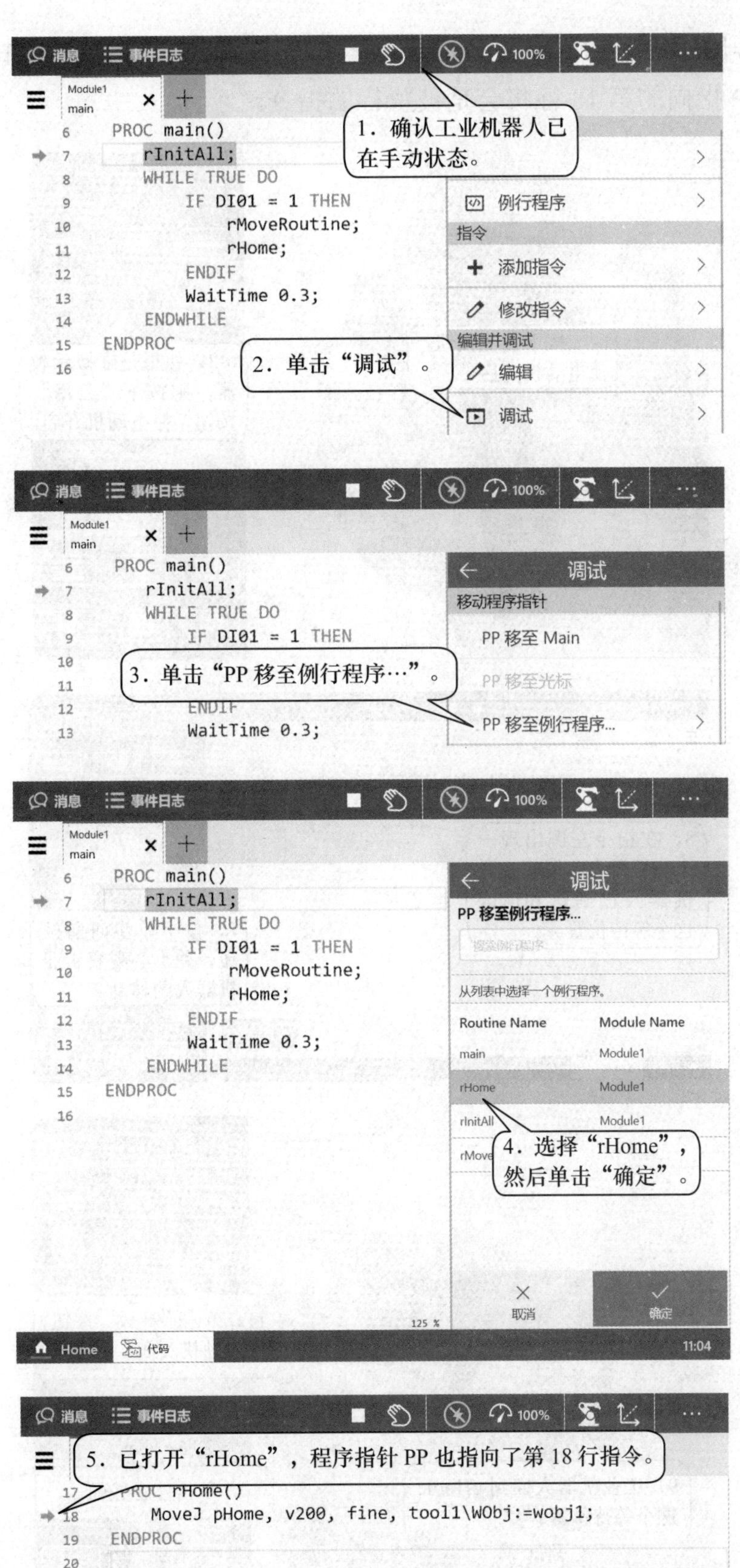
1. 确认工业机器人已在手动状态。
2. 单击“调试”。
3. 单击“PP 移至例行程序…”。
4. 选择“rHome”，然后单击“确定”。
5. 已打开“rHome”，程序指针 PP 也指向了第 18 行指令。

PP 是程序指针（左侧小箭头）的简称，程序指针永远指向将要执行的指令。所以图中 PP 指向的第 18 行将会是被执行的指令。

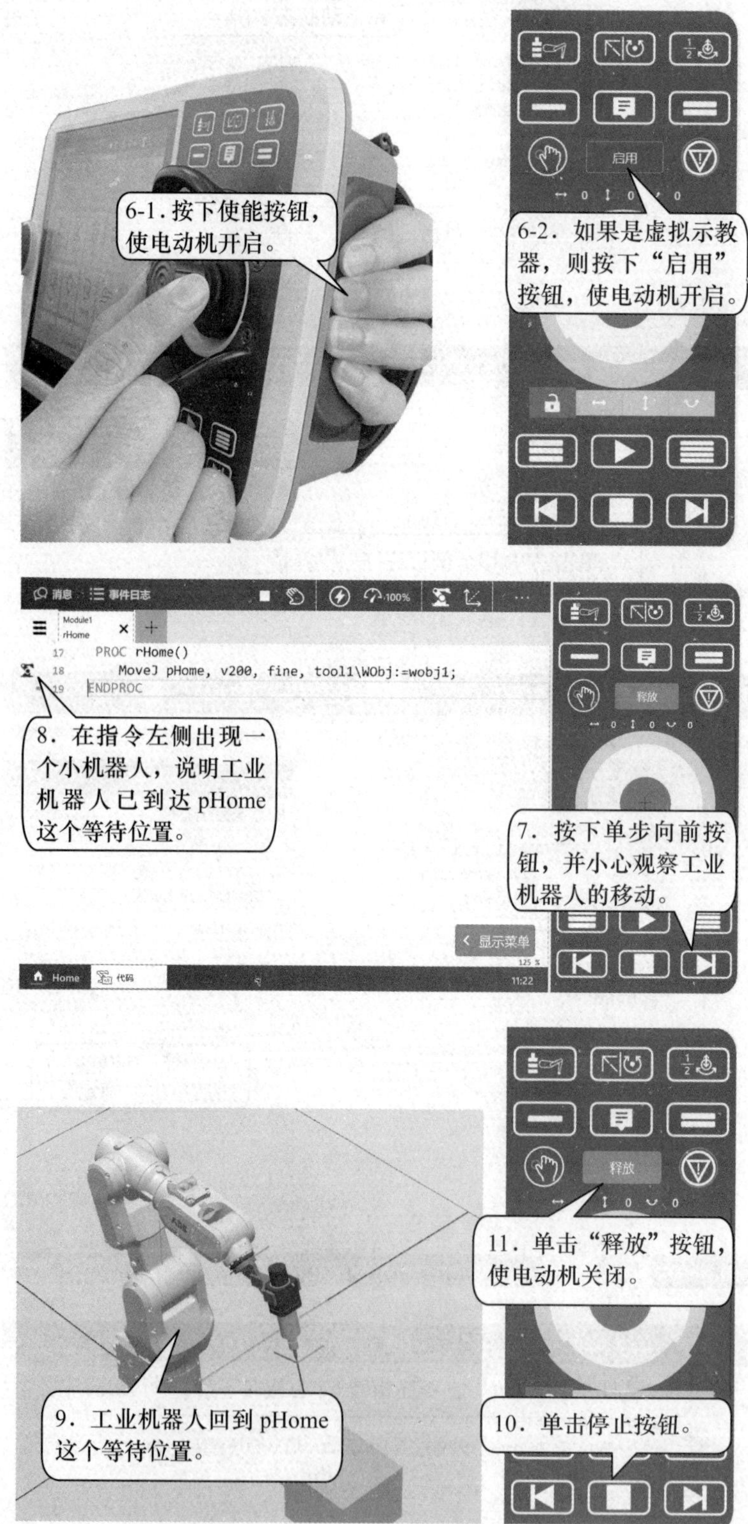

6-1. 按下使能按钮，使电动机开启。
启用
6-2. 如果是虚拟示教器，则按下“启用”按钮，使电动机开启。
消息
事件日志
100%
Module1
rHome
PROC rHome()
MoveJ pHome, v200, fine, tool1\WObj:=wobj1;
ENDPROC
释放
8. 在指令左侧出现一个小机器人，说明工业机器人已到达 pHome 这个等待位置。
7. 按下单步向前按钮，并小心观察工业机器人的移动。
显示菜单
Home
代码
11:22
释放
11. 单击“释放”按钮，使电动机关闭。
9. 工业机器人回到 pHome 这个等待位置。
10. 单击停止按钮。

二、调试例行程序 rMoveRoutine

例行程序 rMoveRoutine 用于工业机器人运行轨迹的控制，这里单独对这个例行程序进行调试，确认功能正常。具体操作如下：

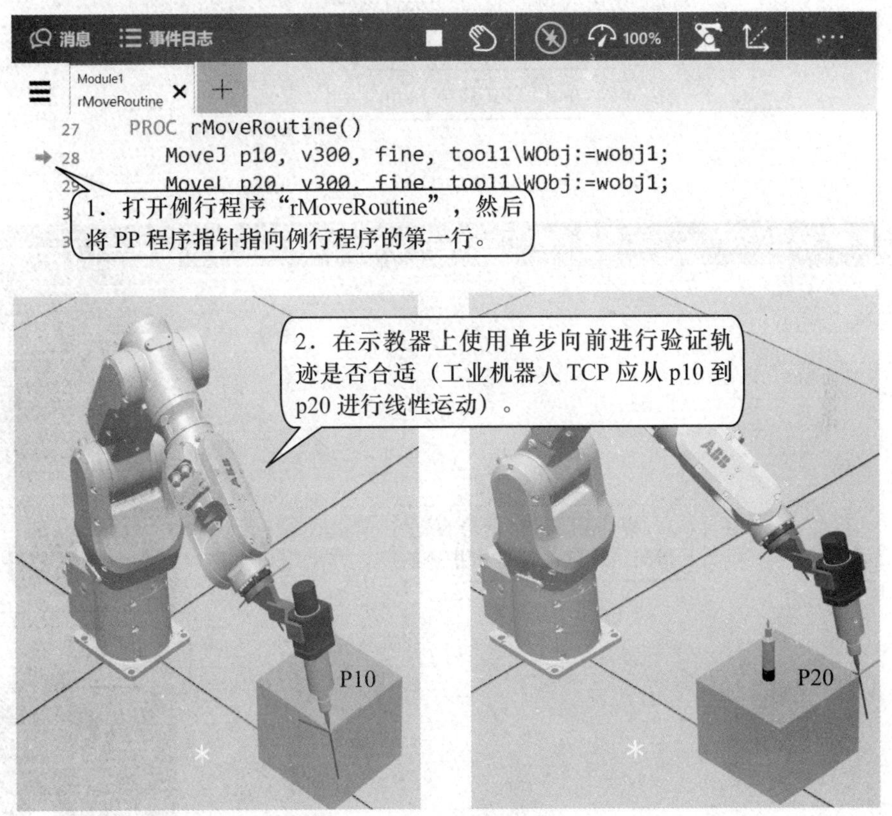

三、调试主程序 main

主程序 main 是整个 RAPID 程序的唯一入口，所有的逻辑控制与运动轨迹都是从主程序开始的。调试主程序 main 的具体操作如下：

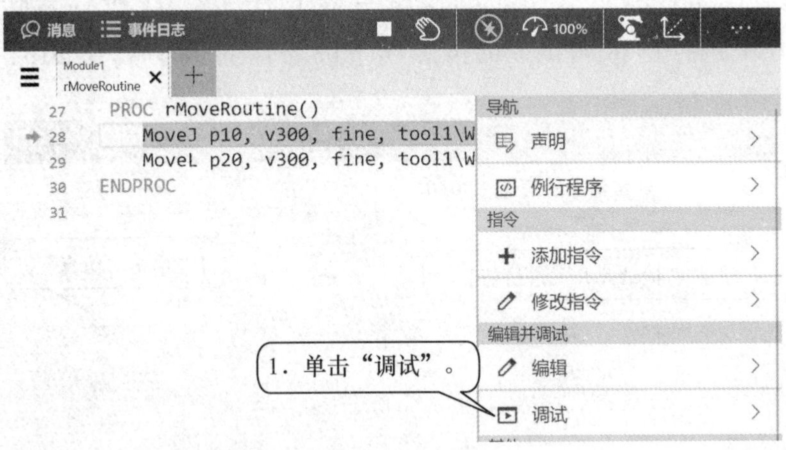

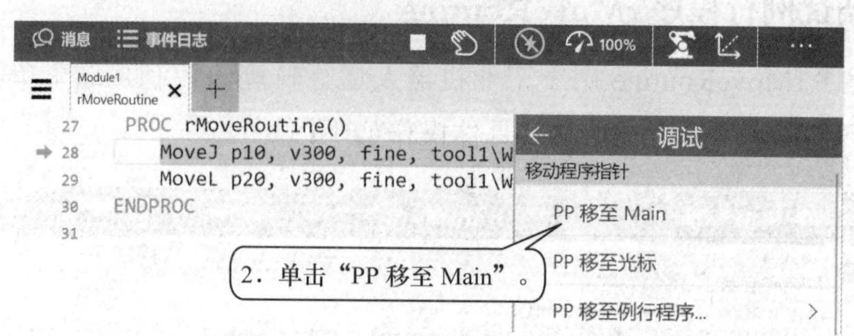

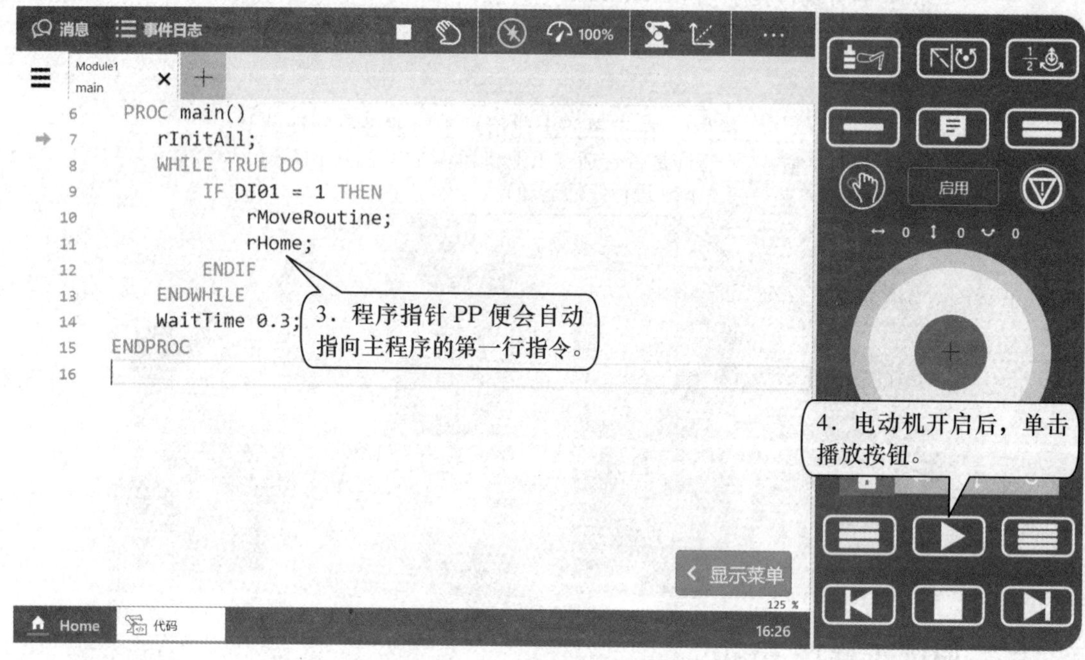

四、数字输入信号 DI01 的仿真

在实际应用中，我们会将启动按钮与数字信号 DI01 进行关联。如果是在 RobotStudio 中进行虚拟调试，请按照以下的操作对数字信号 DI01 进行仿真。

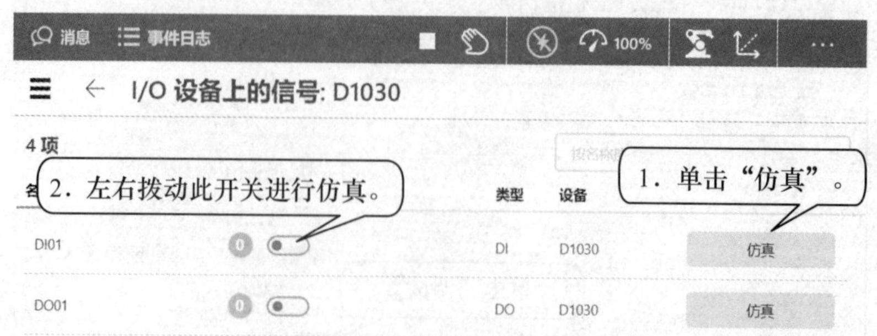

五、停止调试的操作

在结束调试时，应严格按照如下的流程进行操作，否则会造成轴电动机刹车损坏。

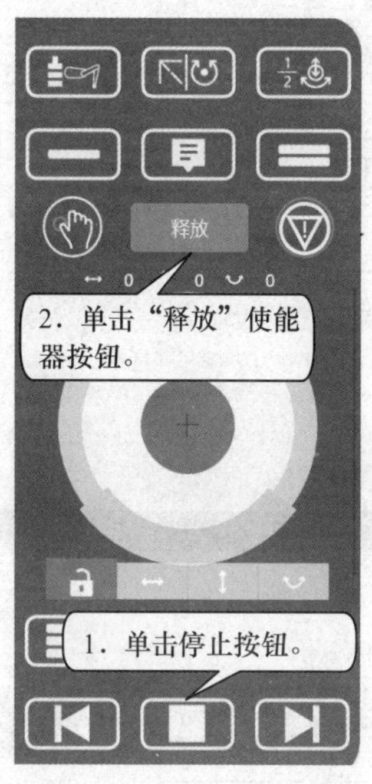

六、RAPID 程序自动运行的操作

在手动状态下完成了调试，确认运动与逻辑控制正确之后，就可以将工业机器人系统投入自动运行状态。以下就 RAPID 程序自动运行的操作进行说明：

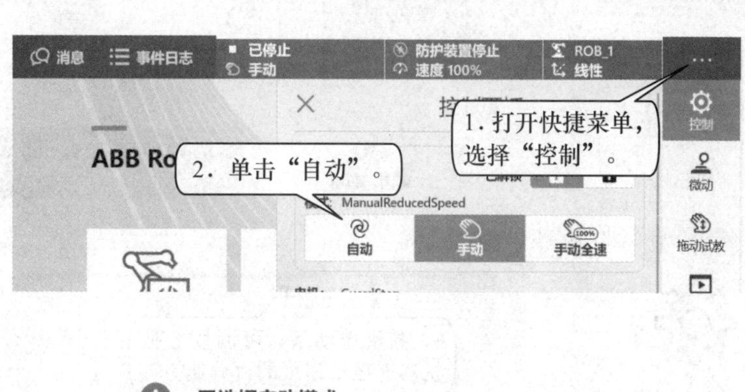

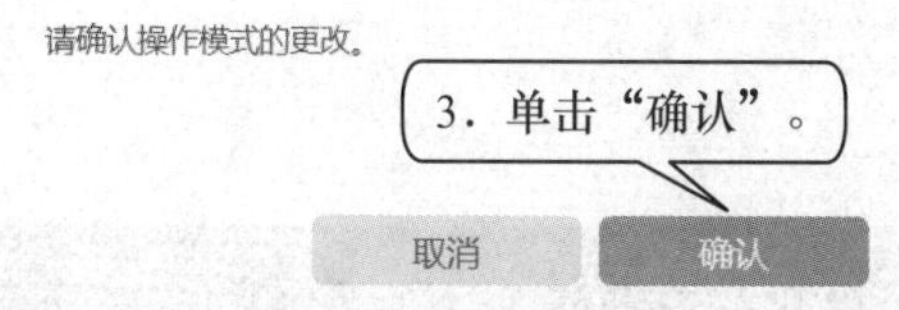

消息
事件日志
已停止
自动
电机开启
速度 100%
ROB_1
线性
控制面板
ABB Robotics
已解锁
模式: 自动
自动
手动
电机: 开
电机开启
4. 单击“电机开启”。
5. 选择“重置程序（程序指针移至 Main）”。
代码
设置
重置程序
重置程序（程序指针移至 Main）
取消
上一步
下一个
控制
微动
执行
视觉
信息
ABB Ability
注销/ 重新启动
启用
6. 单击播放按钮。
Home
10:36

消息
事件日志
正在运行
自动
电机开启
速度 100%
ROB_1
线性
7. 程序已在自动运行过程中。
控制面板
ABB Robotics
已解锁
模式: 自动
自动
手动
手动全速
电机: 开
电机关闭
电机开启
速度 100%
8. 拉动滚动条，可调整工业机器人运动速度的百分比。
代码
设置
开始
停止
上一步
下一个
控制
微动
拖动试教
执行
视觉
信息
ABB Ability
注销/ 重新启动
Home
11:31

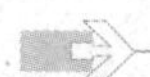

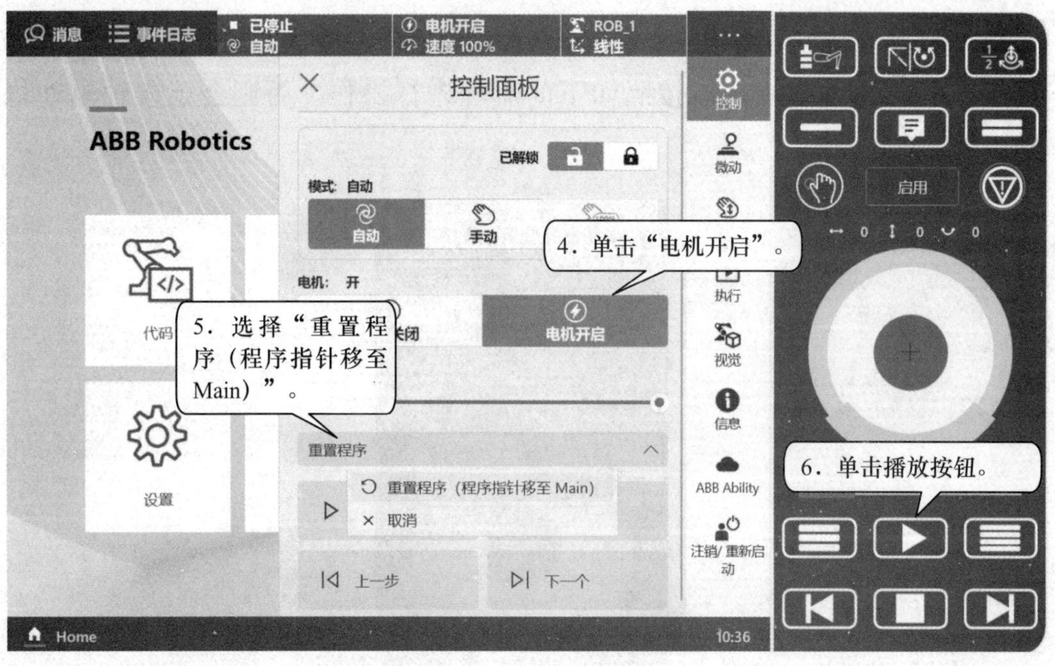

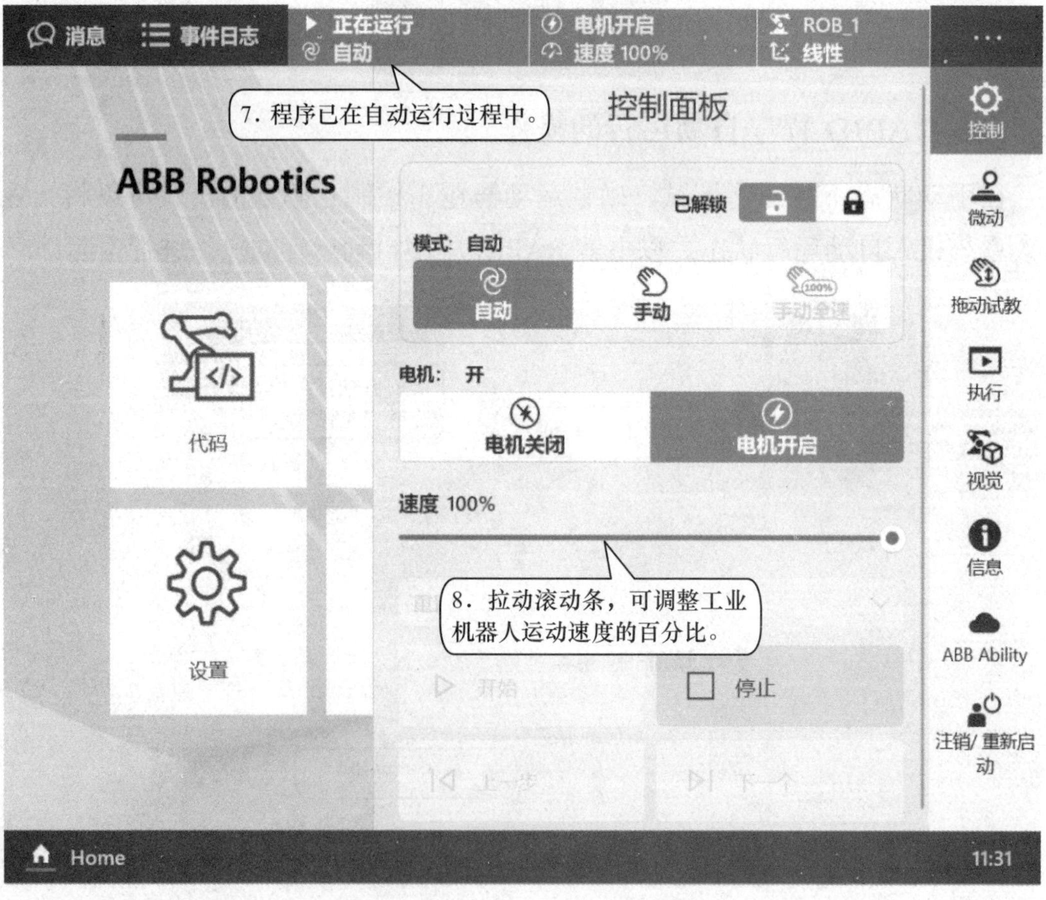

七、对 RAPID 程序模块进行保存

在调试完成并且在自动运行确认符合设计要求后，就要对程序模块做一个保存的操作。可以根据需要将程序模块保存在工业机器人的硬盘或 U 盘上。具体操作如下：

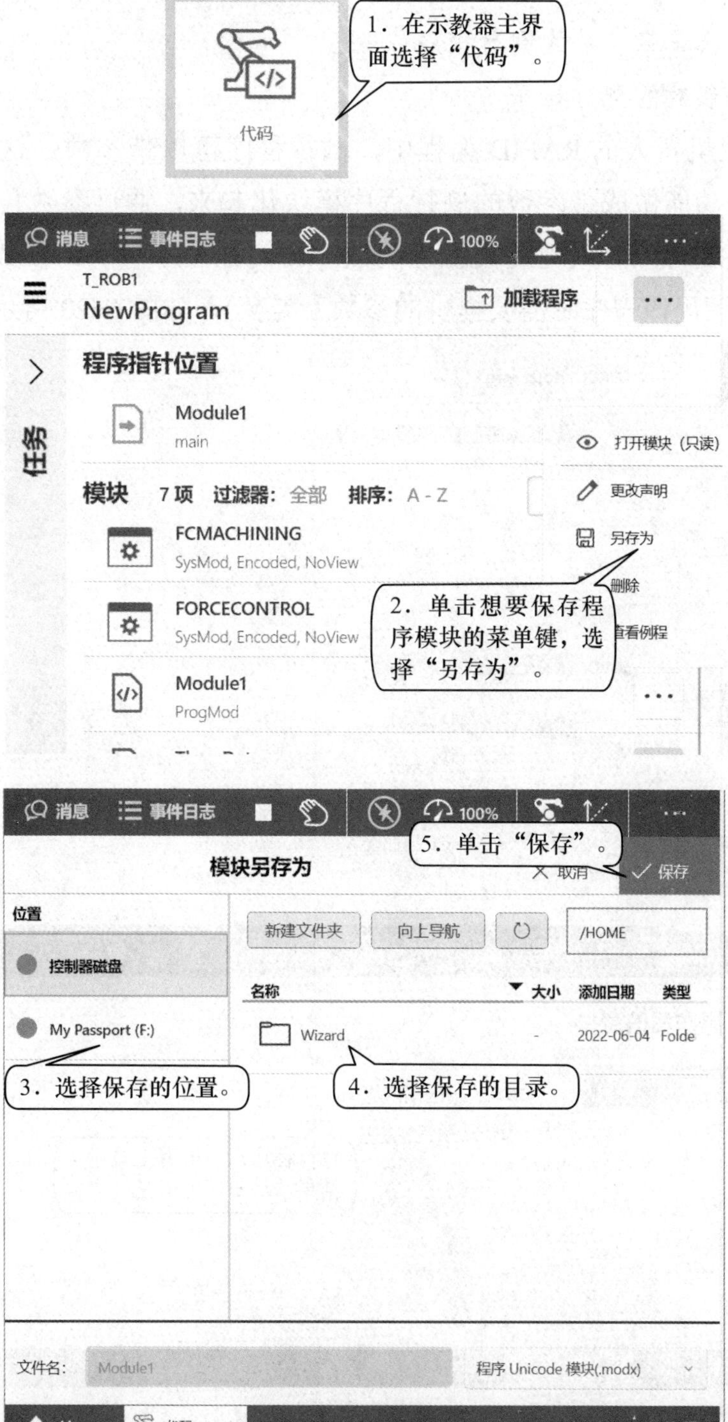

任务 6-6　创建带参数的例行程序

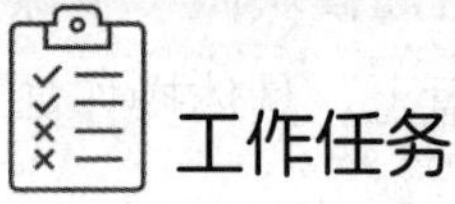

工作任务

☑ 理解什么是带参数的例行程序

☑ 创建带参数的例行程序

ABB 工业机器人的 RAPID 编程中，例行程序可以带参数，这样做的好处是将一些常用的功能做成带参数的例行程序模块化起来，通过参数传递到例行程序中执行，这样就可以有效地提高编程的效率。例行程序声明的参数表 (括号中的数据) 指定了调用该程序时需要提供的参数 (实参)，如图 6-20 所示。

```
PROC Routine1()

    !将数值0赋值给数值型变量reg1。
    reg1 := 0;

    !将数值6传递给Routine2声明的参数num1，
    !从而在Routine2中使用num1的时候，num1的值为6。
    Routine2 6;
ENDPROC

PROC Routine2(num num1)

    !将num1的值赋值给reg1。
    reg1 := num1;

    !通过写屏指令TPWrite将结果显示出来。
    TPWrite "reg1当前值是: "\Num:=reg1;
ENDPROC
```

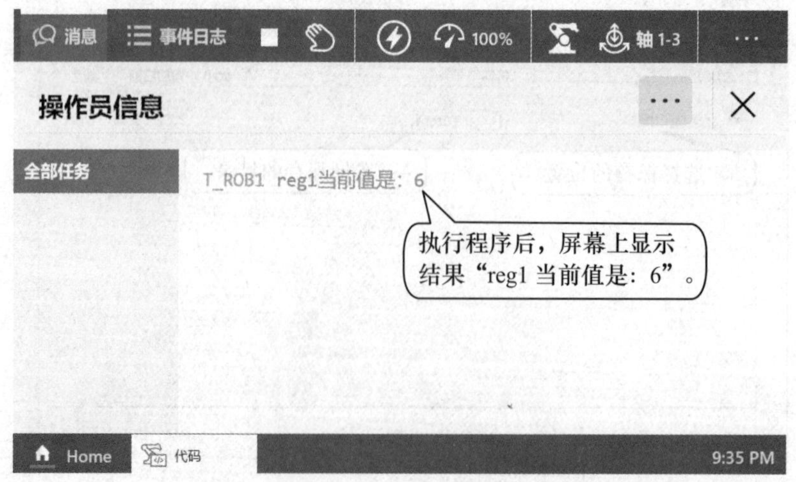

图 6-20　例行程序声明的参数表

现在，我们都普遍使用 RobotStudio 的在线功能进行程序的开发。这样做的好处如下：

1）提高程序的开发速度，在计算机中输入程序指令可以快速地使用复制、粘贴等功能，特别是要实现复杂逻辑控制时。

2）在指令输入时提供语法提醒，降低出错的可能。

在 RobotStudio 中，带参数的例行程序创建流程如下：

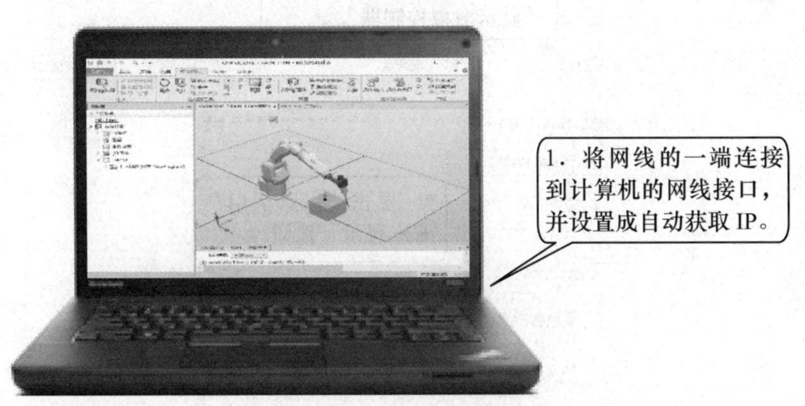

1．将网线的一端连接到计算机的网线接口，并设置成自动获取 IP。

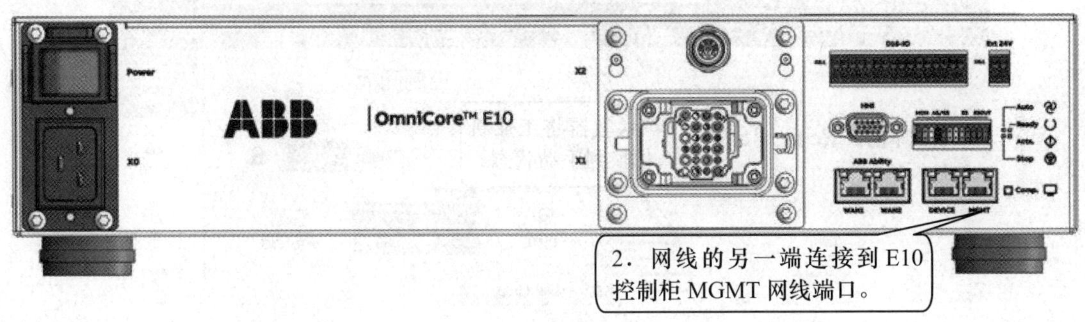

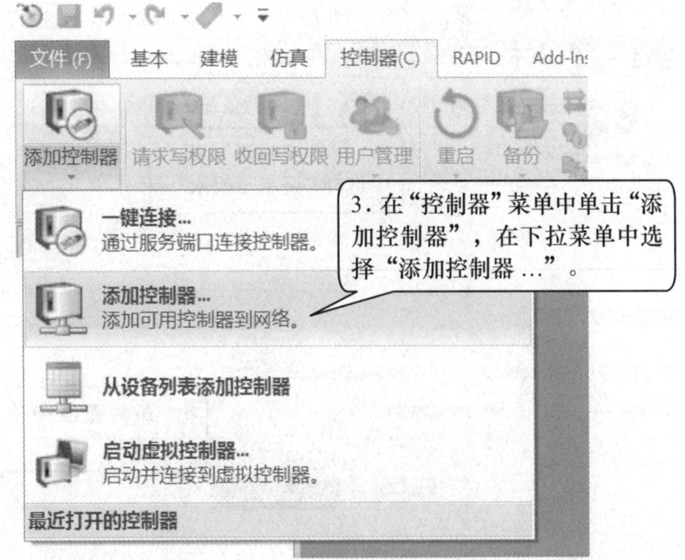

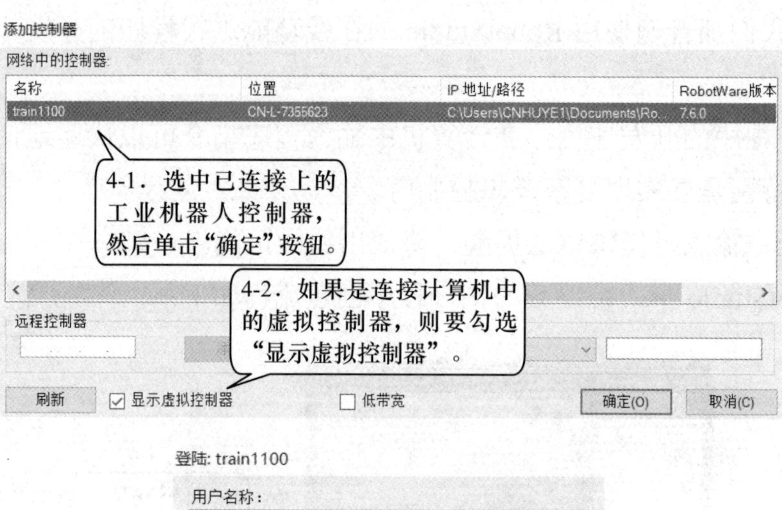

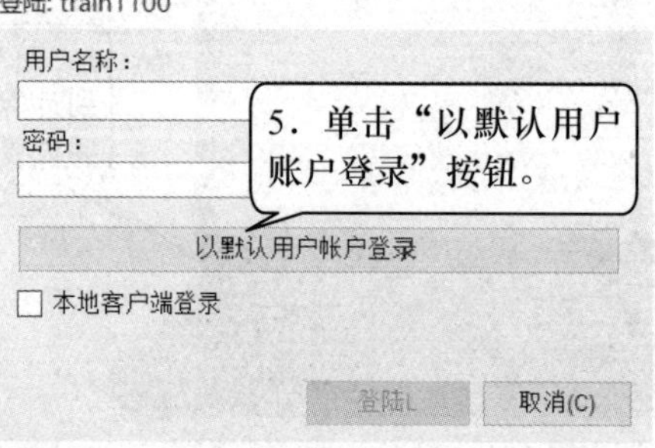

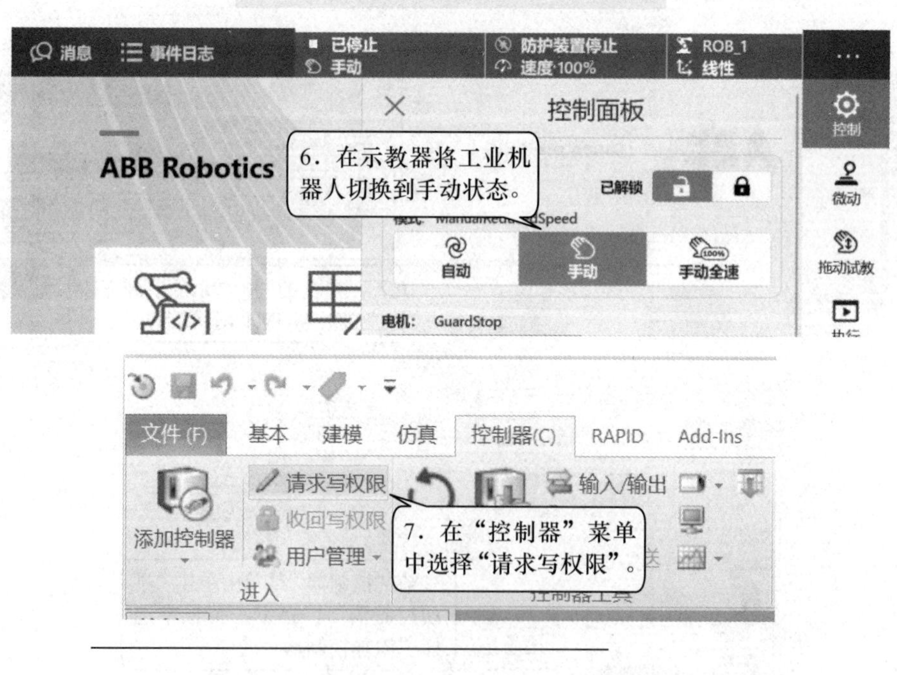

写访问请求

用户CNHUYE1, RobotStudio, CN-L-7355623请求对该控制器进行写访问。

点击"同意"允许该请求，点击"拒绝"可拒绝请求。

8．在示教器中单击“允许”。

拒绝　允许

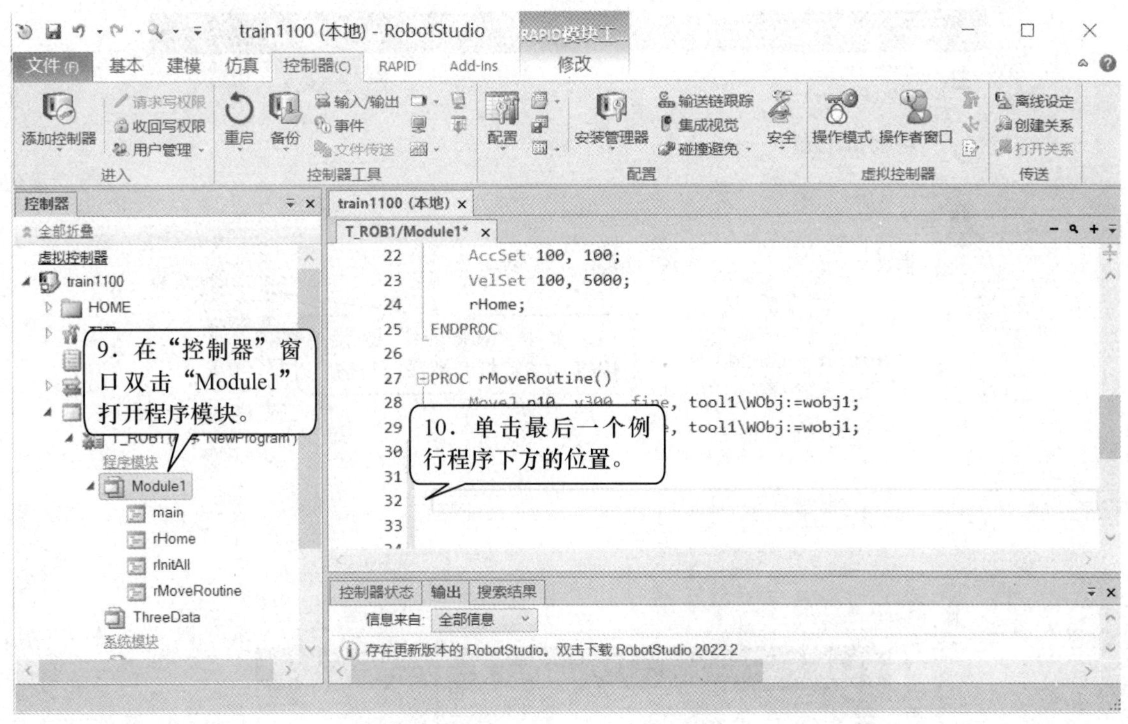


```
PROC Routine1()

    !将数值0赋值给数值型变量reg1。
    reg1 := 0;

    !将数值6传递给Routine2声明的参数num1,
    !从而在Routine2中使用num1的时候，num1的值为6。
    Routine2 6;
ENDPROC

PROC Routine2(num num1)

    !将num1的值赋值给reg1。
    reg1 := num1;

    !通过写屏指令TPWrite将结果显示出来。
    TPWrite "reg1当前值是："\Num:=reg1;
ENDPROC
```

11. 输入这里全部的指令代码。

13. 单击“收回写权限”。
12. 修改完成后单击“应用”。

消息
事件日志
100%
T_ROB1
NewProgram
加载程序
程序指针位置
未设置程序指针
任务
模块
7 项 过滤器：全部 排序：A - Z
打开模块（只读）
更改声明
另存为
删除
查看例程
SysMod, Encoded, NoStepIn
FCMACHINING
SysMod, Encoded, NoView
FORCECONTROL
SysMod, Encoded, NoView
Module1
ProgMod
14．单击“Module1”的菜单按钮，选择“打开模块（只读）”。

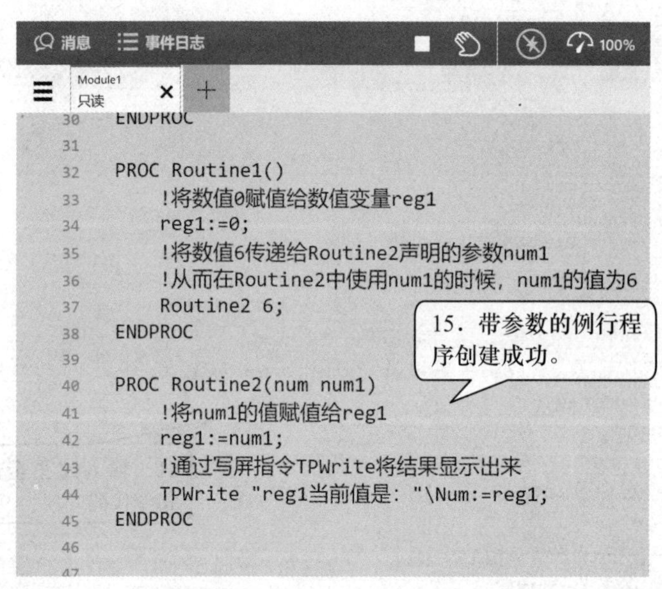
消息
事件日志
100%
Module1
只读
ENDPROC
PROC Routine1()
!将数值0赋值给数值变量reg1
reg1:=0;
!将数值6传递给Routine2声明的参数num1
!从而在Routine2中使用num1的时候，num1的值为6
Routine2 6;
ENDPROC
PROC Routine2(num num1)
!将num1的值赋值给reg1
reg1:=num1;
!通过写屏指令TPWrite将结果显示出来
TPWrite "reg1当前值是："\Num:=reg1;
ENDPROC
15．带参数的例行程序创建成功。

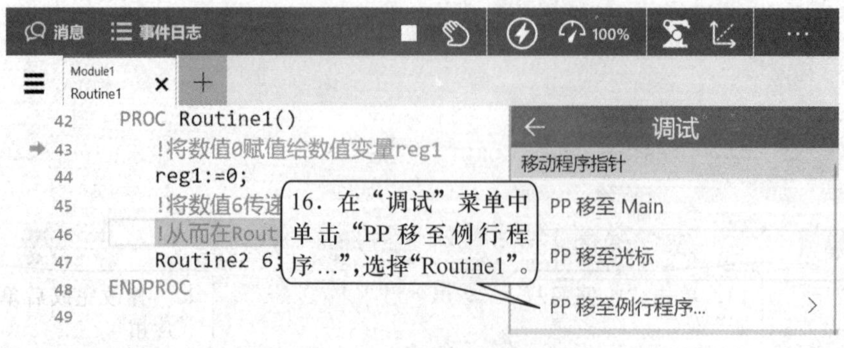
消息
事件日志
100%
Module1
Routine1
PROC Routine1()
!将数值0赋值给数值变量reg1
reg1:=0;
Routine2 6;
ENDPROC
调试
移动程序指针
PP 移至 Main
PP 移至光标
PP 移至例行程序...
16．在“调试”菜单中单击“PP 移至例行程序...”，选择“Routine1”。

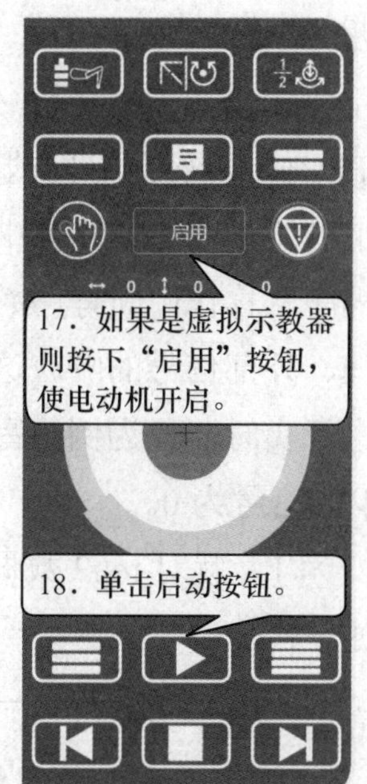
启用
17．如果是虚拟示教器则按下“启用”按钮，使电动机开启。
18．单击启动按钮。

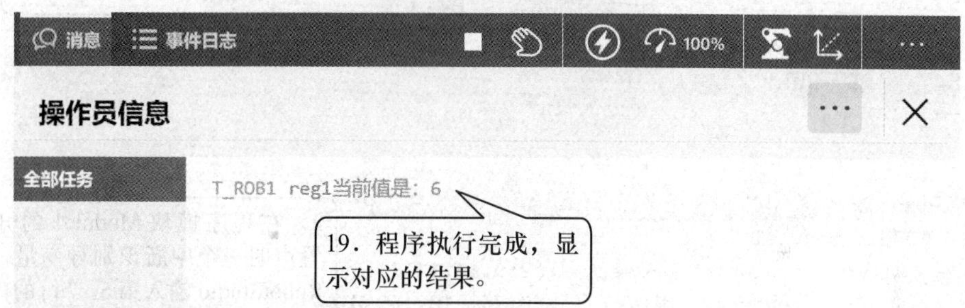
消息
事件日志
100%
操作员信息
全部任务
T_ROB1 reg1当前值是：6
19．程序执行完成，显示对应的结果。

ABB 工业机器人编程语言 RAPID 与 C 语言一样，都是基于面向过程的编程理念。RAPID 在 C 语言的基础上对于程序的架构、变量的命名、语法指令进行了一定的调整，比如增加了新的数据类型、指令等，以满足对工业机器人控制编程的需要。

如果读者是第一次接触 RAPID 程序编程，特别是使用直接敲代码的方式进行 RAPID 程序的开发，建议先学习由机械工业出版社出版的《图解 C 语言智能制造算法与工业机器人编程入门教程》（ISBN 9787111658375），一定能取得事半功倍的效果。

任务 6-7　创建中断程序

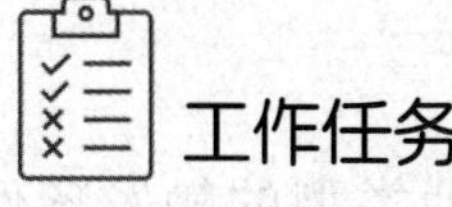
工作任务

☑ 创建由输入信号 DI01 触发的中断程序

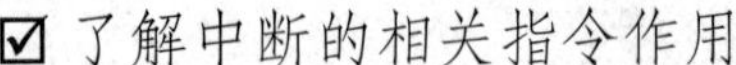

RAPID 程序的执行过程中，如果发生需要紧急处理的情况，这就要工业机器人中断当前的执行，程序指针 PP 马上跳转到专门的程序中对紧急的情况进行相应的处理，处理结束以后程序指针 PP 返回到原来被中断的位置，继续往下执行程序。专门用来处理紧急情况的专门程序就称作中断程序 (TRAP)。

中断程序经常用于出错处理、外部信号的响应这种实时响应要求高的场合。

现以对一个传感器的信号进行实时监控为例编写一个中断程序。

1）在正常的情况下，DI01 的信号为 0。

2）如果 DI01 的信号从 0 变为 1，就对 reg2 数据进行加 1 的操作。

中断程序的具体创建流程如下：

```
50  !中断程序用于响应DI01的变化
51  TRAP tTrap01
52      !reg2加1后，将结果赋值给reg2。
53      reg2 := reg2+1;
54  ENDTRAP
```

1．在上一个任务创建的程序模块 Module1 中，使用 RobotStudio 输入第 50 ～ 54 行的代码。

T_ROB1/Module1* ×

```
1   MODULE Module1
2       CONST robtarget pHome := [[259.66,11.22,5
3       CONST robtarget p10 := [[450.74,-101.59,3
4       CONST robtarget p20 := [[450.74,75.08,362
5
6       !声明一个中断的识别号intDI01
7       VAR intnum intDI01;
```

2．在程序模块 Module1 的开始位置声明一个中断识别号变量，使用 RobotStudio 输入第 6、7 行的代码。

```
24  PROC rInitAll()
25      AccSet 100, 100;
26      VelSet 100, 5000;
27      rHome;
28      !清除系统中可能残留的中断识别号
29      IDelete intDI01;
30      !创建一个新的中断连接
31      !将中断识别号inDI01与中断程序tTrap01进行绑定
32      CONNECT intDI01 WITH tTrap01;
33      !将中断识别号intDI01与DI01的信号变化关联
34      ISignalDI DI01,1,intDI01;
35  ENDPROC
```

3．在程序模块 Module1 的例行程序 rInitAll 中，使用 RobotStudio 输入第 28 ～ 34 行的中断程序相关代码。

除了通过数字输入信号变化触发中断以外，还有多个其他类型的触发条件，见表 6-3。

表 6-3 其他类型的触发条件说明

参数	含义
ISignalDO	数字量输出信号变化触发中断
ISignalGI	组输入信号变化触发中断
ISignalGO	组输出信号变化触发中断
ISignalAI	模拟量输入信号变化触发中断
ISignalAO	模拟量输出信号变化触发中断
ITimer	设定时间间隔触发中断
TriggInt	固定位置中断（运动 Motion 拾取列表）
IPers	可变量数据变化触发中断
IError	出现错误时触发中断
IRMQMessage	RAPID 语言消息队列收到指定数据类型时中断

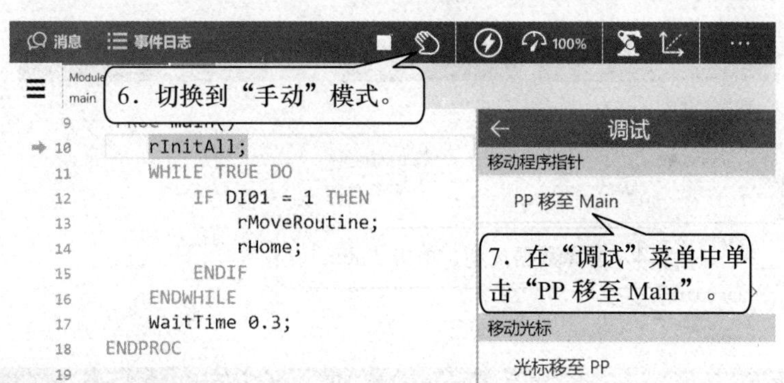

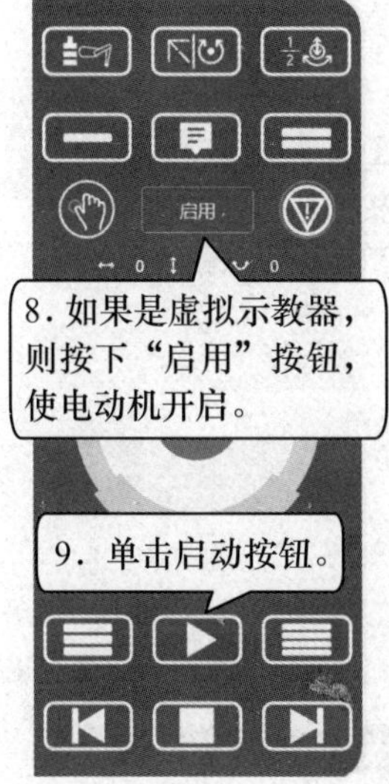

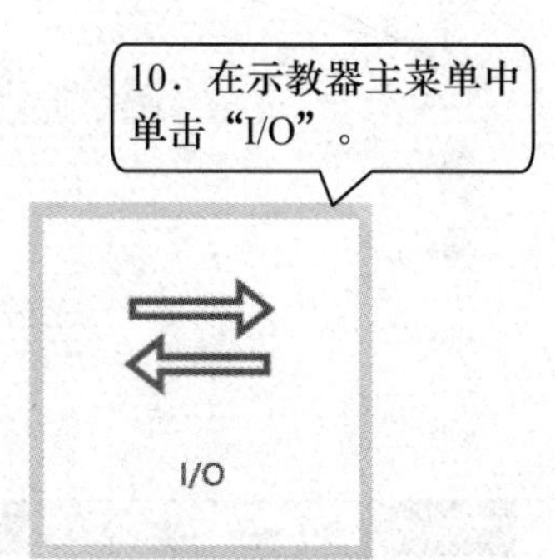

设定完成后，此中断程序只需在初始化例行程序 rInitAll 中执行一遍，就在程序执行的整个过程中都生效。接下来就可以在运行此程序的情况下，变更 DI01 的状态来看看程序数据 reg2 的变化了。

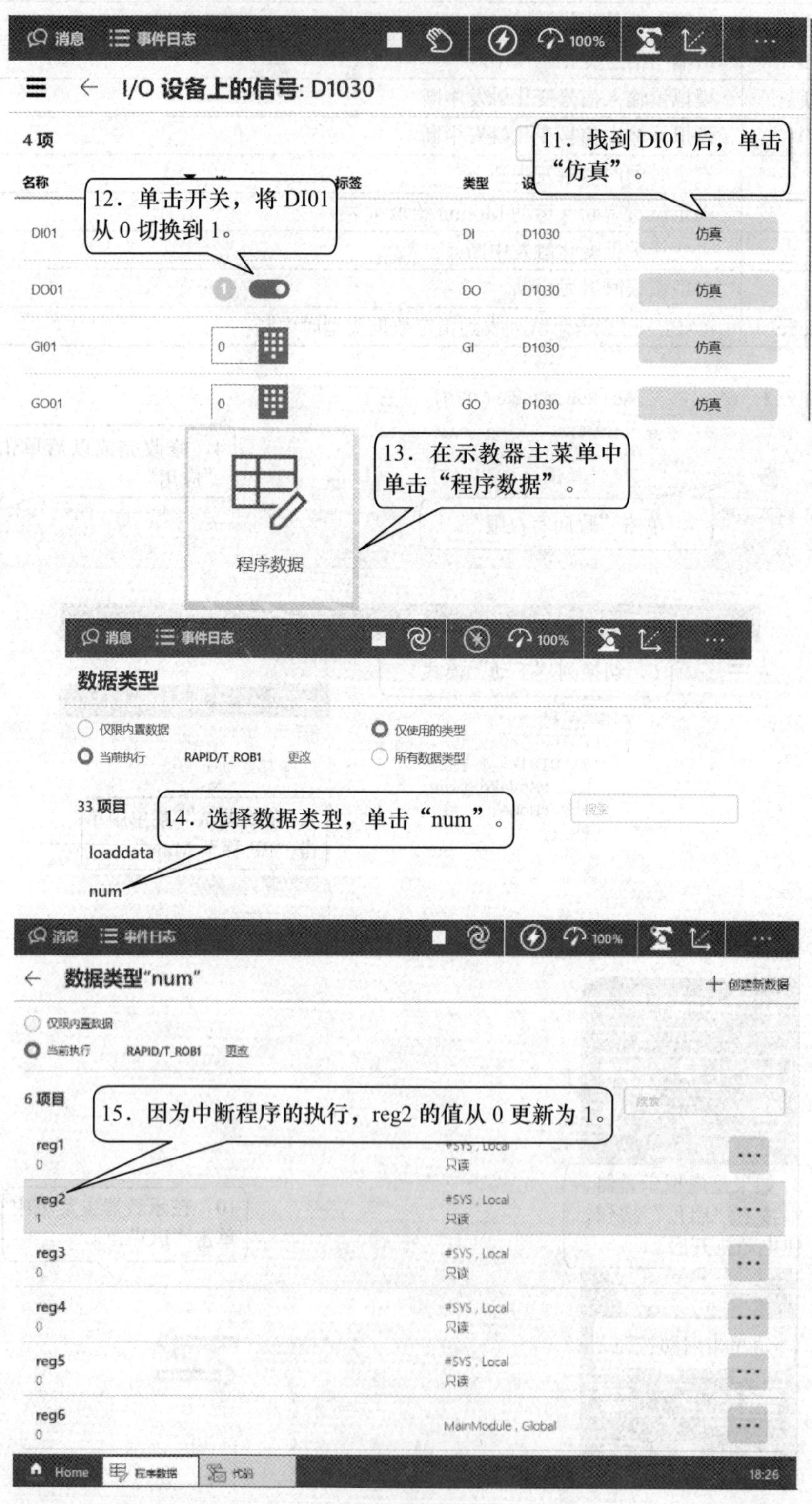

任务 6-8 功能（FUNCTION）的使用

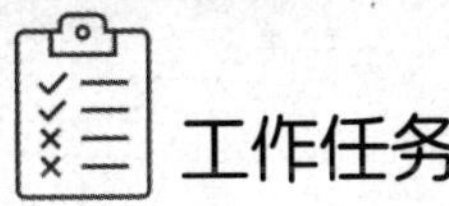

☑ 理解什么是功能（FUNCTION）

☑ 为目标点 p10 增加偏移微调功能

ABB 工业机器人的 RAPID 编程中的功能（FUNCTION）可以看作是带返回值的例行程序，相当于 C 语言语法规则里的函数。ABB 工业机器人系统自带的功能是封装成一个指定功能的模块，只需输入指定类型的数据就可以返回一个值存放到对应的程序数据。如：

```
reg1 := Abs(reg5);
```

功能“Abs”是对操作数 reg5 进行取绝对值的操作，然后将结果赋予 reg1。

使用功能可以有效地提高编程和程序执行的效率。如：

在 Routine1 中，功能“Offs”的作用是基于位置目标点 p10 在 X 方向偏移 100mm、Y 方向偏移 200mm、Z 方向偏移 34mm。

在 Routine2 里，所做的操作结果与 Routine1 一样，但执行的效率就不如 Routine1 了。

```
PROC Routine1()
    p20 := Offs(p10, 100, 200, 34);
ENDPROC
PROC Routine2()
    p20 :=  p10;
    p20.trans.x := p20.trans.x + 100;
    p20.trans.y := p20.trans.y + 200;
    p20.trans.z := p20.trans.z + 34;
ENDPROC
```

一、在示教器添加功能的操作 Abs()

在示教器中，以对程序数据 reg5 取绝对值后，赋值给 reg1 为例进行具体操作流程的说明。

消息
事件日志
100%
T_ROB1
NewProgram
新建例行程序
例行程序
8 项
过滤器： 全部
排序： A - Z
搜索
rInitAll
Procedure
Module1
rMoveRoutine
Procedure
Module1
Routine1
Procedure
Module1
Routine2
Procedure
Routine3
Procedure
Module1
1. 新建一个新的例行程序 Routine3，单击“Routine3”打开。

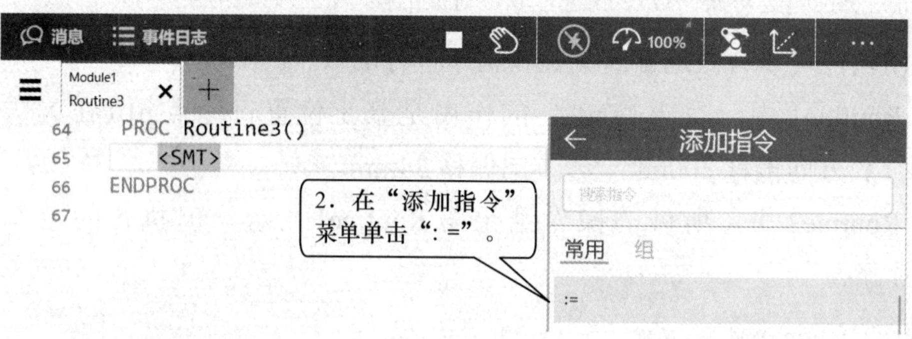
消息
事件日志
100%
Module1
Routine3
64 PROC Routine3()
65 <SMT>
66 ENDPROC
67
添加指令
搜索指令
常用
组
:=
2. 在“添加指令”菜单单击“: =”。

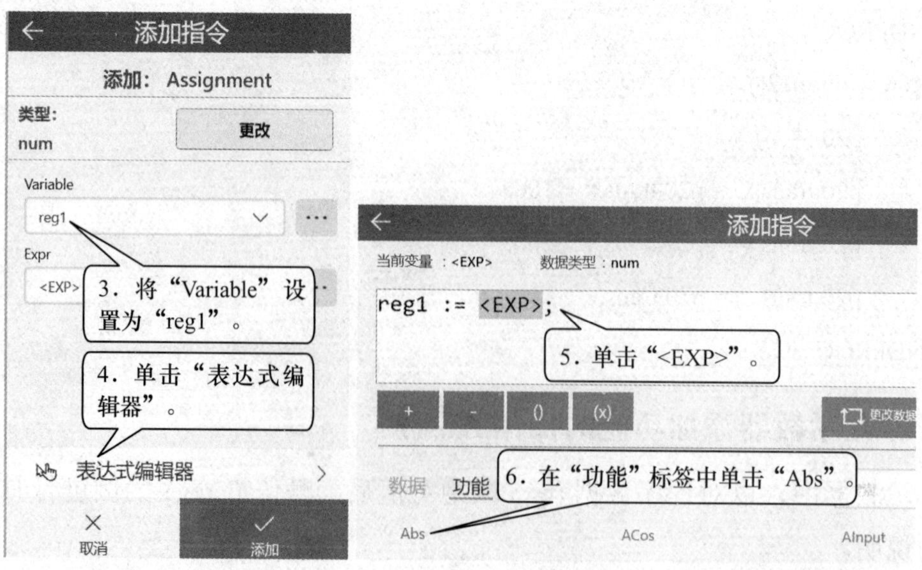
添加指令
添加： Assignment
类型：
num
更改
Variable
reg1
Expr
<EXP>
3. 将“Variable”设置为“reg1”。
4. 单击“表达式编辑器”。
表达式编辑器
取消
添加
添加指令
当前变量 ：<EXP>
数据类型：num
reg1 := <EXP>;
5. 单击“<EXP>”。
+
-
()
(x)
更改数据
数据
功能
6. 在“功能”标签中单击“Abs”。
Abs
ACos
AInput

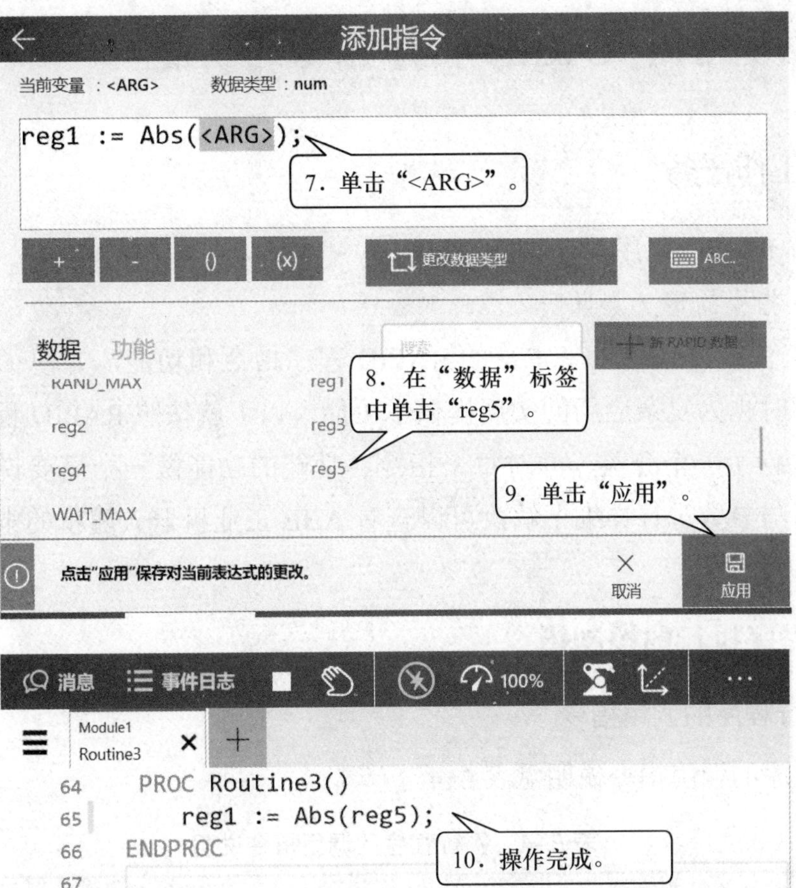

二、在 RobotStudio 添加功能的操作 Offs( )

在 RobotStudio 中，以对程序数据目标点 p10 添加微调 X、Y、Z 方向的功能为例进行具体操作流程的说明。

```
37 PROC rMoveRoutine()
38     MoveJ p10, v300, fine, tool1\WObj:=wobj1;
39     MoveL p20, v300, fine, tool1\WObj:=wobj1;
40 ENDPROC
41
```

1. 在 RobotStudio 中，打开任务 6-4 中创建的例行程序 rMoveRoutine，然后找到 p10 所在的第 38 行。

```
37 PROC rMoveRoutine()
38     MoveJ Offs(p10, 5,10,0), v300, fine, tool1\WObj:=wobj1;
39     MoveL p20, v300, fine, tool1\WObj:=wobj1;
40 ENDPROC
41
```

2. 将 p10 改为 Offs(p10, 5,10,0)，意思是基于 p10 这个目标点在 X 的正方向偏移 5mm、在 Y 的正方向偏移 10mm、而 Z 方向保持不变。

任务 6-9 常用 RAPID 程序指令与功能

工作任务

☑ 理解 RAPID 程序指令与功能的分类

☑ 理解指令的定义与说明

ABB 工业机器人提供了丰富的 RAPID 程序指令和功能，方便了大家对程序的开发，同时也为复杂应用的实现提供了可能。以下就按照 RAPID 程序指令、功能的用途进行了一个分类，并对每个指令、功能的功能做一个简要说明，如需对指令的使用与参数进行详细了解，可以查看 ABB 工业机器人随机的电子手册中的详细说明。

一、程序执行的控制指令

1. 例行程序的调用指令

例行程序的调用指令说明见表 6-4。

表 6-4 例行程序的调用指令说明

指 令	说 明
ProcCall	调用例行程序
CallByVar	通过带变量的例行程序名称调用例行程序
RETURN	返回原例行程序

2. 例行程序内的逻辑控制指令

例行程序内的逻辑控制指令说明见表 6-5。

表 6-5 例行程序内的逻辑控制指令说明

指 令	说 明
Compact IF	如果条件满足，就执行一条指令
IF	当满足不同的条件时，执行对应的程序
FOR	根据指定的次数，重复执行对应的程序
WHILE	如果条件满足，重复执行对应的程序
TEST	对一个变量进行判断，从而执行不同的程序
GOTO	跳转到例行程序内标签的位置
Label	跳转标签

3. 停止例行程序执行指令

停止例行程序执行指令说明见表 6-6。

表 6-6　停止例行程序执行指令说明

指　　令	说　　明
Stop	停止程序执行
EXIT	停止程序执行并禁止在停止处再开始
Break	临时停止程序的执行，用于手动调试
SystemStopAction	停止程序执行与工业机器人运动
ExitCycle	中止当前程序的运行并将程序指针 PP 复位到主程序的第一条指令。如果选择了程序连续运行模式，则程序将从主程序的第一句重新执行

二、变量指令与功能

变量指令主要用于以下方面：

1）对数据进行赋值。

2）等待指令。

3）注释指令。

4）程序模块控制指令。

1. 赋值指令

赋值指令说明见表 6-7。

表 6-7　赋值指令说明

指　　令	说　　明
:=	对程序数据进行赋值

2. 等待指令

等待指令说明见表 6-8。

表 6-8　等待指令说明

指　　令	说　　明
WaitTime	等待一个指定的时间，程序再往下执行
WaitUntil	等待一个条件满足后，程序继续往下执行
WaitDI	等待一个输入信号状态为设定值
WaitDO	等待一个输出信号状态为设定值

3. 程序注释指令

程序注释指令说明见表 6-9。

表 6-9 程序注释指令说明

指 令	说 明
!	对程序进行注释

4. 程序模块加载指令

程序模块加载指令说明见表 6-10。

表 6-10 程序模块加载指令说明

指 令	说 明
Load	从工业机器人硬盘加载一个程序模块到运行内存
UnLoad	从运行内存中卸载一个程序模块
Start Load	在程序执行的过程中，加载一个程序模块到运行内存中
Wait Load	当 Start Load 使用后，使用此指令将程序模块连接到任务中使用
CancelLoad	取消加载程序模块
CheckProgRef	检查程序引用
Save	保存程序模块
EraseModule	从运行内存删除程序模块

5. 变量功能指令及功能

变量功能指令说明见表 6-11、变量功能说明见表 6-12。

表 6-11 变量功能指令说明

指 令	说 明
TryInt	判断数据是否是有效的整数

表 6-12 变量功能说明

功 能	说 明
OpMode	读取当前工业机器人的操作模式
RunMode	读取当前工业机器人程序的运行模式
NonMotionMode	读取程序任务当前是否无运动的执行模式
Dim	获取一个数组的维数
Present	读取带参数例行程序的可选参数值
IsPers	判断一个参数是否是可变量
IsVar	判断一个参数是否是变量

6. 转换功能指令

转换功能指令说明见表 6-13。

表 6-13　转换功能指令说明

指　令	说　明
StrToByte	将字符串转换为指定格式的字节数据
ByteToStr	将字节数据转换成字符串

三、运动设定指令与功能

1. 速度设定功能与指令

速度设定功能说明见表 6-14、速度设定指令说明见表 6-15。

表 6-14　速度设定功能说明

功　能	说　明
MaxRobSpeed	获取当前型号工业机器人可实现的最大 TCP 速度

表 6-15　速度设定指令说明

指　令	说　明
VelSet	设定最大的速度与倍率
SpeedRefresh	更新当前运动的速度倍率
AccSet	定义工业机器人的加速度
WorldAccLim	设定大地坐标中工具与载荷的加速度与减速度
PathAccLim	设定运动路径中 TCP 的加速度与减速度

2. 轴配置管理指令

轴配置管理指令说明见表 6-16。

表 6-16　轴配置管理指令说明

指　令	说　明
ConfJ	关节运动的轴配置控制
ConfL	线性运动的轴配置控制

3. 奇异点的管理指令

奇异点的管理指令说明见表 6-17。

表 6-17　奇异点的管理指令说明

指　令	说　明
SingArea	设定工业机器人运动时，在奇异点的插补方式

4. 位置偏置指令与功能

位置偏置指令说明见表 6-18、位置偏置功能说明见表 6-19。

表 6-18　位置偏置指令说明

指　令	说　明
PDispOn	激活位置偏置
PDispSet	激活指定数值的位置偏置
PDispOff	关闭位置偏置
EOffsOn	激活外轴偏置
EOffsSet	激活指定数值的外轴偏置
EOffsOff	关闭位置偏置

表 6-19　位置偏置功能说明

功　能	说　明
DefDFrame	通过 3 个位置数据计算出位置的偏置
DefFrame	通过 6 个位置数据计算出位置的偏置
ORobT	从 1 个位置数据删除位置偏置
DefAccFrame	从原始位置和替换位置定义一个框架

5. 软伺服功能指令

软伺服功能指令说明见表 6-20。

表 6-20　软伺服功能指令说明

指　令	说　明
SoftAct	激活一个或多个轴的软伺服功能
SoftDeact	关闭软伺服功能

6. 工业机器人参数调整功能指令

工业机器人参数调整功能指令说明见表 6-21。

表 6-21　工业机器人参数调整功能指令说明

指　令	说　明
TuneServo	伺服调整
TuneReset	伺服调整复位
PathResol	几何路径精度调整
CirPathMode	在圆弧插补运动时，工具姿态的变换方式

7. 空间监控管理指令

空间监控管理指令说明见表 6-22。

表 6-22　空间监控管理指令说明

指　令	说　明
WZBoxDef*	定义一个方形的监控空间
WZCylDef*	定义一个圆柱形的监控空间
WZSphDef*	定义一个球形的监控空间
WZHomeJointDef*	定义一个关节轴坐标的监控空间
WZLimJointDef*	定义一个限定为不可进入的关节轴坐标监控空间
WZLimSup*	激活一个监控空间并限定为不可进入
WZDOSet*	激活一个监控空间并与一个输出信号关联
WZEnable*	激活一个临时的监控空间
WZFree*	关闭一个临时的监控空间

* 此指令需要选项“World zones”配合。

四、运动控制指令与功能

1. 工业机器人运动控制指令

工业机器人运动控制指令说明见表 6-23。

表 6-23　工业机器人运动控制指令说明

指　令	说　明
MoveC	TCP 圆弧运动
MoveJ	关节运动
MoveL	TCP 线性运动
MoveAbsJ	轴绝对角度位置运动
MoveExtJ	外部直线轴和旋转轴运动
MoveCDO	TCP 圆弧运动的同时触发一个输出信号
MoveJDO	关节运动的同时触发一个输出信号
MoveLDO	TCP 线性运动的同时触发一个输出信号
MoveCSync	TCP 圆弧运动的同时执行一个例行程序
MoveJSync	关节运动的同时执行一个例行程序
MoveLSync	TCP 线性运动的同时执行一个例行程序

2. 搜索功能指令

搜索功能指令说明见表 6-24。

表 6-24 搜索功能指令说明

指　令	说　明
SearchC	TCP 圆弧搜索运动
SearchL	TCP 线性搜索运动
SearchExtJ	外轴搜索运动

3. 指定位置触发信号与中断功能指令

指定位置触发信号与中断功能指令说明见表 6-25。

表 6-25 指定位置触发信号与中断功能指令说明

指　令	说　明
TriggIO	定义触发条件在一个指定的位置触发输出信号
TriggInt	定义触发条件在一个指定的位置触发中断程序
TriggCheckIO	定义一个指定的位置进行 I/O 状态的检查
TriggEquip	定义触发条件在一个指定的位置触发输出信号，并且对信号响应的延迟进行补偿设定
TriggRampAO	定义触发条件在一个指定的位置触发模拟输出信号，并且对信号响应的延迟进行补偿设定
TriggC	带触发事件的圆弧运动
TriggJ	带触发事件的关节运动
TriggL	带触发事件的线性运动
TriggLIOs	在一个指定的位置触发输出信号的线性运动
StepBwdPath	在 RESTART 的事件程序中进行路径的返回
TriggStopProc	在系统中创建一个监控处理，用在 STOP 和 QSTOP 中需要信号复位和程序数据复位的操作
TriggSpeed	定义模拟输出信号与实际 TCP 速度之间的配合

4. 出错或中断时的运动控制指令与功能

出错或中断时的运动控制指令与功能说明见表 6-26、表 6-27。

表 6-26 出错或中断时的运动控制指令说明

指　令	说　明
StopMove	停止工业机器人运动
StartMove	重新启动工业机器人运动
StartMoveRetry	重新启动工业机器人运动及相关的参数设定

（续）

指　　令	说　　明
StopMoveReset	对停止运动状态复位，但不重新启动工业机器人
StorePat*	储存已生成的最近的路径
RestoPath*	重新生成之前储存的路径
ClearPath	在当前的运动路径级别中，清空整个运动路径
PathLevel	获取当前路径级别
SyncMoveSuspend*	在 StorePath 的路径级别中暂停同步坐标的运动
SyncMoveResume*	在 StorePath 的路径级别中重返同步坐标的运动

* 此指令需要选项“Path recovery”配合。

表 6-27　出错或中断时的运动控制功能说明

功　　能	说　　明
IsStopMoveAct	获取当前停止运动标志符

5. 外轴的控制指令与功能

外轴的控制指令与功能说明见表 6-28、表 6-29。

表 6-28　外轴的控制指令说明

指　　令	说　　明
DeactUnit	关闭一个外轴单元
ActUnit	激活一个外轴单元
MechUnitLoad	定义外轴单元的有效载荷

表 6-29　外轴的控制功能说明

功　　能	说　　明
GetNextMechUnit	检索外轴单元在机器人系统中的名字
IsMechUnitActive	检查一个外轴单元状态是关闭 / 激活

6. 独立轴控制指令与功能

独立轴控制指令与功能说明见表 6-30、表 6-31。

表 6-30　独立轴控制指令说明

指　　令	说　　明
IndAMove*	将一个轴设定为独立轴模式并进行绝对位置方式运动
IndCMove*	将一个轴设定为独立轴模式并进行连续方式运动
IndDMove*	将一个轴设定为独立轴模式并进行角度方式运动
IndRMove*	将一个轴设定为独立轴模式并进行相对位置方式运动
IndReset*	取消独立轴模式

* 此指令需要选项“Independent movement”配合。

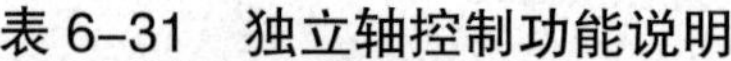

表 6-31　独立轴控制功能说明

功　能	说　明
IndInpos*	检查独立轴是否已到达指定位置
IndSpeed*	检查独立轴是否已到达指定的速度

* 此指令需要选项“Independent movement”配合。

7. 路径修正指令与功能

路径修正指令与功能说明见表 6-32、表 6-33。

表 6-32　路径修正指令说明

指　令	说　明
CorrCon*	连接一个路径修正生成器
CorrWrite*	将路径坐标系统中的修正值写到修正生成器
CorrDiscon*	断开一个已连接的路径修正生成器
CorrClear*	取消所有已连接的路径修正生成器

* 此指令需要选项“Path offset or RobotWare-Arc sensor”配合。

表 6-33　路径修正功能说明

功　能	说　明
CorrRead*	读取所有已连接的路径修正生成器的总修正值

* 此指令需要选项“Path offset or RobotWare-Arc sensor”配合。

8. 路径记录指令与功能

路径记录指令与功能说明见表 6-34、表 6-35。

表 6-34　路径记录指令说明

指　令	说　明
PathRecStart*	开始记录工业机器人的路径
PathRecStop*	停止记录工业机器人的路径
PathRecMoveBwd*	工业机器人根据记录的路径做后退运动
PathRecMoveFwd*	工业机器人运动到执行 PathRecMoveBwd 这个指令的位置上

* 此指令需要选项“Path recovery”配合。

表 6-35　路径记录功能说明

功　能	说　明
PathRecValidBwd*	检查是否已激活路径记录和是否有可后退的路径
PathRecValidFwd*	检查是否有可向前的记录路径

* 此指令需要选项“Path recovery”配合。

9. 输送链跟踪指令

输送链跟踪指令说明见表 6-36。

表 6-36　输送链跟踪指令说明

指　　令	说　　明
WaitWObj*	等待输送链上的工件坐标
DropWObj*	放弃输送链上的工件坐标

* 此指令需要选项“Conveyor tracking”配合。

10. 传感器同步指令

传感器同步指令说明见表 6-37。

表 6-37　传感器同步指令说明

指　　令	说　　明
WaitSensor*	将一个在开始窗口的对象与传感器设备关联起来
SyncToSensor*	开始 / 停止工业机器人与传感器设备的运动同步
DropSensor*	断开当前对象的连接

* 此指令需要选项“Sensor synchronization”配合。

11. 有效载荷与碰撞检测指令

有效载荷与碰撞检测指令说明见表 6-38。

表 6-38　有效载荷与碰撞检测指令说明

指　　令	说　　明
MotionSup*	激活 / 关闭运动监控
LoadId	工具或有效载荷的识别
ManLoadId	外轴有效载荷的识别

* 此指令需要选项“Collision detection”配合。

12. 关于位置的功能

关于位置的功能说明见表 6-39。

表 6-39　关于位置的功能说明

功　　能	说　　明
Offs	对工业机器人的位置进行偏移
RelTool	对工业机器人的位置和工具的姿态进行偏移
CalcRobT	从 jointtarget 计算出 robtarget
CPos	读取工业机器人当前的 X、Y、Z 值
CRobT	读取工业机器人当前的 robtarget
CJointT	读取工业机器人当前的关节轴角度
ReadMotor	读取轴电动机当前的角度

（续）

功　能	说　明
CTool	读取工具坐标当前的数据
CWObj	读取工件坐标当前的数据
MirPos	镜像一个位置
CalcJointT	从 robtarget 计算出 jointtarget
Distance	计算两个位置的距离
PFRestart	检查当路径因电源关闭而中断的时候
CSpeedOverride	读取当前使用的速度倍率

五、输入 / 输出信号的处理指令与功能

工业机器人可以在程序中对输入 / 输出信号进行读取与赋值，以实现程序控制的需要。

1. 对输入 / 输出信号的值进行设定指令

对输入 / 输出信号的值进行设定指令说明见表 6-40。

表 6-40　对输入 / 输出信号的值进行设定指令说明

指　令	说　明
InvertDO	对一个数字输出信号的值置反
PulseDO	对数字输出信号进行脉冲输出
Reset	将数字输出信号置为 0
Set	将数字输出信号置为 1
SetAO	设定模拟输出信号的值
SetDO	设定数字输出信号的值
SetGO	设定组输出信号的值

2. 读取和判断输入 / 输出信号值功能与指令

读取和判断输入 / 输出信号值功能与指令说明见表 6-41、表 6-42。

表 6-41　读取和判断输入 / 输出信号值功能说明

功　能	说　明
AOutput	读取模拟输出信号的当前值
DOutput	读取数字输出信号的当前值
GOutput	读取组输出信号的当前值
TestDI	检查一个数字输入信号已置 1
ValidIO	检查 I/O 信号是否有效

表 6-42　读取和判断输入 / 输出信号值指令说明

指　令	说　明
WaitDI	等待一个数字输入信号的指定状态
WaitDO	等待一个数字输出信号的指定状态
WaitGI	等待一个组输入信号的指定值
WaitGO	等待一个组输出信号的指定值
WaitAI	等待一个模拟输入信号的指定值
WaitAO	等待一个模拟输出信号的指定值

3. I/O 模块的控制指令

I/O 模块的控制指令说明见表 6-43。

表 6-43　I/O 模块的控制指令说明

指　令	说　明
IODisable	关闭一个 I/O 模块
IOEnable	开启一个 I/O 模块

六、通信功能指令与功能

1. 示教器上人机交互界面指令

示教器上人机交互界面指令说明见表 6-44。

表 6-44　示教器上人机交互界面指令说明

指　令	说　明
TPErase	清屏
TPWrite	在示教器操作界面上写信息
ErrWrite	在示教器事件日志中写报警信息并储存
TPReadFK	互动的功能键操作
TPReadNum	互动的数字键盘操作
TPShow	通过 RAPID 程序打开指定的窗口

2. Sockets 通信指令与功能

Sockets 通信指令与功能说明见表 6-45、表 6-46。

表 6-45　Sockets 通信指令说明

指　令	说　明
SocketCreate	创建新的 Socket
SocketConnect	连接远程计算机
SocketSend	发送数据到远程计算机
SocketReceive	从远程计算机接收数据
SocketClose	关闭 Socket

表 6-46　Sockets 通信功能说明

功　能	说　明
SocketGetStatus	获取当前 Socket 状态

七、中断程序指令

1. 中断设定指令

中断设定指令说明见表 6-47。

表 6-47　中断设定指令说明

指　令	说　明
CONNECT	连接一个中断符号到中断程序
ISignalDI	使用一个数字输入信号触发中断
ISignalDO	使用一个数字输出信号触发中断
ISignalGI	使用一个组输入信号触发中断
ISignalGO	使用一个组输出信号触发中断
ISignalAI	使用一个模拟输入信号触发中断
ISignalAO	使用一个模拟输出信号触发中断
ITimer	计时中断
TriggInt	在一个指定的位置触发中断
IPers	使用一个可变量触发中断
IError	当一个错误发生时触发中断
IDelete	取消中断

2. 中断的控制指令

中断的控制指令说明见表 6-48。

表 6-48　中断的控制指令说明

指　令	说　明
ISleep	关闭一个中断
IWatch	激活一个中断
IDisable	关闭所有中断
IEnable	激活所有中断

八、系统相关的指令与功能

时间控制指令与功能见表 6-49、表 6-50。

表 6-49　时间控制指令说明

指　令	说　明
ClkReset	计时器复位
ClkStart	计时器开始计时
ClkStop	计时器停止计时

表 6-50　时间控制功能说明

功　能	说　明
ClkRead	读取计时器数值
CDate	读取当前日期
CTime	读取当前时间
GetTime	读取当前时间为数字型数据

九、数学运算指令与功能

1. 简单运算指令

简单运算指令说明见表 6-51。

表 6-51　简单运算指令说明

指　令	说　明
Clear	清空数值
Add	加或减操作
Incr	加 1 操作
Decr	减 1 操作

2. 算术功能

算术功能说明见表 6-52。

表 6-52　算术功能说明

功　能	说　明
Abs	取绝对值
Round	四舍五入
Trunc	舍位操作
Sqrt	计算二次根
Exp	计算指数值 e^x
Pow	计算指数值
ACos	计算圆弧余弦值
ASin	计算圆弧正弦值
ATan	计算圆弧正切值 [−90,90]
ATan2	计算圆弧正切值 [−180,180]
Cos	计算余弦值
Sin	计算正弦值
Tan	计算正切值
EulerZYX	从姿态计算欧拉角
OrientZYX	从欧拉角计算姿态

自我测评与练习题

一、自我测评

自我测评见表 6-53。

表 6-53　自我测评

要　　求	自我评价			备　注
	掌　握	理　解	再　学	
学会基本的图形化程序编程				
理解什么是任务、程序模块和例行程序				
掌握常用的 RAPID 程序指令				
学会建立一个可以运行的基本 RAPID 程序				
学会基本 RAPID 程序调试				
学会创建带参数的例行程序				
学会创建中断程序				
学会功能 FUNCTION 的使用				
掌握常用 RAPID 程序指令与功能				

二、练习题

1．创建一个从 A 点移动到 B 点的图形化程序。

2．简述什么是任务、程序模块和例行程序？

3．简述 MoveL、MoveJ、MoveC 的区别。

4．简述 MoveAbsJ 指令的作用。

5．请列出三个常用的 I/O 控制指令。

6．简述 WHILE 指令的作用。

7．简述一个基本的 RAPID 程序的架构。

8．简述基本 RAPID 程序调试的流程。

9．什么是带参数的例行程序？

10．什么是中断程序？

11．什么是功能 FUNCTION ？

项目 7　ABB 工业机器人典型应用调试实战

任务目标

1．学会 ABB 工业机器人轨迹应用的调试

2．学会 ABB 工业机器人典型搬运应用的调试

3．学会 ABB 工业机器人与工业相机通信的调试

4．学会 ABB 工业机器人的一般调试步骤

任务描述

工业机器人应用领域相当广泛，只要有大批量重复人力劳动需求的地方就会有工业机器人的应用。现在工业机器人最广泛的应用有焊接、搬运、码垛、组装和切割等，并且随着新技术新工艺的发展，视觉在各大应用中扮演的角色变得尤为重要，新应用也在不断增加。

追根溯源，可以将工业机器人的应用归纳成两个典型：轨迹和搬运。只要掌握这两种应用的调试方法，再搭配视觉的使用，就可以应对千变万化的现场应用调试。

准备工作

本项目中需要使用到的工作站打包文件和软件可以通过关注微信公众号 robotpartnerweixin 进行获取。

工作站打包文件的解压与运行是在 RobotStudio 中进行的，所以在开始本项目的执行前，请先在计算机中安装好 RobotStudio 2021 或以上版本，RobotWare7.60 或以上版本。

任务 7-1 ABB 工业机器人轨迹应用的调试

工作任务

☑ 轨迹应用 I/O 信号创建
☑ 轨迹应用工具坐标系标定
☑ 轨迹应用工件坐标系标定
☑ 星形轨迹程序编写及调试
☑ 圆形轨迹程序编写及调试
☑ 轨迹应用主程序调试及运行

一、任务准备

1）双击 PathStn.exe（图 7-1），打开轨迹工作站视图文件。

2）运行此工作站，先查看本任务完成后的运行效果，做到心中有数。具体操作如下：

图 7-1 PathStn.exe

注意：目标文件夹指向的路径不能有中文字符；

3）等待解压过程，待完全解压之后，单击关闭即可。

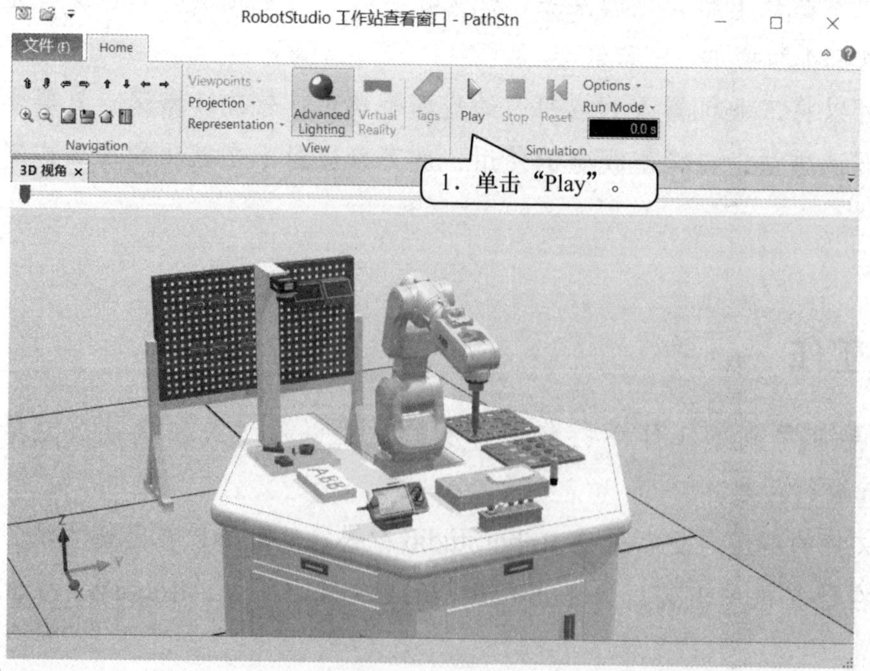

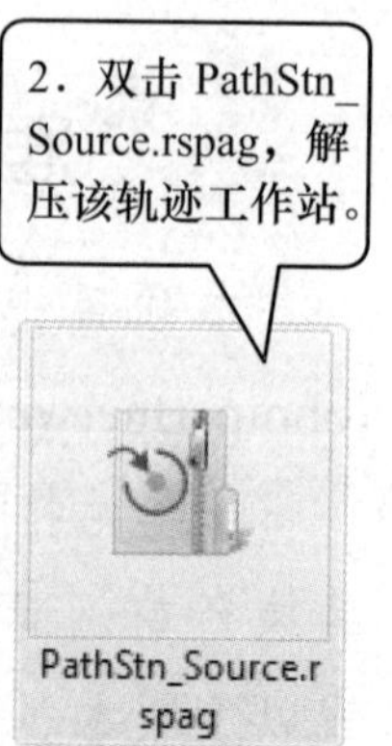

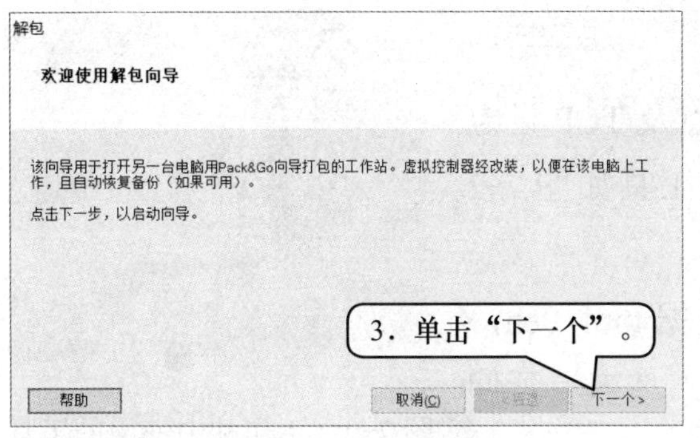

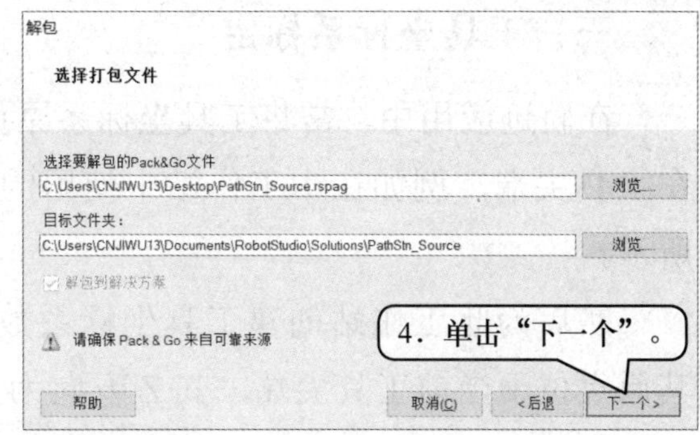

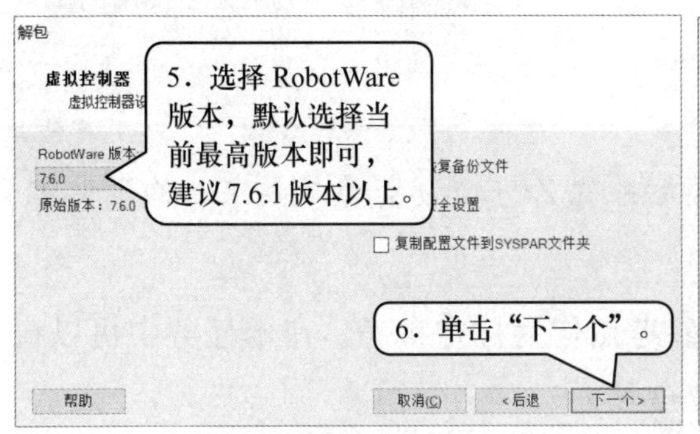

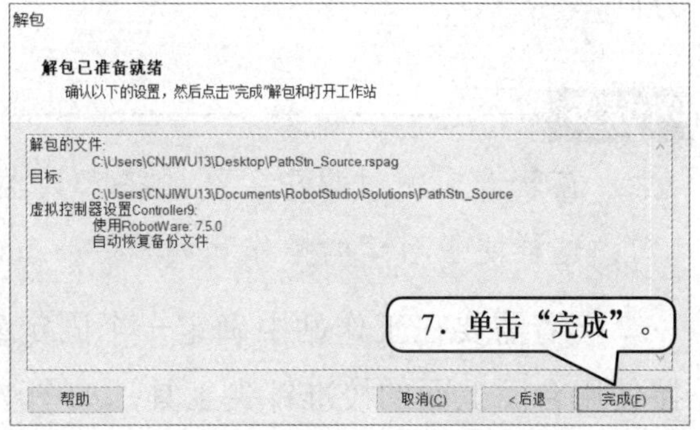

二、I/O 信号创建

在本工作站中，需要用到的 I/O 信号不多，只需创建一个数字输出信号作为工具笔的动作信号，例如涂胶应用中用于控制胶枪的开启和开闭，激光切割应用中用于激光的开启与关闭。

本工作站中机器人系统使用 C30 控制器，配备标准 I/O 模块 Local_I/O，基于内部 EtherNet/IP 通信，默认地址为 192.168.125.100，利用该板卡的第一个数字输出端口作为工具笔的控制信号 do_Pen。

Local_I/O 板卡对应的属性见表 7-1。

表 7-1　Local_I/O 板卡对应的属性

Name	Connected to Industrial Network	Address
ABB_Scalable_IO	EtherNetIP	192.168.125.100

do_Pen 对应的属性见表 7-2

表 7-2　do_Pen 对应的属性

Name	Type of Signal	Assigned to Device	Device Mapping
do_Pen	Digital Output	ABB_Scalable_IO	0

小技巧

关于如何在示教器中创建通信板卡和 I/O 信号的过程可参考本书项目 4 中的相关内容。

三、工具坐标系标定

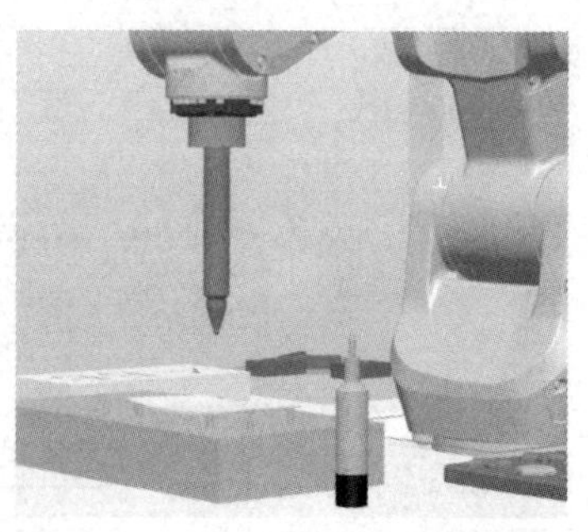

图 7-2　工作站中使用的工具

在轨迹应用中，常将工具坐标系原点及 TCP 设定在工具尖端，例如在本工作站中使用的工具如图 7-2 所示。

然后为此工作站创建工具坐标系数据 tool_Pen，其原点位于当前工具尖端，其 Z 方向为工具末端延伸方向。

小技巧

在轨迹应用过程中，一般将工具坐标系的 Z 方向设定为工具末端的延伸方向，这样便于后续的操作和编程。

接着需要在工作站中确定一个固定参考点作为标定参考，在本任务中可以直接使用台面上面的校准针尖工具，如图 7-3 所示。

在示教器“校准”—“工具”菜单中，创建一个工具坐标系数据，名称为 tool_Pen，然后在定义位置界面中，将“点数”设定为“4”，用 4 种不同姿态到达校准点，然后将校准针尖工具作为固定参考点，如图 7-4、图 7-5 所示。

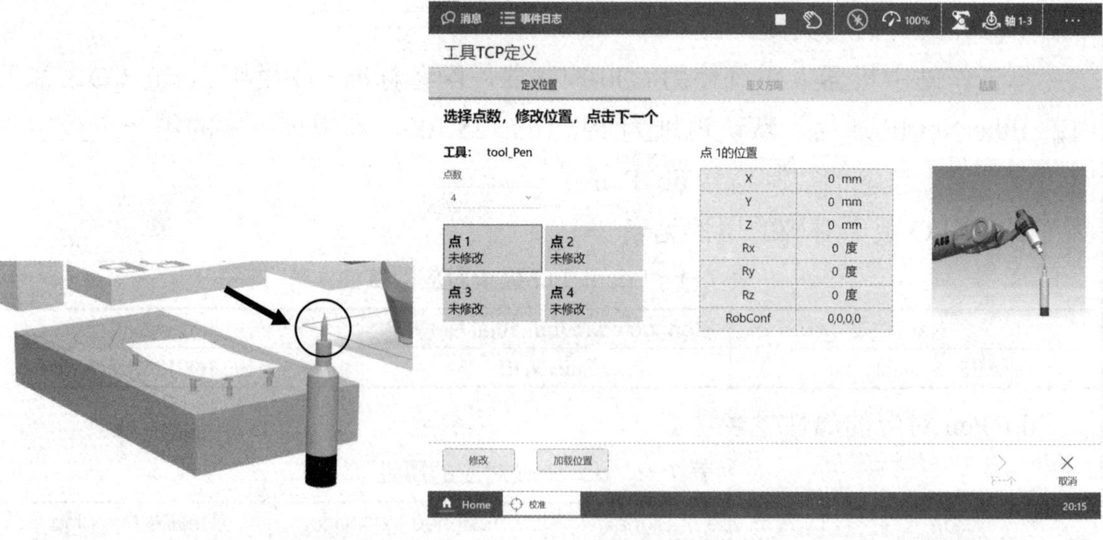

图 7-3　校准针尖工具　　　　图 7-4　创建一个工具坐标系数据

小技巧

TCP 标定点的数量是可以自定义的，单击“点数”框中的下拉键，可以从 3 ～ 9 中进行选择，标定点数越多，越容易标定出更准确的 TCP。

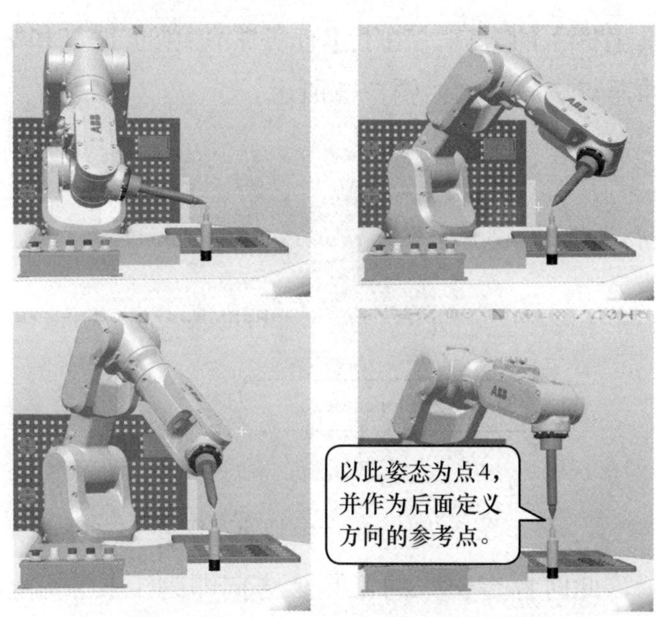

以此姿态为点4，
并作为后面定义
方向的参考点。

图 7-5　将校准针尖工具作为固定参考点

小技巧

标定点的姿态选取应尽量差异大一些，这样才容易标定出更准确的 TCP。

在标定过程中，为了便于后续标定工具坐标系方向，一般将最后一个 TCP 标定点调整至工具末端与校准针尖工具完全竖直的姿态，所以在此任务中将第 4 个标定点设为图 7-5 所示姿态。

接下来，在定义方向中将“方法”设定为“TCP 和 Z”，如图 7-6 所示。

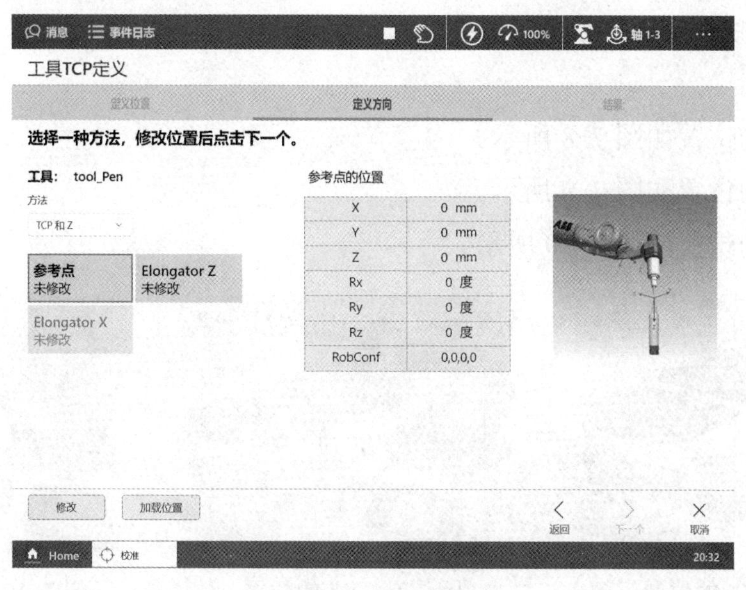

图 7-6　定义方向

然后标定工具坐标系的方向，由于本任务中使用的 TCP 和 Z 方法，所以此处只需标定一个延伸器点 Z，该点如图 7-7 所示。

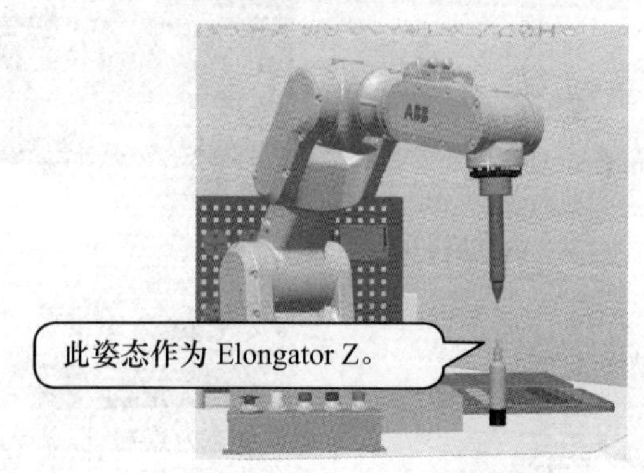

图 7-7　标定一个延伸器点 Z

如图 7-7 所示，此时标定出来的工具 Z 方向即为工具末端的延伸方向，满足了之前提出的需求。

小技巧

工具坐标系方向的标定原理为：设置的延伸器点朝向固定参考点的方向即为当前所标定方向的正方向。

四、工件坐标系标定

轨迹应用一般都需要根据实际工件位置设置工件坐标系，这样便于后续的操作和编程处理。在手动操作窗口中创建一个工件坐标数据 Wobj_Path，然后利用用户三点法进行标定。在本任务中可以利用矩形体工装上的边角作为标定所需的 X1、X2、Y1。

1）X1 的位置如图 7-8 所示。

2）X2 的位置如图 7-9 所示。

3）Y1 的位置如图 7-10 所示。

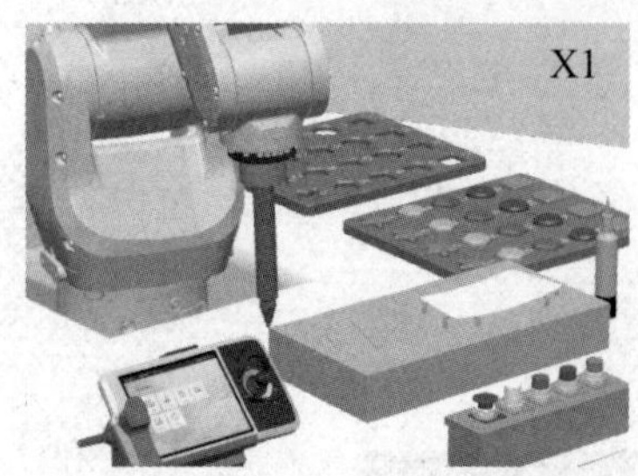

图 7-8　X1 的位置

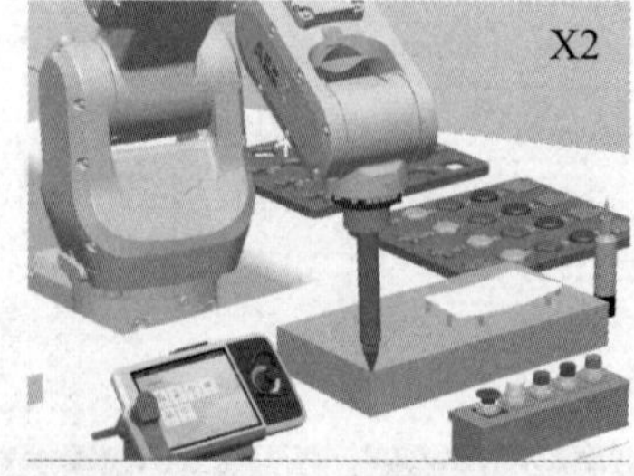

图 7-9　X2 的位置

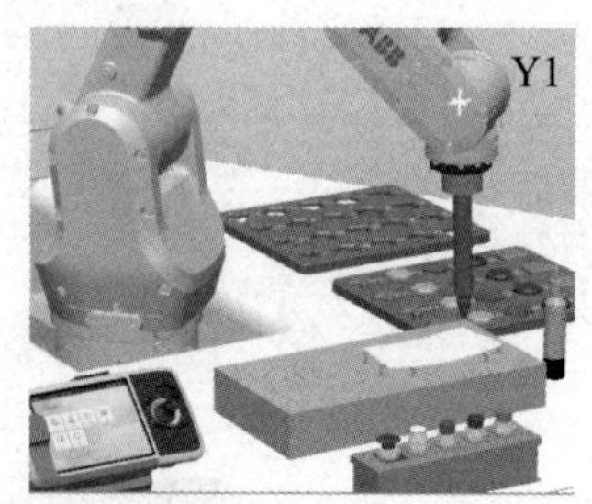

图 7-10　Y1 的位置

小技巧

在设置工件坐标系时，需要思考一下，根据当前选取的 3 个参考点进行标定，根据右手定则构成的坐标系 XYZ 的朝向是否便于后续的操作和编程，尤其是 Z 方向。

五、星形轨迹程序编写及调试

进入示教器的代码菜单，新建一个程序模块 Path_Module。

之后即可在 rPath1 中来编辑星形轨迹。星形槽至少需要示教 5 个点位，如图 7-11 所示。

在添加运动指令之前，首先需要在手动操纵界面里面确认好当前激活的工具坐标系和工件坐标系。在此任务中工具需要设置为 tool_Pen，工件坐标需要设置为 wobj_Path。

然后返回程序编辑器菜单，依次添加运动指令（图 7-12），首先使工业机器人直线运动至点 1 位置，之后直线运动至点

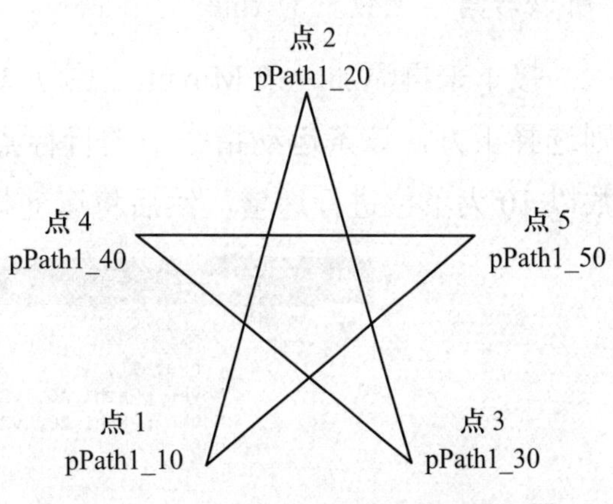

图 7-11　在 rPath1 中来编辑星形轨迹

2、点 3、点 4、点 5，最后返回点 1，完成整个星形槽轨迹。

3．在快捷菜单中打开“微动”。

4．正确选择工具和工件坐标。

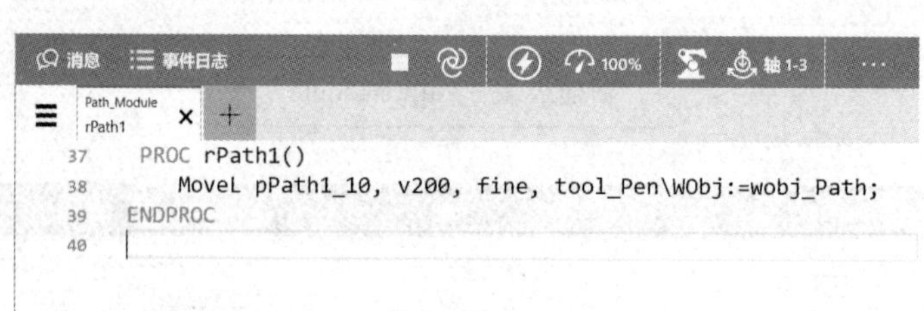

图 7-12　依次添加运动指令

小技巧

1）为了便于维护管理，一般需要对目标点进行命名。

2）因为点 1 是星形槽轨迹的加工起点，需要工业机器人完全到达此位置，所以转角路径设置为 fine。

接下来再添加一条 MoveL（图 7-13），若出现添加在上方或者下方的提示，则选择下方，该条运动指令中的目标点名称会按照之前的命名规则自动命名，尾数以 10 为单位进行递增，然后将运动指令中的转角路径更改为 z1。

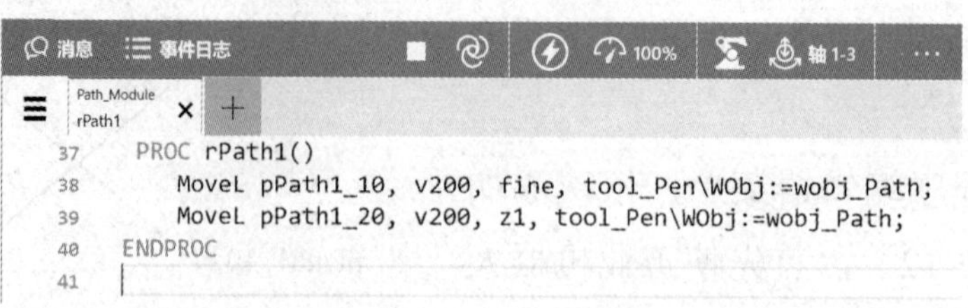

图 7-13　添加一条 MoveL

小技巧

工业在机器人运动轨迹中，转弯数据都是 fine，会造成在运动轨迹中每到达一个点位工业机器人都会停顿一下，所以一般建议设置一个较小的转角路径数据。

接着继续添加直线运动指令 MoveL 来执行星形槽的其余轨迹，目标点仍然会自动命名，分别为 pPath1_30、pPath1_40、pPath1_50，速度继续默认为之前的速度值 v200，转角路径更改为 z1；最后再线性运行回 pPath1_10。如图 7-14 所示。

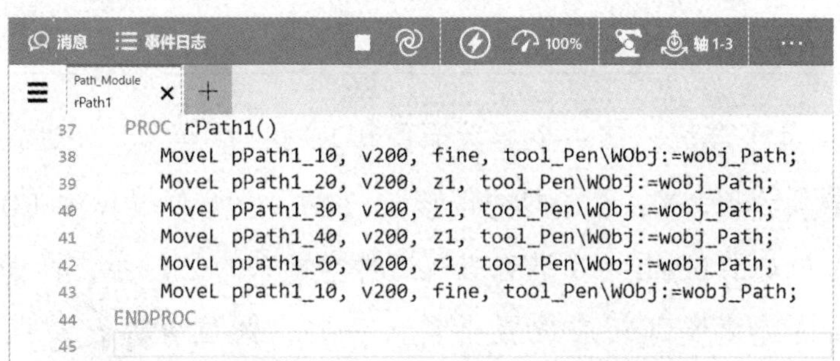

图 7-14　添加直线运动指令 MoveL

小技巧

最后一条 MoveL 运动作为星形槽最后一段轨迹，需要完全到达终点，所以此条运动中的转角路径更改为 fine。

至此，已经完成了星形槽轨迹的主体部分，随后还需要增加轨迹的接近点和离开点，接近点一般设置在加工轨迹的起点上方，离开点一般设置在加工轨迹的终点上方，接近点和离开点可以使用示教的方式进行添加，也可以通过偏移的方式来获取。如图 7-15 所示，左图为加工起始点位置，右图为接近点位置。

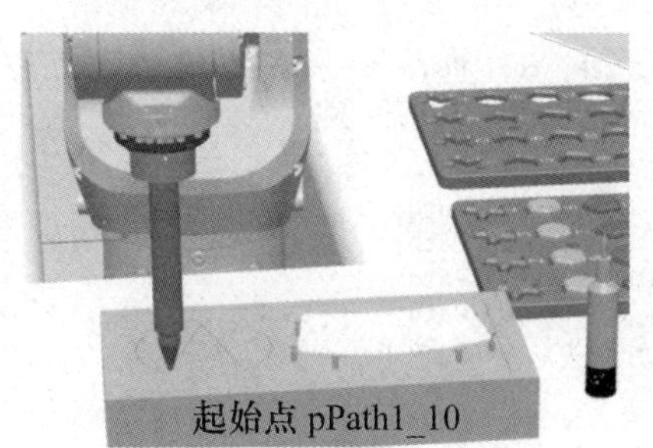

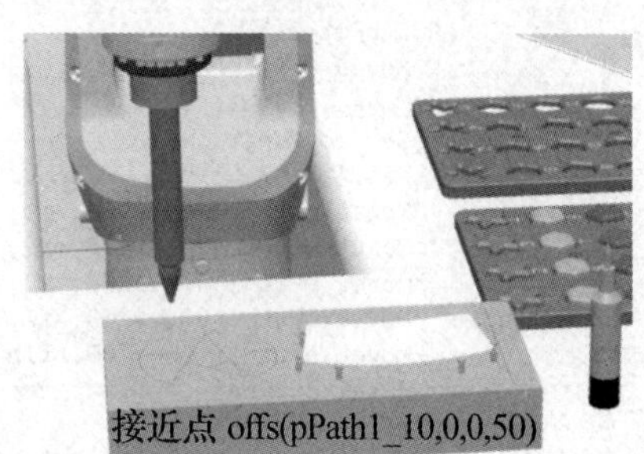

图 7-15　增加轨迹的起始点和接近点

接下来在程序编辑器中进行程序编辑，如图 7-16 所示。

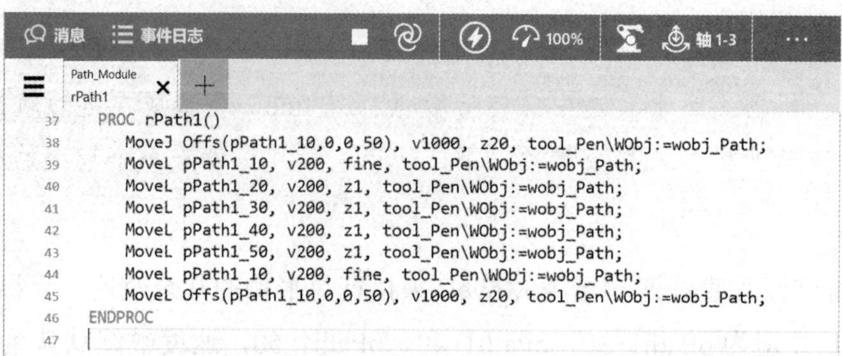

```
PROC rPath1()
    MoveJ Offs(pPath1_10,0,0,50), v1000, z20, tool_Pen\WObj:=wobj_Path;
    MoveL pPath1_10, v200, fine, tool_Pen\WObj:=wobj_Path;
    MoveL pPath1_20, v200, z1, tool_Pen\WObj:=wobj_Path;
    MoveL pPath1_30, v200, z1, tool_Pen\WObj:=wobj_Path;
    MoveL pPath1_40, v200, z1, tool_Pen\WObj:=wobj_Path;
    MoveL pPath1_50, v200, z1, tool_Pen\WObj:=wobj_Path;
    MoveL pPath1_10, v200, fine, tool_Pen\WObj:=wobj_Path;
    MoveL Offs(pPath1_10,0,0,50), v1000, z20, tool_Pen\WObj:=wobj_Path;
ENDPROC
```

图 7-16　在程序编辑器中进行程序编辑

小技巧

1）Offs 中有 4 个参数，第一个参数为偏移基准目标点，此处设置为 pPath1_10，后续三个参数分别为 X、Y、Z 方向的偏移量，将三个参数编辑为（0，0，50），即将此位置设置为相对于 pPath1_10 沿着当前工件坐标系的 Z 轴正方向偏移 50mm。

2）非加工轨迹速度可相应设置得较大一些，此位置为过渡点，所以需要设置适当的转角数据。

3）添加离开点，此轨迹中离开点与接近点可以设置为同一位置，所以可以直接复制第一行，粘贴到最后一行的后面；不过因为最后一条运动的起点是在工件表面，此时需要直线运动至离开点，这样可以避免在离开过程中发生碰撞。

最后还需要增加对工具控制信号（do_Pen）的控制指令，如图 7-17 所示，使用 Set 置位指令和 ReSet 复位指令。

```
PROC rPath1()
    MoveJ Offs(pPath1_10,0,0,50), v1000, z20, tool_Pen\WObj:=wobj_Path;
    MoveL pPath1_10, v200, fine, tool_Pen\WObj:=wobj_Path;
    Set do_Pen;
    WaitTime 0.5;
    MoveL pPath1_20, v200, z1, tool_Pen\WObj:=wobj_Path;
    MoveL pPath1_30, v200, z1, tool_Pen\WObj:=wobj_Path;
    MoveL pPath1_40, v200, z1, tool_Pen\WObj:=wobj_Path;
    MoveL pPath1_50, v200, z1, tool_Pen\WObj:=wobj_Path;
    MoveL pPath1_10, v200, fine, tool_Pen\WObj:=wobj_Path;
    Reset do_Pen;
    WaitTime 0.5;
    MoveL Offs(pPath1_10,0,0,50), v1000, z20, tool_Pen\WObj:=wobj_Path;
ENDPROC
```

图 7-17　增加对工具控制信号（do_Pen）的控制指令

小技巧

工具控制信号之后一般需要增加延迟，利用 WaitTime 指令将等待时间设置为 0.5。

接下来，完成 pPath1_10 至 pPath1_50 各个点位的示教，利用手动操纵，将工业机器人移动至星形槽轨迹的起点，如图 7-18 所示。

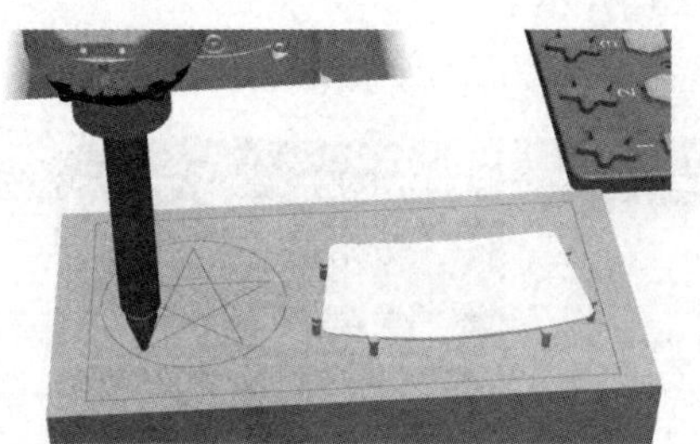

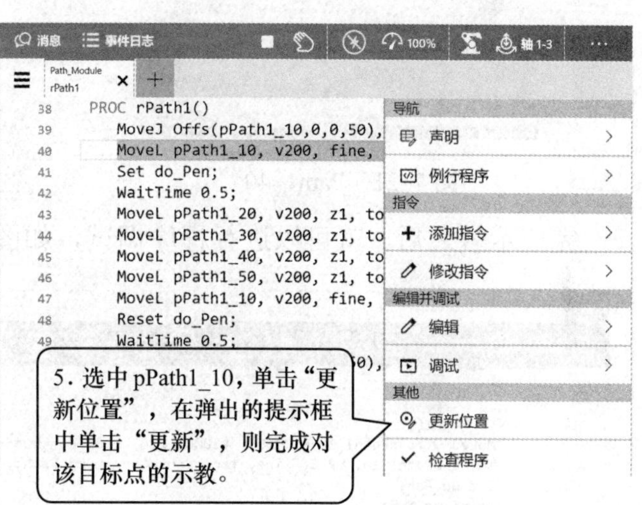

图 7-18　完成 pPath1_10 至 pPath1_50 各个点位的示教

小技巧

示教目标时，需要将工具调整一下姿态。在此段轨迹中，需要将工具末端方向垂直于当前星形槽所处的平面，即法线方向。

依次类推，完成后续目标点的示教，各目标示例如下：

1）Path1_20 如图 7-19 所示。

2）Path1_30 如图 7-20 所示。

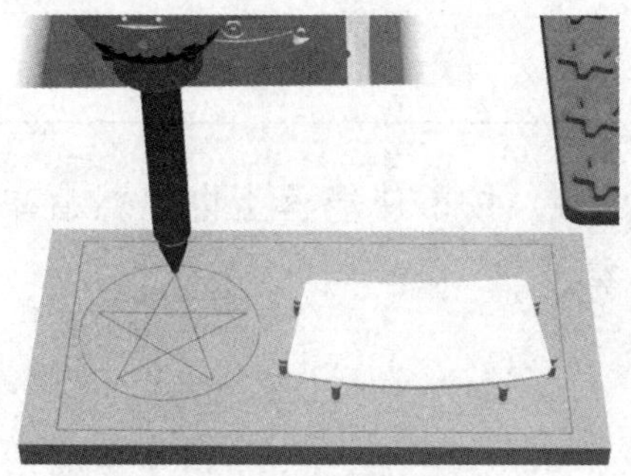

图 7-19　Path1_20

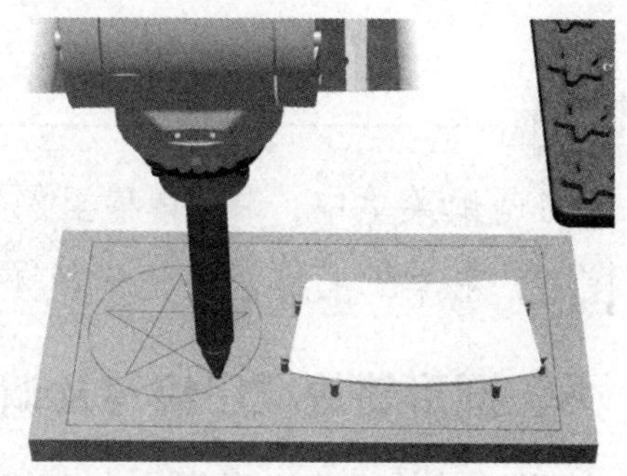

图 7-20　Path1_30

3）Path1_40 如图 7-21 所示。

4）Path1_50 如图 7-22 所示。

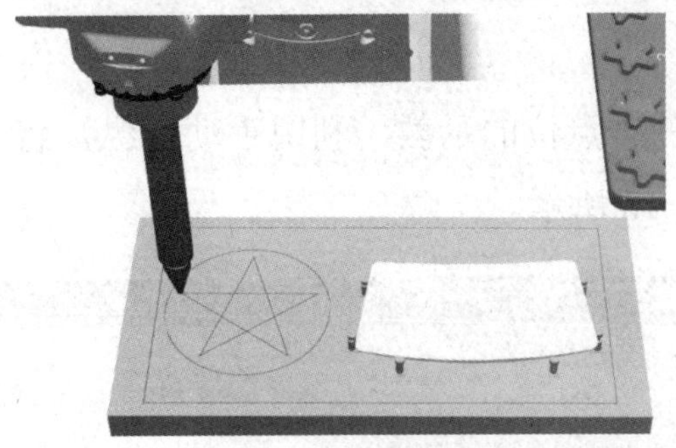

图 7-21　Path1_40

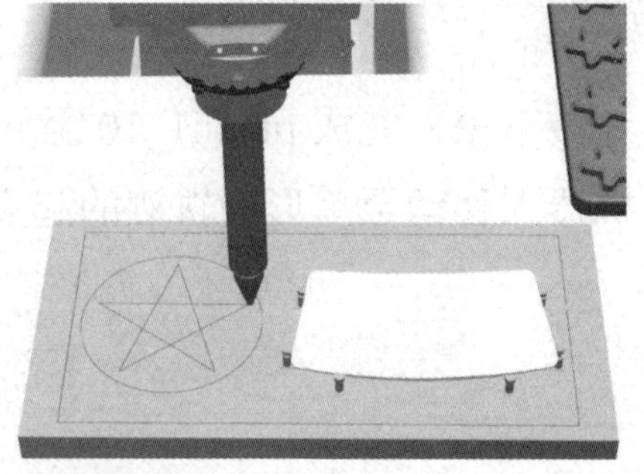

图 7-22　Path1_50

完成示教之后，就可以进行程序调试，如图 7-23 所示。

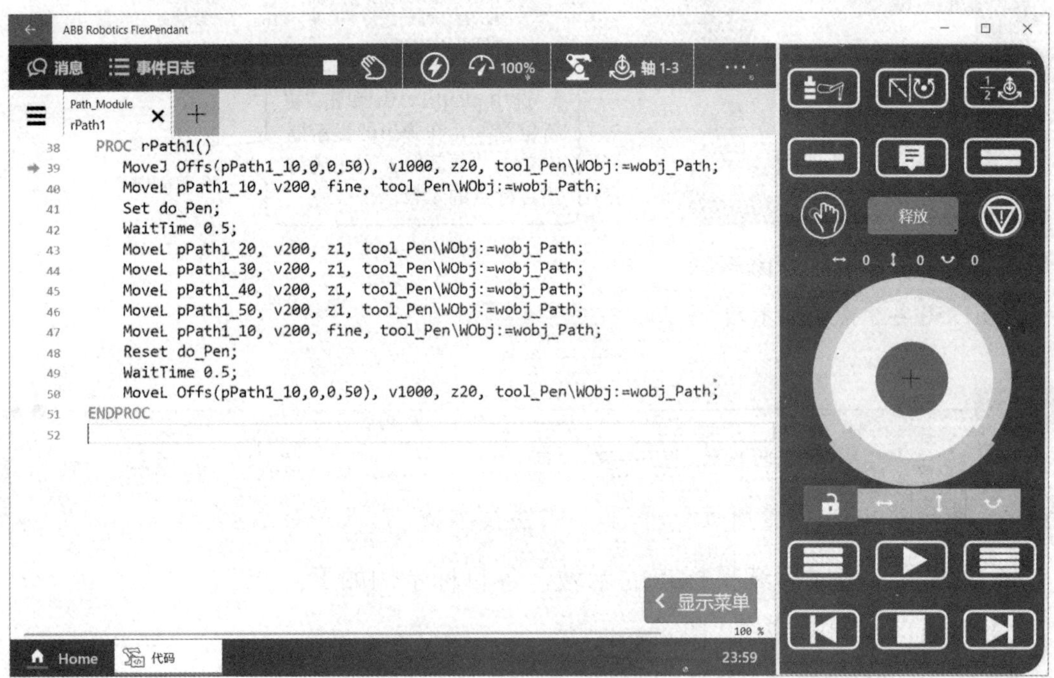

图 7-23　程序调试

小技巧

在调试菜单中，将 PP 移至例行程序 rPath1，按下使能器上电，然后单击启动按钮，观察工业机器人运动轨迹是否满足要求。

六、圆形轨迹程序编写及调试

按照之前的操作，再创建一个例行程序 rPath2 来编辑圆形轨迹，如图 7-24 所示。

图 7-24　创建一个例行程序 rPath2

因为一条 MoveC 不得超过 240°，所以完成一个整圆至少需要两条 MoveC 指令，而需要的点位至少 4 个，如图 7-25 所示；在轨迹编辑过程中可以参考之前的操作，示教 4 个目标点，然后利用 MoveC 完成运动，但在此任务中我们换另外一种方式来完成此圆形轨迹，只示教圆心，然后利用坐标系偏移，分别计算出圆上面的 4 个点位，从而利用 MoveC 完成整个轨迹；在此任务中，圆形轨迹的半径为 42mm，一般使用偏移函数 RelTool，即参考基准点沿着当前工具坐标系的方向进行偏移。

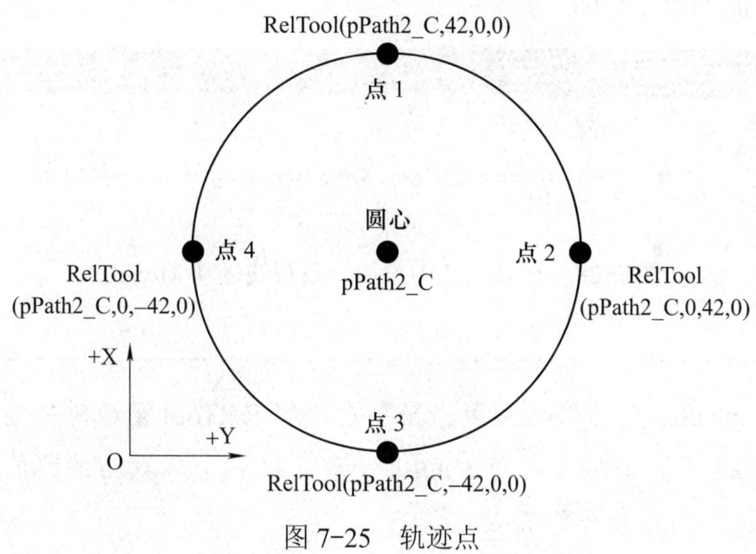

图 7-25　轨迹点

小技巧

RelTool，相对于工具坐标系方向进行偏移，示教基准点时，一般将工具 Z 方向设置为当前加工面的法线方向，则当前工具坐标系的 XY 构成的面与当前加工面平行，则可以直接参考工具坐标系的 XY 方向进行偏移。

如图 7-25 所示，圆心点命名为 pPath2_C，但在该例行程序中工业机器人并未直接运动至 pPath2_C，为了方便后续编写程序和示教圆心点，在 rPath2 添加运动指令之前，可以先新建一个 rTech_CirclePoint 程序，用于单独示教圆心位置，如图 7-26 所示。

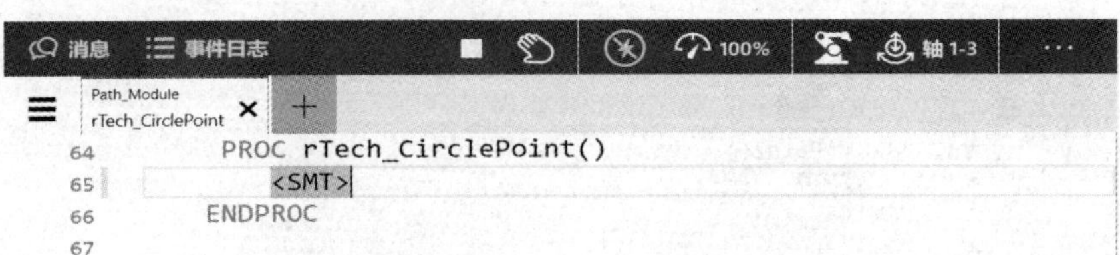

图 7-26　新建一个 rTech_CirclePoint 程序

添加移动指令，并将点位命名为 pPath2_C，如图 7-27 所示。

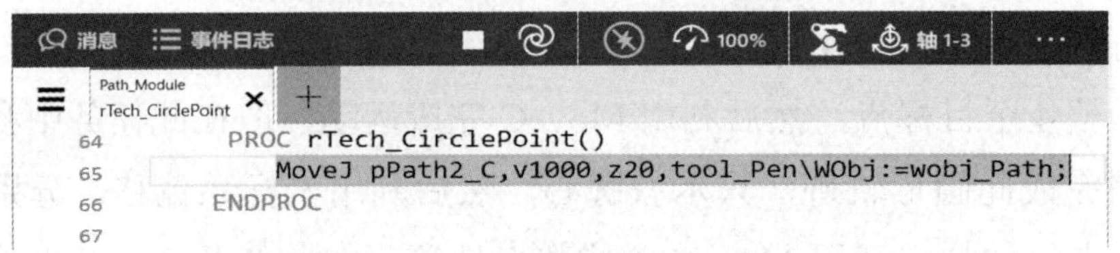

图 7-27　添加移动指令，并将点位命名为 pPath2_C

接下来，回到 rPath2 程序，在 rPath2 中添加一条直线运动 MoveL 指令（图 7-28），先移动至圆上面的点 1 位置。

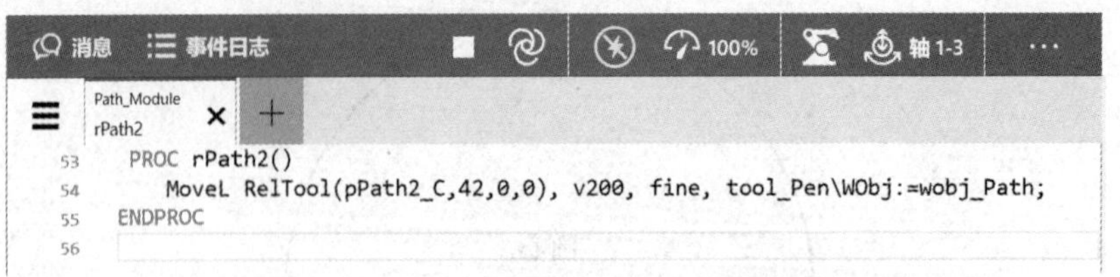

图 7-28　在 rPath2 中添加一条直线运动 MoveL

小技巧

1）注意 pPath2_C 为圆心位置，需要在编辑 RelTool 函数时提前新建。

2）RelTool 函数结构与之前的 Offs 一致，第一个参数为偏移的基准点，选中 pPath2_C，即圆形轨迹的圆心。

3）对后续三个参数进行偏移，参考之前的圆形轨迹示意图，点 1 是相对于圆心，朝着工具坐标系 X 方向偏移 42mm（圆形半径为 42mm），所以 XYZ 偏移量设置为（42，0，0）。

4）此位置为圆形轨迹的起点，所以需要完全到达。

然后连续添加两条 MoveC 指令（图 7-29），并对 MoveC 中的目标点进行编辑修改即可。

第一条 MoveC 指令，此处目标点应编辑为图 7-25 中的点 2 和点 3 的位置，即 X、Y、Z 偏移量为（0，42，0），和（−42，0，0）。

第二条 MoveC 指令，此处目标点应编辑为图 7-25 中的点 4 和点 1 的位置，即

X、Y、Z 偏移量为（0，-42，0），和（42，0，0），圆形轨迹的最后一个点也就是起点，即偏移量与第一个点一样。

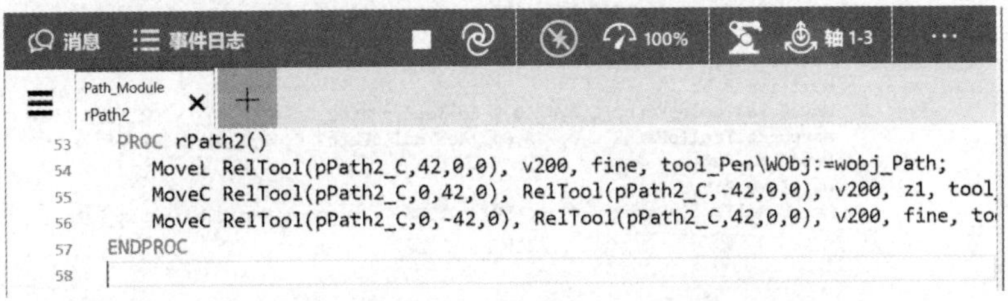

```
消息　事件日志　100%　轴 1-3
Path_Module
rPath2
  PROC rPath2()
    MoveL RelTool(pPath2_C,42,0,0), v200, fine, tool_Pen\WObj:=wobj_Path;
    MoveC RelTool(pPath2_C,0,42,0), RelTool(pPath2_C,-42,0,0), v200, z1, tool
    MoveC RelTool(pPath2_C,0,-42,0), RelTool(pPath2_C,42,0,0), v200, fine, to
  ENDPROC
```

图 7-29　连续添加两条 MoveC 指令

接着和星形轨迹编程一样，需要增加接近点和离开点，如图 7-30 所示，操作方法可参考之前的操作步骤。

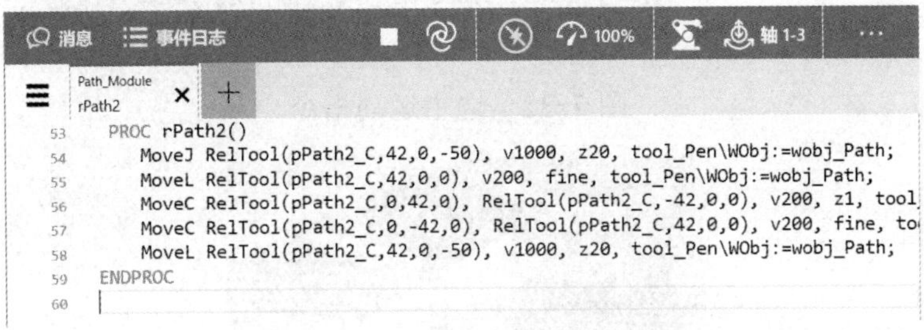

```
消息　事件日志　100%　轴 1-3
Path_Module
rPath2
  PROC rPath2()
    MoveJ RelTool(pPath2_C,42,0,-50), v1000, z20, tool_Pen\WObj:=wobj_Path;
    MoveL RelTool(pPath2_C,42,0,0), v200, fine, tool_Pen\WObj:=wobj_Path;
    MoveC RelTool(pPath2_C,0,42,0), RelTool(pPath2_C,-42,0,0), v200, z1, tool
    MoveC RelTool(pPath2_C,0,-42,0), RelTool(pPath2_C,42,0,0), v200, fine, to
    MoveL RelTool(pPath2_C,42,0,-50), v1000, z20, tool_Pen\WObj:=wobj_Path;
  ENDPROC
```

图 7-30　增加接近点和离开点

小技巧

此处需要格外注意，因为使用的偏移函数为 RelTool，即相对于当前基准点沿着工具坐标系方向进行偏移，示教基准点即圆心时，需要将工具坐标系的 Z 方向设置为当前圆形轨迹所在平面的法线方向，而且工具的 Z 方向是朝向工件下方的，接近点需要设在工件上方，所以需要朝着工具的 Z 轴负方向偏移 50mm。

接下来，添加工具信号控制指令和延迟指令（图 7-31）。在起点位置后面增加 Set do_Pen 和 Waittime 0.5，在终点位置后面增加 Reset do_Pen 和 Waittime 0.5，操作方法可参考之前的操作。

完成编辑之后，需要示教基准点即圆心 pPath2_C；在 rPath2 例行程序中工业机器人并未直接运动至 pPath2_C，所以在现有的程序内容中无法单独选中 pPath2_C 进行修改位置，需要回到之前所创建的 rTech_CirclePoint 程序中，选中运动指令，如图 7-32 所示。

然后通过手动操作，将工业机器人移动至圆形的圆心位置，并且将工具末端方向即 Z 方向设置为当前圆形轨迹所处平面的法线方向，如图 7-33 所示。

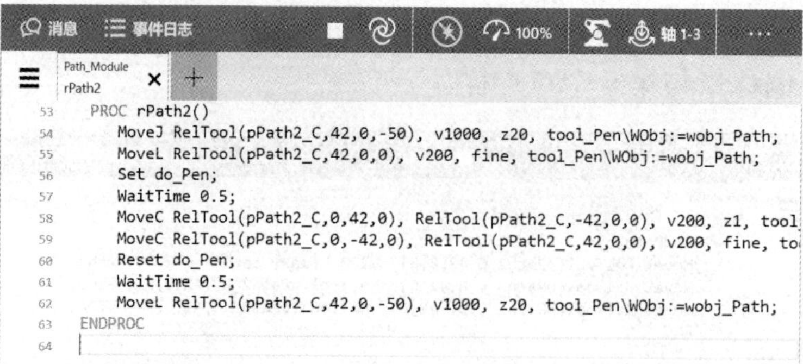

图 7-31　添加工具信号控制指令和延迟指令

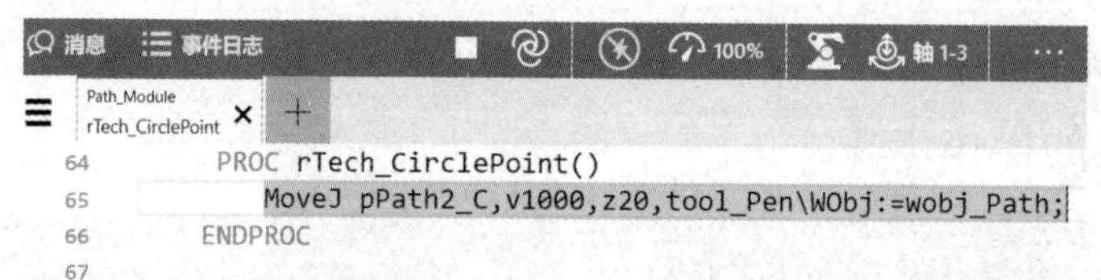

图 7-32　选中运动指令

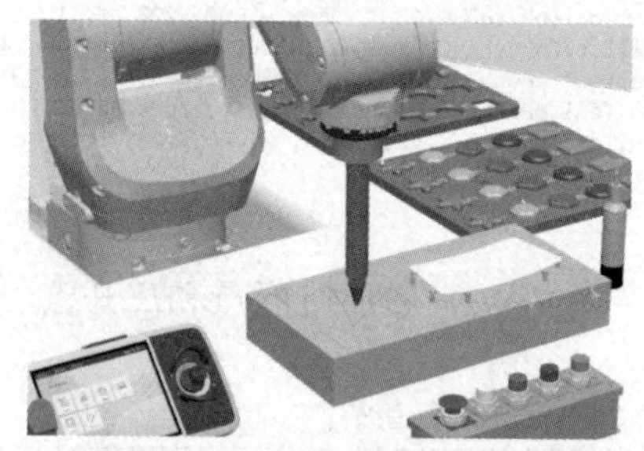

图 7-33　将工业机器人移动至圆形的圆心位置，并且将工具末端方向设置为当前圆形轨迹所处平面的法线方向

之后，对目标点 pPath2_C 的位置进行修改。

小技巧

此例行程序只是为了示教圆心点位，工业机器人运行时不会执行该代码。示教完成，也可以根据实际情况进行备注或者删除。

示教完成后，返回程序编辑器菜单，然后完成对 rPath2 程序的调试，调试步骤可参考之前的操作，验证一下工业机器人运动是否满足要求。

接下来读者可以自由练习（图 7-34），创建 rPath3 等轨迹，完成剩余工件的轨迹，这里不再一一详解。

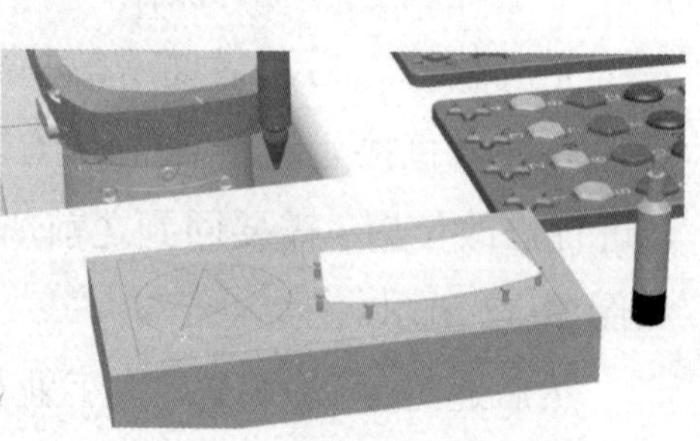

图 7-34　轨迹练习模块

七、主程序调试及运行

下面开始创建主程序，主程序称作 Main，是整个程序统一的入口，在一套完成的程序中必须有且只能有一个主程序，如图 7-35 所示。

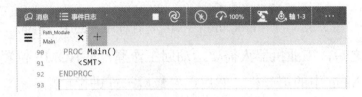

图 7-35　主程序

主程序开始部分先让工业机器人运动至工作原点，即 pHome 点（图 7-36），pHome 点一般需要根据工作站布局来进行设置。工业机器人运行时，从 pHome 点开始运动，完成工件轨迹处理之后，再返回 pHome 点，等待下一个工件的加工处理；一般使用关节运动 MoveJ 运动至 pHome 点，并且使用转角路径 fine。

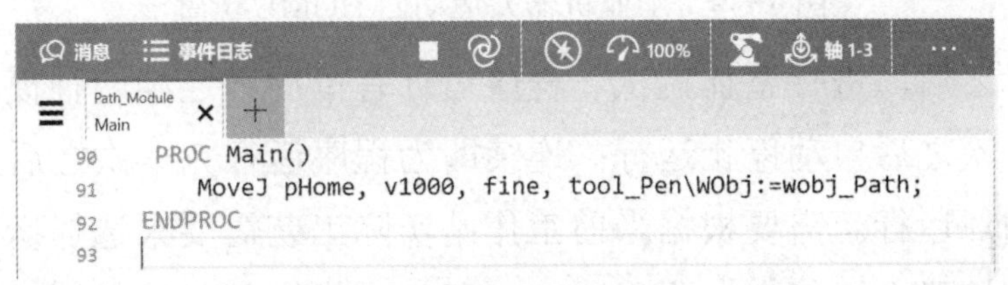

7-36　让工业机器人运动至工作原点

之后，将工业机器人移动至合适的位置，可参考图 7-37 所示位置，然后完成对 pHome 的示教。

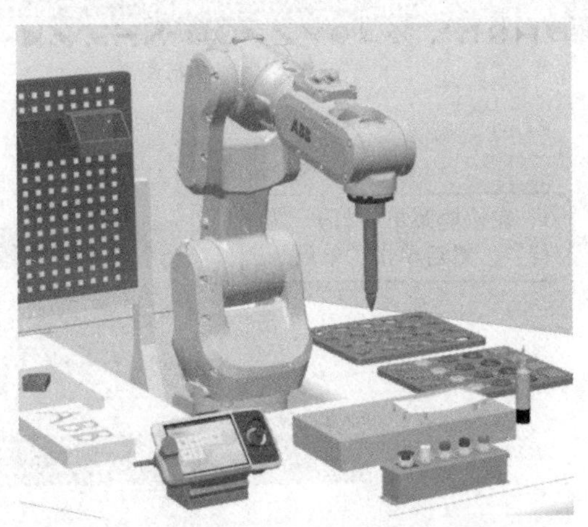

图 7-37　将工业机器人移动至合适位置

接下来，使用 ProCall 指令调用例行程序 rPath1、rPath2，若还有其他编辑好的轨迹程序，则往后依次进行调用，如图 7-38 所示。

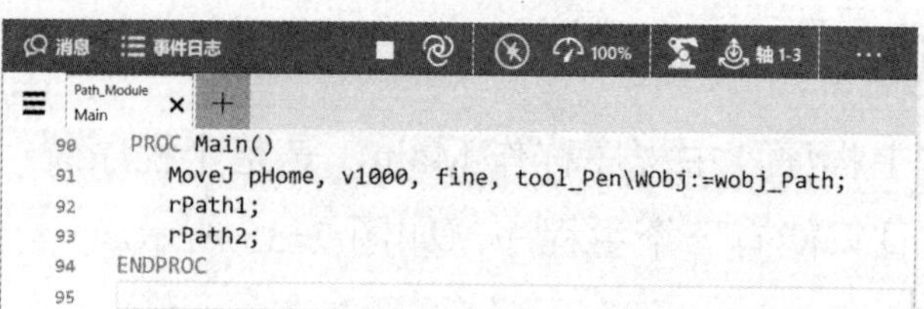

图 7-38　使用 ProCall 指令调用例行程序 rPath1、rPath2

调用完成之后，工业机器人需要运动回工作原点 p HOME 位置（图 7-39），可以直接复制 Main 中的第一行，然后选中最后一行进行粘贴。

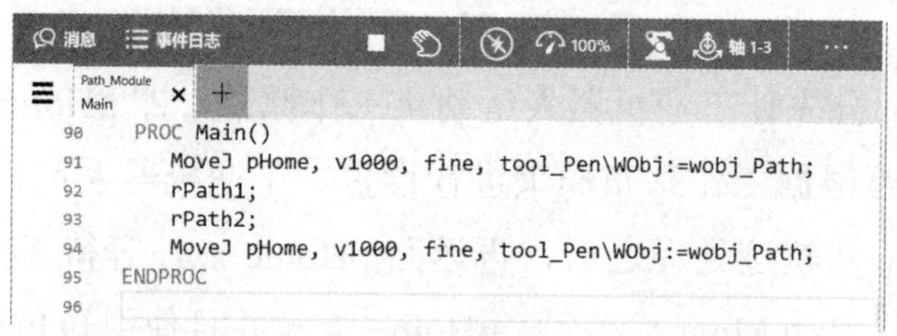

图 7-39　工业机器人运动回 HOME 位置

完成编辑之后，进行整体调试。程序运行有单周和连续两种模式，单周即为程序运行完一次之后自动停止运行；连续即为程序运行完一次之后自动从头再开始运行，即循环运行。需要根据当前工作站实际工艺需要来选择运行模式。在本任务中，工业机器人运行完一次程序之后即完成了当前工件的轨迹处理，工业机器人需要停止运行，等待更换工件后再次启动，所以在本任务中可以使用单周模式。具体操作如下：

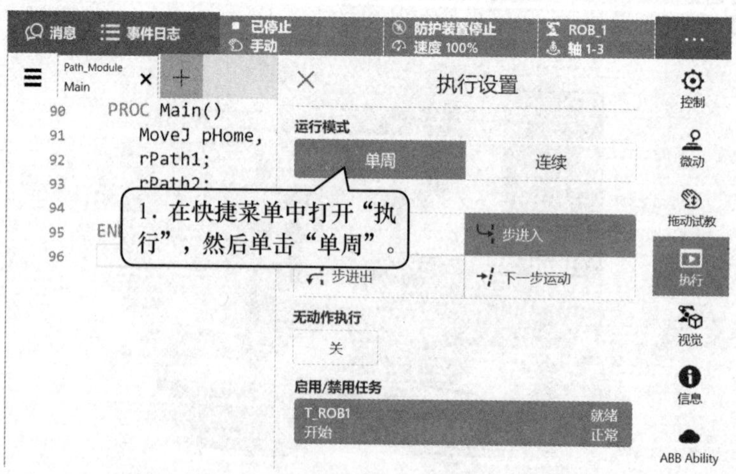

单击“PP 移至 Main”，将程序指针移动到程序的第一句，之后单击启动开始，进行程序整体调试，观察工业机器人运动是否满足要求。

接下来切换至自动模式来运行程序。

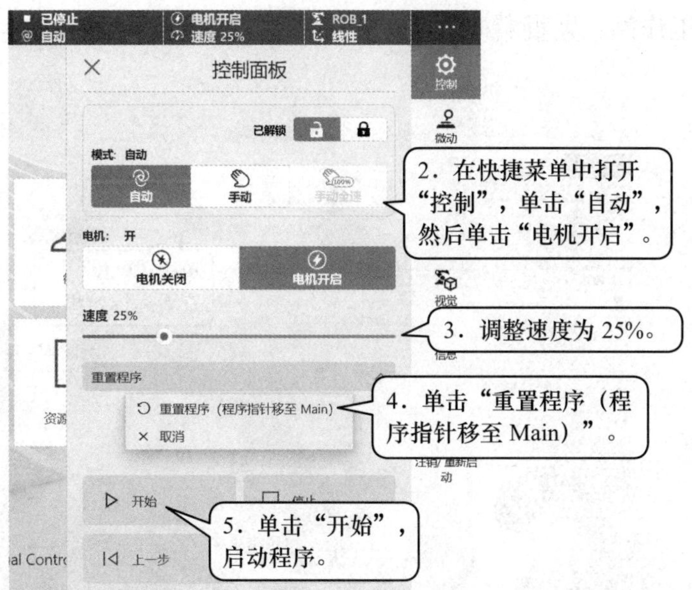

小技巧

首次自动运行，建议先将程序运行速度降低，运行没问题后再恢复至 100% 速度运行。

观察工业机器人运动是否满足要求，确认没有问题后将速度修改为 100%，再次启动查看最终运行效果。

若运行结果没有问题，执行一次备份操作，以防意外发生。

任务 7-2　ABB 工业机器人搬运应用的调试

工作任务

☑ 定义搬运应用 I/O 信号
☑ 搬运应用工具坐标、工件坐标系的设置
☑ 搬运应用有效载荷数据的设置
☑ 位置偏移算法的运用
☑ 逻辑指令的运用
☑ 搬运程序编辑调试

一、任务准备

1）双击 Carry.exe（图 7-40），打开搬运工作站视图文件。

2）运行此工作站，先查看本任务完成后的运行效果，做到心中有数，如图 7-41 所示。

图 7-40　Carry.exe

图 7-41　运行工作站

3）双击 Carry_Source.rspag（图 7-42），解压该搬运工作站。

按照解压向导完成该工作站解压，详细步骤可参考任务 7-1 中的内容。

该工作站中已配置并编写好搬运程序，可以直接单击仿真运行，如图 7-43 所示。

图 7-42　Carry_Source.rspag

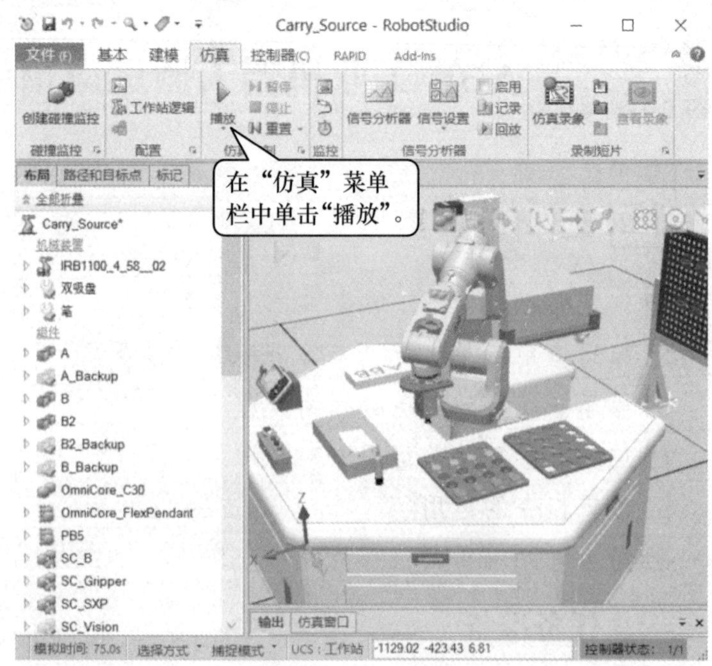

图 7-43　仿真运行

在本任务中，需要先完成的任务是物料搬运，在 5×4 的矩形取料托盘工位上，均匀摆放着图形物块，工业机器人将其一一对应抓取搬运到同样规格的放置托盘上。其中涉及工业机器人搬运的基本框架代码，在以后遇到类似的应用可以直接在此模板上面进行修改，可快速设计生成程序。

二、I/O 信号创建

在本工作站中，需要用到的 I/O 信号较少，只需创建一个数字输出信号，作为吸盘夹具的动作信号：

do_Suck：吸盘工具控制信号

使用的是标准 I/O 通信板卡 Local_IO，基于内部 EtherNet/IP 通信，默认地址为 192.168.125.100。Local_IO 板卡以及上述信号的属性见表 7-3、表 7-4。

表 7-3　Local_IO 板卡对应的属性

Name	Connected to Industrial Network	Address
ABB_Scalable_IO	EtherNetIP	192.168.125.100

表 7-4　信号对应的属性

Name	Type of Signal al	Assigned to Device	Device Mapping
do_Suck	Digital Output	ABB_Scalable_IO	0

小技巧

关于如何在示教器中创建通信板卡和 I/O 信号的过程可参考本书项目 4 中的相关内容。

三、工具坐标系标定

在本应用中，工具坐标系的设置较为简单，因为夹具与吸盘同轴心，所以无须用 TCP 标定法来标定，只需相对于初始工具坐标系 Tool0 沿着其 Z 方向偏移一定距离即可。如图 7-44 所示，吸盘下表面距离法兰盘 125mm，工具重心估算一下距离法兰盘为 60mm，质量为 1kg。

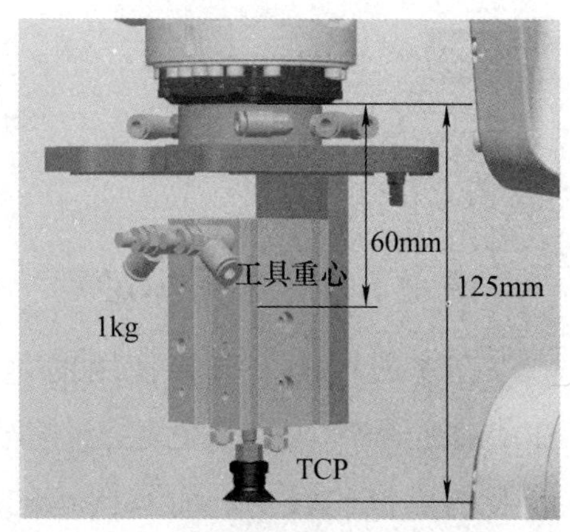

图 7-44　工具坐标系的设置

在该工作站中已配置好对应的工具数据 tool_Suck；在示教器的“程序数据”—“tooldata”画面或者“校准”—“工具”画面，可以查看

tool_Suck 相关数值，具体操作如下：

小技巧

工具载荷部分后续可以通过自动测载荷功能进行自动测试，以确保使用正确的载荷数据。

四、工件坐标系标定

在本应用中，直接使用的是初始工件坐标系 Wobj0，未创建工件坐标系，在类似应用中，是否创建工件坐标系取决于编程需要。因为在这样的应用中，涉及的点位比较少，而且搬运的排列方向可以直接参考 Wobj0 的方向，所以可以不创建。

五、有效载荷数据的设置

在搬运应用中还需要设置有效载荷数据，用以表示拾取物料的质量、重心等相关信息。在本任务中对应的即为需要搬运的图形物料，如图 7-45 所示，物料的质量均估算为 1kg，其重心相对于 TCP 来说沿着其 Z 方向偏移 6mm。

图 7-45　设置有效载荷数据

本工作站已经配置好有效载荷数据 LoadFull，在示教器的“程序数据”—“loaddata”画面或者“校准”—“有效载荷”画面，可以查看 LoadFull 相关数值，具体操作如下：

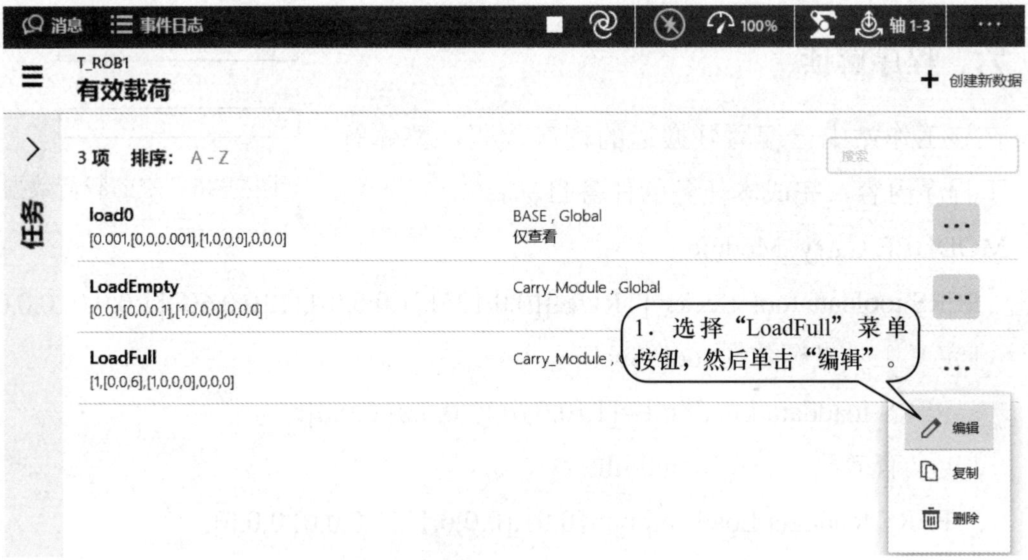

消息　事件日志　100%　轴 1-3

T_ROB1
有效载荷　+ 创建新数据

3 项　排序：A - Z　搜索

任务

load0　[0.001,[0,0,0.001],[1,0,0,0],0,0,0]　BASE , Global　仅查看

LoadEmpty　[0.01,[0,0,0.1],[1,0,0,0],0,0,0]　Carry_Module , Global

LoadFull　[1,[0,0,6],[1,0,0,0],0,0,0]　Carry_Module ,

1．选择“LoadFull”菜单按钮，然后单击“编辑”。

编辑
复制
删除

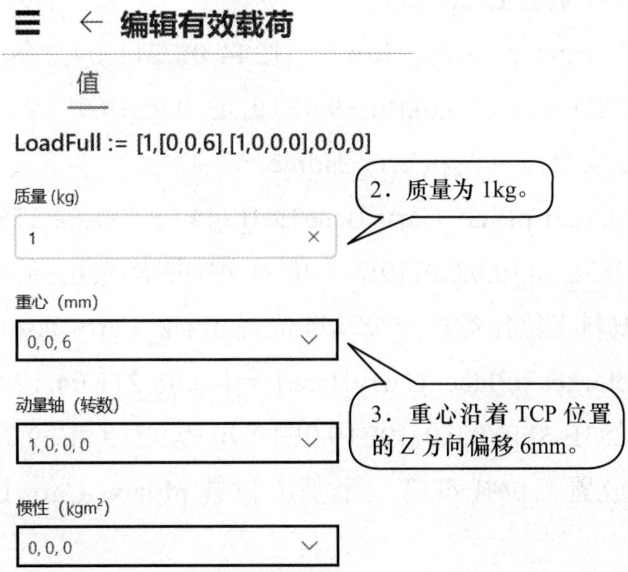

编辑有效载荷

值

LoadFull := [1,[0,0,6],[1,0,0,0],0,0,0]

质量 (kg)
1

2．质量为 1kg。

重心（mm）
0, 0, 6

3．重心沿着 TCP 位置的 Z 方向偏移 6mm。

动量轴（转数）
1, 0, 0, 0

惯性（kgm^2）
0, 0, 0

小技巧

有效载荷数据的重心偏移量参考的是 TCP 位置，而不是法兰盘位置；有效载荷数据也可以通过自动测载荷功能进行测算，以确保使用准确的载荷数据。

此外，一般还会创建一个空的载荷数据（图 7-46），在名称上与载荷数据 LoadFull 对应。例如在本工作站已设置好另一个载荷数据 LoadEmpty，里面的数值直接设置为一个很小的数值，用以表示空载荷，也可以直接使用初始有效载荷数据 Load0。可在有效载荷数据里面查看 LoadEmpry 中的相关数值。

图 7-46　空的载荷数据

六、程序解读

在该工作站中已编写好搬运的程序代码，整体解读一下程序内容，完成本任务的任务目标。

```
MODULE Carry_Module
  PERS tooldata tool_Suck:=[TRUE,[[0,0,125],[1,0,0,0]],[1,[0,0,60],[1,0,0,0],0,0,0]];
  ! 定义工具坐标数据 tool_Suck
    PERS loaddata LoadFull:=[1,[0,0,6],[1,0,0,0],0,0,0];
  ! 定义有效载荷数据 LoadFull
    PERS loaddata LoadEmpty:=[0.01,[0,0,0.1],[1,0,0,0],0,0,0];
  ! 定义有效载荷数据 LoadEmpty
    PERS robtarget pCarry_Home:=[[244.08,211.04,278.46],[6.24344E-8,
4.21619E-8,-1,2.20283E-8],[0,0,0,0],[9E+9,9E+9,9E+9,9E+9,9E+9,9E+9]];
  ! 定义 Home 安全点位置 pCarry_Home
    PERS robtarget pPick_CarryBase1:=[[244.08,211.04,178.46],[6.24344E-8,
4.21619E-8,-1,2.20283E-8],[0,0,0,0],[9E+9,9E+9,9E+9,9E+9,9E+9,9E+9]];
  ! 定义搬运取料工位托盘第一个基准位置 pPick_CarryBase1，如图 7-47 所示
    PERS robtarget pPlace_CarryBase1:=[[-6.08,211.04,178.46],[6.24344E-8,
4.21619E-8,-1,2.20283E-8],[0,0,0,0],[9E+9,9E+9,9E+9,9E+9,9E+9,9E+9]];
  ! 定义搬运放置工位托盘第一个基准位置 pPlace_CarryBase1，如图 7-48
所示
```

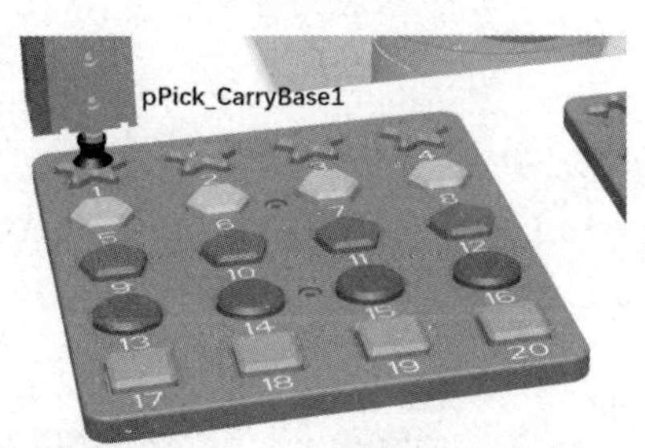

图 7-47　定义 pPick_CarryBase1

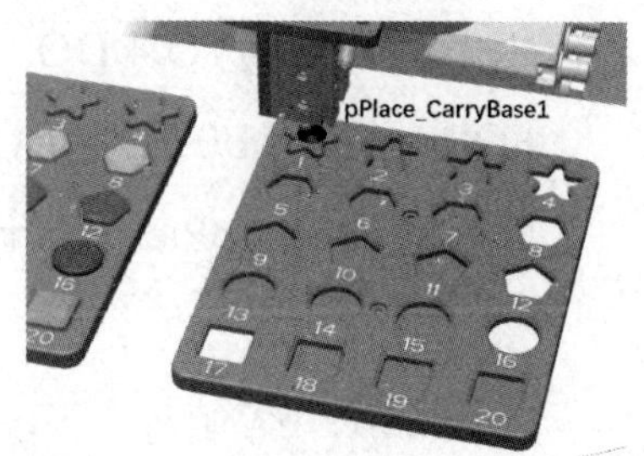

图 7-48　定义 pPlace_CarryBase1

```
PROC Main()
    rCarry_MoveHome;
     ! 工业机器人初始化，回到安全位置

 !WHILE 无限循环，将初始化程序隔离开来
 WHILE TRUE DO
   rCarry;
   ! 工业机器人将取料托盘上的物料搬至放置物料托盘
   rCarry_Back;
   ! 工业机器人将放置物料托盘上的物料搬回取料托盘
   Stop;
   ! 工业机器人停止运动，可将其备注，即可一直进行往返抓放运动
 ENDWHILE
 ENDPROC

 PROC rCarry_MoveHome()
     Reset do_Suck;
      ! 复位吸盘工具信号
         MoveJ pCarry_Home,v1000,fine,tool_Suck\WObj:=wobj0;
      ! 工业机器人回到安全位置 pCarry_Home
 ENDPROC

 PROC rCarry()

   ! 利用嵌套的 For 循环语句，实现 5×4 矩形位置的遍历
```

FOR y FROM 0 TO 4 DO

FOR x FROM 0 TO 3 DO

MoveJ offs(pPick_CarryBase1,–x*50,y*44,25),v500,z20,tool_Suck\WObj:=wobj0;

! 举例第一次循环，x、y 为 0，即工业机器人移动到基准点 pPick_CarryBase1 的上方 25mm 位置，此时不偏移，后续当再次循环抓取时，根据 x、y 值的不同，使得抓取点按 offs 此时参考的大地坐标系（wobj0）进行偏移抓取，实现 20 个物料的遍历抓取。如图 7-49 所示

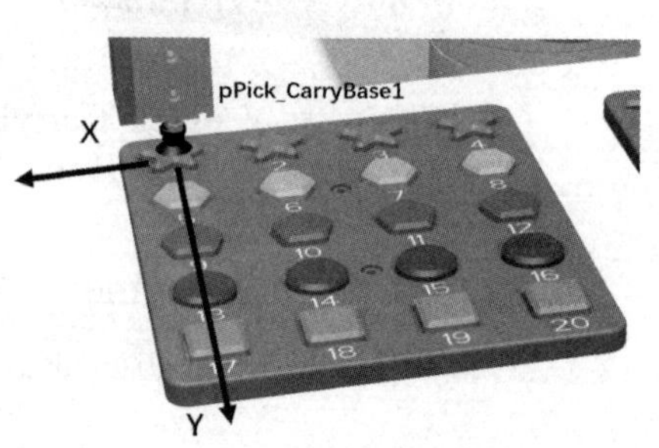

图 7-49　第一次循环

!X 方向物料间距为 50mm，Y 方向物料间距为 44mm，由于 X 方向与抓取方向相反，故使用负值

MoveL offs(pPick_CarryBase1,–x*50,y*44,0),v200,fine,tool_Suck\WObj:=wobj0;

! 工业机器人移动到抓取点位置

set do_Suck;

! 置位抓取信号

WaitTime 0.2;

! 等待 0.2s, 抓取完成

GripLoad LoadFull;

! 加载载荷数据 LoadFull

MoveL offs(pPick_CarryBase1,–x*50,y*44,25),v500,z20,tool_Suck\WObj:=wobj0;

! 工业机器人移动回抓取点上方位置

MoveJ offs(pPlace_CarryBase1,–x*50,y*44,25),v500,z20,tool_Suck\WObj:=wobj0;

! 工业机器人移动到对应放置点上方位置

MoveL offs(pPlace_CarryBase1,–x*50,y*44,0),v200,fine,tool_Suck\WObj:=wobj0;

! 工业机器人移动到对应放置点

```
        Reset do_Suck;
        ! 复位抓取信号
        WaitTime 0.2;
        ! 等待 0.2s, 放置完成
        GripLoad LoadEmpty;
        ! 加载载荷数据 LoadEmpty
        MoveL offs(pPlace_CarryBase1,–x*50,y*44,25),v500,z20,tool_Suck
      \WObj:=wobj0;
        ! 工业机器人移动到对应放置点上方
      ENDFOR
    ENDFOR
  ENDPROC
```

! 与 rCarry 代码基本相同，把放置点位与抓取点位交换即可，实现物料搬运回取料托盘

```
  PROC rCarry_Back()
    FOR y FROM 0 TO 4 DO
      FOR x FROM 0 TO 3 DO
        MoveJ offs(pPlace_CarryBase1,–x*50,y*44,25),v500,z20,tool_Suck
      \WObj:=wobj0;
        MoveL offs(pPlace_CarryBase1,–x*50,y*44,0),v200,fine,tool_Suck
      \WObj:=wobj0;
        set do_Suck;
        WaitTime 0.2;
        GripLoad LoadFull;
        MoveL offs(pPlace_CarryBase1,–x*50,y*44,25),v500,z20,tool_Suck
      \WObj:=wobj0;

        MoveJ offs(pPick_CarryBase1,–x*50,y*44,25),v500,z20,tool_Suck\
WObj:=wobj0;
```

```
        MoveL offs(pPick_CarryBase1,-x*50,y*44,0),v200,fine,tool_Suck\
WObj:=wobj0;
        Reset do_Suck;
        WaitTime 0.2;
        GripLoad LoadEmpty;
        MoveL offs(pPick_CarryBase1,-x*50,y*44,25),v500,z20,tool_Suck\
WObj:=wobj0;
      ENDFOR
    ENDFOR
  ENDPROC
ENDMODULE
```

七、程序调试

完成程序编程之后，可以通过仿真运行来验证一下程序运行的结果，具体操作如下：

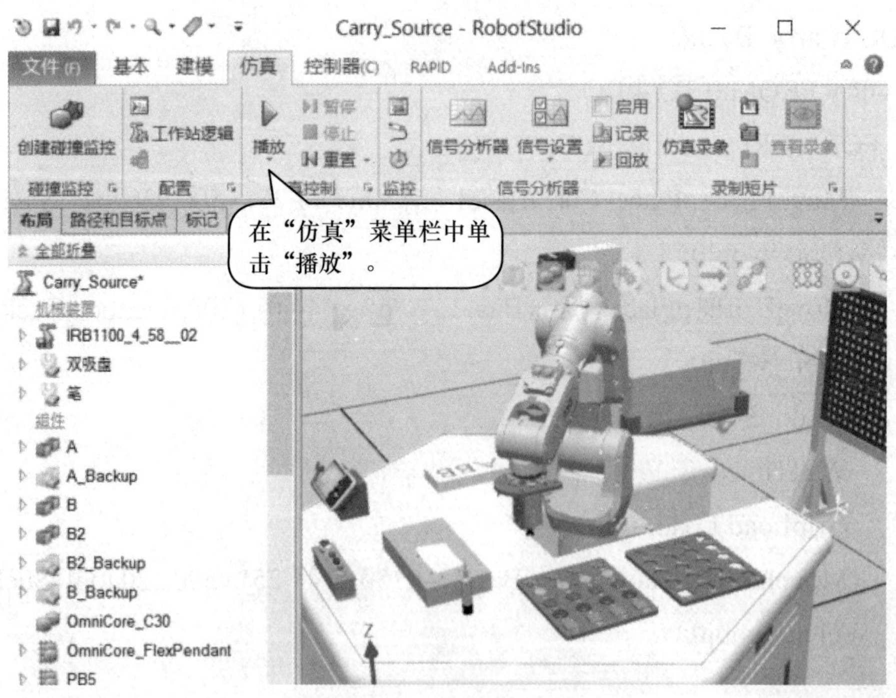

之后大家可以尝试更改各种各样的搬运要求和不同的托盘类型，模拟各种客户需求，任务完成之后，做好备份，完成该任务的练习。

任务 7-3　ABB 工业机器人 Socket 数据通信应用的调试

工作任务

☑ 理解什么是 Socket 通信

☑ 对 Socket 通信使用的 I/O 信号定义

☑ 设置工具坐标系、工件坐标系

☑ 掌握 Socket 数据通信的常用指令

☑ 掌握基本字符串处理函数

☑ 读懂 Socket 数据通信的 RAPID 程序

☑ 调试工业机器人 Socket 数据通信应用

一、任务准备

在工业机器人应用中，工业机器人与其他设备进行通信主要有普通 I/O 通信、现场总线通信、网络通信三种方式。而网络通信中，最为典型且应用广泛的是 Socket 通信。在工业视觉应用、工业机器人激光引导应用中，都是通过 Socket 进行通信的。

在开始本节任务之前，我们先来了解一下什么是 Socket 通信。

Socket（套接字）是支持 TCP/IP 协议的网络通信的基本操作单元，它是网络通信过程中端点的抽象表示，它包含进行网络通信必需的五种信息：连接使用的协议、本地主机的 IP 地址、本地进程的协议端口、远程主机的 IP 地址、远程进程的协议端口。

Socket 可以看成是在两个程序进行通信连接中的一个端点，一个程序将一段信息写入 Socket 中，该 Socket 将这段信息发送给另外一个 Socket，使这段信息能传送到其他程序。所以，要通过互联网进行通信，至少需要一对套接字，一个运行于客户端，称之为 ClientSocket，另一个运行于服务器端，称之为 ServerSocket。

本任务中，以应用最广泛的工业视觉引导工业机器人应用作为例子，来学习一下 Socket 通信的使用与调试。

Vision.exe

图 7-50　Vision.exe

1）双击 Vision.exe（图 7-50），打开视觉工作站视图文件。

2）运行此工作站，可查看本工作站运行情况，从而明确一下学习目标。具体操作如下：

3）双击 Vision_Source.rspag（图 7-51），解压工作站。

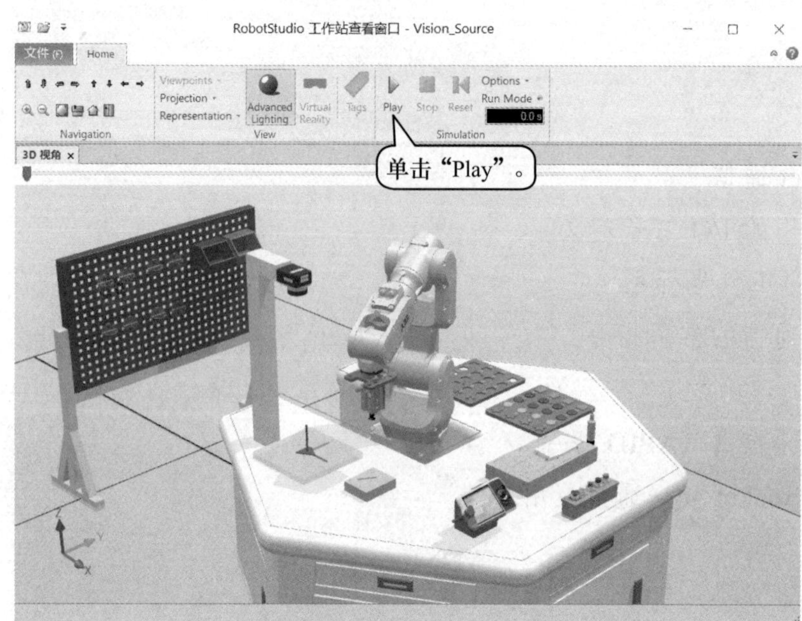

图 7-51　Vision_Source.rspag

按照解压向导完成该工作站解压，详细步骤可参考任务 7-1 中的内容。该工作站中已配置好视觉工位的通信及编写好了程序，可以直接单击仿真运行。具体操作如下：

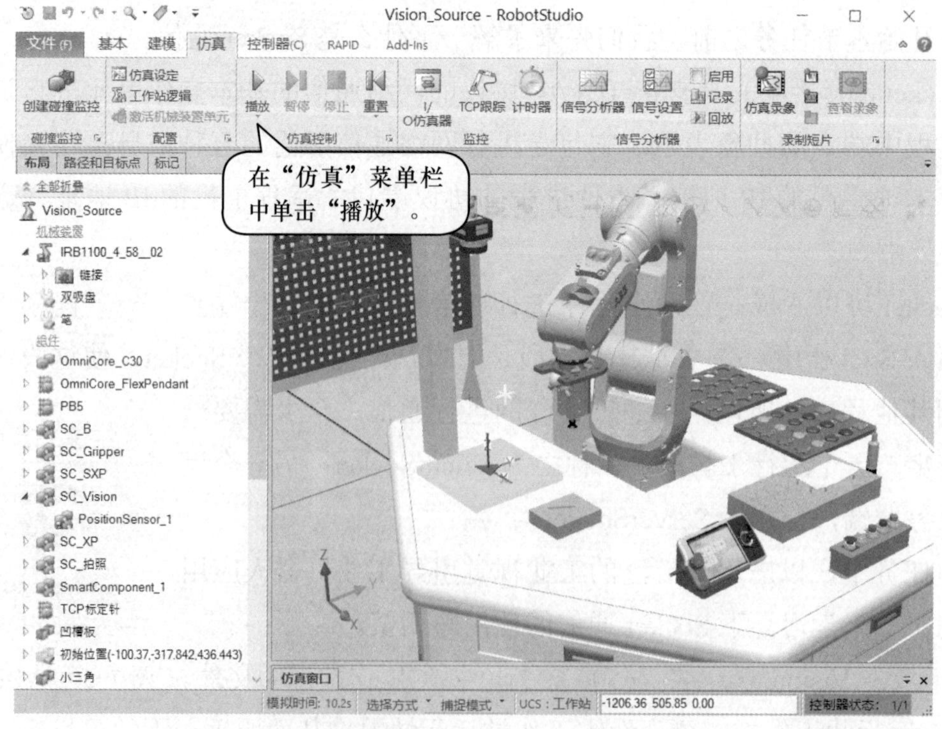

在本任务中，需要先学习的是，在视觉抓取工位上将三角形工件进行随机摆放，通过工业相机拍照（本任务将使用 Socket 通信工具仿真工业相机发送位置信息），以 Socket 数据通信的方式发送，工业机器人根据获取到的工件位置信息，自动调整姿态抓取并准确摆放到一个固定的位置上。其中涉及工业机器人 Socket 通信的基本框架代码，在以后遇到类似的应用中可以在此模板上面进行修改，快速生成程序。

二、I/O 信号创建

在本工作站中，需要用到的 I/O 信号较少，只需创建两个数字输出信号，一个作为吸盘夹具的动作信号，另一个作为模拟触发工业相机拍照的信号。

do_Suck：吸盘工具控制信号。

do_Trig：触发工业相机拍照的信号。

使用的是标准 I/O 通信板卡 Local_IO，基于内部 EtherNet/IP 通信，默认地址为 192.168.125.100。Local_IO 板卡以及上述信号的属性见表 7-5、表 7-6。

表 7-5　Local_IO 板卡对应的属性

Name	Connected to Industrial Network	Address
ABB_Scalable_IO	EtherNetIP	192.168.125.100

表 7-6　信号对应的属性

Name	Type of Signal al	Assigned to Device	Device Mapping
do_Suck	Digital Output	ABB_Scalable_IO	0
do_Trig	Digital Output	ABB_Scalable_IO	1

小技巧

关于如何在示教器中创建通信板卡和 I/O 信号的过程可参考本书项目 4 中的相关内容。

三、工具坐标系标定

在本应用中，工具坐标系的设置与搬运应用相同，因为夹具与吸盘为同轴心，所以无须用 TCP 标定法来标定，只需相对于初始工具坐标系 Tool0 沿着其 Z 方向偏移一定的距离即可。如图 7-52 所示，吸盘下表面距离法兰盘 125mm，工具中心估算一下距离法兰盘 60mm，质量 1kg。

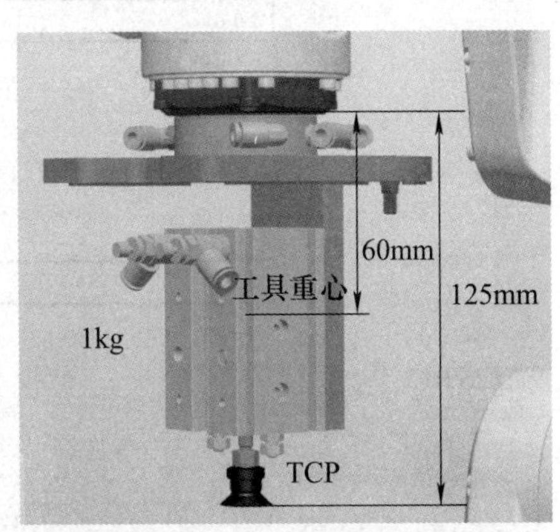

图 7-52　工具坐标系的设置

在该工作站中已配置好对应的工具数据 tool_

Vision；在示教器的“程序数据”—“tooldata”画面或者“校准”—“工具”画面，可以查看 tool_Vision 相关数值。具体操作如下：

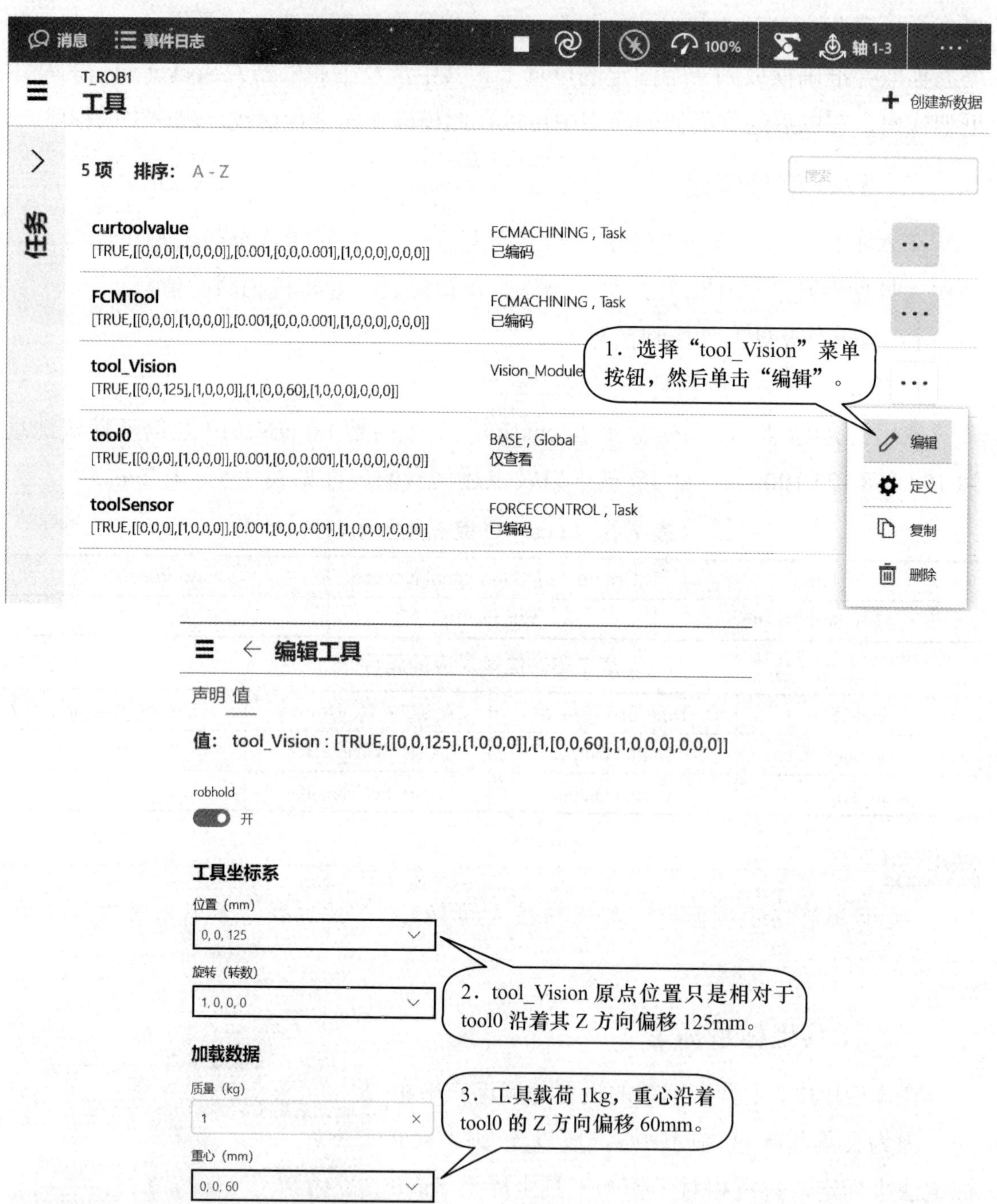

小技巧

工具载荷部分后续可以通过自动测载荷功能进行自动测试，以确保使用正确的载荷数据。

四、工件坐标系标定

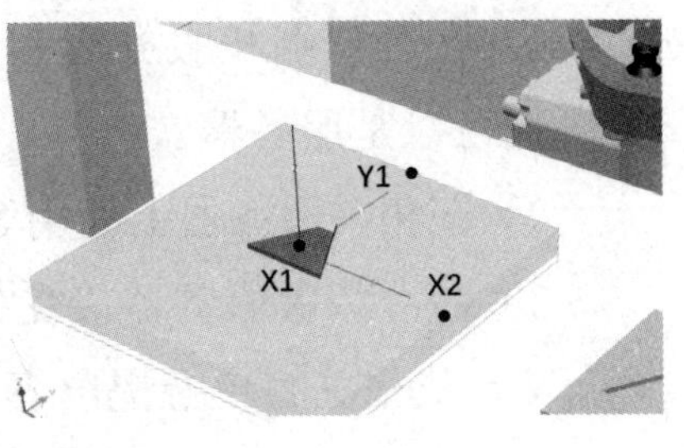

图 7-53　标定 X1、X2、Y1

在该应用中，为了物块位置数值便于后续操作和编程处理，我们创建一个工件坐标系 wobj_Vision，然后利用用户三点法进行标定。在本任务中可以利用视觉取料盘上的中心点和边缘中点作为标定所需的 X1、X2、Y1，如图 7-53 所示。

标定完成后，同样可在示教器上查看工件坐标系的数值，如图 7-54 所示。

wobj_Vision [FALSE,TRUE,"",[[-76.44,-322.258,180.137],[1,0,0,0]],[[0,0,0],...	Vision_Module , Global	...
wobj0 [FALSE,TRUE,"",[[0,0,0],[1,0,0,0]],[[0,0,0],[1,0,0,0]]]	BASE , Global 仅查看	...

图 7-54　查看工件坐标系的数值

五、掌握 Socket 通信的常用指令

视觉与工业机器人通信采用 Socket 数据通信的方法。Socket 数据通信的作用是允许通过 TCP/IP 网络协议在各计算机或者控制器之间传输数据。图 7-55 显示了 Socket 数据通信过程中的流程。

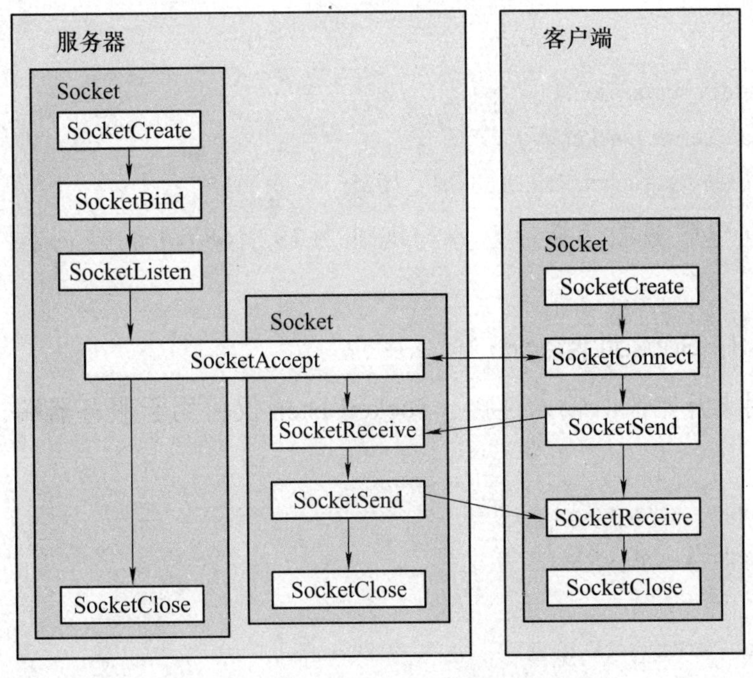

图 7-55　Socket 数据通信过程中的流程

1）在客户端和服务器上分别创建一个套接字。工业机器人控制器可以是客户端，也可以是服务器。

2）在相关服务器上使用 SocketBind 和 SocketListen，使其对连接请求做好准备。

3）命令相关服务器接受外来的套接字连接请求。

4）从相关客户端提出套接字连接请求。

5）在客户端与服务器之间发送和接收数据。

接下来，在学习 RAPID 代码编写之前，需要了解常用的跟 Socket 通信相关的指令。

1. 指令 1：SocketCreate

作用：创建新的套接字

举例：

```
VAR socketdev socket1;
⋮
SocketCreate socket1;
```

解析：创建新的套接字，并分配到变量 socket1。

2. 指令 2：SocketBind

作用：将套接字与指定服务器 IP 地址和端口号绑定。SocketBind 仅可用于服务器端。

举例：

```
VAR socketdev server_socket;
SocketCreate server_socket;
SocketBind server_socket, "192.168.0.1", 1025;
```

解析：创建服务器套接字，并与地址为 192.168.0.1 的控制器网络上的端口 1025 绑定。

3. 指令 3：SocketListen

作用：用于开始监听输入连接。SocketListen 仅可用于服务器端。

举例：

```
VAR socketdev server_socket;
VAR socketdev client_socket;
⋮
SocketCreate server_socket;
SocketBind server_socket, "192.168.0.1", 1025;
```

```
SocketListen server_socket;
WHILE listening DO;
! Waiting for a connection request
SocketAccept server_socket, client_socket;
```

解析：创建服务器套接字，并与地址为 192.168.0.1 的控制器网络上的端口 1025 绑定。在执行 SocketListen 后，服务器套接字开始监听位于该端口和地址上的输入连接。

4. 指令 4：SocketAccept

作用：用于接收输入连接请求。SocketAccept 仅可用于服务器端。

举例：

```
VAR socketdev server_socket;
VAR socketdev client_socket;
⋮
SocketCreate server_socket;
SocketBind server_socket,"192.168.0.1", 1025;
SocketListen server_socket;
SocketAccept server_socket, client_socket;
```

解析：创建服务器套接字，并绑定至地址为 192.168.0.1 的控制器网络上的端口 1025。在执行 SocketListen 之后，服务器套接字开始监听位于该端口和地址上输入连接。SocketAccept 等待所有输入连接，接收连接请求，并返回已建立连接的客户端套接字。

5. 指令 5：SocketConnect

作用：用于将套接字与服务器端相连。

举例：

```
SocketConnect socket1, "192.168.0.1", 1025;
```

解析：与 IP 地址 192.168.0.1 和端口 1025 处的服务器端相连。

6. 指令 6：SocketSend

作用：用于向客户端或服务器端发送数据。

举例：

```
SocketSend socket1 \Str := "Hello world";
```

解析：将消息 "Hello world" 发送给客户端或服务器端。

7. **指令 7：SocketReceive**

作用：用于从客户端或服务器端接收数据。

举例：

```
VAR string str_data;
⋮
SocketReceive socket1 \Str := str_data;
```

解析：从客户端或服务器端接收数据，并将其储存在字符串变量 str_data 中。

8. **指令 8：SocketClose**

作用：关闭套接字。当不再使用套接字连接时使用，在已经关闭套接字之后，不能将其用于除 SocketCreate 以外的所有套接字调用。

举例：

```
SocketClose socket1;
```

解析：关闭套接字，且不能再进行使用。

六、了解基本字符串处理函数

在 ABB 的 RAPID 编程中，为了方便，通常会将常用并能实现特定功能的代码进行封装使用，称之为功能函数（FUNCTION），系统已经定义了大量常用的功能函数，也可以自行定义。在 Socket 通信过程中，经常需要使用到字符串处理与转化，所以需要掌握以下常用的字符串处理函数。

1. **功能函数 1：StrLen**

作用：获取字符串长度。

举例：

```
VAR num len;
len := StrLen(“Robotics”);
```

解析：len 被赋值为 8。

2. **功能函数 2：StrFind**

作用：从字符串的指定位置查找，属于后续字符列表

举例：

```
VAR num found;
found := StrFind("Robotics",1,"aeiou");
```

解析：found 被赋值为 2。

3. **功能函数 3：StrMatch：**

作用：从字符串指定位置开始查找，与后续字符相匹配

举例：

```
VAR num found;
found := StrMatch("Robotics",1,"b");
```

解析：found 被赋值为 3。

4. 功能函数 4：StrMemb

作用：字符串指定位置的字符是否属于后续字符列表。

举例：

```
VAR bool memb;
memb := StrMemb("Robotics",2,"aeiou");
```

解析：memb 被赋值为 TRUE。

5. 功能函数 5：StrPart

作用：指定位置开始截取指定长度字符串。

举例：

```
VAR string part;
part := StrPart("Robotics",1,5);
```

解析：part 赋值为“Robot”。

6. 功能函数 6：NumToStr

作用：将数值转换为字符串，并指定保留小数位数，四舍五入。

举例：

```
VAR string str1;
str1 := NumToStr(0.38521,3);
```

解析：str1 被赋值为“0.385”。

7. 功能函数 7：StrToVal

作用：将字符串转换成数值。

举例：

```
VAR bool ok;
VAR num reg1;
ok := StrToVal(“3.85”,reg1);
```

解析：reg1 被赋值为 3.85。

8. 功能函数 8：ValToStr

作用：将数据转换为字符串。

举例：

```
VAR string str1;
VAR pos pos1 := [100,200,300];
str1 := ValToStr(pos1);
```

解析：str1 赋值为“[100,200,300]”。

七、程序解读

在该工作站中已编写好工业机器人视觉引导应用的程序代码，整体解读一下程序内容，完成本任务的任务目标。

```
MODULE Vision_Module
  PERS tooldata tool_Vision:=[TRUE,[[0,0,125],[1,0,0,0]],[1,[0,0,60],
[1,0,0,0],0,0,0]];
  ! 定义工具坐标系 tool_Vision
  PERS wobjdata wobj_Vision:=[FALSE,TRUE,"",[[-76.44,-322.258,180.137],
  [1,0,0,0]],[[0,0,0],[1,0,0,0]]];
  ! 定义工件坐标系 wobj_Vision
  PERS robtarget pVision_Home:=[[169.85,69.04,127.83],[6.63224E–8,0.708779,
–0.705431,2.02524E–7],[–1,0,–2,0],[9E+9,9E+9,9E+9,9E+9,9E+9,9E+9]];
  ! 定义 Home 安全点 pVision_Home
  PERS robtarget pPick:=[[–56.705,34.504,3.44],[6.03193E–8,0.502049,
–0.864839,1.88985E–7],[–2,0,–3,0],[9E+9,9E+9,9E+9,9E+9,9E+9,9E+9]];
  ! 定义抓取点位
  PERS robtarget pPick_Tech:=[[0.33,2.08,3.44],[2.28761E–8,–0.708779,0.705431,
–2.30232E–7],[–2,0,–3,0],[9E+9,9E+9,9E+9,9E+9,9E+9,9E+9]];
  ! 定义抓取示教点
  PERS robtarget pPlace:=[[231.96,–4.92,10.97],[8.55047E–8,0.697996,
–0.716102,2.48486E–7],[–1,–1,–2,0],[9E+9,9E+9,9E+9,9E+9,9E+9,9E+9]];
  ! 定义放置点位

  VAR string Rec_Str:=" ";
  ! 定义接收的抓取点位信息字符串
  PERS string Disp_Str{3}:=["","",""];
```

```
    ！定义存储物块信息数组
    VAR num nX;
    ！定义转化后得到的物块 X 位置信息
    VAR num nY;
    ！定义转化后得到的物块 Y 位置信息
    VAR num nRZ;
    ！定义转化后得到的物块 RZ 方向位置信息

    VAR socketdev socket1;
    ！定义套接字 socket1
    VAR socketdev socket2;
    ！定义套接字 socket2

  PROC Main()
    MoveJ pVision_Home,v500,fine,tool_Vision\WObj:=wobj_Vision;
    ！工业机器人移动至安全位置 pVision_Home 点
    SocketSever;
    ！工业机器人开启 Socket 通信，此处工业机器人做服务器端
    !SocketClient;
    ！工业机器人开启 Socket 通信，此处工业机器人做客户端，此段代码已做备注，若实际应用中工业机器人做客户端，可进行切换使用
    Vision;
    ！模拟视觉拍照，获取抓取点位位置信息，并进行解析
    GetPosition;
    ！将解析后的位置信息赋值给工业机器人抓取点
    rPick;
    ！工业机器人抓取物块
    rPlace;
    ！工业机器人放置物块
    Stop;
    ！放置完成，停止运动
```

```
ENDPROC

PROC SocketSever()
  Rec_Str:="";
  ！复位字符串位置信息
  SocketClose socket1;
  ！关闭套接字
  WaitUntil SocketGetStatus(socket1)=SOCKET_CLOSED;
  ！获取当前套接字状态，并直至其为关闭状态
  SocketCreate socket1;
  ！重新创建套接字
  SocketBind socket1,"127.0.0.1",3000;
  ！开放本地 IP（127.0.0.1），端口为 3000
  SocketListen socket1;
  ！开始监听
  SocketAccept socket1,socket2;
  ！接收客户端连接请求
ENDPROC

PROC SocketClient()
  Rec_Str:="";
  ！复位字符串位置信息
  SocketClose socket2;
  ！关闭套接字
  WaitUntil SocketGetStatus(socket2)=SOCKET_CLOSED;
  ！获取当前套接字状态，并直至其为关闭状态
  SocketCreate socket2;
  ！重新创建套接字
  SocketConnect socket2,"127.0.0.1",3000;
  ！与 IP 地址 127.0.0.1、端口号为 3000 的服务器连接（图 7-56）
ENDPROC
```

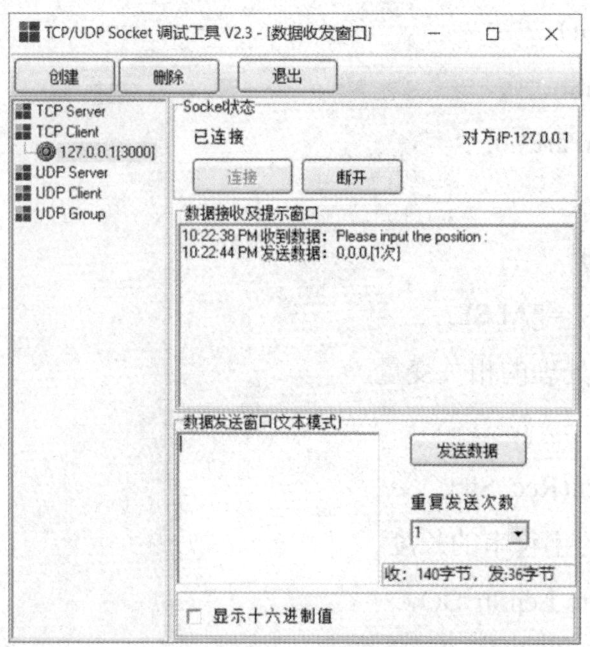

图 7-56　服务器连接

```
PROC Vision()
  PulseDO\PLength:=1,do_Trig;
  ! 触发拍照信号
  SocketSend socket2\Str:="Please input the position : ";
  ! 工业机器人发送交互信息“输入物块位置”
  SocketReceive socket2\Str:=Rec_Str;
  ! 工业机器人接收字符串位置信息
  rStrToVal;
  ! 进行字符串处理
  ERROR
  IF ERRNO=ERR_SOCK_TIMEOUT THEN
  RETRY;
  ! 进行错误处理，若 Socket 通信超时，则进行重连
  ELSEIF ERRNO=ERR_SOCK_CLOSED THEN
     EXIT;
  ! 进行错误处理，若 Socket 异常关闭，则退出
  ENDIF
ENDPROC
```

```
PROC rStrToVal()
  VAR num LenStr:=0;
  VAR num LenPart:=0;
  VAR num m:=1;
  VAR num n:=1;
  VAR bool bOK:=FALSE;
  ! 定义字符串处理的相关变量

  LenStr:=StrLen(Rec_Str);
   ! 计算接收的字符串的长度
  FOR i from 1 to LenStr DO
    IF StrMemb(Rec_Str,i,",") THEN
      LenPart:=(i-1)-(m-1);
      Disp_Str{n}:=strpart(Rec_Str,m,LenPart);
      n:=n+1;
      m:=i+1;
    ENDIF
  ENDFOR
   ! 将字符串以逗号进行分割，并存储在 Disp_Str{ } 数组中

  TPWrite "Recieve X="+Disp_Str{1}+";Y="+Disp_Str{2}+";Z="+Disp_Str{3};
   bOK:=strtoval(Disp_Str{1},nX);
   bOK:=strtoval(Disp_Str{2},nY);
   bOK:=strtoval(Disp_Str{3},nRZ);
   ! 将 Disp_Str{} 数组中字符串（X 坐标，Y 坐标，旋转角度）的值转化为数值，
并赋值给 nX、nY、nRZ
  ENDPROC

  PROC Tech()
```

```
    MoveL pPick_Tech,v100,fine,tool_Vision\WObj:=wobj_Vision;
    ! 示教抓取点 pPick_Tech（图 7-57）
    MoveL pPlace,v100,fine,tool_Vision\WObj:=wobj_Vision;
    ! 示教放置点 pPlace（图 7-57）
  ENDPROC
```

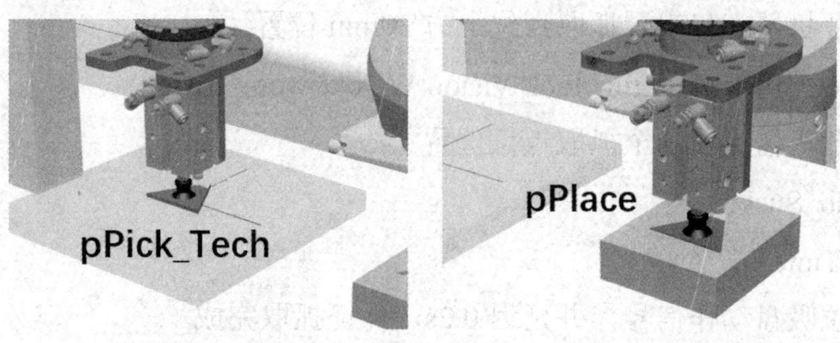

图 7-57　示教抓取点 pPick_Tech 和放置点 pPlace

```
  PROC GetPosition()
    VAR num rx;
    VAR num ry;
    VAR num rz;
    ! 定义数据抓取点位置旋转角度参数
    pPick:=pPick_Tech;
    ! 将 pPick_Tech 抓取示教点赋值给抓取点，为了获得示教点的初始高度和姿态

    rx:=EulerZYX(\x,pPick.rot);
    ry:=EulerZYX(\y,pPick.rot);
    rz:=EulerZYX(\z,pPick.rot);
    ! 获得抓取点位置旋转角参数

    pPick.trans.x:=nX;
    ! 将视觉给出的新的 X 坐标赋值给抓取点
    pPick.trans.y:=nY;
    ! 将视觉给出的新的 Y 坐标赋值给抓取点
    pPick.rot := OrientZYX(rz + nRz,ry,rx);
```

```
  ！将视觉给出的新的 nRz 旋转角度数据赋值给抓取点
 ENDPROC

 PROC rPick()
  MoveJ Offs(pPick,0,0,30),v200,z20,tool_Vision\WObj:=wobj_Vision;
  ！工业机器人移动至抓取点位上方 30mm 位置
  MoveL pPick,v200,fine,tool_Vision\WObj:=wobj_Vision;
  ！工业机器人移动至抓取点位位置
  Set do_Suck;
  WaitTime 0.2;
  ！置位吸盘动作信号，并延迟 0.2s，保证抓取完成
  MoveL Offs(pPick,0,0,30),v200,z20,tool_Vision\WObj:=wobj_Vision;
  ！工业机器人移动回抓取点位上方 30mm 位置
 ENDPROC

 PROC rPlace()
  MoveJ Offs(pPlace, 0, 0, 30),v200,z20,tool_Vision\WObj:=wobj_Vision;
  ！工业机器人移动至放置点上方 30mm 位置
  MoveL Offs(pPlace, 0, 0, 0),v200,fine,tool_Vision\WObj:=wobj_Vision;
  ！工业机器人移动至放置点位置
  Reset do_Suck;
  WaitTime 0.2;
  ！复位吸盘动作信号，并延迟 0.2s，保证放置完成
  MoveL Offs(pPlace, 0, 0, 30),v200,z20,tool_Vision\WObj:=wobj_Vision;
  ！工业机器人移动回放置点上方 30mm 位置
  MoveJ pVision_Home,v500,fine,tool_Vision\WObj:=wobj_Vision;
  ！工业机器人移动至安全位置 pVision_Home 点
 ENDPROC

ENDMODULE
```

八、程序调试

完成程序代码学习之后，就可以进行调试了。

本任务中，可以先放置物块在视觉视野的中央位置，作为基准点，视觉以此位置为模板，在往后视野中出现的随机摆放的物块，会进行识别计算，知道物块的位置，通过 Socket 通信方式，以字符串方式发送工件的位置信息给工业机器人（位置信息包括工件基于模板 X 方向坐标偏移值、Y 方向坐标偏移值、物块旋转角度偏移值），工业机器人根据获取到的数据进行字符串解析，并调整抓取点位置，完成取放动作。如图 7-58 所示。

图 7-58　程序调试

接下来，为了获得示教点的初始高度和姿态，需要示教抓取基准点 pPick_Tech，如图 7-59 所示。

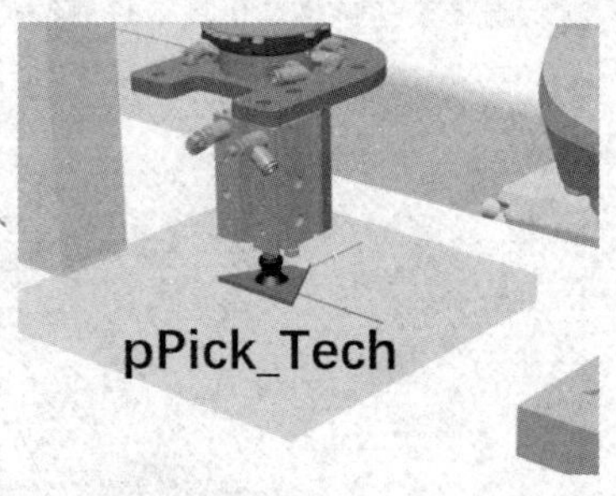

图 7-59　示教抓取基准点 pPick_Tech

小技巧

示教时应选择正确的坐标，工具坐标选择 tool_Vision，工件坐标选择 wobj_Vision。

完成示教后，在本工作站中，为了能模拟工业相机发送的工件位置信息，可以通过 RobotStudio 软件的 Smart 组件进行获取。具体步骤如下：

在左侧布局菜单栏中，找到组件“SC_Vision”并展开，选中“Position_Sensor_1”后右击，选择“属性”后就可以显示物块当前的位置信息。

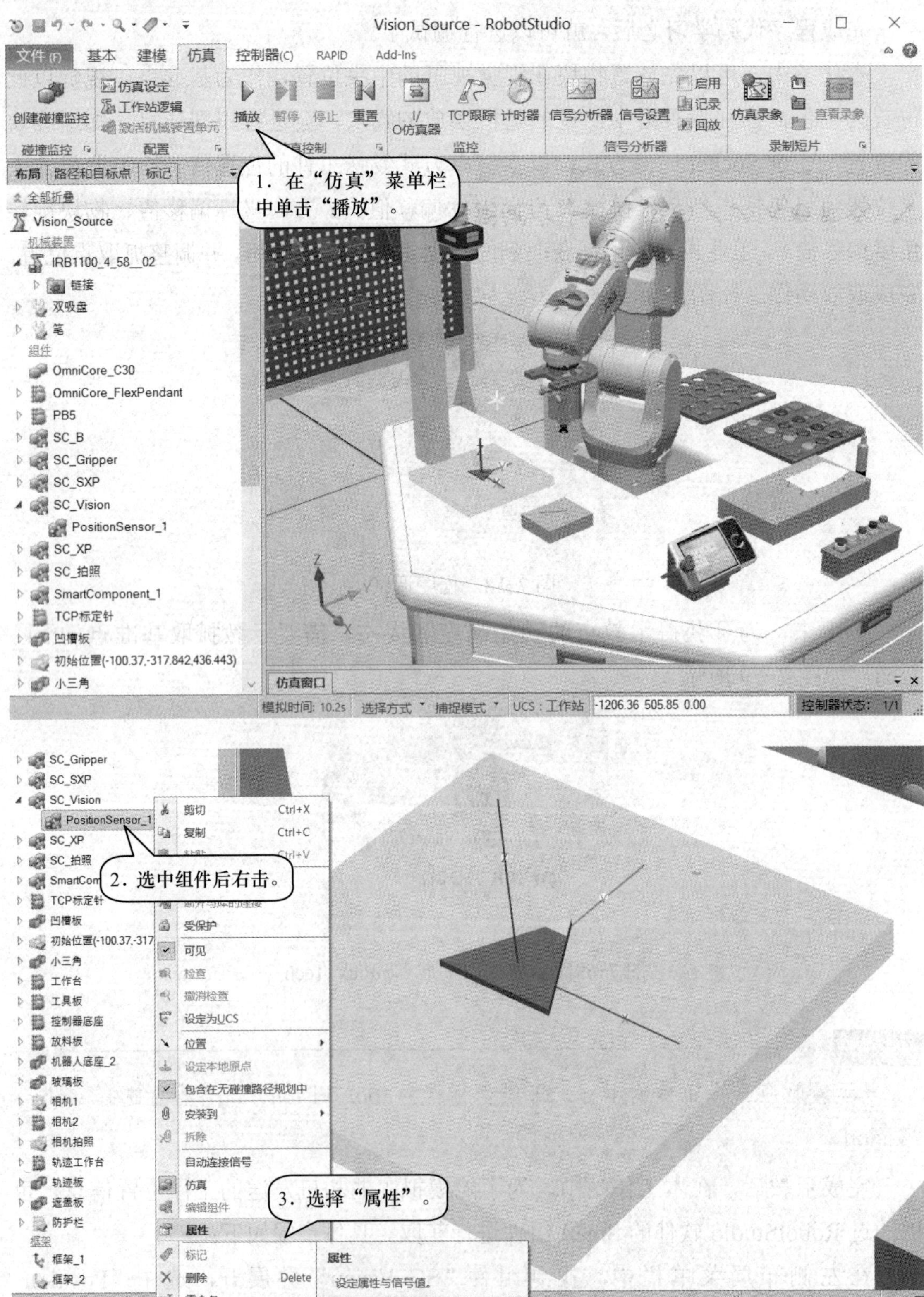
1. 在“仿真”菜单栏中单击“播放”。
2. 选中组件后右击。
3. 选择“属性”。

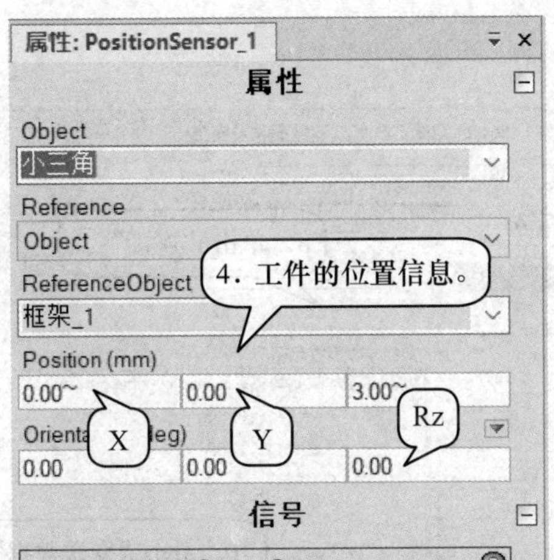

此时工件位置信息（X 方向坐标值，Y 方向坐标值，Rz 物块旋转角度）的值为（0,0,0），发送给工业机器人的字符串数据信息应为“0,0,0,”。

小技巧

1）因为当前物块位置为基准点，所以视觉给过来的数据都为 0，每次可以先利用记事本存储起来物块的位置，以方便后面使用。

2）位置信息需要发送给工业机器人的字符串传输格式为”X 方向值，Y 方向值，Rz 旋转角度值，”，注意字符串中的逗号，此为与视觉协定的传输格式。

3）为了准确利用 Smart 组件获得当前物料位置信息，每次物料位置更改后，需要先单击“播放”，激活组件，再查看当前位置数据。

接下来打开 Socket 调试助手，利用调试助手模拟视觉客户端，通过 Socket 通信给工业机器人发送物块的位置信息（位置信息已从上一步 Smart 组件中获得）。

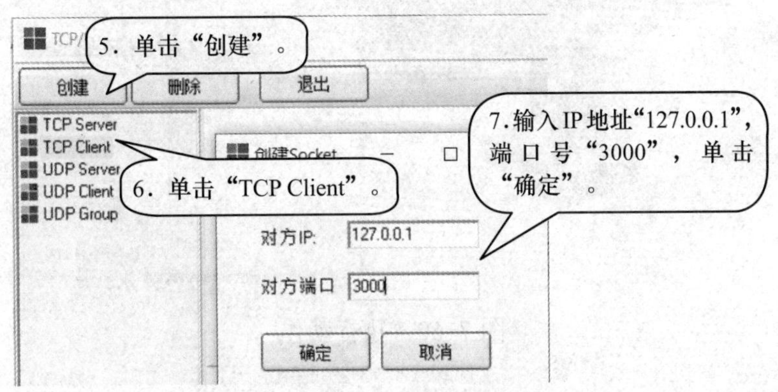

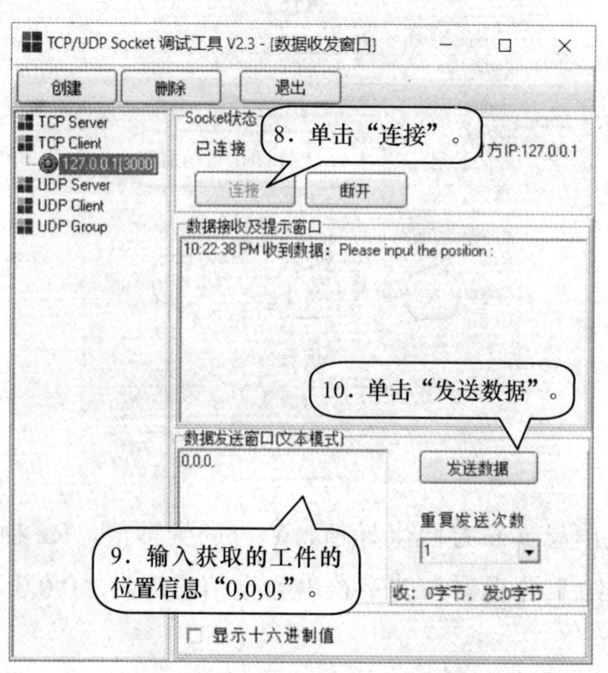

工业机器人接收到数据后进行解析，解析完成后开始运动，抓取物块，并完成放置动作，如图 7-60 所示。

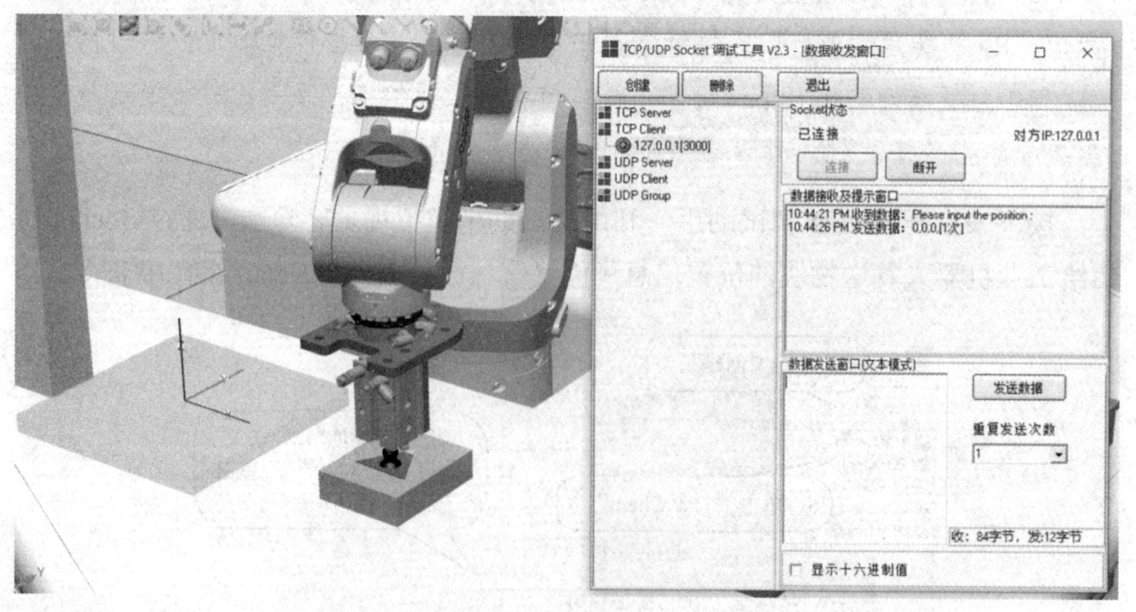

图 7-60　执行动作

执行结束后，可以自行重新设定物块的位置，重新进行视觉识别取放动作。

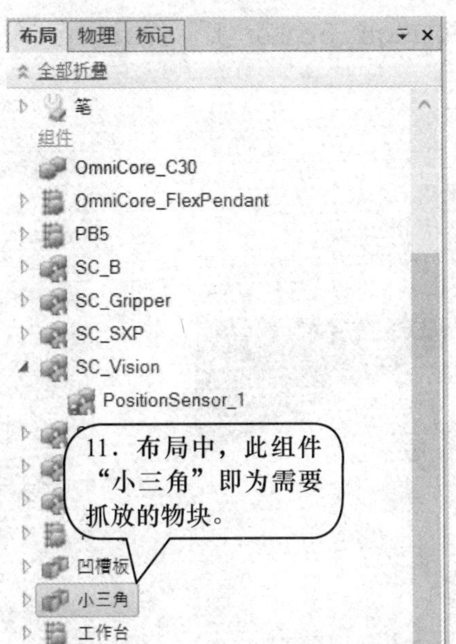

选中组件后，可以通过软件“基本”菜单栏上“Freehand”功能进行快速拖动，重新调整物块位置。

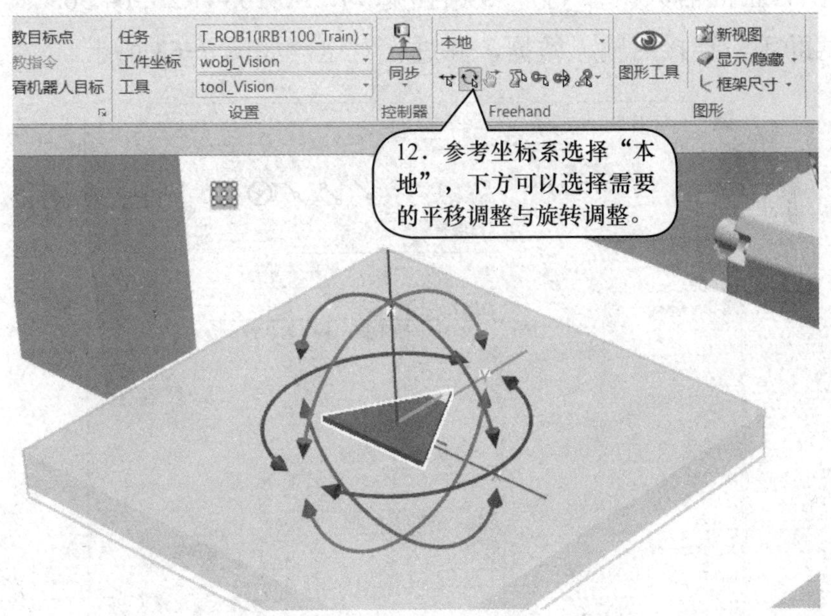

小技巧

1）由于物块高度已经示教过并确定，平移时注意不要移动物块的高度。

2）旋转时注意只绕 Rz 方向旋转即可。

图 7-61 所示为重新调整的物块位置。

拖动完成后，重新按照调试步骤，单击仿真“播放”后，找到组件“SC_

Vision”并展开，选中“Position_ Sensor_1”右击，选择“属性”后显示物块信息，如图 7-62 所示。

图 7-61　重新调整的物块位置

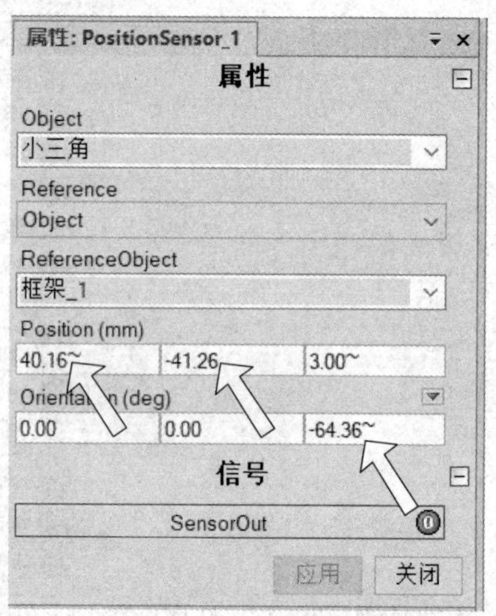

图 7-62　物块信息

发送给工业机器人的字符串数据信息为“40.16,-41.26,-64.36,”，再次打开 Socket 调试助手，连接后输入数据，并进行发送，如图 7-63 所示。

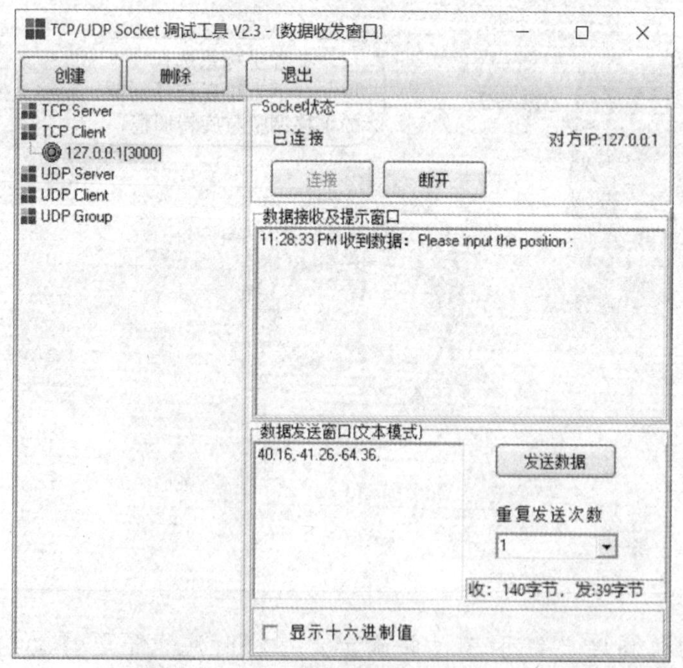

图 7-63　连接后输入数据，并进行发送

工业机器人调整姿态，重新进行抓取放置，如图 7-64 所示。

接着，可以重复以上练习，再次调整物块位置，熟悉工业机器人调试。

练习完成之后，做好备份，完成该任务的练习。

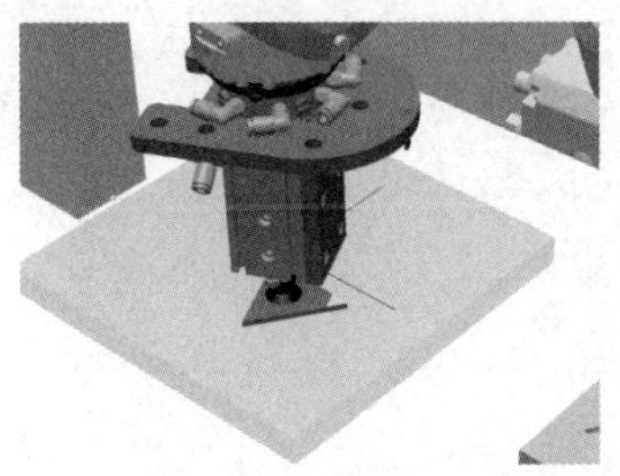 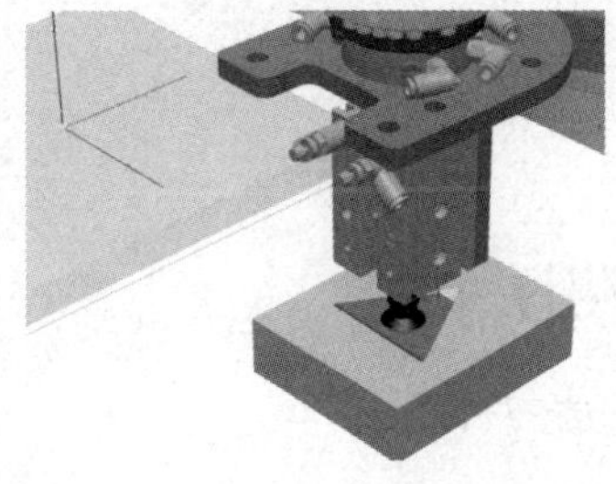

图 7-64　工业机器人调整姿态，重新进行抓取放置

任务 7-4　工业机器人安装调试一般步骤

工作任务

☑ 理解工业机器人安装调试的流程步骤

☑ 掌握根据步骤查阅对应的具体内容的方法

经过之前的任务执行学习，现在读者就具备了进行工业机器人基本调试的能力。表 7-7 对工业机器人必要的安装调试一般步骤进行了归纳总结，并具体说明在安装调试过程中涉及的知识点如何在本书中找到对应的具体内容，方便读者进行安装调试时参考。

表 7-7　安装调试步骤内容及参考内容

序　　号	安装调试内容	参 考 内 容
1	工业机器人本体与控制柜的安装	任务 2
2	工业机器人本体与控制柜之间的电缆连接	任务 2
3	示教器与控制柜连接	任务 2
4	接入主电源	任务 2
5	检查主电源正常后，上电	任务 2
6	工业机器人转数计数器更新操作	任务 3
7	I/O 信号的设定	任务 4
8	工业机器人程序数据的设定	任务 5
9	工业机器人编程	任务 6、任务 7
10	投入自动运行	任务 6
11	工业机器人的进阶功能应用	任务 8

自我测评与练习题

一、自我测评

自我测评见表 7-8。

表 7-8　自我测评

要　求	自我评价			备　注
	掌　握	理　解	再　学	
掌握 RobotStudio 工作站的打包和解包				
掌握工业机器人轨迹类应用的调试流程				
掌握工业机器人搬运类应用的调试流程				
掌握工业机器人 Socket 通信应用的调试流程				
掌握 ABB 工业机器人一般安装调试的步骤				

二、练习题

1．轨迹应用的 I/O 信号有哪些？

2．简述轨迹应用工具坐标系和工件坐标系标定

3．简述轨迹应用的调试与运行流程。

4．搬运应用的 I/O 信号有哪些？

5．简述搬运应用工具坐标系和工件坐标系标定。

6．简述搬运应用有效载荷数据的设置。

7．简述搬运应用的调试与运行流程。

8．简述搬运应用中位置偏移算法。

9．什么是 Socket 通信？

10．Socket 数据通信应用的 I/O 信号有哪些？

11．简述 Socket 数据通信应用工具坐标系和工件坐标系标定。

12．简述 Socket 数据通信应用的调试与运行流程。

13．简述工业机器人安装调试的流程步骤。

项目 8　工业机器人的进阶功能

任务目标

1．学会工业机器人系统信息的查阅

2．学会工业机器人系统重启的操作

3．认识常用的服务例行程序的功能

4．了解工业机器人仪表板功能

5．了解 WEB 前端开发机器人 APP

6．学会 ABB 工业机器人电子说明书的查阅方法

任务描述

在完成工业机器人的基本操作与编程任务后，可以对工业机器人的进阶功能做一个了解，从而在应用工业机器人时能更加得心应手。

机器人系统软件会定时推出新的版本，一方面修正发现的问题，另一方面对功能进行优化。工业机器人还可以根据应用的需要选配软件功能选项。在机器人系统信息界面，就可以对工业机器人的硬件状态、软件版本信息和当前机器人系统的选项信息进行查阅。

当工业机器人出现一些软件操作的小问题和使参数生效，就需要用到机器人系统的重启功能。也可以根据需要对机器人系统里的 RAPID 程序和系统数据进行复位，具体的操作流程将在本项目中进行详细的说明。

工业机器人本身将一些常用的功能（如电池省电模式、自动载荷测定功能等）放置在服务例行程序中供使用，从而实现对功能的快速操作。

在 ABB 工业机器人 OmniCore 示教器中，提供了一个专门的仪表盘的功能，用于监控指定的系统信息、程序数据和 I/O 信号，非常实用。

可跨平台的人机界面已成为智能设备人机交互的刚需，我们一起去实施使用 WEB 前端技术开发的工业 APP 在示教器和手机中对工业机器人进行控制。

在最后，相信读者还有更进一步了解工业机器人方方面面的需求，所以将 ABB 工业机器人的电子说明书查阅方法做一个全面的说明。

任务 8-1 查阅机器人系统信息

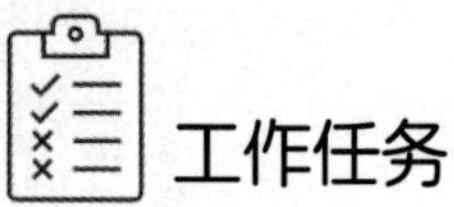

工作任务

☑ 学会系统信息的查看方法

☑ 学会软件资源的查看方法

查看系统信息与软件资源的方法如下：

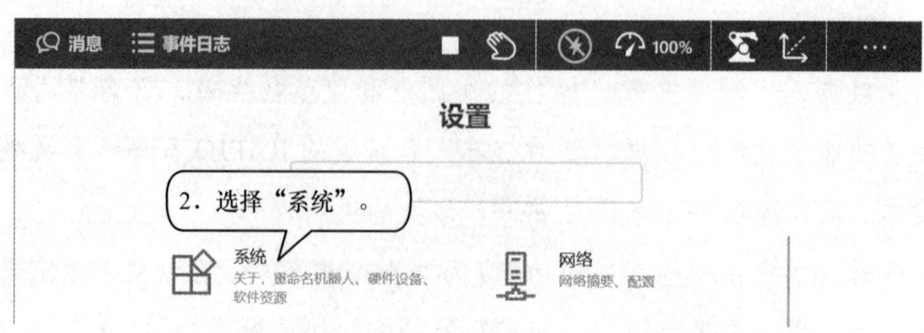

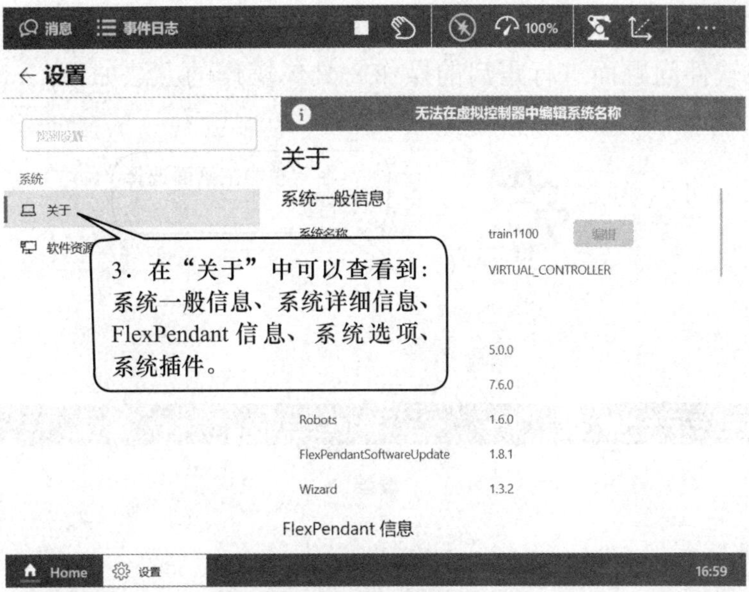

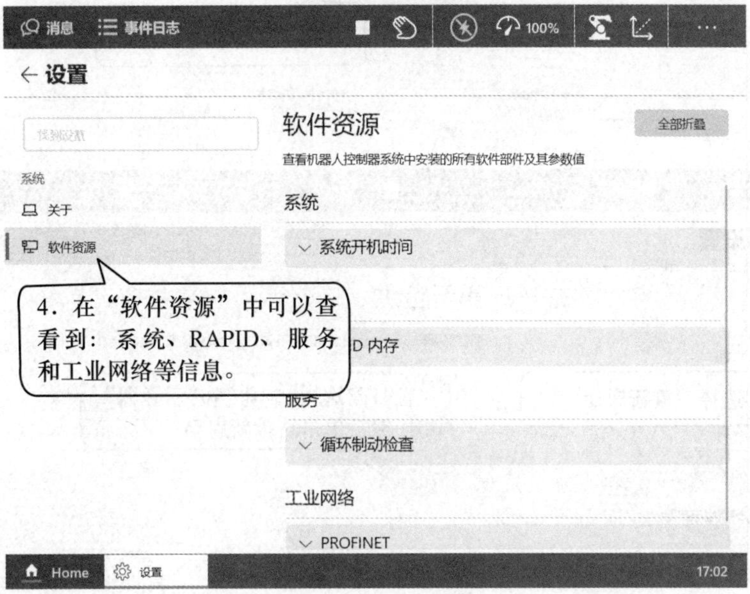

3. 在“关于”中可以查看到：系统一般信息、系统详细信息、FlexPendant 信息、系统选项、系统插件。

4. 在“软件资源”中可以查看到：系统、RAPID、服务和工业网络等信息。

任务 8-2　机器人系统重启

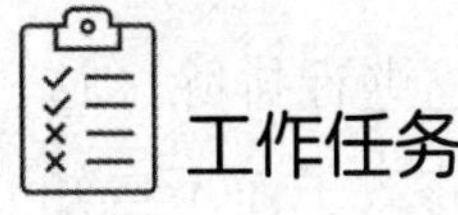

工作任务

☑ 学会重新启动的操作方法

☑ 学会重置用户数据的操作方法

在工业机器人使用过程中，会因为需要激活所有在 RobotStudio 中做的设置和尝试修复一些软件问题而进行重启的操作。具体操作的方法如下：

如果在 RAPID 程序和系统参数中有错误而无法直接定位进行排除（这种情况还是很普遍的，机器人的操作者可能会在无意识的状态下修改了而不自知），作为最后一个绝招就是将出错的内容进行清空，重新做一遍。这个时候就可以使用“重置用户数据”的功能了。具体操作如下：

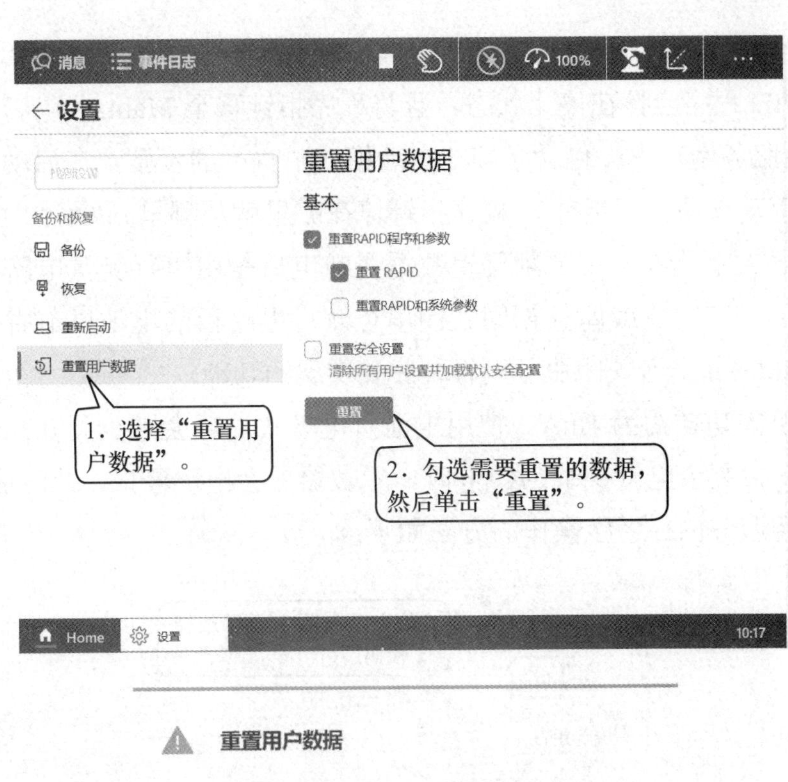

任务 8-3 常用的服务例行程序功能

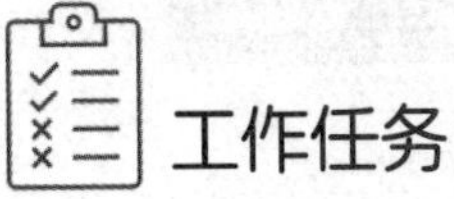

工作任务

☑ 理解什么是服务例行程序

☑ 学会电池关闭服务例行程序操作

☑ 了解常用的服务例行程序

工业机器人将一些常用的功能（如电池省电模式、自动载荷测定功能等）放置在服务例行程序中供使用。在机器人系统中服务例行程序取决于系统设置和有哪些可用选项。

要运行服务例行程序，要符合以下的前提条件：

1）一般地服务例行程序只能在手动模式或手动全速模式下启动。

2）RAPID 程序应该在停止状态，且将程序指针移至 Main。

3）如果服务例行程序包含必须在自动模式中执行的步骤，在启动服务例行程序之前不得手动移动程序指针。程序指针停在哪里就从哪里开始。

工业机器人本体 6 个关节轴位置数据在断电后是由串行测量电路板上电池进行供电保持的，在运输或库存期间关闭串行测量电路板的电池以节省电池电量。这是 Bat_shutdown 电池关闭服务例行程序要实现的功能。

正常关机的功耗约为 1mA。使用电池省电模式功耗会减少到 0.3mA。当电池电量几乎耗尽，剩余电量少于 3A・h 时，示教器上会出现警报，此时应更换电池。

电池关闭服务例行程序操作的方法如下：

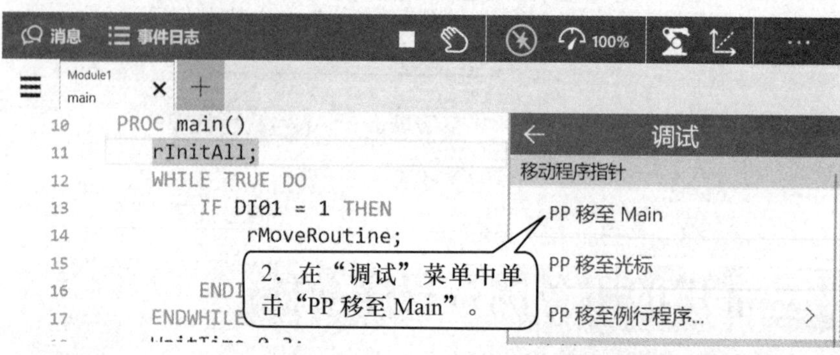

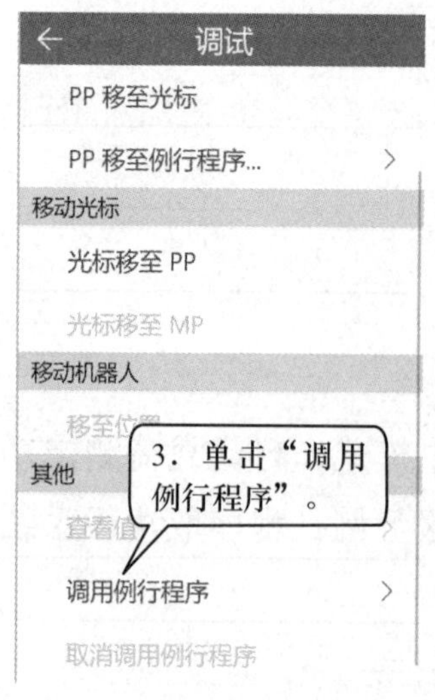

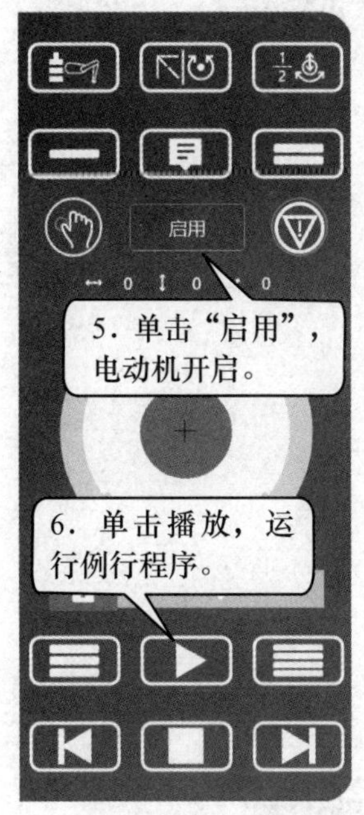

至此，电池关闭的服务例行程序已执行完成，当工业机器人断电后，电池进入关闭模式。当再次给工业机器人通电后，电池关闭模式将被取消。也就是说每运行一次电池关闭服务例行程序，只会在一次工业机器人断电后起作用。

RobotWare7.6.0 常用的服务例行程序见表 8-1，供读者参考，不同版本的 RobotWare 可能会有所差异。

表 8–1　RobotWare7.6.0 常用的服务例行程序

服务例行程序	说　明
AxisCalibration	工业机器人本体关节轴的标准校准方法
Bat_Shutdown	电池关闭服务
BrakeCheck	用于验证关节轴电动机机械制动运行正常与否
LoadIdentify	自动负载质量、重心与惯量识别
ManLoadIdentify	变位机负载质量、重心与惯量识别
ServiceInfo	定期维护信息管理
SkipTaskExec	如果在多任务处理期间同步任务时出现问题，则使用 SkipTaskExec 进行调试。它还可以在自动模式下运行程序并从执行中排除一个任务
WristOptimization	TCP 轨迹精度优化

任务 8-4 使用仪表盘功能快捷查看关键信息

工作任务

☑ 理解仪表盘的作用

☑ 学会定义与配置仪表盘

这里来配置一个仪表盘（图 8-1），实时监控以下 3 个数据：

1）运行计时器。

2）程序数据 nProduction：产量统计。

3）I/O 信号 DI01：来自标配 I/O 板 DSQC1030 的数字输入信号。

请注意：只有 VAR、PERS 类型的程序数据才可在仪表盘上显示。

图 8-1　仪表盘

定义图 8-1 所示仪表盘的操作流程如下：

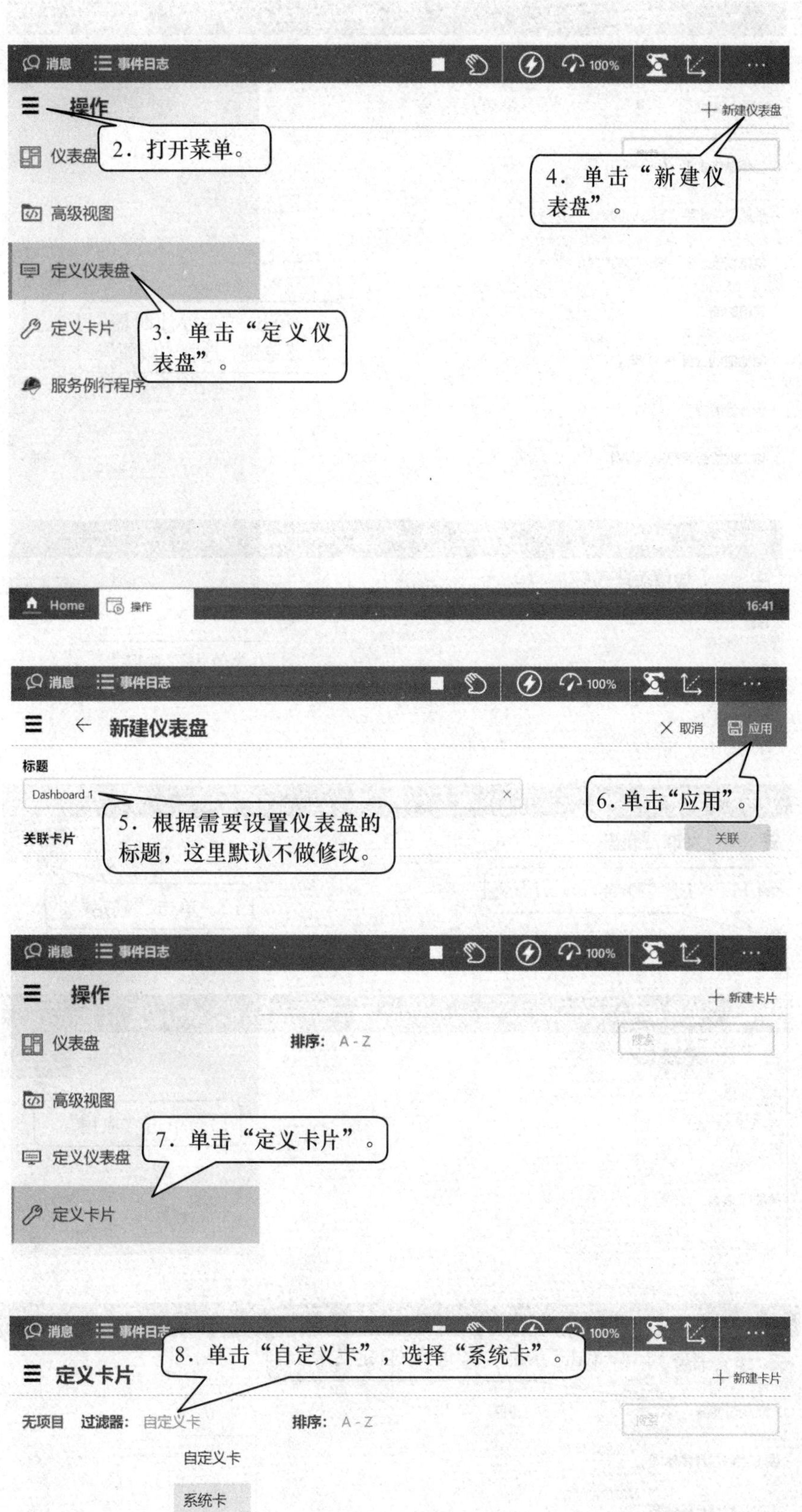
消息
事件日志
100%
操作
新建仪表盘
2．打开菜单。
仪表盘
4．单击“新建仪表盘”。
高级视图
定义仪表盘
3．单击“定义仪表盘”。
定义卡片
服务例行程序
Home
操作
16:41
新建仪表盘
取消
应用
标题
Dashboard 1
6．单击“应用”。
5．根据需要设置仪表盘的标题，这里默认不做修改。
关联卡片
关联
新建卡片
排序：A - Z
7．单击“定义卡片”。
8．单击“自定义卡”，选择“系统卡”。
无项目　过滤器：自定义卡
自定义卡
系统卡

消息
事件日志
100%
定义卡片
新建卡片
12 项 过滤器：系统卡
排序：A - Z
搜索
检修警告水平（生产时间）
检修警告水平（校准时间）
检修警告水平（预计寿命时间）
开机时间
启动时间（自 1970 年起）
运行计时器
自上次检修后的生产时间
编辑
9．单击“运行计时器”的菜单键，选择“编辑”。
编辑卡片
取消
应用
标题
运行计时器
值
4 小时
关联仪表盘
关联
10．单击“关联”。
关联仪表盘
确定
11．勾选“Dashboard 1”。
12．单击“确定”。
Dashboard 1
与......相关联 1 卡片
13．单击“应用”。
Dashboard 1
14．单击“系统卡”，选择“自定义卡”。
齿轮箱的预计检修间
自定义卡
系统卡
齿轮箱检修后的生产

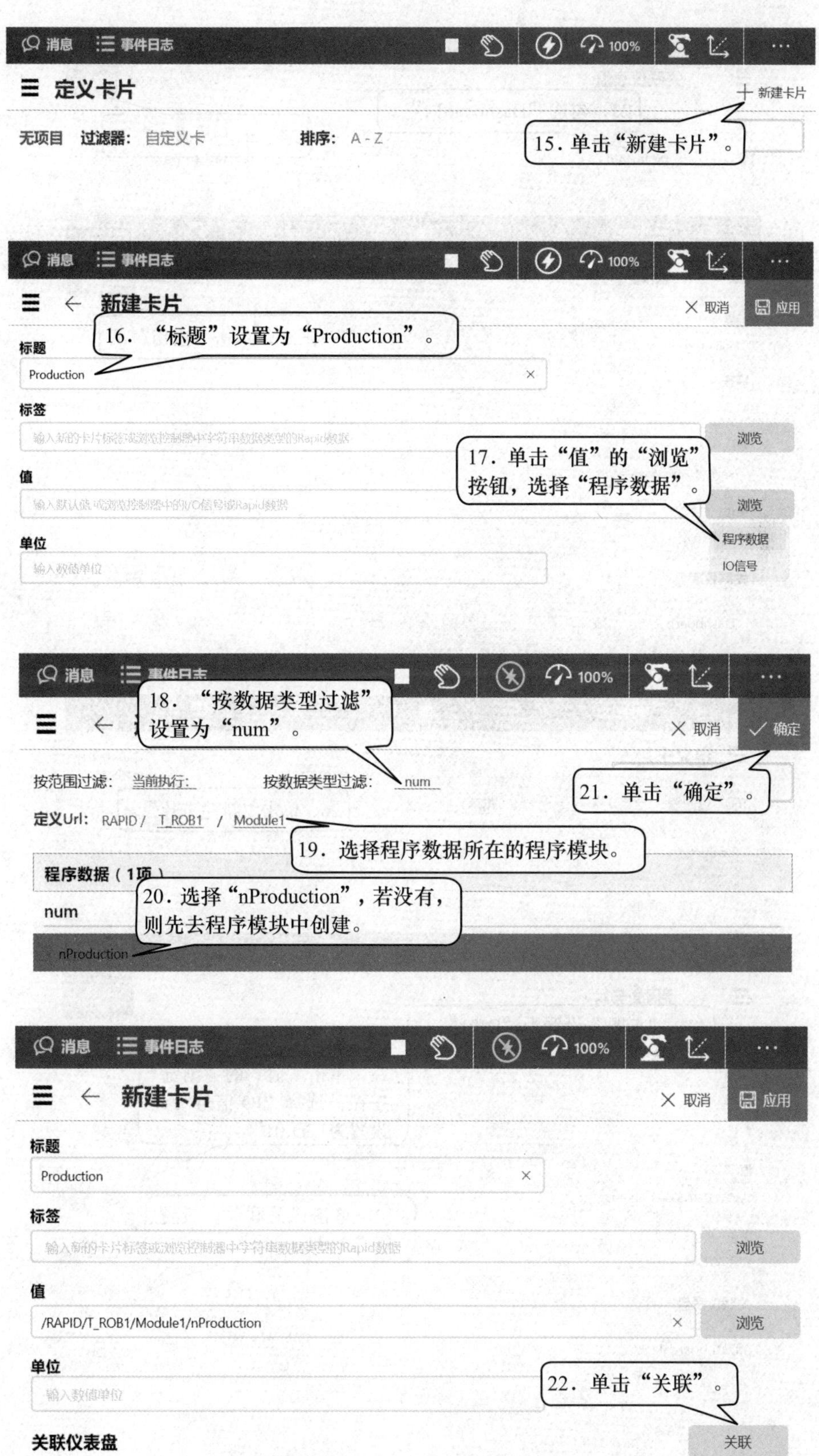
消息
事件日志
100%
定义卡片
新建卡片
无项目　过滤器：自定义卡
排序：A - Z
15．单击“新建卡片”。
新建卡片
取消
应用
16．“标题”设置为“Production”。
标题
Production
标签
浏览
17．单击“值”的“浏览”按钮，选择“程序数据”。
值
浏览
程序数据
IO信号
单位
输入数值单位
18．“按数据类型过滤”设置为“num”。
取消
确定
按范围过滤：当前执行：
按数据类型过滤：num
21．单击“确定”。
定义Url：RAPID / T_ROB1 / Module1
19．选择程序数据所在的程序模块。
程序数据（1项）
20．选择“nProduction”，若没有，则先去程序模块中创建。
num
nProduction
新建卡片
取消
应用
标题
Production
标签
浏览
值
/RAPID/T_ROB1/Module1/nProduction
浏览
单位
输入数值单位
22．单击“关联”。
关联仪表盘
关联

23．勾选“Dashboard 1”。
24．单击“确定”。
25．单击“应用”。
26．单击“新建卡片”。
27．“标题”设置为“DI01”。
28．单击“值”的“浏览”按钮，选择“IO 信号”，设置为“DI01”。
29．单击“关联”，设置为“Dashboard 1”。

任务 8-5　使用 WEB 前端技术开发机器人 APP

工作任务

☑ 了解 WEB 前端技术开发机器人 APP 的方法

☑ 使用机器人 APP 控制工业机器人程序的启动和停止

示教器是技术人员操作工业机器人的交互设备，一方面示教器提供了标准的手动操纵、编程和设置的功能，另一方面提供了一个机器人 APP 的运行环境，可让工业机器人的开发者开发各种通用或定制化的应用功能 APP，使得工业机器人的功能与易用性得到提升。

ABB 工业机器人新一代控制器 OmniCore 所标配的示教器，提供了在各种领域被广泛使用的 WEB 前端技术（HTML、CSS、JavaScript）以 Web 应用程序的形式创建机器人 APP 的可能性。使用 WEB 前端技术开发的机器人 APP，可实现一次开发，多种终端运行的能力，从而为工业机器人的控制提供了更加灵活的方式。

下面介绍使用同一个工业机器人控制（RobotControl）的机器人 APP，通过示教器和上位机对工业机器人进行操作。使用 RobotStudio 中的虚拟机器人工作站来空间布局这个任务的实施，相关的资源包可以关注微信公众号 robotpartnerweixin 进行下载，有问题可以发邮件到 1211101659@qq.com 进行交流。

一、在示教器上使用机器人 APP 对工业机器人进行控制

具体操作如下：

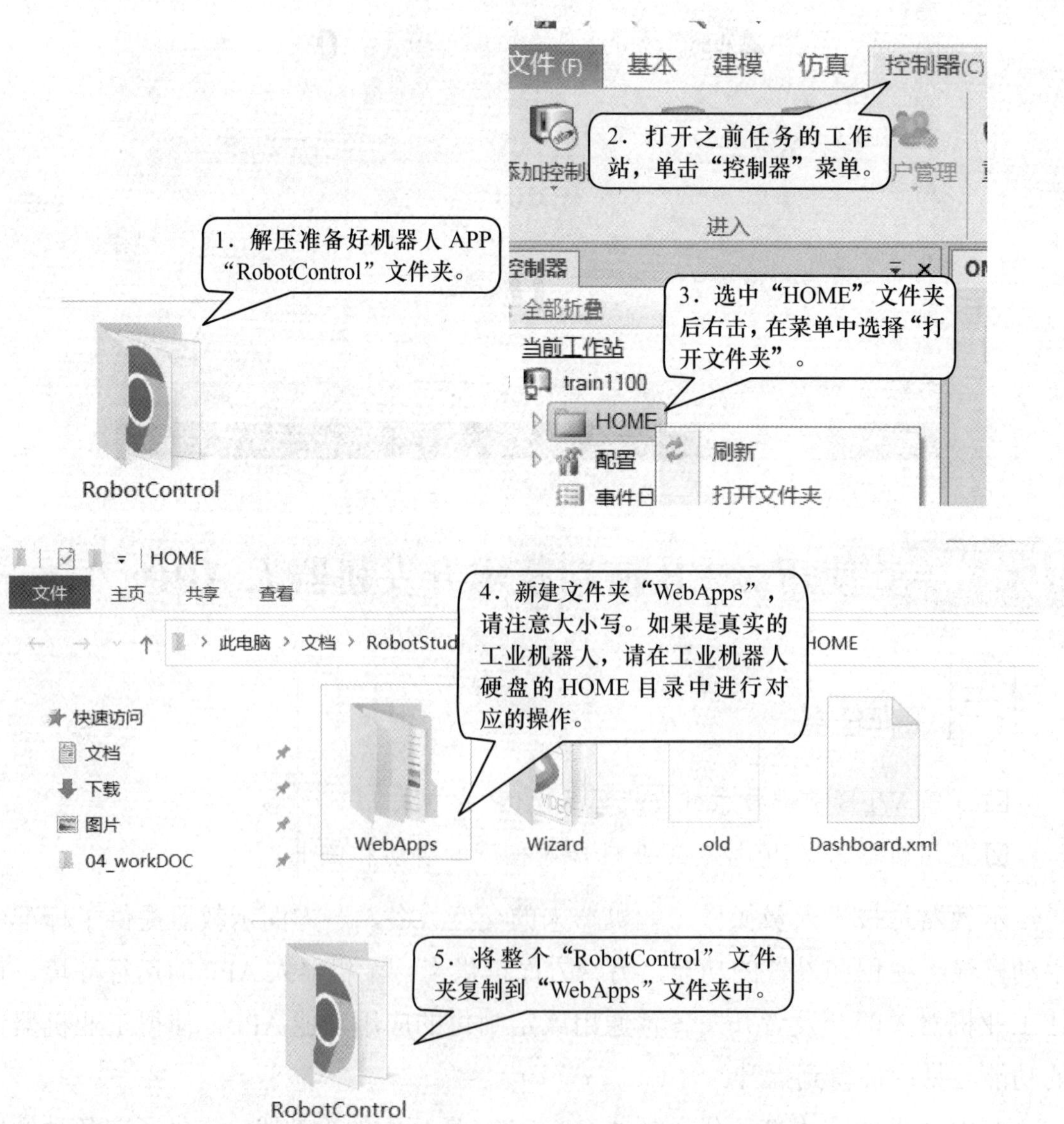

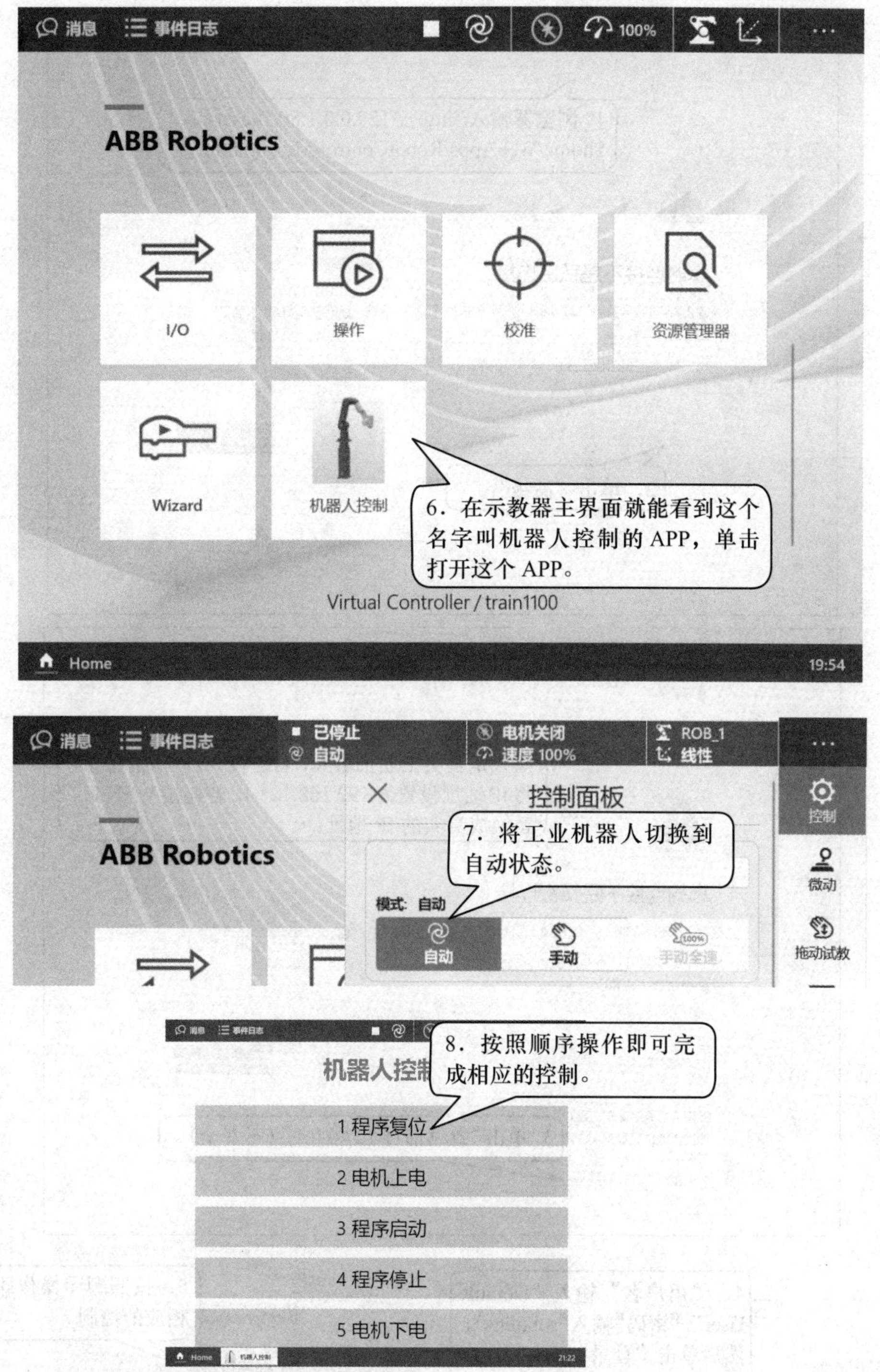

二、在上位机使用机器人 APP 对工业机器人进行控制

因为以 Web 应用程序的形式创建机器人 APP，所以除了在示教器运行机器人 APP 以外，还可以在上位机的浏览器（具有 Chrome、Edge 或 Firefox 内核）中进行运行。具体的操作如下：

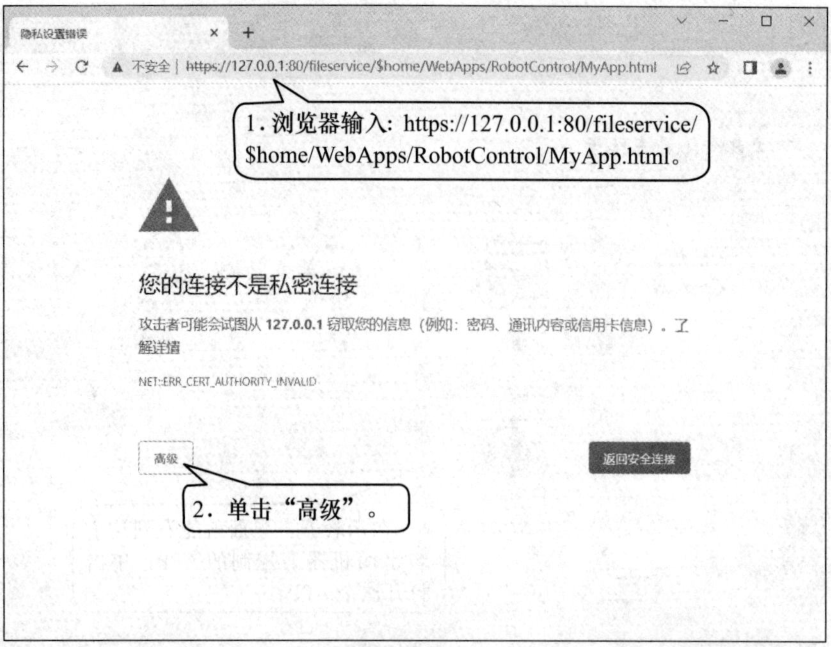

隐私设置错误

不安全 | https://127.0.0.1:80/fileservice/$home/WebApps/RobotControl/MyApp.html

1. 浏览器输入：https://127.0.0.1:80/fileservice/$home/WebApps/RobotControl/MyApp.html。

您的连接不是私密连接

攻击者可能会试图从 127.0.0.1 窃取您的信息（例如：密码、通讯内容或信用卡信息）。了解详情

NET::ERR_CERT_AUTHORITY_INVALID

高级

返回安全连接

2. 单击“高级”。

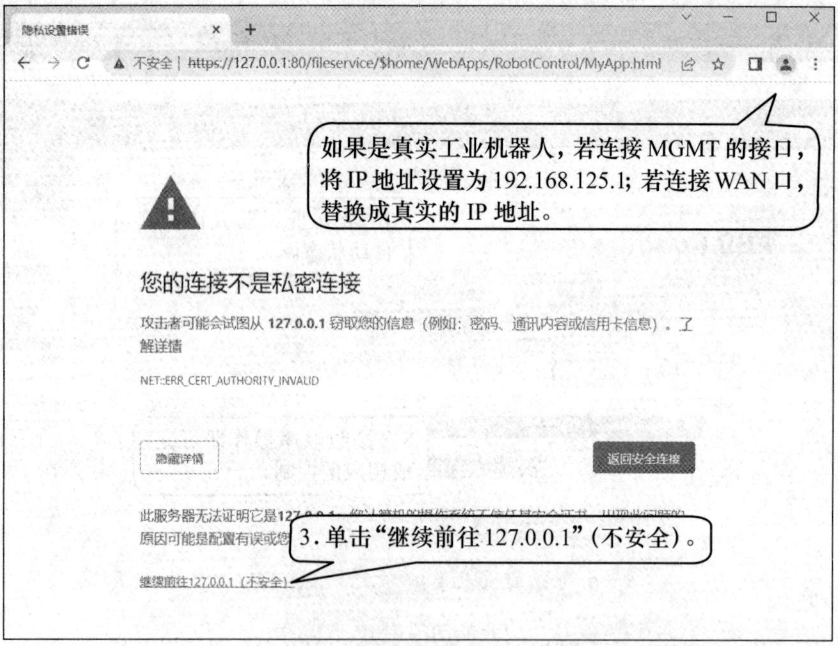

隐私设置错误

不安全 | https://127.0.0.1:80/fileservice/$home/WebApps/RobotControl/MyApp.html

如果是真实工业机器人，若连接 MGMT 的接口，将 IP 地址设置为 192.168.125.1；若连接 WAN 口，替换成真实的 IP 地址。

您的连接不是私密连接

攻击者可能会试图从 127.0.0.1 窃取您的信息（例如：密码、通讯内容或信用卡信息）。了解详情

NET::ERR_CERT_AUTHORITY_INVALID

隐藏详情

返回安全连接

3. 单击“继续前往 127.0.0.1”（不安全）。

继续前往127.0.0.1（不安全）

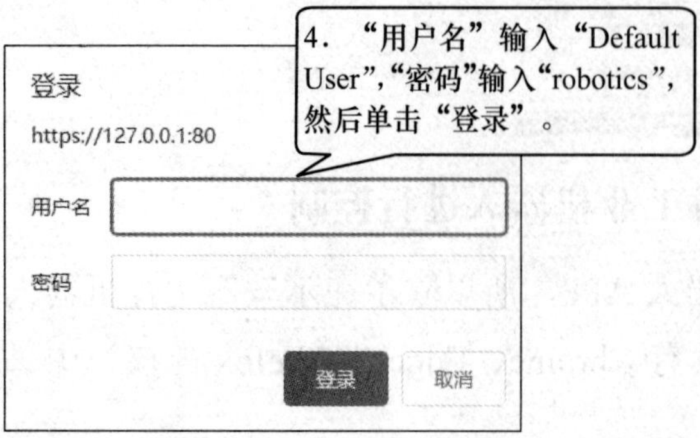

登录

https://127.0.0.1:80

用户名

密码

登录　取消

4. “用户名”输入“Default User”，“密码”输入“robotics”，然后单击“登录”。

机器人控制

1 程序复位

2 电机上电

3 程序启动

4 程序停止

5 电机下电

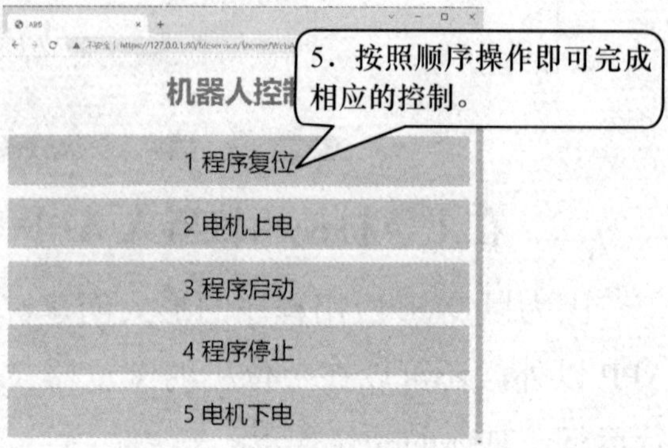

5. 按照顺序操作即可完成相应的控制。

任务 8-6　ABB 工业机器人电子说明书的查阅方法

工作任务

☑ 了解获得 ABB 工业机器人电子说明书的途径

☑ 学会查阅电子说明书的方法。

ABB 工业机器人相关的电子说明书会随工业机器人一起交付给用户。手册的内容包括 ABB 工业机器人从安装、调试、使用以及维护的方方面面。读者可以用以下两个方式进行下载：

1）ABB 所有产品的公开电子说明书都可以从图 8-2 所示的这个网址进行下载。

library.abb.com

图 8-2　网址

2）关注微信公众号 robotpartnerweixin 进行下载。具体操作如下：

index.html
文件 | C:/00OmniCore%2022A/index.html
ABB Robotics Documentation
search phrase
OmniCore release 22A, RobotWare 7.6
Browse Files
Application Equipment & Accessories
Controllers
Robots
Software Products
For all products
1．在下载好的电子说明书目录中，单击“index.html”，就会在浏览器打开电子说明书的主画面。我们以版本 RobotWare7.6 进行介绍。
Browse Files
Application Equipment & Accessories
DressPack
Vision Systems
2．“Application Equipment & Accessories”分类中存放的是应用设备与附件，“DressPack”是线缆包，“Vision Systems”是视觉系统。

RobotWare7.6 电子说明书包含的内容及说明见表 8-2。

表 8-2　RobotWare7.6 电子说明书包含的内容及说明

一级目录	二级目录	说　明
Application Equipment & Accessories	DressPack	线缆包安装使用说明
	Vision Systems	视觉系统安装使用说明
Controllers	OmniCore	OmniCore 操作员手册、控制器产品手册、产品规格和电路图
	Options for OmniCore	I/O 网络通信和安全应用
	RobotWare	软件选项、RAPID 编程、参数设置和事件日志
Robots	General – Robots	工业机器人齿轮润滑和停止距离说明
	Articulated Robots	串联型机器人的产品手册、规格和电路图
	Collaborative Robots	协作型机器人的产品手册、规格和电路图
	Parallel robots	并联型机器人的产品手册、规格和电路图
	SCARA Robots	SCARA 型机器人的产品手册、规格和电路图
Software Products	Design, Programming & Configuration Software	RobotStudio 软件使用说明
	Packaging Software	PickMaster 应用软件使用说明
For all products	Information	电子说明书使用介绍
	Safety information	安全信息

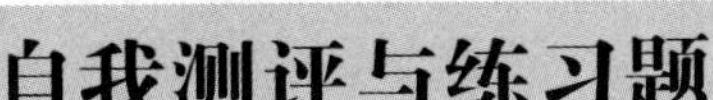

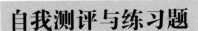

自我测评与练习题

一、自我测评

自我测评见表 8-3。

表 8-3　自我测评

要　求	自我评价			备　注
	掌　握	理　解	再　学	
机器人系统信息的查阅				
机器人系统重启的操作				
认识常用的服务例行程序的功能				
了解工业机器人仪表板功能				
了解 WEB 前端开发机器人 APP				
ABB 工业机器人电子说明书的查阅方法				

二、练习题

1．在示教器查看工业机器人选项有哪些？

2．简述重启控制器的操作。

3．简述重启示教器的操作。

4．列出常用的服务例行程序。

5．简述机器人 APP 加载到虚拟示教器中并运行的流程。